Natürliche Evolution
von Lernstrategien

Autoren:

Werner Ebeling
Armin Ermisch
John Erpenbeck
Rainer Feistel
Klaus Fuchs-Kittowski
Bernhard Hassenstein
Jörg Hess
Adolf Kossakowski
Rolf Löther
Reinhard Mocek
Wolfgang Scheler
Renate Siegmund
Gunter Stent
Günter Tembrock
Friedrich Vogel
Karl-Friedrich Wessel
Gerald Wolf
Beatrix Wuntke

Natürliche Evolution von Lernstrategien

Herausgegeben von
Erhard Geißler
und
Günter Tembrock

1990
Akademie-Verlag Berlin

Prof. Dr. rer. nat. habil. Erhard Geißler
Zentralinstitut für Molekularbiologie der Akademie der Wissenschaften der DDR

Prof. Dr. rer. nat. Günter Tembrock, em.
Sektion Biologie der Humboldt-Universität zu Berlin

Die Beiträge wurden nach den Originalmanuskripten der Autoren reproduziert. Aus Aktualitätsgründen konnte kein anderer Weg der Herstellung des Druckerzeugnisses gewählt werden.

ISBN 3-05-500721-2

Erschienen im Akademie-Verlag Berlin, Leipziger Straße 3—4, Berlin, DDR-1086

Printed in the German Democratic Republic
Gesamtherstellung: VEB Druckerei „Thomas Müntzer“, 5820 Bad Langensalza
Lektor: Christiane Grunow
Einbandgestaltung: Ralf Michaelis
LSV 1375
Bestellnummer: 764 035 5 (9259)
03800

Vorwort der Herausgeber

Die stürmischen Entwicklungen in verschiedenen Bereichen der Biowissenschaften haben, vor allem dank der Einführung grundlegend neuer Methodenarsenale wie Gen- und Immuntechnik und der Ausarbeitung völlig neuartiger Konzeptionen wie Autopoiese, evolutionäre Erkenntnistheorie, Selbstorganisation und Soziobiologie unter anderem dazu geführt, daß zentrale biowissenschaftliche Fragestellungen wie auch grundlegende philosophische Probleme der Biologie in ganz neuem Lichte interpretiert werden können und dabei zunehmend mehr in ihrer Komplexität begriffen werden. Dies gilt in ganz besonderem Maße für Evolutionsprozesse und die ihnen unterliegenden Mechanismen sowie für Struktur und Funktion des Nervensystems sowohl wenig komplexer und wie auch höher organisierter Lebewesen einschließlich der "bio-psycho-sozialen Einheit" Mensch.

In diesem Zusammenhang erweist sich einmal mehr die ausschlaggebende Rolle, die Lernen für onto- und phylogenetische Prozesse spielt. Immer deutlicher zeichnen sich die dialektischen Wechselbeziehungen zwischen Lernen und Evolution ab. Lernstrategien kann heute ein ganz besonderer Stellenwert in den Evolutionsprozessen zugeschrieben werden. Nicht zuletzt aus diesem Grund ist es für weiterführende Analysen nützlich, ja unerlässlich, die Evolution von Lernstrategien zu analysieren wie andererseits zu untersuchen, welche Rolle Lernstrategien als Evolutionsfaktoren spielen. Darüber hinaus steht wohl außer Frage, daß auch geprüft werden muß, inwieweit die neuen Einsichten auch im gesamtgesellschaftlichen Bereich genutzt werden können und müssen, speziell in Pädagogik und Psychologie

Diese Probleme wurden unter anderem 1988 auf dem XI. Kühlungsborner Kolloquium über philosophische und ethische Fragen der Biowissenschaften zur Diskussion gestellt, zumal dieser Themenkreis sich ja mehr oder weniger deutlich durch diese seit 1970 regelmäßig veranstaltete interdisziplinäre Diskussionsrunde zieht. Wesentliche Beiträge dieser Veranstaltung wie auch Aufsätze von Autoren, die nicht an diesem Kolloquium teilnahmen oder dort nur zur Diskussion sprachen sind in der vorliegenden Sammlung enthalten. Wenn auch diese Beiträge längst kein umfassendes Bild unserer Thematik vermitteln - in dem sie beispielsweise Fragen des Rolle des Lernens bei der präbiotischen Evolution und bei den Prozessen nicht explizit behandeln, die dem immunologischen Gedächtnis zugrunde liegen - dürften sie doch einen eindrucksvollen Überblick über den Stand der Forschungen und Theorienbildung auf diesem Gebiet vermitteln und vor allem Anstöße für weiteres Nachdenken und Arbeiten geben.

Die hier zusammengestellten Beiträge stammen aus der Feder von Ethologen, Genetikern, Medizinern, Molekularbiologen, Neurobiologen, Pädagogen, Philosophen und Physikern aus der Bundesrepublik Deutschland, der Deutschen Demokratischen Republik und den Vereinigten Staaten von Amerika. Sie schließen auch den Beitrag eines Militärwissenschaftlers ein, da inzwischen kein Zweifel mehr daran bestehen kann, daß Lernen mittlererweile eine Überlebensstrategie der Menschheit als solche geworden ist.

Schließlich möchten wir uns auch an dieser Stelle sehr herzlich bei allen Kollegen bedanken, die unserer Bitte um Mitarbeit an diesem Band gefolgt sind. Wir sind auch Frau Christiane Grunow, Akademie-verlag, und Frau Anita Kollat, Gesellschaft für physikalische und mathematische Biologie, für Ihre Mitarbeit an der Fertigstellung dieses Bandes sehr zu Dank verpflichtet.

Im September 1989

Die Herausgeber

INHALT

LERNEN UND EVOLUTION: LERNBEDINGTES VERHALTEN, VERHALTENSBEDINGTES LERNEN

G. Tembrock[1]

Lernen beruht auf "offenen Programmen" und stellt eine ontogenetische Adaptation des Verhaltens im Organismus-Umwelt-Kontext der Selbstorganisation dar. Lernen ist damit ein integrierender Bestandteil der Entwicklung. In diesem Sinne ist Lernen an Individuen gebunden. Lernen optimiert Verhalten. Geht man von diesen Prämissen aus, dann bieten sich folgende Definitionen an:

1. Verhalten ist organismische Interaktion mit der Umwelt auf der Grundlage eines Informationswechsels zur Optimierung der Entwicklung.
2. Lernen ist organismische Interaktion mit der Umwelt auf der Grundlage eines Informationswechsels zur Optimierung des Verhaltens. Da Verhalten selbst die Entwicklung optimiert, ist eine Untersetzung dieses Begriffes gefordert. Wir unterscheiden drei Ebenen, die wir "von oben nach unten" bezeichnen wollen:

* Aktualgenese: Vorbereitung, Vollzug und Abschluß eines Verhaltens oder einer Verhaltenssequenz.
* Ontogenese: Individuelle Existenz vom Beginn bis zum Ende.
* Phylogenese: Überindividuelle Entwicklung auf Grund von Evolutionsmechanismen.

Damit haben wir zugleich den Begriff "Optimierung" vertieft: Sie basiert auf den Prinzipien der Entwicklung, wobei jede der drei Ebenen von der (oder den) tieferen mitbestimmt wird, aber zugleich eine eigene Qualität aufweist. Im Sinne von TINBERGEN (1951) setzen die "proximate factors" als unmittelbares Wirkungsgefüge an der Aktualgenese und der Ontogenese an, während sich die letzten Gründe für das "So-Sein" als ultimate factors mit der Phylogenese verbinden. Unsere Einsicht in diese Optimierungsfaktoren und -kriterien hängt damit von unserem Wissen und den daraus abgeleiteten Theorien der Evolutionsmechanismen ab. Begriffe wie "Fitness"oder "inklusive Fitness" sind daher theoretische Konstrukte, deren heuristischer Wert von der akzeptierten Evolutionstheorie bestimmt wird. "Entwicklung" als Zielfunktion ist demgegenüber von solchen Prämissen unabhängig; hier genügt die Annahme, daß es eine

----

[1] Sektion Biologie der Humboldt-Universität, Invalidenstr.43, Berlin 1040

Evolution gibt, und diese ist ja heute unbestritten, oft in drei Phasen unterteilt als präbiotische, biotische und metabiotische Evolution, wobei nur der Mensch dieser letztgenannten unterliegt. SCHWEMMLER (1989) unterscheidet Cosmo-, Chemo-, Bio- und Soziogenese. Dabei ist hier daran zu erinnern, daß diese Ebenen der Evolution sich ebenfalls überlagern, die Gesetze tieferer weiter gelten, gleichwohl aber jede eine eigene Qualität, einen eigenen Referenzrahmen aufweist, man könnte auch sagen: ein eigenes Möglichkeitsfeld. Sucht man aber nach letzten Gründen, muß man die Gesetze der tieferen Ebenen kennen. Diese lange Zeit nicht erkannte Verknüpfung hat auch zu den zahlreichen offenen Fragen bei der Deutung der biotischen Evolution geführt. Der hier eingebrachte Begriff "Selbstorganisation" steht daher auch für das Postulat der Gültigkeit der Gesetze der präbiotischen Evolution auf allen höheren Ebenen, und das gilt dann auch für die Thermodynamik dissipativer Strukturen.
Da wir Lernen wie das Verhalten insgesamt als organismische Interaktion mit der Umwelt auf der Grundlage eines Informationswechsels definiert haben, bedarf es eines Konsensus über den hier verwendeten Begriff "Information". Er knüpft an die Kriterien von KÜPPERS (1986) an. Damit unterscheiden wir drei Grunddimensionen der Information:

* Die syntaktische Dimension, die sich aus der Beziehung der Zeichen untereinander ableitet.
* Die semantische Dimension, die außer der Beziehung derZeichen untereinander auch erfaßt, wofür sie stehen.
* Die pragmatische Dimension, die beide vorgenannten voraussetzt und darüberhinaus die funktionellen Umweltbeziehungen erfaßt.

Es gibt keine Information an sich, sondern in Bezug auf einen bestimmten Referenzrahmen. Wir möchten dabei den Informationsprozeß wie folgt beschreiben: Der Organismus bildet auf Grund der Verarbeitung von Reizen, die auf seine Exterorezeptoren einwirken, eine "message": Diese Reizkonstellation stellt nun eine "Botschaft" über bestimmte Gegebenheiten oder Ereignisse in der wahrgenommenen Umwelt dar. Den Inhalt dieser message als Informationsqualität nennen wir "Kenntnis". In Abstimmung mit seinem inneren Zustand, der auch frühere Erfahrungen onto- und/oder phylogenetischer Herkunft einschließt, aber auch den aktuellen Umweltbezug bestimmt, erhält diese "message" eine Bedeutung, die als "meaning" bezeichnet wird. Damit wird die Kenntnis zur "Erkenntnis", wobei auch Gewichtungen in das "meaning" mit eingehen. Damit haben wir die pragmatische Dimension der Information einbezogen, denn das "meaning" repräsentiert die funktionellen Umweltbeziehungen. Die "message" steht für die semantische Dimension. Das "meaning" be-

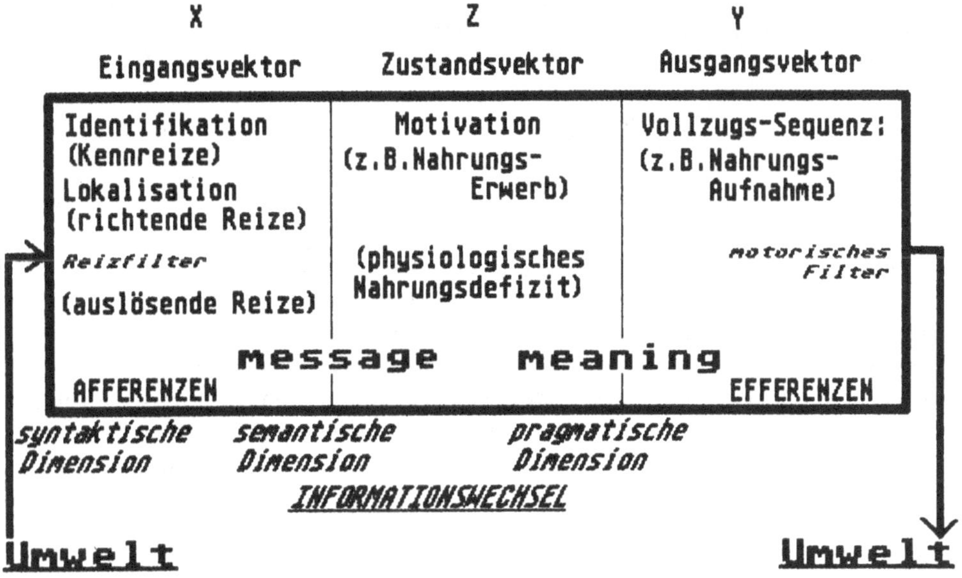

Abb.1. Informationswechsel als Voraussetzung für Verhaltensinteraktionen mit der Umwelt sowie aktual-, onto- und phylogenetische Adaptationen. "Message" und "Meaning" beschreiben die speziellen Qualitäten des innerorganismischen Informationsprozesses, der hier in das "Drei-Vektoren-Modell" integriert ist. Die drei prinzipiellen Dimensionen der Information sind kursiv eingesetzt. Die spezielle Qualität dieser Funktionsebene des Verhaltens wird durch Fragen nach dem "Was?" erschlossen. Die adäquaten Antworten erfassen im Beispiel "Nahrungsaufnahme" oder "Nahrungserwerb", "Schutz", "Balz", "Erkunden" und entsprechende funktionell orientierte Kennzeichnungen. Lernprozesse auf dieser Ebene haben einen anderen Charakter als auf der "Wie?"-Ebene, die den konkreten Verhaltensprozess selbst erfaßt (prozessuale Ebene). Kurz: Wir bilden die beiden Problem-Ebenen ab: Wie wird gelernt und Was wird gelernt?

stimmt das weitere Verhalten, freilich setzt sich damit der Informationswechsel fort, da dieses ja auch wieder am "Eingang" neue Informationen erzeugt. Der aus dem englischen Sprachgebrauch stammende (wohl vom SMITH 1977 eingeführte) Begriff "meaning" ist also etwas irreführend, wenn man ihn zu eng mit "Bedeutung" gleichsetzt. "Bedeutung" ist hier bereits funktionell gemeint, also im pragmatischen Sinne: Für eine Erdkröte kann das Auge die Botschaft (message) "Fliege" (natürlich ohne diese Bezeichnung!) liefern; aus dem inneren Status resultiert ein "meaning": "Nahrungsobjekt" mit entsprechenden Konsequenzen der motorischen Umsetzung.

Diese unkonventionelle Interpretation des Informationswechsels als dynamisches Geschehen hat für unser Grundanliegen Konsequenzen. Sie seien in Kürze vorweggenommen: Die phylogenetische Entwicklung des Erkenntnisgewinns setzt am "meaning" an, sie gibt die funktionellen Umweltbeziehungen vor. Erst dann kann auf der Ebene der "message" durch phylogenetische und ontogenetische Vorgaben "gelernt" werden, immer besser Objekte zu differenzieren und zu diskriminieren oder ihren Zusammenhang zu den pragmatischen Vorgaben etwa als bedingte Reaktion zu integrieren. Diese an der Evolution der "Erkenntnis" orientierte Vorgehensweise könnte einen neuen Zugang zu den alten Erörterungen um die Phänomene des "Lernens" erschließen. Die Begriffe "Erkenntnis" und "Wissen" werden oft synonym gebraucht; wenn wir uns dem anschließen, ist es nützlich daran zu erinnern, daß in der "klassischen" Verhaltensbiologie zwei elementare Quellen des "Wissens" für den Organismus bestehen: (1) "Kennreize" und (2) "richtende Reize". Daraus folgern zwei funktionelle Formen des "Wissens" oder der "Erkenntnis":

* Operatives Wissen als "Handlungsanweisung",
* orientierendes Wissen, das auf Raum- und Zeitbezüge sowie Sachverhalte ausgelegt ist

In der Evolution der kognitiven Leistungen hat der zweite Wissenstyp einen hohen Stellenwert, wie unlängst auf einer internationalen Tagung über kognitive Prozesse und Raumorientierung bei Tieren und Menschen eindrucksvoll belegt wurde (P.ELLEN u.C.THINUS-BLANC 1987). Das operative Wissen setzt "Sachwissen" voraus, was in dem hier vorgestellten Modell mit der "message" gegeben wird, während operatives Wissen die Umsetzung in "meaning" erfordert. Voraussetzung ist das Erkennen und Speichern von Zusammenhängen, wobei die drei Vektoren des Verhaltens in eigengesetzlicher Weise aktiviert werden:

* Lernen im Eingansvektor, auf die "message" bezogen = sensorisches Lernen;
* Lernen im Ausgangsvektor, auf das "meaning" bezogen = motorisches

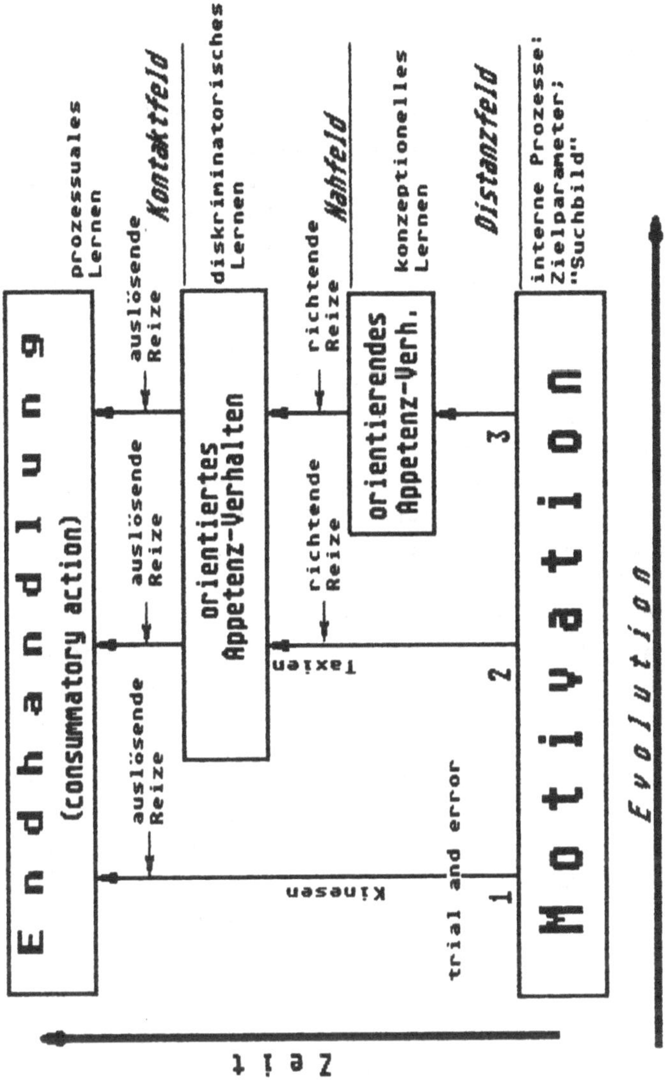

Abb.2. Motiviertes Verhalten hat im Verlauf der Phylogenese eine zunehmend komplexere Struktur ausgebildet, deren Entwicklung sich auch in der Ontogenese - freilich artlich angepaßt - wiederholt. In der 1.Evolutionsstufe dominiert das "trial and error"-Lernen; nach den auslösenden Reizen, die vom Funktionsobjekt ausgehen, wird mit erhöhter Motorik (Kinesen) gesucht. In der 2.Stufe stehen bereits Orientierungsmechanismen (Taxien) zur Verfügung, so daß richtende Reize relevant werden. In der 3.Phase werden alle drei Ereignisfelder konstituiert, die differenzierte Anforderungen an das Lernen stellen.

Lernen;

* Lernen im Zustandsvektor als Reorganisation und Selbstorganisation des Wissens.

Sensorisches und motorisches Lernen unterliegen der äußeren, Lernen im Zustandsverhalten ist mit der inneren Selektion verknüpft. Ein elementares Beispiel für sensorisches Lernen ist die "bedingte Reaktion" (= "bedingter Reflex"); entsprechend ist die bedingte Aktion, auch "operantes Lernen" genannt, ein Beispiel für motorisches Lernen. Im ersten Fall ist die motorische Interaktion mit der Umwelt vorgegeben, im zweiten die sensorische. Bei Zustandslernen dagegen stellen sensorische wie motorische Muster Variable dar, entscheidend ist das Ergebnis des Verhaltens, auch "outcome" genannt. Lernen ist an Motivationen geknüpft. Damit verbindet es sich nach unserem Modell mit den drei Ereignisfeldern des Verhaltens:

* Lernen im Kontaktbereich mit den Funktionsobjekten des jeweiligen gen Verhaltensantriebes, beispielsweise Nahrungsobjekten. Wir sprechen vom *prozessualen Lernen.*
* Lernen im Nahfeld, das bei sensorischer Kontrolle des Funktionsobjektes gegeben ist: *diskriminatorisches Lernen.*
* Lernen im Distandfeld, in dem keine aktuellen Informationen über das Funktionsobjekt gegeben sind: *konzeptionelles Lernen.*

Die drei Vektoren sind unübersehbar: Beim Kontaktfeld dominiert das motorische Lernen, beim Nahfeld das sensorische und beim Distanzfeld das Outcome-Lernen. Damit zeichnen sich drei Evolutionsstufen für "Wissensspeicher" ab: (1) Evolution motorischer Programme, (2) Evolution sensorischer Diskriminationsfähigkeit nach Modalitäten (Rezeptortypen) und Qualitäten und (3) Evolution von komplexem "Vorwissen" über Raum-Zeit-Beziehungen, Wahrscheinlichkeiten, nicht-zufällige Zusammenhänge, Invarianzen, Regelhaftigkeiten, Ursache-Wirkungszusammenhängen und ähnlichen Phänomenen.

Bei einem solchen evolutionsbiologisch orientierten Ansatz sei an das ähnliche Grundkonzept von STADDON (1983) erinnert:

* Es gibt Ähnlichkeiten zwischen Nischen und den Bedingungen, die informationsverarbeitende Systeme begrenzen.
* Lernen hängt von ererbten Mechanismen ab und wird durchdiese in seinen Rahmenbedingungen vorgegeben.
* Änderungen in Morphologie und Verhalten während der Ontogenese reflektieren einen Prozeß der Differenzierung, bei dem bestimmte Optionen beibehalten, andere verworfen werden, zu jedem Zeitpunkt geführt von der Wechselwirkung zwischen Genotyp und Umwelt.
* Adaptives Verhalten enthält Eigenschaften, die zwischen den Nischen differieren, sowie solche, die für alle Nischen übereinstimmen.

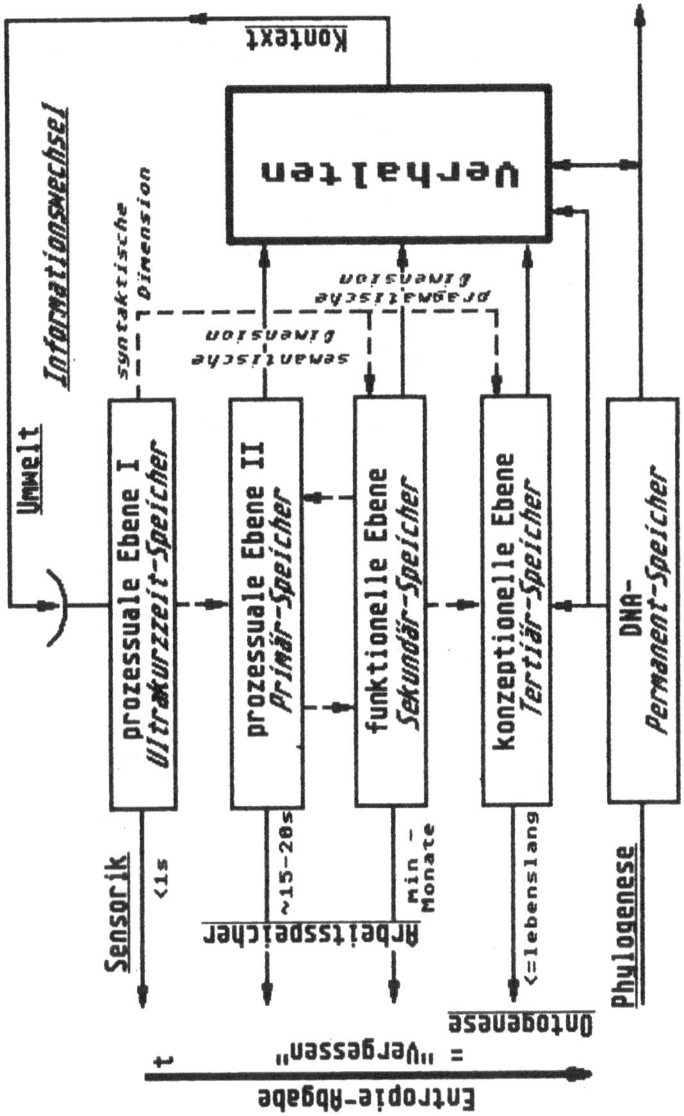

Abb.3. Informationsspeicher sind für die Optimierung des Verhaltens auf Grund von Lernprozessen unerläßlich; diese vollziehen sich in der Phylogenese, der Ontogenese und der Aktualgenese, wobei die letztgenannte auf Arbeitsspeicher angewiesen ist. Die Integration der Informationsprozesse wurde in Abb.1 dargestellt.

Es gibt situationsspezifisches Lernen, und die generellen Gesetze leiten sich aus gemeinsamen Eigenschaften der Nischen oder lebenden Syteme ab. Damit sind sie eine Kombination von Konververgenz und Homologie.

STADDON (1986) leitet daraus die Folgerung ab, daß Unterschiede zwischen Lernvorgängen bei Tieren gegenüber solchen beim Menschen darauf beruhen, daß Tiere die Wahrscheinlichkeit des Auftretens bestimmter Ereignisse in ihrer Nische lernen, Menschen sich aber auch aktiv und verändernd mit ihrer Umgebung auseinandersetzen. Für die biologische Evolution gibt es Mechanismen, welche die ökologische Einnischung zu sichern haben und vor Umgebungswirkungen schützen. Damit ist nochmals gesagt: Lernen ist Verhaltensoptimierung und damit nur aus dem gesamten Kontext der verhaltensgesteuerten Organismus-Umwelt-Beziehungen heraus interpretierbar. Die Lernweisen leiten sich aus der Grundstrukturierung des Verhaltens ab, wie es hier bereits im Sinne des prozessualen, des diskriminatorischen und des konzeptionellen Lernens versucht wurde. Die spezielle Qualität evolutiv bedingter Unterschiede des Lernens lassen sich danach nur aus den Differenzen in der Organisation des Verhaltens ableiten, das ja Entwicklung optimiert.

Auf der prozessualen Ebene beruht die Bildung von "Erfahrung" vorrangig auf einem Satz von Wiederholungen, die sich auf eine spezielle Information beziehen und die typischen "Lernkurven" erzeugen. Ähnliches gilt auch für das diskriminatorische Lernen, während beim konzeptionellen oder Outcome-Lernen die bleibende Wirkung vornehmlich durch ein kurzzeitiges Ereignis bestimmt wird ("fulgurativ"), das sehr effizient ist und sich mit ganz spezifischen Folgen verbindet. Bedarf und Verfügbarkeit von Umgebungsänderungen können auf diesem Wege zu einer schnellen Statusänderung führen. Die Informationen konstituieren ein komplexes Gefüge (System, Gestalt). Auch das Prägungsphänomen gehört in diesen Kontext. Es fixiert Erwartungen und Suchbilder, gewissermaßen auch "Hypothesen", die Grundeinstellungen und Verhaltensstrategien gegenüber der Umwelt festlegen, die einen hohen Autonomie-Grad aufweisen, da sie nicht allein über das aktuelle Informationsgeschehen konstituiert werden, wie dies bei den anderen Lernformen gegeben ist, sondern von bereits gegebenen internen Strukturen abhängen, die wir "Vorwissen" nennen, auf das sich wichtige Prämissen der "Evolutionären Erkenntnistheorie" beziehen (vgl. CALLEBAUT u. PINXTEN 1987, RIEDL u. BONET 1987, VOLLMER 1985).

Auf diesem Hintergrund kann das hier bereits abgeleitete Konzept für die tiefere Einsicht in "Lernen" als Prozeß der Verhaltensoptimierung wie folgt konkretisiert werden:

1. Ebene der *proximate factors:*

1.1. Wie, wo und wann vollzieht sich Lernen (prozessuale Kausalität)?1.1.1. Kausalität der Umweltverknüpfung, das unmittelbare Wirkungsgefüge erfassend.

1.1.2. Physiologische Kausalität, das interne unmittelbare Prozeßgeschehen erfassend, damit über anatomische, neurophysiologische und neurochemische Zusammenhänge analysierbar.

1.1.3. Verknüpfung der Analyse des unmittelbaren Wirkungsgefüges mit der raumzeitlichen Ordnung, der die Fragen nach dem "Wie", "Wo" und "Wann" auf der aktualgenetischen und ontogenetischen Ebene zugeordnet sind.

1.2. Was vollzieht sich beim Lernen (funktionelle Kausalität)?

1.2.1. Erfassung der "messages" als informationelle Qualität: Identifikations-, Orientierungs- und Diskriminationsleistungen.

1.2.2. Erfassung des "meaning", der Gewichtung und Bedeutung der Lerninhalte für die Verhaltensoptimierung. Kontextuelle Zuordnung durch Erfassung der Funktionskreise, innerhalb derer sich die speziellen Lernvorgänge vollziehen.

2. Ebene der *ultimate factors:*

2.1. Kriterien der Optimierung des Verhaltens und damit auch der dabei eingesetzten Lernvorgänge in der Population.

2.2. Evolution der prozessualen Parameter des Lernens, den "Erkenntnisapparat" einschließend.

2.3. Evolution der funktionellen Zuordnung der Lernprozesse = Lernen als Adaptation (Integration).

2.4. Lernen als Evolutionsfaktor.

Der letztgenannte Aspekt hat in dem hier gesetzten Rahmen einen besonderen Stellenwert. Die zentrale Frage betrifft den Zusammenhang zwischen Lernen und Entwicklung, der schon frühzeitig erkannt wurde: Bereits BALDWIN (1895, 1896), MORGAN (1896), OSBORN (1896) und POULTON (1897) haben explizite sich dazu geäußert.

WADDINGTONs Hypothese von der "genetischen Assimilation" schließt sich an Vorstellungen von BALDWIN und MORGAN an, und HUXLEY hat 1942 als einer der Begründer der "synthetischen Theorie der Evolution" die Bedeutung der "organischen Selektion" hervorgehoben und damit einen Begriff von BALDWIN aufgenommen, der auch als "BALDWIN-Effekt" bezeichnet wird (SIMPSON 1953). E.MAYR hat diesem gegenüber erhebliche Reserven angemeldet. BALDWIN geht dabei von zwei Hauptprämissen aus:

1. Es handelt sich bei der "organischen Selektion" um einen Vorgang, der sich in einem Individuum vollzieht.

2. Die Wirkungen dieses Vorganges werden durch Selektion in Populationen umgesetzt.

BALDWIN hat seine Grundaussage bereits 1895 formuliert: "*Es ist not-*

wendig, künftig zu betrachten, wie bestimmte Reaktionen eines einzelnen Lebewesens selektiert werden können, um einen Organismus besser zu adaptieren und ihm eine 'Lebensgeschichte' zu gewähren. Dieses wollen wir als 'organische Selektion' bezeichnen im Unterschied zur 'natürlichen Selektion' des ganzen Lebewesens." Als BALDWIN 1902 sein Buch erneut herausbrachte, hat er durch einige Fußnoten seine Aussagen leider so verunklärt, daß Mißverständnisse die Folge waren. POULTON hat 1897 dagegen die entscheidenden Aussagen der "organischen Selektion" sehr klar formuliert und dabei auch den Konsensus mit BALDWIN und MORGAN betont: *"Ich glaube nicht, daß diese wichtigen Prinzipien einen Kompromiß zwischen LAMARCK und DARWIN darstellen."* Er läßt nur DARWIN gelten: *"Die Macht der individuellen Adaptation ist nur bei den höchsten Stufen der natürlichen Selektion gegeben und kann daher nicht als ein substituierender Bestandteil dieser angesehen werden."* Auf dieser Linie liegt auch CAMPBELL (1960), der *"blinde Variation und selektives Behalten.."* postuliert, und dies auch für menschliche Kreativität voraussetzt; damit wird Lernen als ein Vorgang aufgefaßt, bei dem gespeicherte Programme für die Adaptation an die Umwelt genutzt werden. Das heißt bei BALDWIN: *"Neue Adaptationen, vollzogen durch Individuen, mögen die Richtung der Evolution ohne Vererbung der erworbenen Eigenschaften bestimmen."* 1902 sprach er von *"Orthoplasie"*, um den richtenden oder determinierenden Einfluß der "organischen Selektion" auf die Evolution zu kennzeichnen. Nach BRAESTRUP (1971) deckt sich dieser Grundgedanke weitgehend mit dem Phänomen der "Prägung", beispielsweise bei der Habitat-Selektion. So kann die Besiedlung neuer ökologischer Nischen oft eingeleitet werden, ohne daß eine neue erbliche Grundlage gegeben ist.

Dieses Konzept kann in Beziehung gesetzt werden zu jenem von E.MAYR (1964) über die "offenen Informationsprogramme". Bei BALDWIN heißt es 1902: *"Es besteht allgemein weniger Abhängigkeit von einer definitiven Erblichkeit, als vielmehr von einer genetischen Disposition für einen allgemeinen Mechanismus psycho-physikalischer Art, wenn wir in tierischen Reihen aufsteigen...Es besteht fortgesetzte Selektion von gewissen fitten Individuen, und ihre Fitness mag bestehen in ihrer Eigenschaft, 'plastisch' oder akkomodierend zu sein."* Auch PIAGET (1967) bezieht eine vergleichbare Position und knüpft an die Annahme von BALDWIN an, daß die allgemeinen Merkmale der geistigen Entwicklung des Kindes einen großen Teil der Reaktionen "primitiver" wie auch "zivilisierter" Erwachsener erklären: *"Im Zusammenhang mit GRANT sei noch darauf hingewiesen, wie sehr der BALDWINsche Effekt, den er erörtert und den J.M.BALDWIN 1896 'organische Selektion' genannt hat, unseren Prozeß Nr.2 mit einschließt. Als BALDWINschen Effekt bezeichnet man heute die genetische Reorganisation bei der fortschreitenden Anpassung der anfangs gerade nur überlebensfähigen Phänotypen. GRANT beschreibt die der Produktion adaptierter Phänotypen vorangehende Phase als temporäre Anpassung (1963) des Genotypus. Wieder fragen wir, auf welche Weise das Genom informiert wird, bevor es die angemesssene Reaktion konstruiert hat, wenn nicht durch feedbacks, die ihm Erfolge oder Mißerfolge seiner Konstruktion melden; denn es handelt sich hier nicht um Selektion durch Tod oder Überleben, sondern um organische Selektion, also um eine durch die erzielten Resultate bestimmte Veränderung von Proportionen."* Das Phänomen der "inneren Selektion" ist damit tangiert, moderne Lösungswege bieten die Theorien von der "Ordnung des Lebendigen" (RIEDL 1975), die "Synergetik" (HAKEN 1978), die Theorie der "Selbstorganisation" (HESS/HENDRICHS/KÜPPERS 1986) oder der "Autopoiesis" (MATURANA/VARELA 1987). Insgesamt stehen heute folgende Begriffe fast synonym für den BALDWIN-Effekt:

* *organische Selektion = funktionelle Selektion* (BALDWIN)
* *genetische Assimilation* (WADDINGTON)
* *koinzidente Variation*
* *indirekte Selektion*
* *modifikatorisches Steuern* (BRAESTRUP 1968).

Dieses Problemfeld wurde auch auf einer Tagung in Heidelberg 1987 angesprochen (F.SCHMIDT 1988).

Aus verhaltensbiologischer Sicht sind zahlreiche Mechanismen bekannt, die einen vergleichbaren Effekt bewirken, wobei auf die "Prägung" bereits verwiesen wurde. Wir rechnen hierhin das *"obligatorische Lernen"*, das raumzeitliche Vorgaben hat und sich im Sinne von BRONFENBRENNER (1979) auf typische "Settings" bezieht. Diese implizieren "ökologische Umwelten", deren Analyseeinheiten Synomorphe sind und aus kollektiven Verhaltensmustern sowie einem physikalischen und sozialen Milieu zusammengesetzt sind: Synomorph bedeutet Passung von Verhalten und Milieu.

Solche Bedingungen konstituieren im engeren Sinne "tradigenetische Linien" (vgl. auch MAINARDI 1980). Sie basieren auf einer genetisch determinierten "Akzeptanz" für bestimmte Umweltangebote unter definierten Bedingungen, die wir auch als Kontext bezeichnen oder als "Funktionskreise" umschreiben. Auf höherer Evolutionsstufe verbindet sich damit eine Weitergabebereitschaft = "Donatanz". Damit sind (verändert) im Anschluß an HAYEK und VOGEL vier "Potentialebenen" der Verhaltensoptimierung angesprochen:

1. *phylogenetisches Potential:* genetische Vorgabe im Sinne von "geschlossenen" Programmen.
2. *ontogenetisches Potential:* motivationsspezifische individuelle

Lernbereitschaften (offene Programme).

3. *Tradigenetisches Potential:* tradierte Vorgabe auf der Grundlage "offener Programme" des Verhaltens. Für den Zeitpunkt der tradigenetischen Weitergabe gibt es Vorgaben, es dominiert konzeptionelles Lernen, das neue Qualitäten der Adaptation erzeugt ("fulgurativ" im Sinne von LORENZ). Es handelt sich im wesentlichen um ein obligatorisches Lernen mit begrenzten Variablen als Lerninhalte.

4. *Ratiogenetisches Potential :* Bewußte soziale Aneignung von "Wissen" oder "Können", das in der Gruppe existiert. Hier kommt dem Beobachtungslernen ein besonderer Stellenwert zu. Es handelt sich weitgehend um "fakultatives Lernen".

Die vierte Ebene steht der *sozial-kognitiven Lerntheorie* von BANDURA (1979) nahe: *"Aus dem Blickwinkel der sozial-kognitiven Lerntheorie werden die Menschen weder durch innere Kräfte angetrieben noch von Umweltstimuli vorwärts gestoßen. Die psychologischen Funktionen werden vielmehr durch die ständige Wechselwirkung von Determinanten seitens der Person und seitens der Umwelt erklärt. Innerhalb dieses Ansatzes kommt symbolischen, stellvertretenden und selbstregulierenden Prozessen vorrangige Bedeutung zu...Die Fähigkeit, durch Beobachtung zu lernen, ermöglicht den Menschen ausgedehnte, integrierte Verhaltensmuster zu erwerben, ohne sie langwierig und mühsam durch Versuch und Irrtum aufbauen zu müssen."* Dieser Ansatz steht in engem Zusammenhang mit dem hier vorgestellten Grundkonzept und erlaubt unschwer phylogenetische Ableitung dieser menschlichen Eigenschaftsfelder aus biologischen Vorstufen. Für das Beobachtungslernen werden vier Voraussetzungen hervorgehoben (hier leicht modifiziert):

* Aufmerksamkeitsprozesse
* motivational-emotionale Prozesse
* Behaltensprozesse
* motorische Reproduktionsprozesse.

Solche exogenetischen Lernvorgänge setzen schon auf der biologischen Ebene *"Verhaltens-Allianz"* voraus:

* Elter und Junge (Alterspartnerschaft)
* Männchen und Weibchen (Sexualpartnerschaft)
* Kompetitor und Rivale (intraspezifische Konkurrenz).

Sie liefern entscheidende Voraussetzungen für konstruktive exogenetische Programme. Kommunikative Signale wie die Vogelgesänge sind konstruktive Erzeugnisse der endo- und exogenetischen "Erblichkeit" und weisen dabei eindrucksvoll die Effizienz sozialer Allianzen aus. Der endogenetische Anteil wäre dabei die Prädisposition zu singen oder zum selektiven Erfassen bestimmter akustischer Parameter und Kombinationen, wobei Verhalten als "Singen" und Wiederholungsbereitschaft gefordert wird. Die exogene Erblichkeit setzt selektierte Bedingungen für den Lernvorgang voraus, die es ermöglichen, den Gesang zu hören oder mit bestimmten Artgenossen sozial im Sinne einer "Verhaltens-Allianz" zu interagieren.

Stabilitäten in der Weitergabe von Informationen werden oft mit einer endogenetischen Erblichkeit erklärt, obwohl die erbliche Präferenz bestimmter Eigenschaften des Lebensraumes auch eine solche Stabilität sichern kann, etwa im Sinne einer Präferenz "funktioneller Randbedingungen" (vgl. TEMBROCK 1987), die eine hohe Wahrscheinlichkeit für das Auftreten der Funktionsobjekte (hier der Allianz-Partner) sichern, vielleicht sogar verwandter Individuen. Mechanismen, die solche Allianzen konstituieren und damit das Erlernen arttypischen Verhaltens fördern, sind:

* das Erkennen von Verwandten
* die Verteilung im Raum (Raum-Präferenzen)
* die Synchronisation
* die Assoziation (Konglobationen, Aggregationen)
* das Vergleichen (matching).

Ein wichtiger Aspekt für tradigenetisches Verhalten auf Grund exogenetischer Erblichkeit ist die Gewichtung des Verhaltens, das von der vorangehenden Generation weitergegeben wird. Das setzt auch einen entsprechenden Einsatz bei der Übernahme und Sicherung des Verhaltens in der Generationenfolge voraus. Dafür werden Bindungsmechanismen gefordert:

* Bindung im Sinne von *Attachment*
* Bindung als *Allianz*
* Bindung über *Sympathie*
* Bindung über *Empathie* (Einfühlen).

Wir kehren in unserer Betrachtung nochmals zu den eben gekennzeichneten vier *"Lern-Potentialen"* zurück, dem phylogenetischen, dem ontogenetischen, dem tradigenetischen und dem ratiogenetischen. Das phylogenetische Potential hat eine arttypische Ausprägung, das ontogenetische bedingt eine individualtypische Ausformung, die restlichen beiden sind populationsspezifisch, wobei das ratiogenetische Potential im engeren Sinne menschliche Populationen in der Struktur von Gesellschaften voraussetzt und an Sprachkommunikation gebunden ist. Wenn wir auf diesem Hintergrund elementare Adaptationsvorgänge im Sinne von Lernen im Evolutionsaspekt betrachten, dann lassen sich drei Ebenen für alternative Entscheidungen (etwa als Präferenzen) unterscheiden:

1. Die Präferenz ist artspezifisch vorgegeben als phylogenetisches Potential.
2. Die Präferenz wird von der individuellen Erfahrung bestimmt, ba-

siert also auf dem ontogenetischen Potential. Damit ist das Prinzip der Maximierung gegeben. Diese kann auftreten als generelle Maximierung (Generalisten) oder als spezielle Maximierung (Spezialisten).

3. Es kommt zu einer relativen Präferenz auf Grund einer nichtexklusiven Wahl mit bestimmten Verteilungen, die von einer Erkundungsbereitschaft getragen und von sozialen Bezügen beeinflußt wird. Hier liegt eine typische Optimierung vor.

Bei der dritten Ebene sind tradi- und ratiogenetische Potenzen gefordert.

Wir haben jetzt auf verschiedenen Wegen versucht, große Evolutionslinien nachzuzeichnen, die von der Grundaussage bestimmt werden, daß Lernen der Optimierung des Verhaltens dient und dieses die Entwicklung sichert. An dieser Stelle sollte ein grundsätzliche Folgerung aus dem hier vorgestellten Ansatz abgeleitet werden: *Message war früher da als Meaning* Das möchten wir an der Ontogenese nachvollziehen, und dort ist ein Phänomen angesprochen, das offenbar bei CHANGEUX et al. (1984) als "pre-representations" (im Gehirn) umschrieben wird. Mit diesen schon vorhandenen Repräsentationen von Umweltausschnitten, sind ontogenetisch erworbene gemeint. Dazu eine über diesen Ansatz hinausgehende Hypothese: In der Ontogenese erfolgt eine Strukturierung von Messages als informationelle Repräsentation von Reizmustern, die auf die Exterorezeptoren einwirken. Es sind - bildlich gesprochen - individuelle angeeignete "Grundkenntnisse" (aber keine "Erkenntnisse"), denen noch keinerlei Bedeutung oder Gewichtung (meaning) zugordnet ist. Dazu ist ein motorisches Analogon bekannt: Kinder zeigen in den ersten Wochen nach der Geburt eine hohe Bereitschaft zur Nachahmung von mimischen Mustern Erwachsener ohne jeden funktionellen Bezug, also ohne "Sinngebung"(MELTZOFF u.MOORE 1977). In gleicher Weise - so unserer Postulat - werden sensorische Angebote unter Einschluß der Motorik aufbereitet, die zur "Justierung" der Rezeptoren dient, wie Lageänderungen, Kopfwenden und Augenbewegungen. Dieser Vorgang hat Beziehung zu dem, was auch "latentes Lernen" genannt, aber ursprünglich als abgeleitete Eigenschaft interpretiert wurde. Dabei wird auch den Zusammenhängen zwischen eigener Motorik und Sensorik eine entscheidende Bedeutung beigemessen. In der Ontogenese könnte sich partiell wiederholen, was bereits in der Phylogenese die Evolution der informationsverarbeitenden Systeme bestimmt hat und damit die Voraussetzungen für den Wissenserwerb des Individuums schuf. Wenn ein Organismus bei starken Umwelteinwirkungen (wir sagen "Erlebnissen") keine semantische Differenzierung vornehmen kann, wird der gesamte "Nahraum" intern fixiert, bleiben also alle "Sinneseindrücke", die während dieses Ereignisses gegeben waren, im Gedächtnis. Der Organismus hat nicht erfassen können, was in diesem Augenblick "wichtig" war. Das kann auch der heranwachsende Organismus vielfach noch nicht, so daß erst im Verlauf der Ontogenese aus Umgebungsräumen sich "Ereignisfelder", die motivationsspezifisch sind (kontextuell), herausdifferenzieren. Den Evolutionsmechanismen kommt (nach dieser Hypothese) die Aufgabe zu, die Mechanismen der Informationsbildung (aus den sensorischen Erregungsmustern) auszubilden, als deren Folge die "messages" verfügbar werden. Die Evolution des Erkenntnisapparates in diesem Sinne bedeutet die Herausbildung der Fähigkeit, Kenntnisse über die Umwelt zu erwerben und Voraussetzungen für ihre Bewertung und Gewichtung zu schaffen, was in den Ontogenese später reift, aber phylogenetisch vorgegeben sein muß, da es im hohen Maße mit der arttypischen Gesamtorganisation des jeweiligen Organismus korreliert. Damit sind phylogenetische und ontogenetische Formen des Erwerbs von Kenntnissen (message) und Erkenntnissen (meaning) wichtige Voraussetzungen angepaßten Verhaltens. Aber auch Verhalten selbst kann wieder Lernen fördern, unspezifisch als Erweiterung des "Weltbildes", das im weiteren Sinne ein "Umweltbild" ist, spezifisch im Rahmen motivierten Verhaltens, das Umweltansprüche zu gewährleisten hat. Das Erkundungslernen fördert den qualitativen Ausbau der "perzeptiven Welt", während das funktionsspezifische motivierte Lernen im hohem Maße Nischen-spezifisch ist. Erkundungslernen kann neue Verhaltens-Nischen erschließen, funktionsspezifisches Lernen fördert die jeweilige Nischen-Einpassung, es optimiert die "Verhaltenspraxis", das andere die Verhaltens-Potenz.

Das hier angedeutete evolutiv orientierte Konzept für die Optimierung des Verhaltens durch Lernen sollte jetzt noch in Hinblick auf die Konstituierung des "Meaning" weiter hinterfragt werden. Wir erinnern: - Message umschreibt die semantische Dimension der Information und Meaning die pragmatische. Diese aber setzt angepaßte funktionsgerechte Konzepte voraus, die wir auf der organismischen Ebene im wesentlichen als "präkognitive Konzepte" umschreiben wollen, während sie beim Menschen die Qualität "kognitiver Konzepte" erreichen.

Hierzu bietet GRAY (1975) sein *"Zwei-Prozeß-Modell"* an:

1. Lernen von Beziehungen zwischen Reizen;
2. Lernen von Beziehungen zwischen einer Antwort und ihren Folgen.

Von TOLMAN wurde zwischen 1932 und 1959 eine "behavioristisch" orientierte kognitive Lerntheorie entwickelt, die trotz dieses Ansatzes auch heute noch interessant ist:

* Mentale Faktoren: Erkennen und Zielorientierung;
* neurale Faktoren als immanente Ursache des Verhaltens, dazu Reize als "letzte Ursache";
* Lernen als Erwerb von Erwartungen, Umwelt als "psychologisches

Feld", in das der Organismus integriert ist, selbst ein Teil dieses Feldes (vgl.oben die "Settings");

* 1. Lerntyp: "Kathexis", auf Diskrimination von Zielobjekten gerichtet;
* 2. Lerntyp: Postulat der Gleichwertigkeit, wobei gelernt wird, neutrale Reize mit dem Auftauchen eines positiven oder negativen Zielobjektes gleichzusetzen;
* 3. Lerntyp: Felderwartungen als Vorwegnahme in bezug auf die physische (ökologische) und soziale Umgebung;
* 4. Lerntyp: Feld-Erkennungs-Modus als Erfassen von Beziehungen oder Aspekten des Feldes im Sinne einer Einsicht;
* 5. Lerntyp: Trieb-Diskrimination als Unterscheiden zwischen internen Antriebs-Reizen;
* 6. Lerntyp: Erwerb von Bewegungsmustern;
* 7. Lerntyp: Schöpferische Ideation als Auftauchen neuer Verhaltensstrukturen nach Erfassung neuer Feldeigenschaften oder -beziehungen.

Gestaltpsychologische Ansätze sind unübersehbar, aber gegenwärtig zeichnet sich zwischen der Gestalttheorie und der Theorie der Selbstorganisation ein Brückenschlag ab (STADLER u. KRUSE 1986), der neue Horizonte für den Erkenntnisgewinn konturiert. Auch bei WALKER (1983) findet sich ein Ansatz zur Einsicht in die Evolution kognitiver Leistungen, die elementar auf Sieben und Selektieren von Informationen zurückgeführt werden. Das "Wissen um Ziele", über den Raum und die Handlungen, die zu ihnen führen, sieht er als unabhängige Konstituenten des Prozesses, der aber eigengesetzlich strukturiert werden kann. Bei ROITBLAT (1982) taucht ebenfalls der von uns schon angesprochene Begriff der "Repräsentation" früherer Erfahrungen auf, die es gestattet, künftiges Verhalten zu steuern, wobei sich ein "Repräsentationssytem" aus folgenden Bedingungen zusammensetzt:

* die Domaine und den Bereich von Situationen in der repräsentierten Umwelt, auf die sich das System bezieht;
* den Gehalt oder Satz von Eigenschaften, enkodiert und fixiert in dem System;
* einen Kode oder Transformationsregeln, nach denen die Eigenschafder Repräsentation in Beziehung stehen zu den entsprechenden Eigenschaften der repräsentierten Umwelt;
* ein "Medium" oder physikalische Voraussetzungen für die Repräsentation;
* die Dynamik als Art der Änderung des Systems in der Zeit.

Es wird davon ausgegangen, daß Repräsentationen, die als Modelle von Regelhaftigkeiten in der Umwelt wirken, auf vielen Ebenen des

Funktionssystems des Verhaltens operieren, kognitiven wie nicht-kognitiven. Dies wird als "Metatheorie der Repräsentation" zusammengefaßt. Dabei sollen Repräsentationen nicht mit Gedächtnis gleichgesetzt werden, sie könnten vielmehr Äquivalente dessen sein, was über evolutive Mechanismen im Sinne der Evolutionären Erkenntnistheorie zu fordern ist: "kognitive Repräsentationen im neuralen Bereich". Man wird an eine Formulierung von WEIMER (1973) erinnert: Der Organismus kann als eine Theorie seiner Umgebung aufgefaßt werden. Der Mensch hat darüberhinaus seine Umwelt zu "einer Theorie des Menschen" gemacht. Aber auch ein Termitenbau ist ein erstaunliches Ergebnis "natürlicher (ratiomorpher) Intelligenz"; seine Herstellung durch Menschen würde hohe Wissensanforderungen, Sachkenntnis und Denkvermögen voraussetzen.

Die Struktur des hier vorgestellten Ansatzes enthält - auch für den Autor - überraschende Beziehungen zu einigen Grundprämissen von K.POPPER, die dieser 1975 formuliert hat (vgl. auch C.F.v.WEIZSÄCKER 1977), wobei der Gedanke "*der Instruktion und der Selektion*" zugrundegelegt ist: "*Von einem biologischen oder evolutionären Blickpunkt aus kann man die Wissenschaft, oder den Fortschritt der Wissenschaft als ein Mittel betrachten, das die menschliche Spezies benützt, um sich der Umwelt anzupassen: neue Umweltnischen zu besetzen, und sogar neue Umweltnischen zu erfinden. Wir können drei Niveaus der Anpassung unterscheiden: genetische Anpassung; adaptives Verhaltenslernen; und wissenschaftliche Entdeckung, die ein Spezialfall des adaptiven Verhaltenslernen ist...Meine Hauptthese besagt die* ***fundamentale Ähnlichkeit der drei Niveaus****...Auf allen drei Niveaus ist der Mechanismus der Anpassung fundamental derselbe.*" Gemeint ist die dann abgeleitete "*Anpassung durch die 'Methode von Versuch und Irrtum'....besser durch die 'Methode des Versuchs und die Elimination des Irrtums ...Sie wirkt auf allen drei Niveaus.*" "*All dies ist ein Teil der kritischen Auffassung der Wissenschaft, im Gegensatz zur induktionistischen oder selektionistischen Auffassung; oder der darwinistischen oder eliminationistischen oder selektionistischen Auffassung im Gegensatz zur lamarckistischen Auffassung, die mit dem Gedanken der* ***Instruktion von außen*** *oder aus der Umwelt arbeitet, während die kritische oder selektionistische Auffassung nur* ***Instruktion von innen,*** *aus dem Inneren der Struktur selbst zuläßt.*" Die Beziehungen zum Konzept der Autopoiesis sind nicht zu übersehen, und bei SCHOPENHAUER findet sich der anschauliche Aphorismus, nach dem vor KANT unser Kopf im Raum steckte, nach KANT jedoch der Raum in unserem Kopf (vgl.auch OESER 1987).

Der Ring schließt sich, wir kehren zu dem Anliegen zurück, mit dem wir diese Ausführungen aufgenommen haben: Lernen ist Optimierung des Verhaltens und Verhalten ist Optimierung der Entwicklung. Essentiell für den Gesamtvorgang ist der Informationswechsel. Dieser hat unterschiedliche Referenzrahmen:

1. Auf der Basis von "lebender Substanz" im Gefolge der Chemogenese im molekularen Bereich: genetischer Informationstransfer;

2. auf der Basis ökologischer Umweltbedingungen im Gefolge der Biogenese im organismischen Bereich auf der neuro-endokrinen Ebene der Interaktionen, genetischen Informationstransfer voraussetzend;

3. auf der Basis von Populationen bzw. Biosozialstrukturen als Interaktionsgefüge zwischen Individuen, wieder unter Voraussetzung der tieferen Ebenen;

4. auf der Basis von tradierten kulturellen Wert- und Normsystemen im Kontext nicht-anonymer Sozialeinheiten;

5. auf der ökonomischen Basis gesellschaftlich strukturierter (institutionalisierter) anonymer Sozialeinheiten, wobei die ökonomische Basis mit der alten ökologischen interferiert.

Die beiden letztgenannten Evolutionsebenen konstituieren die metabiotische Evolution oder "Soziogenese", getragen von dem Menschen als eine "biopychosoziale Einheit". Von eminenter Bedeutung sind dabei die Raum-Zeit-Koordinaten für den Informationstransfer: Es geht um den "horizontalen" sowie den "vertikalen" (Diachronie) Informationstransfer, also um die Dimensionen des Informationswechsels überhaupt. In der metabiotischen Evolution dominiert die "Vererbung erworbener Eigenschaften", die sich elementar tradigenetisch vollzieht, Varianten anbietet, die über Wert- und Normsysteme selektiert und eliminiert werden. Diese Mechanismen haben noch einen engen Zusammenhang mit dem biotischen Bedingungsgefüge, das in vielfältiger Weise in die Wert- und Normsysteme integriert wird. Erst die Evolution des ratiogenetischen Potentials mit bewußter Wissensaneignung auf einer ökonomischen Basis entfaltet jene neuen Dimensionen von Risiken und Chancen, die gegenwärtig einer tiefgreifenden Reorganisation unterliegen. Diese fordert neue Konzepte für das Verständnis der zugrundeliegenden Mechanismen an; auf diesem Hintergrund wurde auch der vorliegende Ansatz formuliert.

Literatur

BALDWIN,J.M.: Mental development in the child and the race. Boston 1895.

BALDWIN,J.M.: A new factor in evolution. Amer.Nat.**30** (1896), 536-553

BALDWIN,J.M.: Develpment and evolution. New York 1902.

BANDURA,A.: Sozial-kognitive Lerntheorie. Stuttgart 1979.

BRAESTRUP,F.W.: The evolutionary significance of learning. Vidensk. Meddr.dansk naturh.Foren.**134** (1971), 89-102.

BRONFENBRENNER,U.: The ecology of human development. Cambridge 1979.

CALLEBAUT,W., R.PINXTEN (Ed.): Evolutionary Epistomology. Dordrecht 1987.

CAMPBELL,D.T.: Blind variation and selective retention in creative thought as in other knowledge processes. Psychol.Rev. 67 (1960), 380-400.
CHANGEUX,J.-P., T.HEIDMANN, P.PATTE: Learning by selection. In: P.MARLER & H.S.TERRACE (Ed.): The biology of learning, 115-133. Berlin 1984.
ELLEN,P., C.THINUS-BLANC (Ed.): Cognitive processes and spatial orientation in animal and man. I/II. Dordrecht 1987.
GRANT,V.: The Origin of Adaptation. New York 1963.
GRAY,J.A.: Elements of Two-Process Theory of Learning. London 1975.
HAKEN,H.: Synergetics. Berlin, Heidelberg, New York 1978.
HAYEK,F.A.v.: Die drei Quellen der menschlichen Werte. Walter Eucken Institut: Vorträge und Aufsätze **70**, Tübingen 1979.
HESS,A., H.HENDRICHS, G.KÜPPERS (Hrsg.): Selbstorganisation. München 1986.
HUXLEY,J.: Evolution, the modern synthesis. London 1942.
KÜPPERS,B.-O.: Der Ursprung biologischer Information. München 1986.
MAINARDI,D.: Tradition and social transmission of behavior in animals. In: G.BARLOW & J.SILVERBERG (Ed.): Sociobiology: Beyond Nature/Nurture?, 227-255, 1980.
MATURANA,H., F.J.VARELA: Der Baum der Erkenntnis. Bern 1987.
MAYR,E.: Animal Species and Evolution. Cambridge, Mass. 1963.
MELTZHOFF,A.N., M.K.MOORE: Imitation of facial expressions and manual gestures by human neonates. Science **198** (1977), 75-78.
MORGAN, C.LlOYD: Habitat and Instinct. London 1896.
OSBORN,H.F.: A mode of evolution requiring neither natural selection nor the inheritance of acquired characters. Trans.New York Acad. Sci.**15** (1896), 141-143, 148.
OESER,E.: Psychozoikum. Evolution und Mechanismus der menschlichen Erkenntnisfähigkeit. Berlin und Hamburg 1987.
PIAGET,J.: Biologie et connaissance. Paris 1967.
POPPER,K.: The rationality of scientific revolutions. In: R.HARRE (Ed.): Problems of Scientific Revolution: Progress and Obstacles to Progress in the Sciences. Oxford 1975.
POULTON,E.B.: (Discussion Baldwin Effect). Science **6** (1897), 585-587.
RIEDL,R.; E.M.BONET (Hrsg.): Entwicklung der Evolutionären Erkenntnistheorie. Wien 1987.
ROITBLAT,H.L.: The meaning of representation in animal memory. Behav. Brain Sci.**5** (1982), 353-406.
SCHMIDT,F. (Hrsg.): Neodarwinistische oder Kybernetische Evolution? Heidelberg 1988.
SCHWEMMLER,W.: Symbiogenesis. A Macro-Mechanism of Evolution. Berlin, New York 1989.
SIMPSON,G.G.: The Baldwin effect. Evolution **7** (1953), 110-117.
SMITH,W.J.: The behavior of communication. Cambridge, Mass. and London 1977.
STADDON,J.E.R.: Adaptative Behavior and Learning. Cambridge 1983.
STADLER,:, P.KRUSE: Gestalttheorie und Theorie der Selbstorganisation. Gestalt Theory **8** (1986), 75-98.
TEMBROCK,G.: Verhaltensbiologie. Jena 1987.
TINBERGEN,N.: The Study of Instinct. Oxford 1951.
TOLMAN,E.C.: Collected Papers. Berkeley 1951.
VOGEL,Chr.: Von der Natur des Menschen in der Kultur. Studium generale: Mensch und Tier III/IV, 138-149. Tierärztliche Hochschule Hannover 1986.
VOLLMER,G.: Die Natur der Erkenntnis. Stuttgart 1985.
WADDINGTON,C.H.: The "Baldwin Effect", "Genetic Assimilation", and "Homeostasis". Evolution **7** (1953), 386-387.
WALKER,S.: Animal Thought. London, Boston usw. 1983.
WEIZSÄCKER,C.F.v.: Der Garten des Menschlichen (speziell: "Die Rückseite des Spiegels, gespiegelt"). München 1977.

NETZWERKMODELLE EINFACHER LERNSTRATEGIEN

Werner Ebeling[1], Rainer Feistel[2]

1. Evolution der Information

Im Verlaufe der Evolution auf unserem Planeten sind durch Selbstorganisation verschiedene Informationssysteme entstanden [1].

Dazu gehören:

1) Genetische Informationssysteme: Diese beruhen auf der Speicherung von Informationen durch die Basenfolge in Polynukleotidmolekülen (DNA, RNA); sie sind unmittelbar mit der Entstehung des Lebens verbunden.

2) Neuronale Informationssysteme: In vielzelligen Organismen spezialisierten sich Zellgruppen auf den Empfang, die Weiterleitung und Verarbeitung von Signalen. Diese Nervenzellen bildeten neuronale Netze aus, in denen sich zunächst ein Signalfluß durch elektrische Impulse und später immer höhere (kognitive) Formen der Informationsverarbeitung ausbildeten [2,3].

3) Chemische Informationssysteme: Durch hydrodynamischen und Diffusionstransport spezieller Moleküle und Zellen wurde parallel dazu ein anderes Regulationssystem aufgebaut (Hormon-Immun-System usw.).

4) Systeme der Biokommunikation: Mit der Evolution der Tiere entstanden komplizierte Systeme des Signalaustausches und der Informationsverarbeitung, die insbesondere Lernprozesse einschlossen [2,3].

5) Humane Kommunikationssysteme: Mit der Evolution des Menschen, der Arbeit und der Sprache entwickelten sich besondere Informationssysteme z.B. durch Austausch geschriebener Zeichensysteme (Tontafeln, Briefe, Bücher usw.) [3].

6) Autonome technische Informationssysteme: Im Ergebnis der Tätigkeit des Menschen entwickelte sich die Technik, die relativ autonome Informationssysteme wie Regelkreise und schließlich Computer hervorbrachte [4].

Wir verstehen Informationsverarbeitung als eine spezielle (besonders hochentwickelte) Form der Selbstorganisation der Materie [5-7]. Ziel dieses Beitrages ist es, Beiträge der Physik der Selbstorganisation und Evolution zum Verständnis von Lernprozessen zu diskutieren,

---

[1] Sektion Physik der Humboldt-Universität, Invalidenstr. 42, Berlin 1040

[2] Sektion Schiffstechnik der Wilhelm-Pieck-Universität, Einsteinstr. 1, Rostock 2500

die auf dem neuronalen Informationssystem beruhen. Unter Lernen verstehen wir dabei nach Klix [3] Prozesse der adaptiven Steuerung von Systemen, die auf der Speicherung "nützlicher" Informationen basieren.

2. Modellierung von Grundzügen der neuronalen Informationsverarbeitung

Die Zentraleinheit der organismischen Informationsverarbeitung sind Netzwerke, die aus Neuronen, den Nervenzellen bestehen. Zu den ersten Untersuchungen über die Struktur von Nervenzellen zählte die an der Berliner Universität im Laboratorium von Johannes Müller angefertigte Promotionsarbeit von Hermann Helmholtz. Diese schon im 4. Studienjahr erfolgreich verteidigte Dissertation war für die damalige Zeit eine mikroskopisch-anatomische Meisterleistung. Helmholtz verdanken wir die fundamentale Erkenntnis, daß die Reizleitung auf physikalischen Prozessen beruht und mit endlicher Geschwindigkeit verläuft. Wir besitzen heute sehr detaillierte Kenntnisse über die Struktur von Neuronen und wissen, daß der eigentliche Zellkörper mit dem Zellkern einen Schwanz (Axon) besitzt, dessen Länge zwischen 1 mm und 1 m liegen kann und weiterhin zahlreiche Fortsätze (Dendriten), welche mit Nachbarzellen über Schnittstellen (Synapsen) Kontakte herstellen können [8]. Ein Neuronensystem erinnert an ein kompliziertes elektrisches Netzwerk. Die Dendriten sind sozusagen die Input-Kanäle des Neurons; hier werden (postsynaptisch) die Erregungen von anderen Neuronen aufgenommen. Der Zellkörper wirkt integrierend, in Abhängigkeit von der Stärke der Eingangserregungen kann er in relativer Ruhe verharren oder elektrische Impulse aussenden, welche das Axon entlang wandern und über Synapsen an die Dendriten anderer Neutronen koppeln. Durch die synaptische Verknüpfung entstehen Schaltstrukturen, die einen sehr hohen Komplexitätsgrad aufweisen [8]. Das menschliche Zentralnervensystem enthält etwa 10^{11} Neuronen und wahrscheinlich mehr als 10^{14} synaptische Verbindungen. Jedes Neuron unterhält nämlich viele hunderte oder tausende synaptischer Kontakte, über die es mit anderen Neuronen oder Rezeptoren im Informationsaustausch steht. Im Verlaufe der Ontogenese des Gehirns entstehen immer neue Neuronen und es vollzieht sich eine Selbstorganisation der synaptischen Verbindungen. Durch ständiges Knüpfen und Lösen von synaptischen Kontakten werden günstige funktionsgerechte Strukturen erzeugt, die schließlich fest "verdrahtet" werden. Geeignete Neuronen überleben, andere sterben ab, es wirken Selektionsprinzipien.

Wir diskutieren nun die Informationsaufnahme in Rezeptoren und ihre Verarbeitung durch verschaltete Neuronen. Die Organismen haben zur Analyse und Verarbeitung der auf sie einwirkenden Umweltreize spezielle Sinnesorgane, die Rezeptoren, entwickelt. Am besten untersucht ist wohl die Struktur des Lichtrezeptors und es hat nicht an Versuchen gefehlt, die gewonnenen Erkenntnisse in technische Systeme der Bildanalyse umzusetzen. So hat man z.B. das Prinzip der Kontrastverschärfung technisch nachgeahmt. Ganz grob können wir folgende Reihenfolge der biologischen Reizverarbeitung angeben:

1. Chemischer Filterstoffwechsel.
2. Erzeugung eines Generator- oder Rezeptorpotentials.
3. Auslösung von Impulsfolgen, die in Nervenfasern fortgeleitet werden.

Hierbei erfolgt eine Digitalisierung. Die Höhe des Rezeptorpotentials, die ein Maß für die subjektive Empfindung der Reizstärke darstellt, wird in Impulsfolgen umgesetzt. Hohe Frequenz der aufeinanderfolgenden Impulse bedeutet eine hohe Reizintensität. Die Nervenstränge gelangen in der Regel nicht direkt bis ins Zentralnervensystem, sondern sie enden an einer Synapse. Die Synapsen stellen Schaltstellen dar, an denen die Übertragung der Erregung auf das nächste Neuron erfolgt. An den Synapsen bewirkt jeder ankommende Impuls die Freisetzung einer definierten Menge eines Erregerstoffes, eines sogenannten Neurotransmitters. Über komplizierte chemische Umsetzungen wird wieder ein Generatorpotential aufgebaut und eine Impulsfolge ausgelöst.
Obwohl viele der elektrischen und chemischen Vorgänge im einzelnen schon aufgeklärt wurden, fehlt uns noch weitgehend das Verständnis für das Zusammenwirken der Neuronen. Die komplexen Leistungen der biologischen Informationsverarbeitung ergeben sich aber erst durch das Zusammenschalten solcher relativ einfacher Elementarbausteine. Eines der wesentlichen Merkmale neuronaler Netzwerke ist die Konvergenz-Divergenz-Schaltung: Jedes einzelne Neuron erhält über seine synaptischen Eingänge von vielen anderen Neuronen oder Rezeptoren Informationen (Konvergenz), "verrechnet" diese und verteilt sie über seine Nervenstränge auf eine Vielzahl weiterer Neuronen (Divergenz). Die große Leistungsfähigkeit der biologischen Informationsverarbeitung wird durch ein hohes Maß an Redundanz erreicht, durch zahlreiche parallel arbeitende Neuronen. Die Störanfälligkeit des Nervensystems wird weiterhin durch Regelkreise, sowie durch die Fähigkeit zur Selbstoptimierung und zur Umorganisierung von Funktionsabläufen, vermindert. Man nennt all diese Formen der Anpassungsfähigkeit "Plastizität". Viele neuronale Verschaltungen sind nicht so absolut fest verdrahtet wie in unseren herkömmlichen Computern. Besonders während der Ontogenese (Individualentwicklung) können sich Verbindungen neu bilden oder lösen. Man hat abgeschätzt, daß der Bauplan des Zentralnervensystems mit seiner gigantischen Komplexität von Verschaltungen nicht in allen Details in unseren Erbanlagen fixiert sein kann. Damit ist bewiesen, daß Elemente der Selbstorganisation bei seiner Herausbildung wirken. So wurde auch das Gehirn Gegenstand der Physik der Selbstorganisation oder Synergetik und es existieren bereits eine Reihe von Monographien über diesen Ge-

genstand [7] . Obwohl die Komplexität der neuronalen Verschaltungen praktisch unübersehbar groß ist, beruht sie wahrscheinlich auf wenigen Elementarmechanismen. Solche Elementarvorgänge sind z.B. Erregung und Hemmung sowie Selektionsmechanismen. Beispielsweise kann man verstehen, wie ein Neuron, das in einer Konvergenzschaltung Information von zwei anderen Neuronen empfängt, die Grundrechenarten Addition, Subtraktion oder Multiplikation realisiert und das Resultat in einer Divergenzschaltung weiterleitet. Über ein solches elementares Zusammenwirken von zwei benachbarten Rezeptoren wird beispielsweise ein Mechanismus realisiert, den man laterale Inhibierung nennt, und der zur Kontrastverstärkung führt. Auf diese Weise kann unser Auge Kontraste an einer Hell-Dunkel-Grenze stärker wahrnehmen, als der Abbildungsschärfe nach den Gesetzen der geometrischen Optik auf der Netzhaut entspricht. Da man einige dieser elementaren Mechanismen in ihrem prinzipiellen Funktionsablauf aufgeklärt hat und weiß, daß diese Funktionen nicht an die spezielle "Neurochemie" gebunden sind, hat man Vorschläge erarbeitet, um mit Hilfe von anderen chemischen oder biochemischen Reaktionen "rechnende Reaktionsnetzwerke" zu konstruieren. Mann kennt eine ganze Anzahl von Reaktionen, mit deren Hilfe man alle Elemente klassischer Rechner, wie Bistabilität, Verstärkerschaltungen u.a., realisieren kann und hat Vorstellungen über das Zusammenschalten dieser Elemente entwickelt. Allerdings scheint das Zusammenschalten der einzelnen Elemente der neuralgische Punkt zu sein. Wir haben ja gesehen, daß die immensen Leistungen der biologischen Informationsverarbeitung gerade auf der Komplexität und "Plastizität" des Schaltplanes beruhen. Fassen wir nun noch einmal die wichtigsten Ergebnisse dieses Abschnittes über das System der Informationsverarbeitung im Zentralnervensystem von Tieren zusammen:

1) Das organismische Informationssystem ist hierarchisch gegliedert, wobei ganz grob die Ebenen: Rezeptorzellen (Input-Ebene), internes Neuronen-Netz (Rechen-Ebene), und Effektor-Zellen (Output-Ebene) auftreten.

2) Die Einheiten des Systems, die Neuronen, sind in erster Näherung bistabile dynamische Systeme mit den Zuständen relativer Ruhe oder Feuern sowie einer großen Zahl dynamischer Kopplungen mit dem Zustand anderer Neuronen.

3. Netzwerke bistabiler künstlicher Neuronen

Als bistabiles künstliches Neuron bezeichnen wir ein dynamisches System mit zwei Attraktorzuständen, das mehrere Inputs $x_j (j = 1,2,...n)$ und einen Output x_j besitzt (Abb. 1)

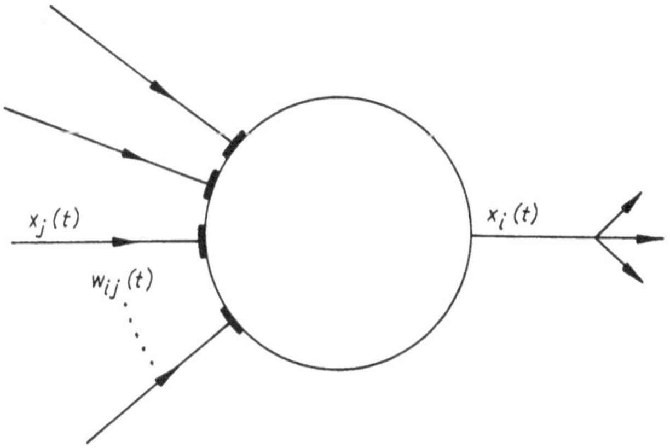

Abb. 1 Schema eines künstlichen Neurons

Die Input-Signale des künstlichen Neurons werden mit Gewichten belegt und gemittelt.

$$a_i = \sum_j w_{ij} x_j \tag{1}$$

Übersteigt der Mittelwert a_i einen Schwellwert a_o, so feuert das Neuron und bleibt ansonsten in Ruhe, d.h.

$$\begin{aligned} x_i &= 1 \quad \text{wenn} \quad a_i > a_o \\ x_i &= 0 \quad \text{wenn} \quad a_i \leq a_o \end{aligned} \tag{2}$$

Die Input-Output-Verknüpfung kann deterministisch oder stochastisch sein. Ein spezieller Fall einer deterministischen Verknüpfung ist

$$x_i = \left[1 + \exp(- a_i) \right]^{-1} \tag{3}$$

Durch hierarchische Verbindung von künstlichen Neuronen sind in den letzten Jahren mit einigem Erfolg lernende Netzwerkmaschinen konstruiert worden [9,10] . Eine spezielle Lernmaschine diesen Typs ist die Fehler-Rückkopplungs-Maschine, deren Schema durch Abb. 2 illustriert wird.

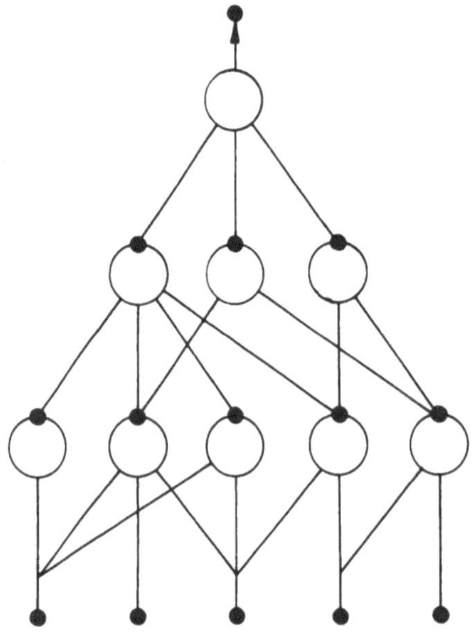

Abb. 2 Spezialfall einer Fehler-Rückkopplungs-Maschine mit 3 Arbeitsschichten, 5 Inputs und 1 Output.

Verschiedene Forscher konnten zeigen, daß die Fehler-Rückkopplungs-Maschinen Lerneigenschaften besitzen [9] . Das Prinzip der Belehrung ist sehr einfach. Man berechnet für die unterste Schicht eine Fehlerfunktion

$$E = \frac{1}{2} \sum_{i} (x_i - x_i^{*})^2 \qquad (4)$$

als mittlere quadratische Abweichung der tatsächlichen x_i von den gewünschten Output-Signalen x_i^{*} und korrigiert in bestimmten Abständen die Matrixelemente nach der Lernregel

$$\delta W_{ij} = - \varepsilon \text{ grad } E \qquad (5)$$

Diese Gradientendynamik sorgt dafür, daß der Fehler minimiert wird. Nach einer gewissen Zeit lernt die Maschine einem gegebenen Input den gewünschten Output zuzuordnen. Zahlreiche Beispiele für die eindrucksvollen Leistungen von solchen Lernmaschinen findet man in [9].

4. Modellierung weiterer Arbeitsprinzipien der neuronalen Informationsverarbeitung

Die bisher beschriebenen Modelle, die auf Netzwerken bistabiler Neuronen beruhen, zeigen ohne Zweifel bereits eine erstaunliche Leistungsfähigkeit, Andererseits geben sie nur wenige Aspekte der Leistungen organismischer Neuronensysteme wider. Um zu einem erweiterten und besseren Modell zu gelangen, kehren wir noch einmal zum Ausgangspunkt unserer Analyse, der Evolution des neuronalen Systems zurück. Die Entstehung des neuronalen Informationssystems beruhte auf einer Differenzierung der Zellen in vielzelligen Organismen. Die Ausbildung von Vielzellern erfolgte auf der Basis von Zellen mit einem Kern, die bereits über ein kompliziertes System der Wechselwirkung, Translation und Kooperation zwischen Nukleinsäuren (DNA,RNA), Proteinen und dem chemischen Milieu verfügten. Vom Standpunkt der Theorie der Selbstorganisation stellt eine Zelle ein außerordentlich kompliziertes nichtlineares dynamisches System dar, das sehr viele Attraktorgebiete besitzt. Stereochemische Eigenschaften biologischer Makromoleküle implizieren starke Nichtlinearitäten der chemischen Raten, wir denken dabei insbesondere an die Steuerung katalytischer Reaktionen durch allosterische Enzyme und die Mechanismen der Induktion oder Repression bei der genetischen Translation. Die von Natur aus dissipativen biochemischen Reaktionen werden durch chemische Energie (ATP) aufrecht erhalten.

Da zahlreiche Proteinsorten von der DNA bzw. RNA gelesen oder ihr Lesen durch schon vorhandene Enzyme blockiert werden kann, werden die verschiedenen Attraktoren durch unterschiedliche chemische Kompositionen repräsentiert. In vereinfachter Form kann man einen Vergleich ziehen zwischen einer Proteinsorte, die eine Speicheradresse darstellt, und der An- oder Abwesenheit dieser Sorte im betrachteten chemischen Mikroreaktor (einem Zellkompartment, einem Neuron, einem Hirngebiet) die ein an dieser Adresse gesetztes oder gelöschtes Bit ergibt. Wir werden im weiteren vom "Zellstatus" sprechen und damit die biochemische Zusammensetzung meinen, die einem bestimmten Attraktorzustand der chemischen Kinetik in dieser Zelle entspricht. Wir weisen damit dem einzelnen Neuron

eine Schlüsselrolle bei der Speicherung von Informationen im Gehirn zu. Tatsächlich besitzen Neuronen eine Vielzahl spezifischer Proteine (neuronale Proteine), man schätzt ihre Anzahl bei Säugetieren auf 100 000 bis 1 000 000 (beim Gehirn einer Maus etwa 150 000) [8]. Man kann annehmen, daß die Speicherkapazität jedes einzelnen Neurons mit der eines typischen Heimcomputers (10-100 Kilobyte) vergleichbar ist. In diesem Zusammenhang kommt dem "posttranslational processing" eine ganz besondere Rolle zu. In Abhängigkeit vom jeweiligen Zellstatus (d.h der An- oder Abwesenheit bestimmter Proteine) wird nämlich die genetische Information vom Translationsapparat verschieden interpretiert; die an der DNA zunächst hergestellte identische m-RNA-Kopie wird chemisch "bearbeitet", indem Teilstränge entfernt oder umgelagert werden, und erst dann erfolgt die Übersetzung der Basensequenz in ein entsprechendes Protein. Damit wird der Vorrat an erzeugbaren Molekularsorten vervielfacht, in unserer Leseart, der Adressraum und damit die Speicherkapazität eines Neurons werden erweitert.
Neben diesem "digitalen Aspekt" des Neurons, der insbesondere für das Mittel- und Langzeitgedächtnis verantwortlich gemacht werden könnte, hat es auch den "analogen Aspekt", nämlich sein Verhalten als komplexes nichtlineares dynamisches System. Das bedeutet erstens, daß der in der Zelle vorliegende Attraktorzustand nicht notwendig ein stationärer zu sein braucht, genauso können selbsterregte Schwingungen oder chaotische Attraktoren [11] realisiert sein. Diese beiden komplexeren Attraktorstrukturen haben sehr wahrscheinlich biologische Relevanz, etwa bei der Ausführung periodischer Motorik oder erratischem Such- und Probierverhalten. Zweitens realisiert das dynamische Neuron ein Antwortverhalten ganz ähnlich dem eines Analogrechners. Eintreffende Impulse von Rezeptoren oder anderen Neuronen lenken den Zellzustand aus dem Attraktor aus, etwa durch Änderung des chemischen Milieus beim Ausschütten von Transmittern im synaptischen Spalt. Wird dabei der Einzugsbereich des Attraktors verlassen, so wird sich in der Folge ein neuer Zellstatus herausbilden, das Neuron hat dieses Signal gespeichert. In jedem Fall aber wird die Zelle wieder einen Attraktor anlaufen, und die Form und Dauer dieses Vorgangs bestimmt die "Datenausgabe" des Neurons. Gleichzeitig bedeutet die Rückkehr zum Attraktor, daß das System die Information über die vorhergegangene Auslenkung noch eine bestimmte Zeit bewahrt (sich "erinnert") und somit eine Form von Kurzzeitgedächtnis besitzt.
Unter diesem Blickwinkel ist es offensichtlich, daß die klassische Summation der Eingänge mit Schwellenbewertung, die im 3. Abschnitt modelliert wurde, nur ein Spezialfall unter all den Möglichkeiten ist, wie ein Neuron auf eine Kombination von Synaptischen Impulsen reagieren kann. Man kann sich sehr leicht chemische Modellreaktionen überlegen, die etwa die Verknüpfung der Eingänge in Form Boolescher Funktionen AND, OR, XOR

usw. verwirklichen. Es ist genetisch determiniert, welche Antwortprogramme dem Neuron im Prinzip verfügbar sind; welches davon jeweils benutzt wird, ist durch den momentanen Zellstatus bestimmt und wird bei Lernvorgängen verändert.
Zur besseren Anschaulichkeit betrachten wir jetzt ein elektronisches Modell des Neurons, obwohl es natürlich die Dinge nur verzerrt widerspiegelt. Wir nehmen einen Mikroprozessor, der die Dynamik der intrazellulären Kinetik darstellt, mehrere Kilobyte ROM mit einem geeigneten Maschinen-Programm für die ererbte DNA, und mehrere Kilobyte RAM zur Speicherung der chemischen Zusammensetzung der Zelle. Eine Adresse im RAM möge das Ausgabesignal bilden. Wir starten den Prozessor, und dieser wird nach einer bestimmten Übergangszeit in eine Unendlich-Schleife laufen: der Attraktor ist erreicht. Wir können nun das Antwortverhalten studieren, indem wir die Register des Prozessors mit Impulsen von außen willkürlich modifizieren. Wegen der großen Zahl von Freiheitsgraden dieses "Neurons" kann man im allgemeinen Fall kaum Aussagen über sein Verhalten machen, es ist jedoch klar, daß allein dieses System bei geeigneter Programmierung in der Lage ist, komplexe Informationsprozesse zu vollziehen. Um so weniger aussichtsreich erscheint die Aufgabe, die Funktion eines komplizierten Netzwerks mit Milliarden von Neuronen, das eine Speicherkapazität in der Ordnung von Terabyte haben könnte, zu entschlüsseln.
Wir wollen nun die Wechselwirkung mehrerer Neuronen betrachten. Dabei werden wir im Auge behalten, daß jedes Neuron ein Analogrechner mit zahlreichen Eingängen, aber nur einem Ausgang ist, der intern über einen umfangreichen digitalen Programmspeicher verfügt. Das gerade vorliegende Programm in einem gegebenen Neuron berechnet das Ausgangssignal laufend aus den augenblicklichen Eingangswerten, es bleibt so lange im Neuron resident, bis spezielle Eingangswerte auf ein anderes umschalten. Alle Neuronen verfügen grundsätzlich über den gleichen Programmvorrat. Der oft betonte digitale Charakter eines über das Axon abgeleiteten elektrischen Einzelpulses erscheint uns nicht als wesentlicher Zug des neuronalen Netzwerks, vielmehr nur als Trick der Natur, den diffusiven oder konvektiven Transport von Stoffen, die die eigentlichen Signalvermittler sind, durch eine schnelle, verlustlose und zielsichere Wechselwirkung über größere Entfernung zu ersetzen . Um einen bildlichen Vergleich zu gebrauchen - um ein Telefongespräch über weite Entfernungen zu vermitteln, wird es digitalisiert über Kabel oder Richtfunk geführt, was aber für das Funktionsprinzip des Telefons völlig irrelevant ist. Beim Telefon wissen wir dies sicher, beim Neuron können wir es allerdings nur vermuten. Seit der Entstehung des Lebens waren die Proteine stets der Grundstoff und das Hauptwerkzeug zur Lösung von Problemen, und die Evolution hat in der Regel nur dann zu anderen Methoden gegriffen, wenn dies unvermeidlich war. Deshalb erscheint uns eine Hypothese zur

Funktion von neuronalen Netzen befriedigender, wenn sie hauptsächlich auf den biochemischen Mechanismen beruht, die wir auch bei allen anderen Zelltypen des Organismus finden.
Andererseits ist das Trigger- bzw. Alles-oder Nichts-Verhalten des Neurons selbst natürlich eine sehr wichtige Eigenschaft, denn damit teilt es alle möglichen Kombinationen von Eingangssignalen an den verschiedenen Synapsen grundsätzlich in zwei Klassen ein; es trifft eine ja-nei n-Entscheidung, ob das ankommende Muster zu dieser Klasse gehört oder nicht. Mathematisch formuliert, bildet das im Neuron ablaufende Programm eine Menge von reellen Zahlen auf die Booleschen Variablen TRUE/FALSE oder 1/0 ab.
Wollen wir die Vorgänge in einem komplexen und hochdifferenzierten Nervensystem besser verstehen, so ist es nützlich ,seine phylogenetische, ontogenetische und damit auch funktionelle Entwicklung zu betrachten. Die Entwicklung des Nervensystems setzte ein mit der Entstehung der Vielzeller und ging einher mit deren allgemeinen morphogenetischen Differenzierung (deshalb sind gleichartige Elementarmechanismen naheliegend, siehe etwa das Postprocessing bei der genetischen Translation), natürlich aufbauend auf dem chemischen Apparat der Informationsverarbeitung der Einzeller. Die ersten Vielzeller bestanden nur aus einer einzigen Zellschicht ("Haut") und lebten im Wasser. Man kann deshalb annehmen, daß die ersten Nervenzellen sich von diesen uniformen Zellen differenzieren unter Weiterentwicklung chemischer Sensitivität als Eingabe und einer mechanischen Aktivität als Ausgabe. Der rezente Süßwasserpolyp Hydra besitzt chemische Rezeptoren, die auf einen Schwellwert der Konzentration eines organischen Moleküls hin ein Schlagen der Fangarme auslöst. Dieses Molekül wird von lebenden Wasserflöhen abgesondert.
Der nächste Schritt bestand vermutlich, entsprechend dieser beiden Aufgaben, in einer Differenzierung in rezeptorische und motorische Neuronen; die Rezeptoren ihrerseits spezialisierten sich auf unterschiedliche Eingangsreize, zu deren Verrechnung intermediäre Neuronen zwischen Eingabe und Ausgabe eingeschoben werden mußten. Dies war ein entscheidender qualitativer Schritt, denn damit entstanden erstmals Zellen, die ausschließlich mit Informationsverarbeitung befaßt waren, die ersten "eigentlichen" Neuronen.
Dieser scheinbar einfache Vorgang ist von so fundamentaler Bedeutung, daß wir an dieser Stelle etwas abschweifen wollen. Wir begegnen diesem Mechanismus an allen Stellen der biologischen und auch menschlichen Entwicklung, die mit der Entstehung einer Informationsverarbeitung verbunden waren, von den niedrigsten Stufen bis hinauf zu höchsten, so daß man von einem Prinzip der Entstehung von "Information" schlechthin sprechen kann. Die Verhaltensbiologie hat diesen Prozeß u.E. am klarsten herausgearbeitet, er wird nach Huxley als "Ritualisation" bezeich-

net und meint die Umwandlung einer Gebrauchshandlung in eine Signalhandlung [12].
Bei den genannten Neuronen ist für den Rezeptor die Art des Moleküls, das wahrgenommen wird, von unmittelbarer Bedeutung. Bei der Kommunikation zwischen zwei Neuronen dagegen ist die Molekülsorte, die von einem ausgeschieden und vom anderen rezipiert wird, nur eine Frage der "Konvention" zwischen den Neuronen. Diese Konvention ist anfänglich durch die Geschichte der Entstehung festgelegt und trägt noch die Spuren ihres Werdens; im Zuge der Evolution kann sie selektionsneutral driften und relativ frei komplexen Differenzierungsprozessen unterliegen. In der Physik der Selbstorganisation werden solche neutral-stabilen Freiheitsgrade eines Systems als Goldstein-Moden bezeichnet, in der Informationstheorie spricht man von Invarianz der Information bei Code-Transformationen und von der Unabhängigkeit des Informationsgehalts vom materiellen Informationsträger.
Ritualisation fand bei der Herausbildung des genetischen Codes statt, als Codons entstanden, die keinen stereochemischen Bezug mehr zu den codierten Aminosäuren aufwiesen. Wir finden sie noch ein zweites Mal in Nervensystemen bei der Entstehung höherer Informationsverarbeitung, darauf kommen wir noch einmal zurück. Die verhaltensbiologische Ritualisation ist Grundlage der Kommunikation innerhalb einer Art. Bei der Entstehung der menschlichen Sprache schließlich führte sie zur Loslösung des gesprochenen Worts von seinen lautmalerischen Wurzeln, des geschriebenen Buchstabens vom bildhaften Zeichen, ganz generell zur Trennung von Begriffs- und Zeichenebene.
Die Evolution von wenigen Neuronen hin zu einem komplizierten Netzwerk ist nun in enger Analogie zur Evolution chemischer Netzwerke der primitiven Einzeller, wie wir sie im Kapitel über die Entstehung des Lebens beschrieben haben, zu verstehen. Es wird durch Mutationen vorgekommen sein, daß identische Neuronen mehrfach angelegt wurden, parallel zueinander oder hintereinander in Reihe. In vielen Fällen dürfte dies die Funktion des einfachen Netzes nicht stören, sondern eher noch eine Sicherheit gegen Ausfall einzelner Neuronen darstellen. Also wurden solche Mutationen als selektionsneutral oder sogar -positiv beibehalten. Dann besteht die Chance, daß funktionsgleiche Neuronen sich in einem Prozeß der Arbeitsteilung differenzieren, einmal, was ihr Programm zur Verrechnung der synaptischen Eingangssignale betrifft, andererseits betreffend die Art der Verknüpfung mit den Nachbarn im Netzwerk. Auf diese Weise sollte es möglich gewesen sein, daß relativ komplizierte Netze entstanden, deren Struktur und Funktion jedoch weitgehend genetisch determiniert war.

5. Netzwerke komplexer künstlicher Neuronen

Die im 3. Abschnitt beschriebenen Modelle beruhten auf Netzwerken bistabiler Neuronen. Wir entwickeln im folgenden eine Klasse erweiterter Modelle auf der Basis komplexer künstlicher Neuronen. Das komplexe künstliche Neuron definieren wir als ein dynamisches System mit mehreren Input-Kanälen und einem Output-Kanal, das sich vom einfachen künstlichen Neuron in folgenden Punkten unterscheidet:

1. Die interne Dynamik des Systems ist komplex und durch die Existenz vieler Attraktorgebiete charakterisiert.
2. Die Verrechnung des Inputs erfolgt nicht mehr auf der Basis des Vergleichs eines gewichteten Mittels mit einem Schwellwert (vgl. Abschnitt 3) sondern nach den Regeln des komplexen dynamischen Systems im vorliegenden Attraktorzustand.
3. Der Output ist nicht mehr binär, sondern besteht aus einer Folge binärer (oder quasibinärer) Signale, die regulär oder chaotisch sein kann.

Im vorigen Abschnitt wurde bereits darauf hingewiesen, daß ein komplexes künstliches Neuron mit einem Mikroprozessor verglichen werden kann, der die Dynamik der intrazellulären Kinetik modelliert. Im ROM dieses Prozessors wird die Erbinformation (DNA) gespeichert und im RAM die variablen Angaben, u.a. die Dynamik ebenso wie die Topologie der Verknüpfungen mit anderen Prozessoren. Das erweiterte Modell eines neuronalen Systems besteht aus einem Netzwerk, dessen Knoten von "Prozessoren" oder äquivalenten dynamischen Systemen gebildet werden. Formal hat ein Prozessor-Knoten, der ein komplexes künstliches Neuron modelliert, dieselbe Verknüpfungs-Topologie, wie das in Abb. 1 dargestellte einfache (bistabile) künstliche Neuron. Der wesentliche Unterschied zum einfachen künstlichen Neuron besteht in der Komplexität der Verrechnungsregeln und darin, daß entlang den Kanten Impulsfolgen fließen. Netzwerke aus künstlichen Neuronen (Prozessor-Knoten) können durch einen gerichteten Graphen symbolisiert werden, wobei jeder Knoten für ein Neuron, jede Kante für einen synaptischen Kontakt steht. Die Kanten sind gerichtet, weil der Informationsfluß durch ein Neuron und sein Axon grundsätzlich nur in einer Richtung verläuft. Auf Grund der Gerichtetheit besitzt ein Knoten bestimmte andere Knoten als Vorgänger oder Nachfolger, andere sind weder Vorgänger noch Nachfolger und es gibt solche, die Vorgänger und Nachfolger sind, nämlich in einem Graphen, der Zyklen enthält.

Betrachten wir zunächst einen Teilgraphen, der außer einem beliebig ausgewählten Knoten, wir nennen ihn X, nur Vorgänger von ihm enthält. Mathematisch gesehen ist ein solcher Graph zyklusfrei und repräsentiert eine Halbordnung zwischen den Knoten. Wir wollen so einen Teilgraphen des Netzwerks als "konvergenten Baum" bezeichnen, obwohl es sich im Sinne der Graphentheorie nicht um einen Baum im strengen Sinne handelt (für einen Baum wäre erforderlich, daß jeder Knoten höchstens eine wegführende

Kante hat). Alle Kanten konvergieren von den äußersten Enden, den Quellen sukzessive gegen den Knoten X, die Wurzel des Bau s. Die Quellen entsprechen im neuronalen Netz rezeptorischen Zellen. Wir nehmen nun an, daß bei den Rezeptoren ein bestimmtes Muster vorliege, im einfachsten Fall hätten also einige von den Quellen den Zustand 1, andere den Zustand 0. Da Neuronen klassifizierend entsprechend dem aktiven Programm arbeiten, werden also durch nacheinander folgende Schichten die jeweils vorhergehenden aktivierten Muster logisch bewertet. Mit jedem Schritt wird somit ein höheres Abstraktionsniveau erreicht.
Betrachten wir nun einen zweiten konvergenten Baum, der einen Knoten Y als Wurzel hat, aber die gleichen Quellen (Rezeptoren) einschließt. Dieser Baum klassifiziert dann dasselbe Muster, aber wegen einer anderen Verschaltung und anderer logischer Verknüpfungen in den Neuronen wird dieser die Klassifikation gewissermaßen unter einem anderen Gesichtspunkt durchführen, z.B. mit einer XOR-Verkettung feststellen, ob das Bild Kanten (01 oder 10) enthält oder nicht. Wahrscheinlich wird in wirklichen Netzwerken auf diese Weise parallel und gleichzeitig eine große Anzahl von Bildmerkmalen analysiert. In nachgeordneten konvergenten Bäumen kann dann wieder festgestellt werden in welchen Kombinationen diese Merkmale gemeinsam auftreten usw. Am Ende dieser Bäume entsteht damit eine subjektive Wertung des Bilds durch das Netzwerk. Wir möchten noch anmerken, daß die parallele Klassifizierung durch konvergente Bäume die qualitativen Merkmale einer Integraltransformation aufweist. wie z.B. eine Fouriertransformation. Jeder Funktionswert der letzteren ist die Bewertung der Bildfunktion unter dem Aspekt des Vorkommens einer bestimmten Frequenz, d.h. die Fouriertransformation ist nur eine ganz spezielle Form solcher Klassifikation. Dies ist bei einem Netzwerk deshalb wichtig, weil damit bestimmte Eigenschaften , wie sie insbesondere Hologramme aufweisen, automatisch verbunden sind und deshalb auch im Netzwerk auftreten.
Für einen Organismus ist Information an sich natürlich völlig wertlos, sie erhält erst dann biologische Relevanz, wenn sie unmittelbar oder mittelbar zu Aktionen oder Verhalten führt. Die Aufgabe, das aufgenommene Bild mit einer Reaktion zu beantworten, lösen die divergenten Bäume eines Netzwerks. Wir betrachten jetzt einen Teilgraphen, der aus einem Knoten X und Nachfolgern dieses Knotens besteht. Die Struktur ist der der konvergenten Bäume völlig analog, nur daß in diesem Baum nun die Kanten von der Wurzel (das ist X) auseinanderlaufen, um in den letzten Knoten, den Senken, zu enden. Diese Senken entsprechen offenbar Effektorneuronen, z.B. motorischen Neuronen. Die davor angeordneten Neuronen aktivieren oder hemmen dann gewisse Gruppen von Muskeln, stellen also eine Art von elementarem Unterprogramm zur Ausgabe dar. Darüber angeordnete Neuronen steuern dann Gruppen von einfacheren Unterprogram-

men usw., so daß der divergente Baum als System zur Generierung komplexer Anwortreaktionen, z.B. für ein Verhalten, eine Triebhandlung o.a. steht. Es gibt eine augenfällige Analogie zwischen der logischen Strukturierung von komplizierten Computerprogrammen (insbesondere Maschinencodeprogramme) in Hierarchien von Unterprogrammen und der Funktion divergenter Netzwerkteile. Das Aktivieren der Wurzel eines solchen Baums entspricht also logisch einem Programmaufruf. Auch hier existieren wahrscheinlich viele verschiedene ineinandergreifende divergente Bäume, also verschiedene Aktionsprogramme, die die gleichen Unterprogramme in unterschiedlicher Kombination oder Koordination auslösen, in Einklang mit der Erfahrung, daß die gleichen Muskeln, Muskelgruppen oder Bewegungselemente bei verschiedensten Handlungen eingesetzt werden.

Betrachten wir nun wieder das gesamte Netzwerk, so werden fast alle Neuronen Vorgänger und Nachfolger haben, d.h. sie sind gleichzeitig Klassifizierer (eingangsseitig) und Prozeduren (Ausgangsseitig). Neuronen ohne Nachfolger klassifizieren ohne Konsequenzen, sie stehen für irrelevante Merkmale. Neuronen ohne Vorgänger stehen dagegen für nicht benutzbare Programme, für "verlernte" Fertigkeiten, die aber z.B. durch elektrische Reizung bei Experimenten am Gehirn aktivierbar sind.

Je näher das Neuron sich bei den Quellen, den Rezeptoren befindet, desto spezieller ist seine Klassifizierungsaufgabe, desto allgemeiner ist seine Auswirkung auf das letztlich ausgelöste Verhalten. Ein bestimmtes Detail des angebotenen Musters kann eben in einem ganz verschiedenen Kontext vorhanden sein und darf daher keine spezielle Reaktion determinieren.

Je näher das Neuron den Senken, den Effektoren ist, desto spezieller seine Wirkung, desto allgemeiner seine Klassifikation. Ein bestimmter Muskel z.B. kann und muß in ganz unterschiedlichen Situationen tätig werden. Beide Aspekte besitzen eine deutliche Komplementarität, eine Unschärferelation. (Übrigens ist auch die Existenz einer Unschärferelation eine typische Eigenschaft von Integraltransformationen; bekanntlich ist die quantenmechanische Unschärfe mathematisch eine Folge der Fouriertransformation.)

Bei all den obigen Betrachtungen haben wir die Existenz von Zyklen im Graphen, d.h. von Rückkopplungen im neuronalen Netz, völlig unbeachtet gelassen. Rückkopplungen sind jedoch, wie wir aus der Theorie wissen, entscheidende Voraussetzungen für jegliche Selbstorganisation und damit für Selektions - und Lernvorgänge. Betrachten wir zunächst einfache Fälle von Rückkopplungen, die genaugenommen nicht spezifisch für neuronale Netzwerke sind, sondern in vergleichbarer Form auch bei chemischen Reaktionen oder elektrischen Schaltungen vorkommen.

Positive Kopplung aus einem divergenten Baum zur Wurzel:

- Selbstverstärkung einer Aktion
- Aufrechterhaltung eines Verhaltens trotz Verschwinden des Auslösers

Negative Kopplung aus einem divergenten Baum zur Wurzel:

- Schutz vor "Übersteuern" der Handlung, Selbstlimitierung
- Anregung von nichtlinearen Schwingungen für periodische Handlungsabläufe

Positive Kopplung von der Wurzel in den konvergenten Baum:

- Konzentration der Aufmerksamkeit auf bestimmte Merkmale in einer auslösenden allgemeinen Situation

Negative Kopplung von der Wurzel in den konvergenten Baum:

- Verdrängen eines Merkmals, etwa eines Störsignals,

Daneben ist noch eine Reihe weiterer Effekte denkbar wie die gegenseitige Hemmung alternativer oder kontradikter Handlungen etc.

Die hier diskutierten Modellvorstellungen eines neuronalen Netzwerkes sind nur zur Interpretation von Gehirnen wie denen der Insekten, die nur zwischen fest gespeicherten Programmen umschalten, aber weder lernen noch denken können anwendbar. Diese Netzwerke können "etwas tun", aber sie besitzen weder den "Willen, etwas zu tun", noch haben sie ein "Wissen, was sie tun". Beides sind Merkmale eine qualitativ höheren Nerventätigkeit, die bei der weiteren Evolution aus der Differenzierung ganzer Komplexe "Primitiver Netze", d.h. solcher wie oben besprochen, entstanden. Solche primitiven Netze sind weitgehend Computerprogrammen vergleichbar. Die Struktur des Graphen reflektiert einfach die logische Struktur des Programms, d.h. einerseits die Programmverzweigungen bei Bedingungen, andererseits die Hierarchie der Unterprogrammaufrufe.

Um den relativ komplexen Netzwerken, die wir hier eingeführt haben, Lerneigenschaften zu verleihen, muß eine Plastizität der Netzwerkstruktur und eine Lernregel zur gezielten Veränderung der Struktur eingeführt werden. Die geforderte Plastizität muß sich auf zwei Bereiche beziehen.
1) Variabilität der Verbindungen zwischen den Neuronen.
2) Variabilität der internen Attraktorstruktur eines Neurons.
Wir schlagen im folgenden ein spezielles Modell mit solchen Eigenschaften vor, daß aus "Dreiecks-Neuronen" aufgebaut ist. Ein "Dreiecks-Neuron" ist eine kleine Fehler-Rückkopplungs-Maschine mit mehreren Inputs und einem Output. Das in Abb. 2 gezeigte Beispiel kann als ein Dreiecks-Neuron mit 5 Inputs aufgefaßt werden. Als Lernregel kann wieder Gl. (5) benutzt werden. Die Abb. 3 zeigt ein Beispiel einer Lernmaschine, die aus Dreiecks-Neuronen aufgebaut ist und insgesamt 12 Dreiecks-Neuronen umfaßt.

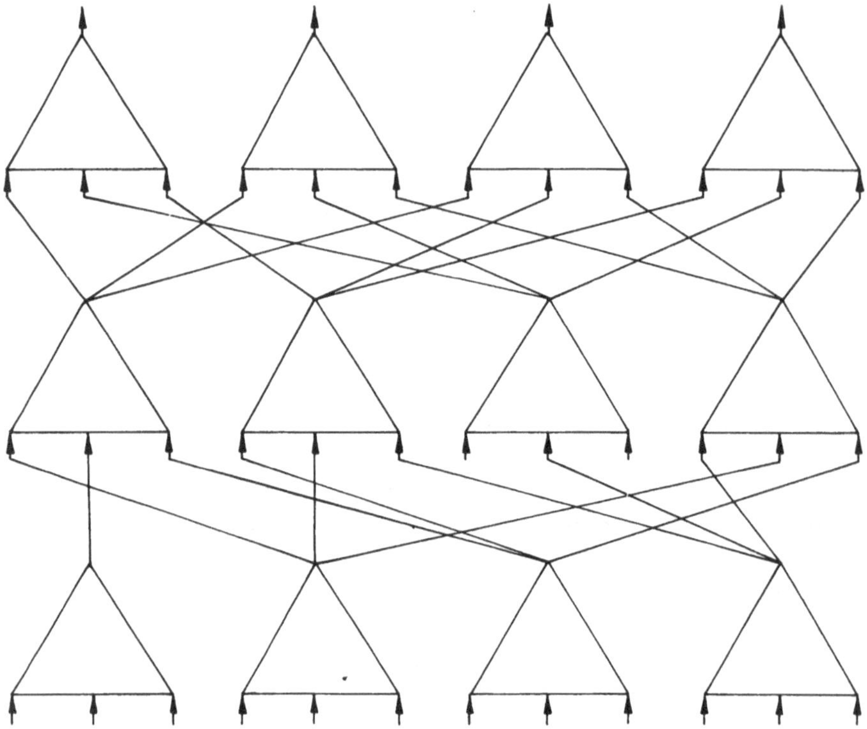

Abb. 3 Schema einer Lernmaschine mit 3 Schichten zu jeweils 4 Dreiecks-Neuronen

Abschließend muß gesagt werden, daß die Theorie lernender dynamischer Systeme, die hier vom Standpunkt der Physik der Selbstorganisation her gesehen wurde, noch ganz im Anfangsstadium befindet. Man darf hoffen, daß ein interdisziplinäres Vorgehen in den nächsten Jahren und Jahrzehnten zu tieferen Einsichten führen wird. Dabei sollten sich naturwissenschaftlich und technisch orientierte Methoden [13] sinnvoll gegenseitig ergänzen.

6. Literatur

[1] Ebeling, W.; Feistel, R.: Physik der Selbstorganisation und Evolution, Akademie-Verlag Berlin

[2] Tembrock, G.: Biokommunikation, Akademie-Verlag, Berlin 1971

[3] Klix, F.: Erwachendes Denken, Verlag der Wissenschaften, Berlin 1983

[4] Parthey, H.(Hrsg.): Das Neue, Akademie-Verlag, Berlin 1989

[5] Ebeling, W.: Chaos, Ordnung und Information, Urania-Verlag, Berlin/Leipzig 1989

[6] Ebeling, W., Engel, A., Feistel, R.: Physik der Evolutionsprozesse, Akademie-Verlag, Berlin 1989

[7] Haken, H. (Ed.): Neural and Synergetic Computers, Springer-Verlag, Berlin/Heidelberg/New York 1988

[8] Wolf, G.: Neurobiologie. Vom Molekül zum Verhalten. Akademie-Verlag, Berlin 1976

[9] Rumelhart, D.E., Mc Clelland, J.L.: Parallel Distributed Processing, MIT Press, Cambridge 1986

[10] Ebeling, W.: Physik komplexer nichtlinearer Netzwerke und neue Wege der Informationsverarbeitung, Sitzungsber. AdW der DDR 4N(1987)Nr. 4.

[11] Nicolis, J.S.: Chaotic Dynamics Applied to Biological Information Processing, Akademie-Verlag, Berlin 1987

[12] Tembrock, G.: Grundlagen des Tierverhaltens, Akademie-Verlag, Berlin 1977

[13] Schoenborn, W., Fritsch, K., Stanke, G.: Lernverfahren für technische Systeme, Akademie-Verlag, Berlin 1983

GEIST AUS MATERIE - PHILOSOPHISCHE UND METHODOLOGISCHE POSITIONEN ZUM VERHÄLTNIS VON KÜNSTLICHER UND NATÜRLICHER INTELLIGENZ[1)]

Klaus Fuchs-Kittowski[2)]

1. Verständnis der Information für ein tieferes Verständnis des Computers und der Erkenntnis - Neubesinnung in der Informatik

Diesen Vortrag möchte ich im Gedenken an Sinaida Rosenthal halten. Sie hat immer besonders aktiv, ideenreich, wissenschaftlich und in ihrer weltanschaulichen, ethischen Haltung konsequent an den Kühlungsborner Kolloquien teilgenommen. Sie schonte sich nicht, wenn sie Freunden helfen konnte. Einmal kam sie direkt aus dem Krankenhaus, nur um mich, hier in Kühlungsborn,in der Diskussion unterstützen zu können.
Dieser Vortrag ist jedoch auch in seiner Thematik mit vielen hier gemeinsam, speziell zum Informationsbegriff geführten Diskussionen und vertretenen Auffassungen verbunden, wie den "Überlegungen zu den molekularbiologischen Grundlagen der Widerspiegelung" und "Zur Dialektik von Kontinuität und Diskontinuität und zum Problem der Zeit in der Biologie.
Mit dem jetzigen Vortrag wird jedoch auch an viele weitere Diskussionen angeknüpft, die hier in Kühlungsborn zum Phänomen der Information und Organisation, zum Problem der Selbstorganisation und Evolution geführt wurden.
Wie deutlich wurde, besteht das Wesen der Information im Lebenden darin, daß sie nicht einfach in einseitig gerichteten Prozessen übertragen, sondern in zyklischen Prozessen ausgetauscht wird und neu entsteht. Der Austausch erfolgt in einem bestimmten Kontext, in einem Bedeutungsprozeß bzw. Sinnzusammenhang. Dieser Bedeutungsprozeß, als Kernprozeß der Informationsentstehung, wird erst dadurch voll erkennbar, daß die Information wirkt. "Die Semantik der Semantik ist die Pragmatik" arbeitete Ernst von Weizsäcker auf unserem 1. Kühlungsborner Kolloquium heraus. Zum tieferen Verständnis der Information führte er die Begriffe Erstmaligkeit und Bestätigung ein und machte deutlich, daß immer beides erforderlich ist. "Wo keine Erstmaligkeit ist, da ist nach Shannon, aber auch pragmatisch, keine Information. Wo keine Beständigkeit ist, da ist auch keinerlei Verstehen, nicht einmal irgendeine feststellbare Wirkung möglich, also auch keine Information. Entsprechend wird man sagen können, daß sehr wenig Erstmaligkeit oder sehr wenig Bestätigung nur sehr wenig Information zulassen.
Es wird also deutlich gemacht, daß nach Shannon der Begriff der Information an die Neuigkeit gebunden ist, daß es jedoch gilt, den Zusammen-

1) In Gedenken an Frau Prof. Dr. sc. med. Sinaida Rosenthal
2) Sektion Wissenschaftstheorie und -organisation der Humboldt-Universität zu Berlin, PSF 1297, Berlin, 1080

hang von Neuigkeit und Bestätigung zu berücksichtigen.
Diese Konzeption von Erstmaligkeit und Bestätigung ist von großer Bedeutung für die Entstehung von Information. "Semantische Information kann in der Tat nur entstehen, sofern neben bestätigender Information auch erstmalige Information hinzukommt, die dann auf der funktionellen, d. h. pragmatischen Ebene selektiv bewertet wird. Das Optimum der Informationserzeugung" schreibt Küppers, liegt dann "vermutlich dort, wo soviel Erstmaligkeit wie möglich und soviel Bestätigung wie nötig, vorhanden ist".
E. Jansch hat deutlich gemacht, daß sich das Konzept "reine Erstmaligkeit d. h. Einmaligkeit" keine Information enthält, sie ist Chaos und reine Bestätigung bringt nichts Neues, sie ist Stagnation und dazwischen muß ein Maximum des Informationsaustausches liegen. "Dazwischen in der Balance zwischen Erstmaligkeit und Bestätigung liegt der Bereich der Autopoiese," wie er in den Arbeiten von Maturana charakterisiert wird. Damit wird auch die Theorie der Selbstorganisation, wie Jantsch hervorhebt, auf geistige Prozesse übertragbar. Gerade das Konzept der Autopoiese führt zu einer grundsätzlichen Kritik an einer flachen Widerspiegelungstheorie und wie Winograd und Flores deutlich machen, damit insbesondere auch am Begriff der Wissensrepräsentation, einem der zentralen Begriffe der Kognitionswissenschaft und gegenwärtigen KI-Forschung. Unter einem Expertensystem bzw. unter wissensbasierten Systemen werden komplizierte Softwaresysteme verstanden, wie z. B. MYCIN. Hier konnte exemplarisch gezeigt werden, daß das Wissen eines Arztes innerhalb eines eng begrenzten Sachgebietes in Form von Bedingungs-Aktions-Regeln repräsentiert und von Datenverarbeitungssystemen automatisiert verarbeitet werden kann. Es ist also erforderlich, diese neuen Anwendungen moderner Informationstechnologien genauer zu erforschen, ihren Nutzen, Möglichkeiten und Grenzen zur Bereitstellung von Problemlösungswissen für die Tätigkeit von Experten zu erproben. Die entscheidende Frage, die gestellt wird, ist, bis zu welchem Maße, wenn überhaupt, ist die Tätigkeit von Experten auf Regeln gestützt?
Wenn ein Mensch sich bestimmte Fertigkeiten erwirbt, so durchläuft er einen Prozeß des Überganges von einem analytischen Verhalten eines vom Geschehen relativ distanzierten Subjekts, daß das Erkenntnisobjekt in relativ isolierte Elemente zerlegt und explizit reflektierte Regeln befolgt zu einem Handeln eines in die jeweilige Situation fest eingebundenen Subjekts, dessen Können sich intuitiv auf frühere Erfahrungen stützt.
L. Dreyfus und St. E. Dreyfus haben ein Stufenmodell für die Aneignung von Fertigkeiten entwickelt, mit dessen Hilfe verdeutlicht werden kann, daß ein gewandt und flüssig tätiger Mensch (Experte) sehr wahrscheinlich nicht mehr nach Daten und Regeln seine Aktionen auswählt und wenn er dazu gezwungen wird, sein Verhalten auf einer niedrigeren Stufe der Aneignung von Fertigkeiten, auf der des situationsgerecht Handelnden oder auf die Stufe des kompetent Handelnden zurückfällt. Die andere

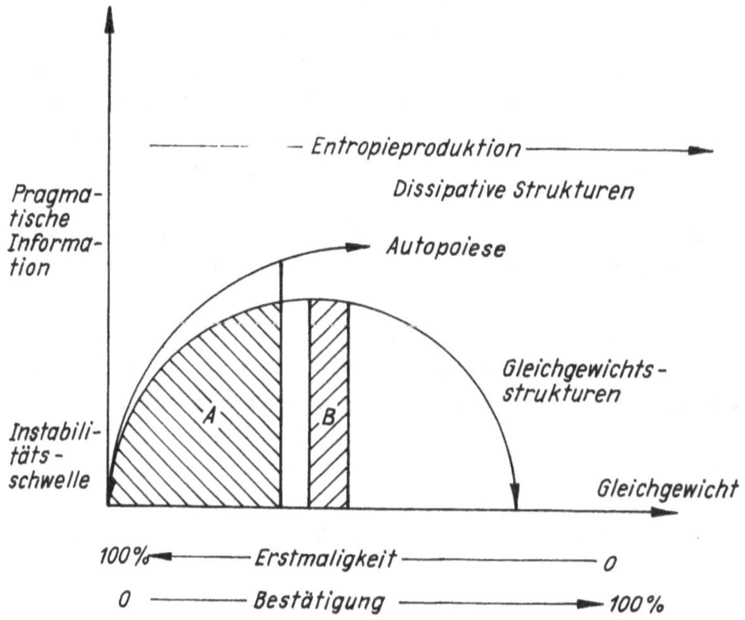

Entropieproduktion
Dissipative Strukturen
Pragmatische Information
Autopoiese
Gleichgewichtsstrukturen
A
B
Instabilitätsschwelle
Gleichgewicht
100% Erstmaligkeit 0
0 Bestätigung 100%

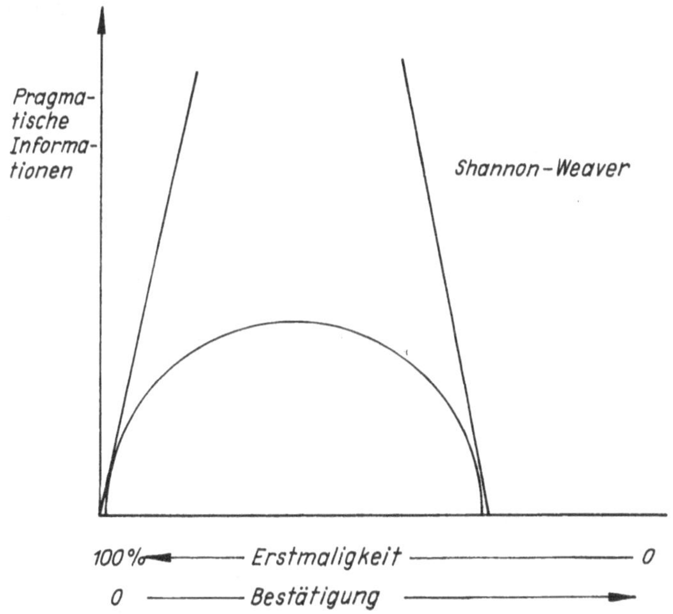

Pragmatische Informationen
Shannon-Weaver
100% Erstmaligkeit 0
0 Bestätigung

entscheidende Kritik an einer flachen representionistischen Erkenntnistheorie kommt von Huberto R. Maturana und Francisco J. Varela. Sie schreiben: "Das Nervensystem empfängt keine Information, wie man häufig sagt. Es bringt vielmehr eine Welt hervor, indem es bestimmt, welche Konfigurationen des Milieus Perturbationen darstellen und welche Veränderungen diese im Organismus auslösen. Die populäre Metapher vom Gehirn als Computer ist nicht nur mißverständlich, sondern schlichtweg falsch".

Erkenntnis ist nicht als eine Repräsentation der "Welt da draußen" zu verstehen, sie ist, wie wir wiederholt zu zeigen versuchten, nicht einfach eine Informationsaufnahme aus der Außenwelt.

Bei der physikalisch-chemischen Theorie der Lebensentstehung, wie auch für ein tieferes Verständnis der Phylogenese (und Ontogenese), war das Problem der biologischen Informationsentstehung einer der zentralen erkenntnistheoretischen und methodologischen Aspekte. Wie herausgearbeitet wurde (vgl. K. Fuchs-Kittowski "Probleme des Determinismus und der Kybernetik in der molekularen Biologie") war das Problem der Informationsentstehung auch von grundsätzlicher Bedeutung für die Modell- und Theorienbildung im Grenzbereich von Physik, Chemie und Biologie.

In diesem Zusammenhang wurde von uns wiederholt betont, daß Prozesse der Informationsentstehung und Wertbildung ebenso charakteristisch sind für schöpferische Denkprozesse. Da also zu erwarten ist, daß man im Zusammenhang mit dem Einsatz automatisierter Informationsverarbeitungssysteme (AIVS) zur Unterstützung geistig produktiver Tätigkeit, ebenfalls auf dieses Problem stößt, soll die Spezifik des Menschen Berücksichtigung finden.

Das Bedürfnis der Informatiker zur Diskussion erkenntnistheoretischer-methodologischer Grundlagen ihrer Disziplin ergibt sich aus dem Umbruch in dem die Informatik als Wissenschaft gegenwärtig steht. Es ergibt sich insbesondere aus dem Erfordernis der Entwicklung einer neuen Kultur der Informationssystemgestaltung, der erforderlichen Entwicklung von Methoden einer komplexen, nutzerbezogenen, evolutionären Systemgestaltung.

Es zeigt sich heute immer deutlicher, daß viele Probleme der Softwaretechnik, der Informationssystemgestaltung sich nicht mehr ohne grundsätzliche Auseinandersetzung mit gesellschaftswissenschaftlichen Konzeptionen, ohne enge Wechselbeziehung mit Philosophie und Erkenntnistheorie bearbeiten lassen.

Es gibt eine sich unter den Informatikern immer weiter verbreitende Einsicht, wonach die der Informatik, durch ihre historische Entwicklung, impliziten erkenntnistheoretischen Grundlagen des logischen Positivismus nicht ausreichen, um Prozesse der Softwareentwicklung und -nutzung zu verstehen.

Deshalb gibt es gerade gegenwärtig eine intensive Suche nach reichhaltigeren Ansätzen der Erkenntnistheorie. Man versucht auszuloten,

wie tragfähig bestimmte schon entwickelte Ansätze der Erkenntnistheorie und Wissenschaftstheorie, der Hermeneutik, der Theorie kommunikativen Handelns, des Tätigkeitskonzepts der Psychologie und Wissenschaftstheorie sowie der Theorie selbstorganisierender Systeme hierfür sein könnte.
Auf der zu erkenntnistheoretischen Grundlagen für die Entwicklung der Informatik und Nutzung von Softwaresystemen durch die Gesellschaft für Mathematik und Datenverarbeitung gemeinsam mit der Technischen Universität Berlin durchgeführten Arbeitskonferenz: "Softwareentwicklung und Realitätskonstruktion", September 1988, wurde ausgehend von theoretischen und praktischen Problemen der Informatik die verschiedenen erkenntnistheoretischen Ansätze umfassend diskutiert, um so zu einer tragfähigen Fundierung der Informatik beizutragen. Wie zu Recht festgestellt wurde, kann man hier noch keinen Konsens erwarten und es ist noch viel Arbeit zu leisen, um eine sachgerechte erkenntnistheoretische und methodologische Fundierung der Informatik zu erreichen. Zu Recht wird unterstrichen: "Wichtig ist aber die gemeinsame Einsicht, daß reichhaltigere erkenntnistheoretische Grundlagen als Voraussetzung für eine systematische Herangehensweise bei der menschengerechten Gestaltung informationstechnischer Systeme unerläßlich sind". (GMD-Spiegel 4/88 S. 58).
Zu dieser Erkenntnis hat nicht zuletzt in jüngster Zeit insbesondere auch das Buch von Terry Winograd und Fernando Flores "Understanding Computer and Cognition - New Foundation for Design" beizutragen. Denn hier werden verschiedene erkenntnistheoretische Positionen, wie sie u.a. von der Sprechakttheorie (Seral), der biologischen Grundlagen der Erkenntnis, speziell der Theorie der Autopoiese von Maturana, durch die Theorie der Selbstorganisation (von Förster, Progogine, Eigen) und insbesondere durch die grundsätzliche Methodenkritik von H. Dreyfus, die getrennt voneinander und für unterschiedliche Aufgabenstellungen entwickelt wurden, zu einer Grundlagenkritik der bisherigen methodologischen Voraussetzungen der KI-Forschung und der erkenntnistheoretischen und methodologischen Grundlagen der Informatik insgesamt, zusammengefaßt.
Heute kann sicher noch kein Konsens erwartet werden.
Je nach weltanschaulicher Orientierung werden die Akzente verschieden gesetzt. Doch es ist deutlich, daß hier dialektisches Denken gefordert ist, und daß gerade das in der Tradition Hegels und der Feuerbachthesen von Marx stehende Tätigkeitskonzept der Psychologie und eine verallgemeinerte Theorie der Selbstorganisation, in der heute dialektisches Denken in den Naturwissenschaften m. E. am prägnantesten zum Ausdruck kommt, in der Tat eine tragfähige Grundlage für die weitere Diskussion bilden können.
Während die methodologischen Voraussetzungen bisheriger KI-Forschung bisher vornehmlich aus philosophischer wie auch wissenschaftstheoretischer Sicht kritisiert wurden, hat jetzt T. Winograd und damit selbst

ein Vertreter der Kognitionswissenschaft in die Diskussionen um die methodologischen Voraussetzungen bisheriger KI-Forschung eingegriffen und zu einer Neubesinnung in der Informatik aufgerufen.
Er verstärkt die sich international in weiten Kreisen der Informatik durchsetzende Erkenntnis, daß der aus der historischen Entwicklung der Informatik bedingte, oftmals implizierte Logische Positivismus, die alleinige Orientierung am sogn. Wissenschaftsideal der exakten Naturwissenschaften bzw. der Strukturwissenschaften für die Informationssystemgestaltung und Softwareentwicklung unzureichend ist und man daher nach einer Vertiefung und Erweiterung der philosophischen, theoretischen und methodologischen Grundlagen der Informatik suchen muß.
Schon vor Jahren war von H. Zemanek, dem damaligen Präsidenten der IFIP herausgearbeitet worden, indem er wohl als erster darauf aufmerksam machte, daß Wittgenstein mit seinem "Tractatus Logicus Philosophicus" den technischen Automaten antizipiert hat, daß indem er selbst in seinen späteren Werken die Grenzen des Tractatus gesehen hat, er damit zugleich verdeutlicht hat, daß die Weiterentwicklung der Informatik außerhalb des Logischen Positivismus gesetzten Rahmen erfolgen muß.
Wir hatten diese These für unser Verständnis der Informatik schon früh aufgegriffen, sind aber heute noch erstaunt darüber, daß sie bei marxistischen Philosophen keine stärkere Resonanz gefunden hat, denn gerade hier liegt ja eine lange und umfassende Tradition der Positivismuskritik vor, die nun fruchtbar sein könnte, für das sich gegenwärtig vollziehende Umdenken bezüglich der theoretischen und methodologischen sowie auch gesellschaftswissenschaftlichen und ohilosophischen Grundlagen der Informatik.
Das Schema ist nur eine grobe Darstellung der verschiedenen geistigen Richtungen, die auf die sich gegenwärtig in der Informatik vollziehenden Diskussionen Einfluß nehmen und erhebt keinen Anspruch auf Vollständigkeit oder historisch exakt begründete Darstellung wechselseitiger Abhängigkeit. Es soll lediglich in groben Zügen aufzeigen, welche philosophischen, natur- und gesellschaftswissenschaftlichen Grundgedanken, insbesondere durch das Buch von Winograd und Flores, in die Diskussion um die philosophischen und methodologischen Grundlagen der Informatik eingebracht werden und welche, wie z. B. das Tätigkeitskonzept von Wygotski und Leontjev in Wechselbeziehung mit einer verallgemeinerten Theorie der Selbstorganisation vielleicht noch größere Bedeutung gewinnen.
Es geht dabei um die Lösung einer Reihe brennender theoretischer wie praktischer Fragen der Informatik, die ein vertieftes Selbstverständnis der Informatik als Wissenschaft, die Überwindung eines durch die alleinige Orientierung am Wissenschaftsideal der Mathematik und Strukturwissenschaften eingetretene verkürzten Selbstverständnisses, erforderlich machen und nach einer Vertiefung der erkenntnistheoretischen und methodologischen Grundlagen verlangt. Es geht um ein vertieftes Verständnis zentraler Fragen:

HISTORISCHE VERBINDUNGEN ZWISCHEN PHILOSOPHISCHEN SCHULEN

Philosophische Wurzeln des Konzepts der objektiven Moeglichkeiten in der Natur- und Gesellschaftsentwicklung, der Taetigkeitstheorie -Einheit von Subjekt und Objekt, Information und Wert sowie Funktions- und Aktions= system- als philosophische und methodologische Grundlage der Informatik, der Informationssystemgestaltung, Arbeits- u. Organisationsgestaltung

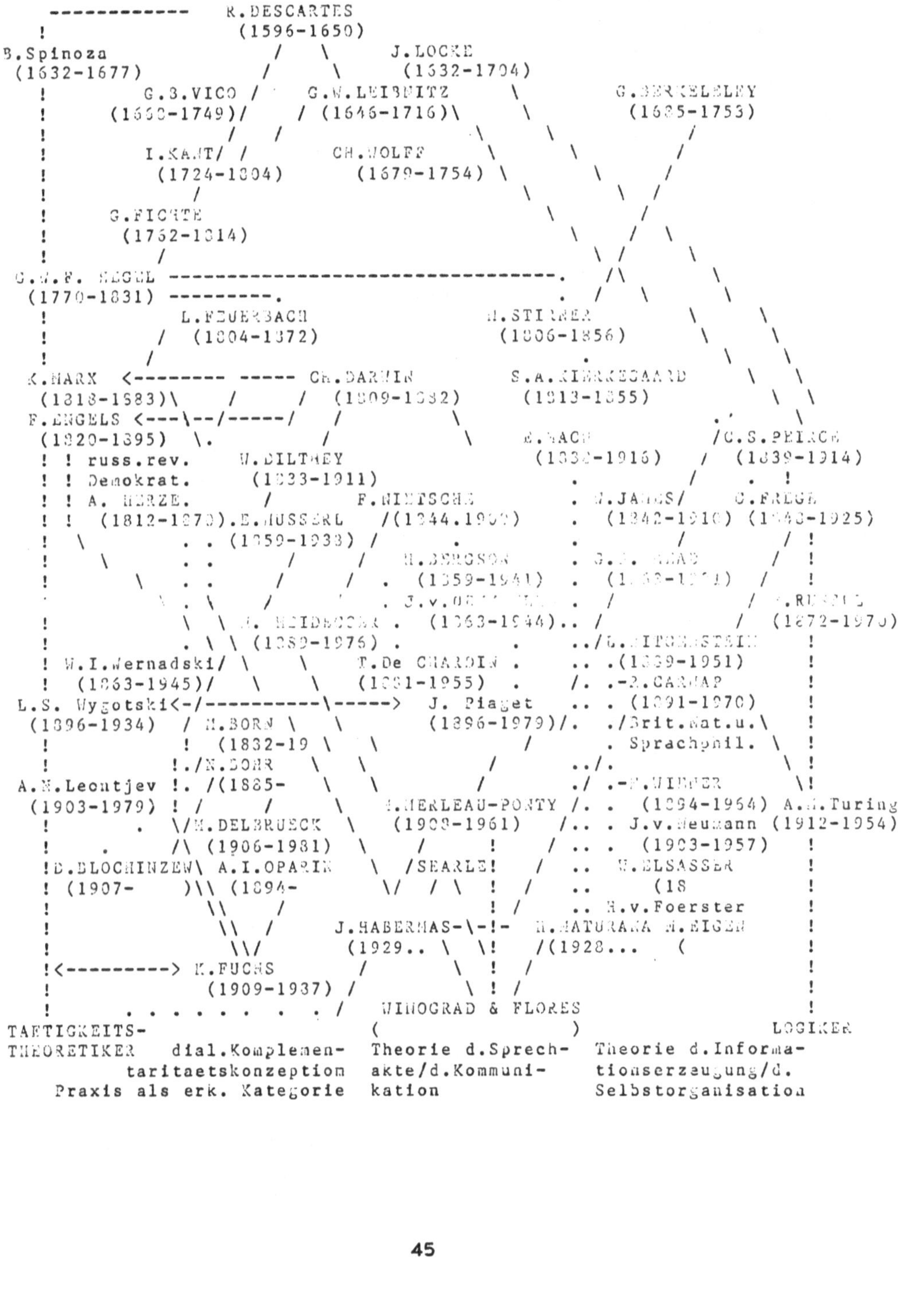

1. nach dem Wesen der Information
2. nach der Rolle des Subjekts im Erkenntnisprozeß, der Bedeutung von Kommunikation und Sprache für die Softwareentwicklung
3. nach dem Wesen von Wissen als einem sozialen Produkt
4. nach der Softwareentwicklung und Informationssystemgestaltung als einem kooperativen Erkenntnisprozeß
5. nach dem Zusammenhang von Softwareentwicklung/Informationssystemgestaltung-Realitätskonstruktion und Gesellschaftsentwicklung
6. nach den Wechselbeziehungen zwischen der Erarbeitung formaler Programm-Modelle und ihrem Einsatz in der sozialen Organisation, ihrem Einfluß auf die Organisationsstruktur, Arbeitsbedingungen, Arbeitsinhalte sowie auf die soziale Kommunikation.
7. nach der Interdisziplinarität der Informatik, zur Schaffung der Theorie, Methodologie und Technologie der Soft- und Orgwareentwicklung, in einem möglichst breiten, auch Gesellschaftswissenschaften integrierenden Bezugsrahmen.

Wenn verstärkt über die erkenntnistheoretischen und methodologischen Grundlagen der Informatik nachgedacht wird, so nicht als "müßiges Herumphilosophieren", sondern um ernsthaft neue Denkansätze für eine verantwortungsvolle Gestaltung automatenunterstützter Informationssysteme, entsprechend wünschenswerter gesellschaftlicher Ziele und Wertvorstellungen zu gewinnen.

Die erkenntnistheoretische und methodologische Kritik konzentriert sich gegenwärtig insbesondere auf die Frage der Tragfähigkeit des Begriffes der Wissensrepräsentation, also auf einen der Grundbegriffe der Expertensysteme bzw. für die Gestaltung sogn. wissensbasierter Systeme, als dem gegenwärtig aktuellsten und in der Tat praxiswirksamsten Gebiet der KI-Forschung.

Die Grundthese ist: Es gibt auch bei geistigen Prozessen kein allein instruktives Lernen, eine aufnahme von Informationen aus der Außenwelt, die repräsentiert werden können, um dann die Grundlage für sachlich richtiges Verhalten des Menschen zu sein. Wichtig werden auch hier, Prozesse der Informationsentstehung.

2. Zu philosophischen und methodologischen Voraussetzungen bisheriger KI-Forschung

Bestimmte frühere wie auch gegenwärtige Arbeiten zur künstlichen Intelligenz, die eine wichtige Voraussetzung für die Entwicklung der fünften Rechnergeneration sind, implizieren bestimmte grundlegende philosophische und methodologische Voraussetzungen. Hubert L. Dreyfus hat vier entscheidende philosophisch-methodologische Annahmen herausgearbeitet, die bestimmten Entwicklungen auf dem Gebiet der künstlichen Intelligenz zugrunde liegen. Sie lassen sich in weitgehender Übereinstimmung mit unseren Auffassungen wie folgt formulieren:

Arbeitsprozesse	Typen der Organisationssysteme als Funktionssystem			als Aktionssystem Organisation
	gesteuertes System (open loop)	geregeltes System (closed loop)	formalisiert lernendes System	konstituierendes System Organization
Grundtypen der Beschreibung von Organisation Grundtypen der Informations-verarbeitungs-prozesse	Zielsystem, Sollwerte von außen gesetzt, Verhalten allein von außen bestimmt, starr festgelegte Ausführungsprozesse	Zielsystem, Sollwerte von außen gesetzt, jedoch Verhalten veränderlich, daß Sollwert erreicht wird, variabel festgelegte Ausführungsprozesse	Zielsystem wird nicht detailliert von außen gesetzt, sondern wird vom System auf der Grundlage vorgegebenen Wertesystems selbst entwickelt	konkretes Ziel- und Wertesystem wird selbst entwickelt, schöpferische Eigenverantwortung für die Konstituierung und Durchführung der Ausführungs- und Kontroll prozesse
	Verknüpfung von Informationen zur Realisierung von Zuordnungen, Identifizierungsleistungen und Klassifikationen	Verknüpfung von Informationen nach mathematisch-logischen Prinzipien bei statisch vorgegebener Struktur der Verarbeitungsprogramme zur Verbesserung des Verhaltens	Verknüpfung von Informationen nach mathematisch-logischen Prinzipien entsprechend vorgegebener und erworbener Programme zur Verbesserung und Veränderung des Verhaltens	Verknüpfung und Erzeugung von Informationen nach mathematisch-logischen und/oder schöpferischen Prinzipien (Informationsvermehrung) für neue Verhaltensweisen in neuen Situationen

1. Die biologische Annahme bzw. methodologische Voraussetzung ist, daß das Gehirn wie ein digitaler Rechenautomat funktioniert und die (auf ihre Syntax reduzierten) Informationen durch direkte Operationen verarbeitet werden.
2. Die psychologische Annahme bzw. methodologische Voraussetzung ist, daß Denken Informations- bzw. Datenverarbeitung ist und sich somit als Transformation von Syntaxstrukturen nach formalen Regeln vollzieht.
3. Die erkenntnistheoretische Annahme bzw. methodologische Voraussetzung ist, daß alles Wissen formalisierbar, d.h. auf Wissensdaten und logische Regeln ihrer Nutzung reduzierbar ist. Reflexive Hierarchien von Lernstufen und Kontextbedingtheit von Wissen werden ignoriert.
4. Die ontologische Annahme bzw. methodologische Voraussetzung ist, daß alles, was für die Erzeugung intelligenten Verhaltens wesentlich ist, im Prinzip durch eine Menge situationsfreier Elemente erfaßt werden kann; daß alles was existiert, eine Menge von Fakten darstellt, von denen jeder für sich vom anderen logisch unabhängig ist.
Ähnlich wie zur Zeit Gallileis die Naturwissenschaften tritt heute die Forschung über künstliche Intelligenz aus dem engen Kreis der sie betreibenden Spezialwissenschaften heraus und wird zum Gegenstand öffentlicher Diskussionen und damit natürlich speziell zum Gegenstand weltanschaulicher sowie philosophisch-erkenntnistheoretischer Auseinandersetzungen und wissenschaftstheoretischer und methodologischer Kritik. Dabei wird immer deutlicher, daß der Begriff künstliche Intelligenz eingeschränkt zu verstehen ist. Er bedeutet nicht, daß der Computer jedes intelligente Verhalten eines Menschen nachahmen kann, sondern lediglich, daß ein technisches Informationssystem in einem eingeschränkten Bereich, wie etwa beim Schachspielen, bei der Diagnose, Beweisführung u.a., eine definierte Leistung erbringt. H.L. Dreyfus stützt sich bei seiner Argumentation auf Überlegungen der Husserlschen Phänomenologie und des Heideggerschen Existenzielismus, ohne sich mit diesen philosophischen Systemen identifizieren zu wollen. Wie Diskussionen, die wir mit ihm führten, zeigten, lassen sich viele seiner Argumentationen auf der Grundlage der 1. Feuerbachthese von Karl Marx - dem Verständnis der schöpferischen, praktisch verändernden Tätigkeit - wesentlich verschärfen und vertiefen. Um Dreyfus zu charakterisieren, beschränkt man sich oftmals auf ein Zitat, nach dem er die KI-Forschung als im Stadium der Alchemie befindlich bezeichnet. Dieses Zitat stammt nun ganz aus der Anfangszeit der beginnenden Auseinandersetzungen. Dreyfus war Dozent für Philosophie am Massachusetts Institute of Technology und erlebte den Enthusiasmus der KI-Forschung von Beginn an mit. Als Philosoph stand er aber vor der Frage, ob er den Forschern und seinen Studenten mit einer gediegenden Methodenkritik, durch Verarbeitung seiner philosophiehistorischen Kenntnisse , nicht wesentlich mehr helfen, ja selbst einen konstruktiven Beitrag zur KI-Forschung leisten könne; denn philosophisch-wissenschaftstheoretische Methodenkritik dient ja dem weiteren Fortschritt der Wissenschaft, auch wenn sie oft

als Ärgernis empfunden wird. Seine Analyse der Philosophiegeschichte und der bisherigen 25jährigen Entwicklung der KI-Forschung in den USA führt Dreyfus zu dem Schluß, daß sich die Ziele dieser Forschung nur in isolierten bzw. begrenzten Teilbereichen erreichen lassen. Das ist das generelle Ergebnis seiner Kritik. Heute wird von den Spezialisten einfach schon vorausgesetzt, daß sich z. B. Expertensysteme erfolgreich nur für begrenzte, wohldefinierte Bereiche entwickeln lassen und damit also keine Probleme angegangen werden können, die Alltagswissen bzw. nicht voll objektivierbares Hintergrundwissen zur Grundlage haben. Diese Erkenntnisse werden heute von den weiterdenkenden KI-Forschern immer mehr anerkannt.

Jeder Philosoph sollte sich darüber freuen, daß es mit philosophischen Mitteln gelungen ist, eine tiefgreifende Methodenkritik durchzuführen und darüber hinaus gegenwärtige positive Entwicklung der KI-Forschung zu prognostizieren. Das entspricht auch den Ergebnissen der Diskussionen in der Zeitschrift Woprossy filossofi zu Fragen von künstlicher Intelligenz: "Jene Zeit ist vorbei, da einige Philosophen und Kybernetiker eine vollständige Formalisierung und Automatisierung der menschlichen Tätigkeit für möglich und sogar für notwendig hielten und entsprechende Prognosen aufstellten."

Es sind vor allem drei Erscheinungen, die durch die diskutierten methodologischen Voraussetzungen vernachlässigt werden, die jedoch jedem intelligenten Verhalten zugrunde liegen und daher bei einer interdisziplinären Vorgehensweise in der Erforschung eines solchen Verhaltens zu berücksichtigen sind:

(a) die Bedeutung des biologischen Organismus, seiner Lebensinteressen und körperlichen Funktionen für das Zustandekommen von Wahrnehmung, Information und Erfahrung;

(b) die Bedeutung der Situation für das Zustandekommen von reflexiven (hierarchischen) regelartigen, d.h. nicht durch starre Regeln gesteuerten Verhaltensweisen;

(c) die Bedeutung menschlich-gesellschaftlicher Bedürfnisse, Wert- und Zielsetzungen für die Erfassung der Situation und für die Entwicklung intelligenten Verhaltens in der praktisch veränderten und kommunikativen Tätigkeit.

Mit einem entsprechenden interdisziplinären Ansatz könnten positivistische und flache pragmatistische Tendenzen zurückgedrängt werden. Eigene Konzepte, die den Gegenstand nicht "nur unter der Form des Objekts oder der Anschauung" fassen und die die notwendige Erweiterung des "Informationsverarbeitungsansatzes" anstreben, erfordern die interdisziplinäre Forschung, speziell die Zusammenarbeit von Computer-Wissenschaftlern, Biologen, Psychologen, Linguisten u.a. Gesellschaftswissenschaftlern. Was wir brauchen ist also ein vertieftes Verständnis der Dialektik von Gemeinsamkeit und Unterschied von Automat und Mensch.

D.A. Pospelow und andere sowjetische Forscher orientierten schon seit langem auf die interdisziplinäre Zusammenarbeit in der KI-Forschung.

Das Programm zur Entwicklung einer sechsten Rechnergeneration, wie es jetzt durch eine spezielle Kommission japanischer Wissenschaftler (In Überarbeitung des Programms für die fünfte Rechnergeneration) vorgelegt wurde, präzisiert auch die Aufgabenstellung für eine solche interdisziplinäre Zusammenarbeit. Die für die Informatik relevanten Aspekte von Philosophie bzw. Erkenntnistheorie, Logik, Informationssystemforschung, Linguistik, Psychologie und Physiologie sollen zur Wissenswissenschaft, zu einer neuen Basiswissenschaft der Informatik zusammengefaßt werden. Sie dient der Aufklärung intelligenter Funktionen des Menschen wie Erkennen, Lernen, Schlußfolgern und entsprechender technischer Nachbildungen. Als Bindeglied für eine solche interdisziplinäre Forschung wird die weitere Entwicklung und Anwendung der mathematischen Logik angesehen. Hiermit stehen wir in einer Tradition, die bis zu den Arbeiten des Jenaer Logikers und Philosophen Gottlob Frege zurückreicht und jene Arbeiten einschließt, die zur Logik-Schule und zur Analyse logischer Strukturen moderner Expertensysteme an der Humboldt-Universität zu Berlin und an der Akademie der Wissenschaften der DDR gehören.

Gegenwärtig vollzieht sich ein Paradigmawechsel in der Informatik von einem vorherrschenden Verständnis der Beziehungen zwischen künstlicher Intelligenz als Konkurrenten zu einem vertieften Verständnis einer echten Mensch-Maschine-Kombination, bei der die Vorzüge und Besonderheiten beider Seiten zu einer höheren Einheit integriert werden.

3. Information und menschlicher Geist

Seit langem beschäftigt sich die Philosophie mit der Frage: Was ist Geist? Die Fortschritte in der Psychologie und in jüngster Zeit vor allem auch in der Neurologie sowie in der Informatik, besonders auch auf dem Gebiet der künstlichen Intelligenz haben dazu geführt, daß heute das Phänomen des Geistes auch Gegenstand einzelwissenschaftlicher Forschungen geworden ist.

So werden heute neue philosophische und erkenntnistheoretische Fragen aufgeworfen oder alte in neuer Form gestellt, wie insbesondere die Frage über die Beziehungen des Geistes zur materiellen Welt.

Die Frage nach dem Verständnis von Materie und Geist ist wohl als die älteste und auch schwierigste Frage der Erkenntnistheorie anzusehen. Unvermeidlich berühren die modernen Erkenntnisstudien (Kognitionswissenschaften) diesen Problemkreis und damit auch die Grundfrage der Philosophie.

Bekanntlich hat die Geschichte der Philosophie für jede denkbare Variante der Beziehungen zwischen Materie und Geist ein entsprechendes System hervorgebracht:

1. Nur Gott ist in der Lage, zwischen beiden zu vermitteln (Descartes)
2. Materie und Geist können nicht aufeinander wirken, dies sind parallele Welten (Leibnitz)

3. Materie ist ein Produkt des Geistes (Hegel)
4. Materie ist eine reine Vorstellung des Geistes (Berkeley)
5. Geist ist eine Funktion der Materie (Holbach)
6. Geist und Materie bilden eine dialketische Einheit, wobei der Materie das Primat zukommt, der Geist aus Materie, in der Evolution entsteht (Marx)
7. Geist und Materie bilden eine Einheit, wobei dem Geist das Primat zukommt unter der Annahme, daß wenn der Mensch Bewußtsein besitzt auch dem Atom Spuren davon zukommen (T. de Chardin)

Die Fortschritte in der Entwicklung der Wissenschaft und die Entwicklung immer leistungsfähiger Rechner führte dazu, daß sich die Forschung auf die Aufklärung der Mechanismen des Denkens konzentrierte und eine Reihe tiefgehender Positionen zu den Beziehungen zwischen Geist und Gehirn entwickelt wurden.

8. Geist und Materie sind zwei oder mehr Ebenen der Beschreibung einer Ganzheit, wie die Ebenen von Hard- und Software (Funktionalismus) (J.A.Fodor)
9. Geist ist nicht der Materie entgegengesetzt, aber ist eine selbstorganisierende Qualität. Er koordiniert die räumlich, zeitliche Struktur der Materie (Theory of self organization) (E. Jantsch)
10. Geist ist kein Teil des Menschen, aber in der Tat ein Aspekt des ganzen Menschen. Abstrakte Beschreibungen müssen daher modifiziert werden, sobald sie wieder in den allgemeinen Kontext integriert werden (Max Dehlbrück)
    (Aktionale Position zur methodologischen Situation in der Quantenphysik)

Wie konsistent die Grundthesen auch immer formuliert sind, die Konsequenzen sind doch in jedem Falle weitreichend, da sie jeweils weniger befriedigende, sich voneinander deutlich unterscheidende Weltanschauungen und methodologische Positionen konstituieren.

Alle philosophischen und sozialen Probleme im Zusammenhang mit den neuen Informations- und Kommunikationstechnologien (IKT) stehen direkt oder indirekt im Zusammenhang mit einer zentralen spezifischen Kategorie, diese Kategorie ist die Information.

Diese Kategorie hat sich entwickelt in der Biologie als Erbinformation und Verhaltenskontrolle, in der Psychologie als Phänomen der Erkenntnis, des Denkens und Gedächtnisses sowie der Kommunikation und menschlichen Verhaltens, in der Ökonomie als Schlüsseltechnologie und in der Informatik als Modellierung und Programmierung intellektueller Prozesse.

Offensichtlich wurden andere Wissenschaften anfangs außerordentlich durch diesen Begriff inspiriert, speziell durch den intensiven Zugriff zur Kybernetik und Kommunikationstechnik gefolgt von allen Zweigen des Computerscience. In der Philosophie nimmt die Information mehr und mehr den Platz des Begriffes Geist ein. Generell wurde er als "Mystizismus" empfunden und vom "Bewußtsein" wird angenommen, es sei eine Erfindung

des Europäischen Denkens in der Mitte des 18. Jahrhunderts (Feigenbaum).
Der Unterschied zwischen natürlicher und künstlicher Intelligenz scheint nicht mehr wissenschaftlich definierbar.
Deshalb ist erforderlich ein tiefes Verständnis der Gemeinsamkeiten und der Unterschiede zwischen Automat und Mensch, des Zusammenhangs von Form, Inhalt und Wirkungen der Information als qualitativ verschiedene Stufen der menschlichen Kommunikation zur Erweiterung des "Informationsverarbeitungsherangehens" in der erforderlichen Art und Weise.
Leider hat die Philosophie ihre Argumentation im wesentlichen auf die Frage eingeschränkt: Wird Geist durch Materie erklärt oder Materie durch Geist? Es wurden weniger Ideen oder Modelle bezüglich der Art der Existenz des Geistes entwickelt. Die Art der Existenz der Materie ist, wie schon Descartes wußte, der Raum.
Der Begriff "Res extensa" (das ausgedehnte Ding) ist der zugespitzte Ausdruck dafür. Die stürmische Entwicklung der Naturwissenschaften führte bald zur Umkehrung dieses Theorems über die Verbindung zwischen Materie und Raum. Alles was im Raum existiert ist Materie. Aber gibt es überhaupt Phänomene, die nicht im Raum existieren? Die Frage allein provoziert das ungute Gefühl des Mystizismus, der "vierten Dimension" und unkontrollierbarer Spekulation. So scheint der uralte Disput schließlich entschieden nicht auf Grund der Ausschließung einer durch überzeugende Argumentation seitens einer der oben genannten philosophischen Positionen sondern aufgrund dessen, daß naturwissenschaftliches Denken annahm und immer noch annimmt, daß die räumliche Existenz aller wissenschaftlich relevanten Objekte selbst evident ist.
Unter dem Einfluß dieses Denkens wurde der Versuch unternommen, Informationen zu definieren (notwendig existierend im Raum) und zu erklären. Ihr erstaunlicher Erfolg zu Beginn stand in Übereinstimmung mit der mechanisch-materialistischen Erklärung der Welt. Doch zeigt sich, daß keine Erklärung ausreichend ist, wenn man versucht, ohne die Begriffe des Subjekts, des Geistes oder des Bewußtseins auszukommen.
Wir brauchen konkrete Modelle über die Art der Existenz und der Aktion "Intellektueller Prozesse" oder um es anders zu sagen über die Information in all Ihren Aspekten und Leistungen. Es wurde fast zur Mode, die intellektuellen und kulturellen Probleme unserer Zeit in Bezug zu dem Denken Descartes zu setzen, um deutlich zu machen, daß die Kluft zwischen Geist und Materie zwischen "res cognitans" und "res extensa" schließlich einmal zu überbrücken sein wird.
In der Geschichte der Philosophie wurden große Anstrengungen unternommen, die Substanzauffassung von Geist zu überwinden. Entsprechend der dualistischen Theorie des Geistes ist der entscheidende Punkt, daß Geist ein Objekt oder vielmehr eine Substanz sei, zwar nicht physikalischer Natur, aber doch etwas, aus dem die Gedanken gemacht werden.
In der Philosophie wurden verschiedene Alternativen zu diesem dualistischen Konzept entwickelt. Eine extrem konträre Position wird vom

mechanischen Materialismus eingenommen, indem er die Existenz von Geist überhaupt verneint. Ihm zufolge sind intellektuelle Prozesse nichts anderes als physikalische Prozesse. In der Psychologie wird dieser mechanische Materialismus zum Behaviorismus, der erklärt, daß es kein Bewußtsein gibt und daß der Mensch sich nur in Reaktion auf äußere Stimuli verhält.

Die andere extreme Position wird vom subjektiven Idealismus repräsentiert, nachdem die physikalische Welt nicht exisitiert und angenommen wird, daß alles nur unsere Wahrnehmung ist.

Die Entwicklung eines Systems wissenschaftlicher Kategorien im Zusammenhang mit der Entwicklung von Computern sowie die Unterscheidung zwischen Hard- und Software hat zu neuen Gesichtspunkten über das Denken und Bewußtsein geführt und zwang verschiedene Wissenschaftsdisziplinen, über Geist präziser nachzudenken als zuvor.

Diese Fortschritte in der Entwicklung der Wissenschaft führten zu einem neuen Gesichtspunkt in bezug auf Verständnis des Geistes, der als Funktionalismus bezeichnet wird. Der entscheidende Punkt in dieser Auffassung ist, daß nicht die Hardware aus der das Gehirn zusammengesetzt ist, sondern die Programme, die Software das wesentliche sind.

Wie die Computeranwendungen zeigen, ist es notwendig, mit zwei Ebenen kausaler Beschreibungen auszukommen, die Ebene der Hardware und die der Software. Ohne dazu gezwungen zu sein, darüber nachzudenken, wie das eine das andere beeinflußt.

Die alte philosophische Frage,wie der Geist den Körper beeinflußt, wird einfach verstanden als Interpretation unterschiedlicher begrifflicher Ebenen, da wir gewöhnlich auch nicht fragen würden wie das Programm es bewirkt, daß der elektronische Schaltkreis eines Computers die Gleichung lößt.

Es ist für diesen Funktionalismus klar, daß Maschinen auch denken und fühlen können, zumindest prinzipiell. Es scheint als habe der Funktionalismus ganz plötzlich alle Fragen zur Seele, die uns in der Tradition überliefert wurden, lösen können. Doch sollten wir bei der Nutzung dieser Computermetapher recht vorsichtig sein. Wie wir sehen definiert das Konzept der Ebene wie es von den Computer Sciences übernommen wird - die Semantik, Syntaktik, die Ebene der Mechanismen nicht sachgerecht die Ebenen der Organisation des Gehirns.

Es ist evident, daß es vielmehr Organisationsebenen gibt, zwischen der obersten Ebene und der Ebene der interzellularen, makromolekularen Dynamik. Das methodologische Konzept muß allerdings ernst genommen werden, da der Funktionalismus heute die dominierende Theorie des Geistes in den USA ist, die von Philosophen wie auch vielen Kognitionswissenschaftlern vertreten wird. Dieses Konzept verschiedener Beschreibungsebenen beim Verständnis des Geistes als einer Ganzheit ist eine philosophische Annahme, die sehr schnell eine weite Verbreitung gefunden hat, dank der Entwicklung der Kognitionswissenschafen als einer neuen Grundlagenwissenschaft der Informatik, die sich beschäftigt mit

künstlicher Intelligenz, Linguistik, Psychologie und Kybernetik.
Der Computer ist ein automatisches formales System. Er manipuliert automatisch die Symbole formaler Systeme entsprechend formaler Regeln. Diese Regeln müssen explizit sein, zumindest im Programm der virtuellen Maschine. Die Bemühungen in der KI-Forschung sind darauf ausgerichtet, bessere Heuristiken und bessere Algorithmen zu finden und sie in die Maschine zu implementieren. Der Computer als automatisches formales System kann mehr sein als nur ein Spiel, da die Symbole eine Interpretation erfahren können, die sie zur Außenwelt in Beziehung setzen. Das ist der Bereich der Semantik und Pragmatik. Semantische Eigehschaften sind nicht formale Eigenschaften. Die Inspiration, daß ein formales System mit einer Interpretation derart, daß die Semantik für sich selbst sorgen wird - eine semantische Maschine möglich ist, daß mit der richtigen Art eines formalen Systems und in seiner Interpretation eine Maschine Bedeutung handhaben kann ist die treibende Kraft für die KI-Forschung und die kognitiven Wissenschaften. Aber es ist notwendig zu sagen, daß im Vergleich zur natürlichen Sprache und zur natürlichen Intelligenz die Mathematik und die Logik nur einen begrenzten speziellen Bereich konstituieren.
Kybernetik und Computer Science bringen neue Aspekte in das Körper-Geist-Problem, das intensiv über viele Jahrhunderte diskutiert wurde und schlagen auch neue Lösungen vor. Doch sie überwinden in Wirklichkeit nicht die mechanizistischen und dualistischen Positionen aufgrund der Substanzauffssungen von der Information (Fuchs-Kittowski) und der Isolierung der Psychologie von der Neurobiologie durch das Konzept der Ebenen der Beschreibung.
Was gegenwärtig neu ist in der Kognitionswissenschaft (siehe Berleur und Brunnstein) ist die Betonung, die auf die Untersuchung geistiger Zustände und ihrer Beziehung zur Psychologie und Neurophysiologie gelegt wird. Aber auch "die Kübeltheorie" des Geistes, diese Substanzkonzeption der Information, die dem Informationsverarbeitungsparadigma zugrunde liegt, muß verändert werden. Dies wird zu einer Veränderung des Paradigmas der KI-Forschung wahrscheinlich auch über den Konnektivitsmus hinaus führen. Aus der Sicht der Theorie der Selbstorganisation ist der Geist der Materie nicht gegenübergestellt, doch eine selbstorganisierende Qualität des dynamischen Prozesses, der im System mit seinen Beziehungen zur Umwelt stattfindet. Während der moderne Funktionalismus im wesentlichen Geist und Information identifiziert und letztere auf ihren syntaktischen Aspekt und speicherbare Form reduziert, versteht die Theorie der Selbstorganisation, der Selbststrukturierung wie sie von E. Jantsch vertreten wird, den Geist als ein dynamisches Prinzip, das die Information in lebenden Systemen organisiert.
Wir glauben, daß man dem Phänomen des Geistes weder durch Identifizierung von Geist und Programm noch durch Trennung von Information und Geist, sondern nur durch ein tiefes Verständnis des Wesens der Information durch Differenzierung der qualitätiv unterschiedlichen Ebenen

der organismisch/menschlichen Kommunikation und durch Unterscheidung ver-schiedener qualitativ unterschiedlicher Prozeßstufen - Form, Inhalt undBewertung - der Informationserzeugung, Nutzung und Erhaltung näher kommen wird. Information ist keine Substanz, sondern ein Verhältnis. Information erzeugt spezifische Wirkungen durch Funktionalisierung, durch Selektion (Filtrierung und Kontrolle) der zufälligen Wirkungen der Teile.

Wir brauchen ein tieferes Verständnis des Wesens der Informationsverarbeitung und der informationstragenden Strukturen. Unter anderem verlangt letzteres eine vertiefte Betrachtung zwischen Information und Geist, Abbildung/Speicherung und Gedächtnis, Programm und Denken. Es ist notwendig, die spezifischen Erscheinungen lebender und sozialer Organisationen zu betrachten, die Prozesse der Informationserzeugung und Wertbildung im Gegensatz zu den Prozessen in technischen, rein physikalischen Systemen.

Der mechanische Materialismus für den alles einschließlich des Geistes wirklich nur Materie ist, in einer Form oder der anderen, ist nicht die hauptsächliche und einzig mögliche Alternative zum Dualismus. Wir wehren und dagegen, Gedanken und Gefühle einfach mit **Stoff** zu identifizieren, und es ist ebenfalls schwierig, Form und Ort für Geist und Ideen anzugeben. Entsprechend der Auffassung von Hegel "erscheint Geist notwendigerweise in der Zeit". Diese grundlegende Idee von Hegel ist besonders bedeutsam für das Verständnis der Information. Semantik hat keine räumliche Existenz und kann daher nicht gespeichert werden. Nur die Syntax einer Information kann gespeichert werden, die wiederum ohne Wert ist, ihre Semantik. Daher muß die Zeit als eine Existenzform genutzt werden.

Auf der Grundlage der bisherigen Diskussionen zum Informationsbegriff haben wir unter Berücksichtigung verschiedener Ebenen der Organisation lebender Systeme zwischen verschiedenen Niveaustufen organismischer/ menschlicher Kommunikation differenziert. Auf keiner dieser Niveaustufen und das ist die entscheidende Aussage, läßt sich das Informationsphänomen allein auf den Abbildungs- bzw. Syntaxaspekt reduzieren. Bekanntlich hat die Semiotik seit langem gefordert, auch den Bedeutungsbzw. Semantik-Aspekt und den Bewertungs- bzw. Pragmatik-Aspekt bei allen Informationswirkungen zu berücksichtigen.

Da diese Aspekte jedoch nicht in bit gemessen werden können, der Computer eine reine bit-verarbeitende Maschine ist, werden sie häufig einfach weggelassen. Diese computer-pragmatische Reduzierung der Information auf ihren Abbildungsaspekt hat nun zweifellos den Vorteil, daß sehr genau angegeben werden kann, wie Probleme aufbereitet werden müssen, damit sie als Informationsverarbeitung (im vollen menschlichen Sinne des Wortes) interpretiert werden können, obwohl sie rein technisch nur als logische Transformation von Syntaxstrukturen inklusive formale Semantik (seien das nun reine Datenmengen oder Wissenssysteme) anzusehen sind. Diese Reduktion hat aber zugleich den Nachteil, daß

SYNTAX, SEMANTIK und PRAGMATIK der INFORMATION verschiedener STUFEN

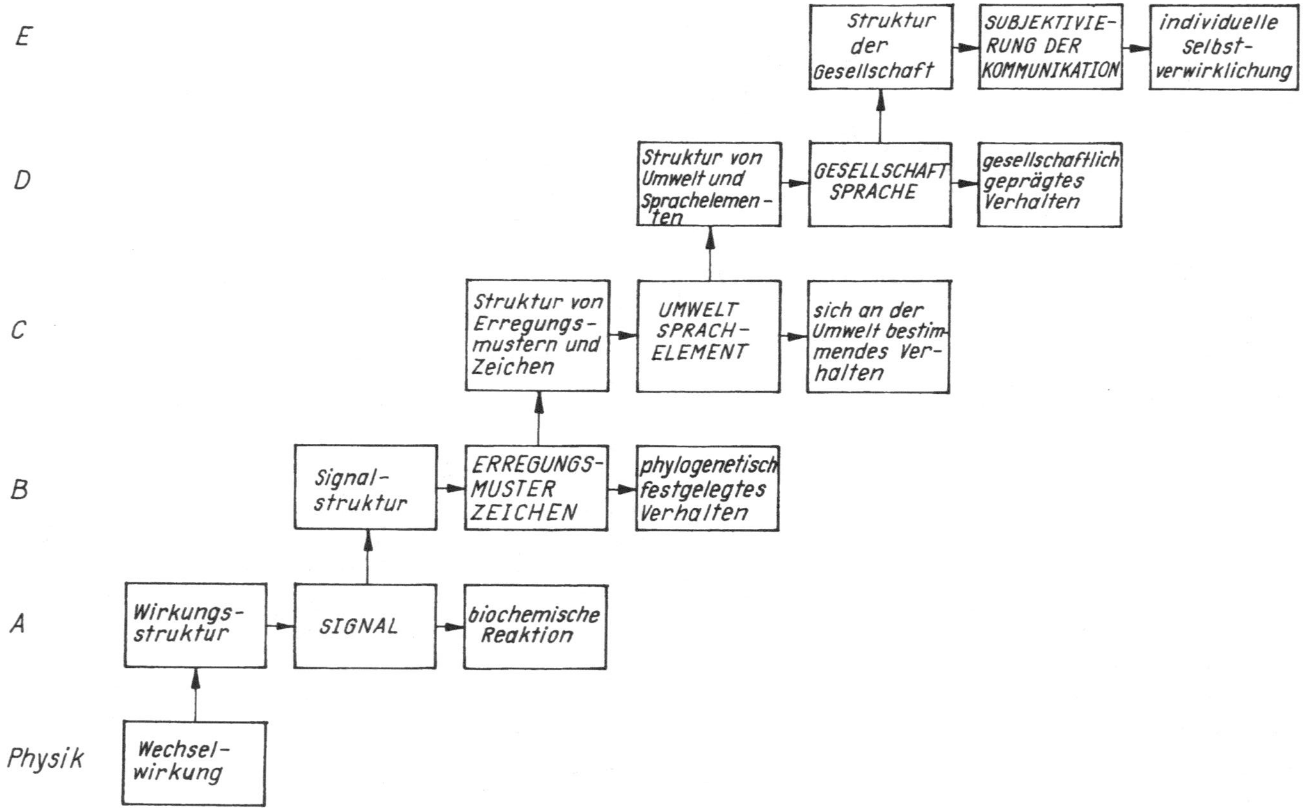

sie zu dem unrichtigen Analogieschluß führen kann, möglicherweise sei auch menschliche Informationsverarbeitung lediglich eine im System der Nervenzellen erfolgende bit-Verarbeitung von Sytaxstrukturen. Alle übrigen psychischen Prozesse wären danach gewissermaßen eine rein subjektive Sicht auf den Ablauf der objektiven Prozesse.
Wir betonen, daß mit dem interdisziplinären Ansatz ein vertieftes Nachdenken über Information und ihre qualitativ unterschiedlichen Aspekte erforderlich wird. Es gilt 1. den Syntaktischen Aspekt bzw. die Abbildung der Information, 2. den semantischen Aspekt bzw. die Bedeutung der Information sowie 3. den pragmatischen Aspekt der Information bzw. die Bewertung der Information und damit ihre räumliche und zeitliche Existenzweise sowie spezifische Wirkung durch Funktionalisierung als spezifische Wirkung durch Funktionalisierung als spezifischeStufen eines Prozesses der Informationserzeugung und -nutzung, in ihrem Zusammenwirken auf verschiedenen Ebenen der Organisation der Materie zu verstehen. Unter Berücksichtigung der qualitativ unterschiedlichen Aspekte der Information auf den verschiedenen Ebenen der Organisation lebender Systeme: a) den biochemischen Reaktionssystemen, b) den neuronalen Reaktionssystemen, c) den organismischen Verhaltenssystemen und den gesellschaftlichen Tätigkeitssystemen unter d) gesamtgesellschaftlichen und e) individuellen Aspekten der Handlungen lassen sich verschiedene Qualitätsstufen organismischer/menschlicher Kommunikation differenzieren: 1. der Makromoleküle, 2. der Nervennetze, 3. des Bewußtseins der Außenwelt, 4. des Bewußtseins der Gesellschaft, 5. des Bewußtseins der Werte.
Diese Überlegungen führen zwangsläufig zu einer Erweiterung des Informationsverarbeitungsansatzes und zu neuen Gesichtspunkten in der alten philosophischen Diskussion zum Verhältnis von Materie und Geist sowie der für die moderne Erkenntnistheorie so wichtigen Frage, wie kann sich die Fähigkeit, etwas zu erklären und Wahrheit zu wissen aus toter Materie entwickelt haben.
Der Kosmos war vor dem Leben und das Leben war vor dem Geist. Die Natur war also vor dem Menschen, und der Mensch war vor der Wissenschaft. Dies ist sicher eine Grundaussage materialistischen und dialektischen Denkens. Sie impliziert natürlich sofort die Frage nach der Entstehung und Entwicklung von Leben und Geist, ja macht sie überhaupt erst möglich. In der Auseinandersetzung mit dem Machismus formulierte W. I. Lenin, im Anschluß an eine konzentrierte Darlegung der Beziehungen zwischen Sein und Bewußtsein und der Fähigkeit des menschlichen Gehirns zur aktiven, bewußten Widerspiegelung der objektiven Realität der Hypotzese "in den Grundbausteinen des Gebäudes der Materie kann man ... die Existenz einer Fähigkeit, die der Empfindung ähnlich ist, annehmen." Die in dieser Formulierung enthaltene Vermutzung, daß die Fähigkeit zur Widerspiegelung der objektiven Realität eine allgemeine Eigenschaft der Materie ist, wird von den Fortschritten der biologischen Wissenschaften bestätigt.
Diese Fähigkeit hat sich im Verlaufe der Evolution über qualitative Sprünge immer mehr vervollkommnet. Die Frage, wie menschlicher Geist

Prozeßstufen der Erzeugung, Nutzung und Erhaltung der Information

Ebenen der Organisation	räumliche Form Existenz FORM (Syntax)	zeitliche Form der Existenz INHALT (Semantik)	Wirkung der Information BEWERTUNG Pragmatik)
MAKRO-MOLE-KÜLE	räumliche Anordnung von Molekülen u. ihrer Teile (DNS z. B.)	Ganzheit eines Moleküls (oder eines Teilmoleküls u. seiner Wechselwirkungen)	Interaktion des ganzen Moleküls oder von seinen Teilen, als auf Verhalten bezogene Signale
NERVEN-SYSTEM	räumliche Anordnung von Nervenzellen u. Impulsmuster im Gehirn	Ganzheit von Strukturen als unteilbare Qualität - phylogenetisch fixiert	Impulsmuster als Signale zur Kontrolle d. Systemverhalten
AUSSEN-WELT-BEWUSST-SEIN	räumliche Anordnung von Objekten in d. Umweit u. ihre Nutzung zur Speicherung v. Informationen	Ganzheit von konkreten Objekten im Kontext d.Situation,als nicht kompositionierbare Qualitäten (Lernen des Inhalts Information)	Identifizierung v.Impulsmustern u. ihrer Ursachen in d. Umwelt, um Signale aus der Umwelt interpretieren zu können
GESELL-SCHAFT-LICHES BEWUSST-SEIN	räumliche Anordnung von Signalen u.Symbolen d.Sprache (soziale Form der Sprache)	Ganzheit von Bedeutungen v. ausgewählten Worten u.a.Formen d.Sprache) (soziale Inhalte d. Sprache)	Kommunikation v. Bedeutungen als wichtigstes Mittel d. sozialen Interaktion (soziale Bewertung von Bedeutungen)
SELBST-BEWUSST-SEIN	räumliche Anordnung v.Zeichen u. Symbolen in Metastrukturen	Ganzheit von Bedeutungen ausgewählter Formen d. Sprache (d.persönliche Inhalt d.Sprache)	Kommunikation v.Bedeutungen, als wichtigstes Mittel zur persönlichen Interaktion u.Bildung v. Werten

entstanden ist, wird heute ganz klar im Rahmen von Ch. Darwins Evolutionstheorie gestellt, da deutlich ist, daß der menschliche Geist die Möglichkeiten zur vermehrten Nachzucht für den Urmenschen wesentlich erhöhte.

Zu 1. Zu Beginn der Evolution gab es nur Wechselwirkung, Makromoleküle können jedoch mehr - sie können sich wechselseitig erkennen und damit selektiert werden. Alle gegenwärtigen Formen des Lebens haben eine einheitliche chemische Organisation, die sich in den Eiweiß-Nukleinsäure-Wechselbeziehungen, der DNS als syntaktischer Struktur der Erbinformation und den Proteinen zur Interpretation dieser Struktur sowie als Mittel zur Aufnahme und Reaktion innere und äußere Signale manifestiert. Der lebende Organismus empfängt also schon auf der einfachsten Ebene Signale aus der Umwelt und bildet Bedeutungen d. h. nichts anderes als daß sie eine Struktur besitzen, die es ihnen erlaubt, entsprechend zu reagieren. Mit der Interpretation der syntaktischen Struktur der DNS durch die Proteine und ihrer Wechselwirkungen mit weiteren Strukturen im Verlauf der ontogenetischen Entwicklung tritt ein expliziter und ein impliziter semantischer Gehalt der genetischen Information hervor, der erst im Kontext mit den schon realisierten Strukturen erzeugt wird. Auch schon auf dem molekularen Niveau der Organisation der Materie ist es also notwendig, den Zusammenhang zwischen Abbildung (Syntax) und Bedeutung (Semantik) sowie Bewertung (Pragmatik) der Information zu berücksichtigen.

Zu 2. Die Aufgabe der im Nervensystem festgelegten Programme ist die Auswertung der aus der Umwelt eintreffenden Signale. Ihnen wird eine Bedeutung zugeordnet und diese Information in sinnvolle Verhaltensweisen umgesetzt. Hier wird Information nicht einfach aufgenommen aus der Außenwelt, wie oft vereinfacht formuliert wird, sondern es erfolgt eine enorme Signalverdichtung, eine Abstraktion zu den Qualitäten der Dinge, ihrer Bedeutung. Mit dieser Bildung von Bedeutungen von Erregungszuständen, (der Selektion spezifischer Impulsmuster) ist die Herausbildung des menschlichen Geistes auf der Grundlage des Nervensystems verbunden. Gerade die modernen Untersuchungen des visuellen Kortex und damit des Sehens zeigen und, daß die Signale, in diesem Prozeß zu Bedeutungen, also vom Gehirn erst (imZusammenspiel von Abbild, Bedeutung und Bewertung) zu Informationen umgewandelt werden. Was wir sehen sind also keine primären Signale oder Rohdaten, sondern Qualitäten eines Objekts, die aus den Sinnesdaten abstrahiert wurden und uns etwas bedeuten. Entscheidend ist, daß auf dieser Ebene der Organisation lebender Systeme die Verarbeitung der Signale vorbewußt und damit auch einer Introspektion unzugänglich, eben auf der Grundlage der in der Evolution erworbenen Programme erfolgt.

Zu 3. Die Arbeitsweise des Gehirns muß vom Genom relativ unabhängig werden, denn die Beziehungen zwischen Organismus und Umwelt bilden sich erst im Verlaufe des individuellen Lebens heraus. Das System erreicht eine solche Komplexität, daß auf der organismischen Verhaltensebene der jewilige Außenreiz - die Empfindung - nur noch einen kleinen Teil der gesamten funktionellen Organisation darstellt. Vor allem aber Können wir die Quelle der Stimulierung mit Bedeutungen belegen. Die entscheidende Konsequenz ist, daß wir auf dieser Stufe der Organisation- des Außenweltbewußtseins - nicht nur Erregung auf der Netzhaut oder im Gehirn registrieren, sondern wirklich die Gegenstände der Außenwelt, z. B. Bäume sehen.

In dem Maße, wie wir die invarianten Eigenschaften der Umwelt zur Abbildung (codierung) der Bedeutungen von Informationen benutzen, werden uns die Objekte der Umwelt dann auch bedeutende Signale liefern, d. h. daß das menschliche Gehirn Informationen aus der Umwelt aufnimmt. Dies also im Ergebnis des langen Prozesses, in dem die Objekte der Außenwelt bedeutend wurden.

Zu 4. Im weiteren Verlauf der Entwicklung kam es zur Herausbildung eines immer leistungsfähigeren, zu immer komplizierteren und immer freieren Verknüpfungen befähigten Zentralorgans. Immer wichtiger wird die Befähigung zur Verknüpfung innerer Beziehungen, das Verarbeiten schon vorhandener Informationen. Hierfür bedarf es eines eigenen Mechanismus. Es bildet sich die Sprache, die es ermöglicht, konkrete Sachverhalte durch räumliche Anordnung von Zeichen und in Form abstrakter Symbole darzustellen und frei zu manipulieren.

Das in der biologischen Evolution (durch Selektionsdruck) hervorgebrachte Gehirn leistet mehr als nur die Anpassung an die unmittelbare, in der Anschauung gegebene Umwelt. Auf der Basis dieses Gehirns wird es dem Menschen möglich, tiefe Einsichten in die Welt der Mathematik, in den Mikro- und Makrokosmos der Materie sowie in die Organisation des Lebens und des Geistes zu gewinnen. Neben der biologischen Evolution begann die gesellschaftliche Evolution auf der Grundlage gesellschaftlicher Erfahrung, so daß nicht mehr alles selbst erlebt werden muß, um einen bestimmten Sachverhalt zu kennen.

Die Menschen müssen identifizierbare gemeinsame Bedeutungen festlegen, um Informationsstrukturen übermitteln zu können. Auf dieser Ebene - des gesellschaftlichen Bewußtseins - bedarf es der Einsicht in die Gesetzmäßigkeiten der natürlichen und gesellschaftlichen Entwicklung.

Zu 5. Geht es um die Selbstverwirklichung der menschlichen Persönlichkeit, so ist vorausgesetzt, daß die Menschen in der Gesellschaft leben und den gesellschaftlichen Werten folgen, die im gesellschaftlichen Entwicklungsprozeß herausgebildet wurden. Werte dienen der Reduktion der Komplexität menschlichen Verhaltens und nützen daher der Voraussage menschlicher Aktionen und Interessen. Die Entwicklung der Gesellschaft ist zugleich auch immer die Entwicklung des Wertesystems. Werte sind der pragmatische Aspekt der Information, mit deren Hilfe die Bedeutungen der Informationsstrukturen selektiert werden können. Mit Hilfe der Sprache und den durch die soziale Kommunikation vermittelten und akzeptierten Werten ist es auch möglich, auf eine Anforderung zu sagen "nein ich will nicht" oder zu fragen "wozu", Die Reflexion über den Zweck des individuellen Lebens und die Ziele der Selbstverwirklichung der Persönlichkeit bestimmt Verhalten in der Gesellschaft und Bemühungen um den Erfolg politischer Aktion.

An dieser Stelle soll nochmals deutlich gesagt werden:

- Geistige Realitäten werden vornehmlich in Form der Sprache kommuniziert.
- Wir können heute auch Maschinen bauen, die mit dieser Fähigkeit ausgestattet sind.

Kann es dann überhaupt noch eine Spezifik des menschlichen Geistes gegenüber den Fähigkeiten der Maschine geben?

Unsere generelle Antwort ist: Computer mit künstlicher Intelligenz und menschlicher Geist stehen in einem dialektischen Verhältnis von Gemeinsamkeit und Unterschied.

Wenn Geist in der Materie verankert ist, werden bestimmte Formen, soweit sich geistige Operationen abbilden, die Symbolmanipulationen formal darstellen lassen, durch Maschinen erzeugt werden können. Computer, auch solche mit künstlicher Intelligenz sind jedoch keine Teilnehmer am sozialen Prozeß, sind keine Persönlichkeiten, für deren Entwicklung ein Lebensprozeß als Einheit biologischer, psychologischer und sozialer Prozesse charakteristisch ist.

Um Bedeutungen zu verstehen oder Metabedeutungen im Kontext der Kommunikation zwischen Menschen zu erfassen und sozialrelevante Werte bilden zu können, müßte der Computer ein praktisches, sinnlich konkret die Welt veränderndes Leben gelebt uund Zugriff zum Bewußten und Unbewußten haben. Dies wird gerade im Zusammenhang mit der Diskussion zum Wesen der Sprache, ihrer Offenheit für alle Erfahrungen der Menschen und seine ganze Geschichte besonders deutlich. Der Automat kann sehr viel bei der formalen Manipulation von Symbolen leisten. Doch ist heute weiterhin deutlich, daß eine vollständige Formalisierung der natürlichen menschlichen Sprache, wie es z. B. noch Leibniz vorschwebte, nicht realisierbar ist. Im Vergleich zur natürlichen Sprache stellt die Mathematik einen eingeschränkten Bereich dar und selbst in ihrem Rahmen gibt es, nach der Beweisführung von Goedel, innerhalb eines formalen axiomatischen Systems nur abzählbar viele entscheidbare Theoreme, währen die entscheidbaren Aussagen nicht abzählbar sind.

Terry Winograd konnte zeigen, wie sein Programm Syntax und Semantik von Sätzen entschlüsseln kann, die sich aber auf eine eng umschriebene Welt und nur begrenzte Geschichte beziehen. Die moderne Sprachdatenverarbeitung hat in diesem Rahmen weitere Fortschritte erzielt und wir werden hier weiter voranschreiten. Es zeigt sich aber immer wieder, daß bei der natürlichen Sprache in den meisten Fällen der semantisch relevante Kontext ohne eine Begrenzung bleibt. Denn die menschliche semantische Kompetenz fußt wie gesagt auf der Gesamtheit aller bewußten und unbewußten menschlichen Gedächtnisinhalte.

Hier treffen wir auf eine qualitativ neue Form des allgemeinen Zusammenhangs. Wie Quantenphysik lernen mußte, daß die Bewegung des Elektrons nur ein Aspekt des Ganzen ist und die Biologie lernen mußte, daß auch lebende Organisation nicht einfach aus Teilen besteht, die analysiert und wieder zusammengesetzt werden können, wird - nun auch hier (aufgrund des Zusammenhangs von Abbild, Bedeutung und Bewertung) - die Kategorie des allgemeinen Zusammenhangs unausweichlich und muß Berücksichtigung finden.

Dies bedeutet in Übereinstimmung mit den Gedanken des Begründers der Molekularbiologie, Max Dehlbrück, zum Thema der Entstehung des Menschlichen Geistes, wie sie von G. Stent zusammengefaßt wurden: "Der Geist ist nicht Teil einer Mensch-Maschine, er ist vielmehr ein Aspekt des ganzen Menschen, der sich in Raum und Zeit erstreckt. Dies ist vergleichbar mit dem Elektron der Quantenmechanik, dessen Bewegung ein Aspekt des Ganzen ist und nicht in eindeutiger Weise in die komplementären Eigenschaften von Ort und Impuls zerlegt werden kann."

Der Geist ist weder eine "reine materielle Maschine" mit besonders komplexen kybernetischen Mechanismen, noch etwas "rein Psychisches", sondern etwas gegenüber den Fähigkeiten der Maschine spezifisches, das sich nicht einfach aus den diesen Fähigkeiten zugrundeliegenden Gesetzmäßigkeiten deduzieren läßt. Die methodologische Analogie zur erkenntnistheoretischen Situation in der Quantenphysik in der man lernte, wie die Begriffe Welle und Korpuskel modifiziert werden mußten und Ort und Impuls sich gegenseitig modifizieren, führt zu dem Schluß: Gesetzmäßgkeiten des Lebenden und des Geistigen sind tiefer, weiter und damit zugleich konkreter als die Gesetzmäßigkeiten und Prizipien der Automatisierungstechnik sowie der Struktur und Funktion der Software in Anwendung auf das Lebende und das Geistige, Begriffe wie Bewußtsein, Emotion u. a. gehören nicht nur zu einer populär- bzw. Alltagspsychologie. Bei einer Reduktion der Differenziertheit und der Wechselbeziehungen der Beschränkung auf eine hinreichend grobe Struktur lassen sich jedoch biologische Formen des Verhaltens sowie praktische und geistige Tätigkeiten des Menschen, durch Verhaltensweisen technisch-kybernetischer Systeme, durch Automaten als formale Symbolmanipulatoren beschreiben. Die Erforschung biologischen und menschlichen Verhaltens sollte daher in enger Korrespondenz mit der Erforschung der Struktur und Funktion komplizierter Automaten, ihrer Hard-, Soft- und Orgware erfolgen, da Kybernetik und Informatik begrenzt gültige Modelle dieser Systeme und Prozesse liefern. Die Aufklärung kognitiver Prozesse des Erkennens, Lernens und Problemlösens sowie ihre Umsetzung in maschinelle Funktionen trägt entscheidend zur raschen Entwicklung der modernen Informations- und Kommunikationstechnologien bei. Dabei müssen wir uns jedoch bewußt sein,daß wir der lebenden undgeistigen Organisation mit Begriffen engegentreten, die der anschaulichen Welt der Automatisierungstechnik entnommen sind bzw. eine Abstraktion der Informatik aus dem allgemeinen Zusammenhang darstellen, die daher modifiziert werden müssen sobald sie wieder in den allgemeinen Kontext eingefügt werden. Eben weil der Geist nicht ein Teil eines Menschen, sondern in der Tat ein Aspekt des ganzen Menschen ist,

Theorie des Denkens (Kognitiver Systeme)

weder	noch
Beschreibung als "reiner" Automat durch Programme kognitiver Prozesse	Beschreibung als "rein" geistiges Verhalten sinnerfüllter Tätigkeiten

sondern

als etwas drittes
Dies verlangt eine
Veränderung unserer
Vorstellungen vom
geistigen Prozeß
- spezifische Struktur
- Organisation
- Ganzheit bzw. Totalität
sind nicht etwas zusätzliches
sondern den rein physikalisch-
chemischen, informationellen
Vorgang Modifizierendes

Der Geist ist nicht Teil einer Mensch-Maschine, er ist vielmehr ein Aspekt des ganzen Menschen, der sich in Raum und Zeit erstreckt.

THEORIE DER AUTOMATEN	THEORIE DES MENSCHLICHEN ENTSCHEIDUNGSERHALTENS	
	ENTWEDER	ODER
BESCHREIBUNG DER MASCHINEN-LOGIK	BESCHREIBUNG DES FORMALEN ENTSCHEIDUNGS-VERHALTENS DURCH PROGRAMME ALS MODELLE KOGNITIVER PROZESSE	BESCHREIBUNG SINN-ERFÜLLTER, EMOTIONALER ZIELSTREBIFER TÄTIGKEIT
KAUSALITÄT	PRINZIP ENDLICHER KLASSEN	PHÄNOMENOLOGISCHE KAUSALITÄT

(1) Agricola, E.: Semantische Relationen im Text und im System, Halle, 1975
(2) Berkeley, G.: A Treatise concerning the principles of human knowledge, Berlin, 1920
(3) Bjorner, D.: Programme Committee Chairmans Vorward, Proceedings of the 10th World Computer Congress, Dublin (Ireland), 1986
(4) Budde, R.; Floyd, Chr.; Keil-Slawik, R.; Zuellighoven, H. (Ed.): Software Development and Reality Construction, Schloß Eringerfeld, September, 25. - 30., 1988
(5) Churchland, P. S.: Neurophilosophy: Towards a knified Science of Mind-Brain, Cambrigde, Mass. 1986
(6) de Chardin, T.: Der Mensch im Kosmos, München, 1959
(7) Dehlbrück, M.: Wahrheit und Wirklichkeit über die Evolution des Erkennens, Hamburg, 1986
(8) Descartes, R.: Prinzipien der Philosophie, Leipzig, 1922
(9) Docherty, P.; Fuchs-Kittowski, K.; Kolm, P. and Mathiassen, I.: System design for Human Development and Productivity: Participation and beyond, North-Holland, 1987
(10) Dreyfus, H. L.: What Computers can't do - The Limits of Artificial Intelligence, San Francisco, London 1979
(11) Dreyfus, H. L.; Dreyfus, S. E.: Künstliche Intelligenz - Von den Grenzen der Denkmaschine und dem Wert der Intuition, Hamburg, 1987
(12) Eigen, M.: Selforganization of Matter and the Evolution of Biological Macromolecules, Naturwiss. Heft 10, 1971
(13) Elsasser, W. M.: Biological theory on a holistic Basis (privately printed) Baltimore, 1982
(14) Fodor, J. A.: Psychological Explanation, New York, 1968, Representations, Sussex, 1981
(15) Fuchs-Kittowski, K. u.a.: Informatik und Automatisierung, Berlin, 1976
(16) Fuchs-Kittowski, K.: Informatik und Kybernetik als theoretischer Bezugsrahmen der Automation der Informationsverarbeitung, in: Zum Wirken von Georg Klaus, Akademie der Wissenschaften der DDR, Berlin
(17) Fuchs-Kittowski, K.: Information, ihre Speicherung und Verarbeitung in biomolekularen Systemen, in: II. Kühlungsborner Kolloquium, Philosophische und Ethische Probleme der modernen Genetik, Berlin, 1972
(18) Fuchs-Kittowski, K.: Information, Organisation und Evolution, in: IV. Wissenschaftliches Kolloquium zur Organisation der Informationsverarbeitung, Berlin, 1983
(19) Fuchs-Kittowski, K. u.a.: Informationssystem, Work- and Organization-Design, North-Holland, 1990
(20) Fuchs-Kittowski, K. Kybernetik und Informatik als theoretische Grundlage der Automation der Informationsverarbeitung, in: Philosophie - Wissenschaft. Zum Wirken von Georg Klaus, Sitzungsbericht der AdW der DDR, Nr. 10, 1983
(21) Fuchs-Kittowski, K.: Molekularbiologie, Medizin, Philosophie, Wissenschaftsentwicklung - Essays, Akademie Verlag, Berlin 1978 und Wissenschaft und Fortschritt 22, S. 308 - 313, 1972
(22) Fuchs-Kittowski, K.: Probleme des Determinismus und der Kybernetik in der molekularen Biologie - Tatsachen und Hypothesen über das Verhältnis des technischen Automaten zum lebenden Organismus, Gustav-Fischer-Verlag Jena, 1976, 2. erweiterte Auflage
(23) Fuchs-Kittowski, K.: System and Form, Content and Effects of Information, in: System Design for Human Development and Productivity: Participation and Beyond, Berlin 1987
(24) Fuchs-Kittowski, K. u.a.: Zur Differenzierung der Information auf verschiedenen Ebenen der Organisation lebender Systeme, in: Information, IV. Kühlungsborner Kolloquium, Berlin 1976
(25) Fuchs-Kittowski, K.: Zur Entwicklung der Kognitionswissenschaften, erscheint in "Wissenschaft - Probleme ihrer Entwicklung" Berlin 1990 (in Vorbereitung)
(26) Fuchs-Kittowski, K.; Fuchs-Kittowski, M.; Rosenthal, H.A.: Biologisches und Soziales im menschlichen Verhalten, Deutsche Zeitschrift für Philosophie, Heft 6, 1983
(27) Fuchs-Kittowski, K.; Gertenbach, D. (Ed.) System Design for Human Development and Productivity: Participation and Beyond, Berlin, 1987

(28) Fuchs-Kittowski, K.; Rosenthal, H.A.; Rosenthal, S.: Zu den modernen genetischen Technologien und dem Verhältnis von Wissenschaft und Ethik, Wahrheit und Wert, Rationalität und Humanismus, in: genetic engineering und der Mensch, VII Kühlungsborner Kolloquium, Akademie Verlag, Berlin 1981
(29) Fuchs-Kittowski, K.; Rosenthal, S.; Rappoport, S.M.: Zur Dialektik von Kontinuität und Diskontinuität und dem Problem der Zeit in der Biologie, in: Diskredität und Stetigkeit von Lebensprozessen, V. Kühlungsborner Kolloquium, Oktober 1976, Akademie-Verlag, Berlin, 1977
(30) Franz, P.: Zum Zusammenhang von Widerspiegelung, Information und Entwicklung, Berlin, 1976
(31) Geissler, E.: Beziehungen zwischen genetischen Materia und genetischer Information, in: genetic engineering und der Mensch, VII. Kühlungsborner Kolloquium, Berlin 1981
(32) Haugeland, J.: Mind Design, Cambrigde, Mass. 1981
(33) Hegel, G.W.F.: Encyclopaedie der philosophischen Wissenschaften, Leipzig, 1920
(34) Hegel, G.W.F.:Phänomenologie des Geistes, Berlin, 1964, S. 558
(35) Here, H.: Probleme der logischen Programmsynthese, In: Info 1984 Heft 2
(36) Holbach, P.H.D.: System der Natur, S. 140 - 141, Berlin, 1960
(37) Jantke, K.: Automatische Programmsynthes: Von mathematischen Ergebnissen bis zur Anwendung, In: Info 1984, Heft 2
(38) Jantsch, E.: Selbstorganisation des Universums. Vom Urknall zum menschlichen Geist, München, 1982
(39) Klix, F.: Erwachendes Denken, Berlin, 1984
(40) Küppers, B.O.: Der Ursprung biologischer Information - Zur Naturphilosophie der Lebensentstehung, Zürich 1986
(41) Läsker, L.: Bemerkungen zur Unterscheidung zwischen genetischem Material und genetischer Information - ein Diskussionsbeitrag - in: genetic egineering und der Mensch, VII. Kühlungsborner Kolloquium, Berlin, 1981
(42) Läsker, L.: Das Realismusproblem in der Diskussion über "Bedeutungen". H. Putnams Wende
(43) Leibnitz, G. W.: Kleinere philosophische Schriften, S. 17 - 30, 1966
(44) Lenin, W. I.: Materialismus und Empiriokritizismus, in: Werke, Bd.14 Berlin, 1962, S. 37
(45) Leontjev, A.:Entstehung und Erste Entwicklung der Sprache, Moskau, 1962
(46) Leontjev, A.: Tätigkeit und Bewußtsein, Sowjetwissenschaft, Gesellschaftswissenschaftliche Beiträge, 5. 1973
(47) Lorenz, W.; Wojtak, G.: Zum Verhältnis von Abbild und Bedeutung, Berlin 1977
(48) Luft, A.L.: Informatik als Technikwissenschaft, Zürich, 1988
(49) Lurja, A.R.: Die historische Bedingheit individueller Erkenntnisprozesse, Berlin, 1987
(50) Marx, K.: Thesen über Feuerbach, In: MEW, Bd. 3, S.5
(51) Marx, K.; Engels, F.: Die heilige Familie und andere philosophische Frühschriften, S. 84, Berlin 1953
(52) Maturana, H.; Varela, F.: Autopoiesis and Cognition: The realization of the living, Boston 1980
(53) Maturana, H.; Varela, F.: Der Baum der Erkenntnis - die biologischen Wurzeln des menschlichen Erkennens, Scherz, 1987
(54) Monod, J.: Zufall und Notwendigkeit, Philosophische Fragen der modernen Biologie, München, 1971

(55) Peil. J.: Eine Diskussion des begrifflichen Inhaltes von "Information" in Kybernetik, Physik und Biologie
(56) Pospełow, D.A. Specific Feature of Human Reasoning, In: Informatic - a new awarenes, Proceeding of the 10th World Computer Congress, Dublin, (Ireland), 1986
(57) Prigogine, i.; Stengers, I.: Dialog mit der Natur - Neue Wege naturwissenschaftlichen Denkens, Zürich, 1980
(58) Rosenthal, S.; Fuchs-Kittowski, K.; Rosenthal, H.A.; Rappoport, S.M.: Überlegungen zu den molekularbiologischen Grundlagen der Widerspiegelung, in: Deutsche Zeitschrift für Philosophie, 24, S. 674 - 685 1976

(59) Searle, J.: Minds, Brain and Sdience, Harvard University Press, 1984
(60) Sluga, H.: Gottlob Frege, London, 1980
(61) Steinmüller, W.: Juristische Informationswissenschaft, in: Rechtstheorie, Beiheft 1979, S. 327 - 345
(62) Stent, G.: An Overview of Max Dehlbrücks Mind from Matter - An evolutionary Epoistemology, Sonderdruck, S. 20 - 21
(63) Thiele, H.: Neue Resultate der Prozeßlogik, In. Info 1984, Heft 2
(64) Völz, H.: Quantität und Qualität der Information, Berlin, 1976
(65) von Förster, H.; Zopf, G. W. (Ed.) Principles of Self-Organization, Paris, 1962
(66) von Hahn, W.: Pragmatic Considerations in Man-machine Discource, S. 520 - 526, Proceedings zu COLING 86 (11th international Conference on Computational Linguistics) Universität Bonn, 25. - 29. August 1986
(67) Weizsäcker, E.; Unterschiede zwischen genetischer und Shannon'schen Information, in: II. Kühlungsborner Kolloquium, Philosophische und Ethische Probleme der modernen Genetik, Berlin, 1972
(68) Wittegenstein, L.: Tractatus Logico-Philosophicus, London, 1955
(69) Winograd, T.; Flores, F.: Understanding Computers and Cognition: A new Foundation for Design, New Jersey 1986
(70) Wygotski, L. Ausgewählte Schriften, Berlin, 1985
(71) Zemanek, H.: Philosophie der Informationsverarbeitung, Nachrichtentechn.Z. 26 (1973), Heft 3, S. 384 - 389

NEUROBIOLOGISCHE ANSÄTZE ZUR ERFORSCHUNG PSYCHISCHER VORGÄNGE [1]

Friedrich Vogel [2]

1. Einleitung: Erforschung des Gehirns als Voraussetzung für das Verstehen psychischer Vorgänge

Das Organ, mit dem wir denken und fühlen, ist das Gehirn. Um geistige und seelische Vorgänge von Grund auf zu verstehen, müssen wir deshalb das Gehirn, seinen Aufbau und seine Funktion, zu verstehen suchen. Natürlich bedeutet das nicht, daß etwa das Studium des Gehirns und seiner Biologie der einzige sinnvolle Zugang für das Verständnis psychischer Vorgänge wäre. Es bedeutet aber so viel, daß man die Biologie unseres Zentralorganes nicht vernachlässigen darf, wenn man psychische Vorgänge studieren will.

Um die Biologie eines Lebewesens - auch des Menschen - zu verstehen, reicht es nicht aus, seinen gegenwärtigen Zustand zu studieren. Man muß auch untersuchen, wie dieser Zustand entstanden ist. Das gilt für die Entwicklung des Individuums; es gilt aber auch für die Stammesentwicklung.

Mit diesen Sätzen ist ein wissenschaftliches Programm skizziert, daß heute als Psychobiologie auch innerhalb der Psychologie selbst mehr und mehr beachtet wird; in der "Philosophy of Psychology" (Bunge & Ardila, 1987) wird es geradezu als das moderne Paradigma dargestellt, das dazu beiträgt, die Psychologie aus dem vorwissenschaftlichen Stadium herauszuheben und zu einer wirklichen Wissenschaft zu machen. [3]

Mit einem solchen Programm ist jedoch ein außerordentlich breiter Bereich angesprochen, innerhalb dessen zahlreiche Spezialdisziplinen in Biologie und Psychologie mit teilweise durchaus verschiedenen Methoden Einzelprobleme untersuchen. Zu wünschen ist, daß sie einen möglichst engen Kontakt zueinander halten und die heute noch oft bestehenden Verständigungsschwierigkeiten überwinden. In einem Beitrag wie diesem können nur einige wenige Aspekte herausgegriffen werden. Dabei liegt der

---

[1] Mit freundlicher Genehmigung des Verlages für Psychologie. Dr. C.J. Hogrefe, Göttingen, Toronto, Zürich, aus: H.J. Ahrens und M. Amelang (Hrsg.), "Biologische Funktionen individueller Differenzierung. Brennpunkte der Persönlichkeitsforschung", Band 2.

[2] Institut für Anthropologie und Humangenetik der Ruprecht-Karls-Universität Heidelberg, Im Neuenheimer Feld 328, Heidelberg, D-6900.

[3] Dieses Buch erschien erst, als dieser Beitrag schon fast vollständig niedergeschrieben war. Ich stimme jedoch mit den meisten Thesen von Bunge und Ardila überein.

Schwerpunkt auf der biologischen Seite, ohne daß der psychologische Aspekt vernachlässigt werden soll. Die Beispiele wurden so ausgewählt, daß deutlich werden soll, wie - auch innerhalb der Biologie - Probleme auf verschiedenen Ebenen untersucht werden müssen. Das gilt für den gleichen Organismus - etwa den Menschen. Oft jedoch untersucht man Probleme, deren Lösung beim Menschen selbst nicht möglich ist - entweder, weil die Verhältnisse zu kompliziert sind, ober weil sich eingehende Untersuchungen aus ethischen Gründen verbieten -, zunächst bei anderen Organismen. Es gehört geradezu zur Kunst des Biologen, einen Organismus zu finden, der für die Analyse eines bestimmten Problems besonders gut geeignet ist. Beispiele aus der Genetik sind die Auswahl der Fruchtfliege Drosophila melanogaster für die Analyse der Lokalisation und linearen Anordnung von Genen auf den Chromosomen, die Verwendung des Brotschimmel-Pilzes Neurospora crassa für die Kenntnis der Beziehungen zwischen Genen und Enzymen oder die Bedeutung, die Coli-Bakterien und ihre Bakteriophagen für die Aufklärung molekularbiologischer Grundlagenprobleme gewonnen haben (vgl. Knippers, 1985). Inzwischen können alle drei Problemkreise auch beim Menschen selbst untersucht werden (vgl. Vogel & Motulsky, 1986). Natürlich hofft man auch in der Psychologie, mit der Zeit Wege zu finden, Ergebnisse, die an anderen Organismen erarbeitet wurden, am Menschen zu überprüfen. Ziel der Forschung ist es letztlich, die Verbindung zwischen den verschiedenen Untersuchungs-Ebenen herzustellen, um ein möglichst einheitliches Bild von der Wirklichkeit zu gewinnen. Nicht selten erwiesen sich neue Forschungsrichtungen, die sich "zwischen den Disziplinen" ansiedeln, als besonders aufschlußreich. Der Schluß von einfachen auf kompliziertere Organismen wird dadurch plausibel, daß - nach den Ergebnissen und Vorstellungen der modernen Evolutionstheorie - alles Leben auf dieser Erde einen gemeinsamen Ursprung hat. Man darf also annehmen, daß biologische Mechanismen, die sich zunächst bei einfacheren Organismen herausgebildet haben, dann im Laufe der Stammesgeschichte auch bei komplexeren Organismen verwendet werden - vielleicht in modifizierter Form und als Teile neu entstandener, komplizierter aufgebauter Systeme. Allerdings kann dieser Schluß vom Einfachen zum Komplexen im konkreten Fall immer nur den Charakter einer Arbeitshypothese haben, die in jedem Fall nachgeprüft werden muß. Diese Arbeitshypothese hat sich jedoch in der Geschichte der Biologie immer wieder bewährt; man darf deshalb zuversichtlich sein, daß sie auch in Zukunft vielfach hilfreich sein wird.

Der folgende Beitrag wird wie folgt gegliedert sein:
Zunächst wird die Speicherung der genetischen Information in DNA-Molekülen, sowie ihre Transkription in mRNA und die Translation in Funktions-Proteine an einem Beispiel aus der Biologie des Zentralnervensystems geschildert werden. Dann werden die einfachsten, elementaren Strukturelemente des Nervensystems, die Neuronen, in Gestalt und Funk-

tion dargestellt. Die Prinzipien, nach denen diese Elemente miteinander verknüpft sind, so daß sich eine gemeinsame Funktion ergibt, sollen der nächste Gegenstand unserer Betrachtungen sein. Einige spezielle theoretische Probleme von Lernen und Gedächtnis werden anhand experimenteller Ergebnisse erläutert werden; dabei werden wir Ergebnisse der Grundlagenforschung bei einer Seeschnecke und sodann ein besonders gut ausgearbeitetes Modellsystem bei der Maus etwas eingehender schildern. Ein weiterer Schritt wird uns von den Teilen zum Ganzen hinführen; dabei sollen uns Studien des Verhaltens auf "organismischer" Ebene helfen, wie vor allem Ethologen sie durchführen. Schließlich wollen wir wenigstens in Kürze einige Forschungsansätze beim Menschen behandeln.

Ein Argument, das gelegentlich von Psychologen und Sozialwissenschaftlern gegenüber biologischen Forschungsansätzen in den Verhaltenswissenschaften vorgebracht wird, sollte gleich zu Anfang ausdrücklich zurückgewiesen werden: Wir haben es hier gerade nicht mit einem "reduktionistischen" Ansatz zu tun, sondern mit dem genauen Gegenteil: Wir beginnen mit den Elementen und den einfachen Systemen und versuchen, von dort aus zu höheren Integrationsebenen hin vorzudringen. Das Ziel ist es, schrittweise vom Einfachen zum Komplizierteren fortschreitend ein Verständnis auch für komplexere Strukturen und Funktionen zu gewinnen. Dabei wird durchaus gesehen, daß sich dieses Verständnis nicht von selbst auf Grund einer Analyse der Elemente einstellen kann. Komplexere Tatbestände erfordern vielfach eigenständige Forschungsansätze, denn komplexe Systeme haben oft Eigenschaften, die aus ihren Elementen nicht abgeleitet werden können. Das gilt nicht nur für Lebewesen , sondern auch für unbelebte Systeme, wie sie etwa in der Physik oder der Chemie analysiert werden. Die Analyse biologischer Grundtatbestände an relativ einfachen Systemen braucht durchaus nicht zu einer kurzschlüssigen, biologistisch simplifizierenden Interpretation komplexer Tatbestände zu führen. Im Gegenteil: Gerade die Einübung in methodisch streng bewußtes Experimentieren und Analysieren, wie die Arbeit in der Biologie es erfordert, kann den Sinn schärfen für die Eigengesetzlichkeit anderer Arbeitsgebiete.

Zunächst möchte ich drei Voraussetzungen nennen, von denen in diesem Beitrag ausgegangen wird:

1.) Ich bin davon überzeugt, daß Leben im Prinzip durch die gleichen Naturgesetze erklärt werden kann, die auch in der anorganischen Welt gelten. Es gibt keine zusätzlichen "Lebens-spezifischen" Gesetze (vgl. Küppers, 1986).

2.) Die Evolution der teleonomen Strukturen und Funktionen, wie sie sich bei allen Lebewesen vorfinden, läßt sich im Prinzip durch die "neodarwinistischen" oder "synthetische" Evolutionstheorie erklären. Das gilt auch für die Fähigkeit des Menschen, die Welt um ihn herum jedenfalls so weit zu verstehen, daß er sich in ihr erfolgreich behaupten kann. Das schließt natürlich eventuelle zukünftige, umfassendere Theorien nicht aus, die jedoch die neodarwinistische Theorie in der einen oder anderen Form in sich enthalten werden. Deshalb ist es vollständig legitim, wenn die "evolutionäre" Erkenntnistheorie das menschliche Erkenntnisvermögen unter dem Gesichtspunkt seiner Entstehung durch evolutive Anpassung an unsere spezifische Umwelt betrachtet (vgl. Vollmer, 1981). Es wäre jedoch kurzschlüssig und könnte nur zu trivialen Ergebnissen führen, wollte man den Eindruck erwecken, als ob alle Probleme menschlicher Erkenntnis sich von diesem Ansatz aus lösen ließen.

3.) Mein Standpunkt zum "Leib-Seele-Problem" kann beschrieben werden als "emergentistischer Monismus", etwa in der Weise, wie Bunge das tut (1980; vgl. auch Bunge & Ardila, 1987). Deshalb werde ich mir das Recht herausnehmen, zwischen Molekülen und Neuronen auf der einen Seite und subjektiven Erfahrungen und Verhalten auf der anderen hin- und herzuspringen, ohne daß ich den Wechsel des Bezugssystems jedes Mal ausdrücklich ankündige.

In gewisser Weise bilden diese drei Feststellungen den Hintergrund für die nun folgende Darstellung: sie werden jedoch nun nicht mehr explizit erwähnt werden. Stattdessen beginnen wir auf der "untersten" Ebene, der Ebene der genetischen "Information". Der Gebrauch des Informationsbegriffes in diesem Zusammenhang ist nicht ganz unumstritten. Dagegen wurde eingewandt (vgl. Küppers, 1986), Information setze jemanden voraus, der informiert, und den gebe es hier nicht. Bunge und Ardila (1987, S. 106) unterscheiden nicht weniger als sieben verschiedene Verwendungen des Informationsbegriffes. Seit den Phagen-Genetikern um Max Delbrück hat sich dieser genetische Begriff jedoch eingeführt; er ist allgemein in Gebrauch, man ist sich einig, was darunter zu verstehen ist, und er erwies sich als fruchtbar.

2. Das Speichern und Abrufen genetischer Information

Die Information für den Aufbau und die Funktion lebender Organismen ist aufbewährt und wird durch die Generationen transportiert in einer Struktur, die man als Desoxy-Ribonukleinsäure (DNA) bezeichnet. Innerhalb dieser Struktur enthält eine Sequenz von vier organischen Basen die Information etwa nach Art eines Morse-Codes. Die Gesamtmenge der DNA in einer diploiden menschlichen Zelle, d.h. in allen normalen Zellen außerhalb der Keimzellen, und bevor sich die Zelle durch DNA-Synthese auf eine Zell-Teilung vorbereitet, beträgt etwa 6-7 Milliarden Basenpaare. Aber nur etwa 5 % dieser DNA kodiert tatsächlich für funktionelle Proteine; der Rest hat andere, zum größten Teil noch unbekannte Funktionen. Zum Teil ist er vermutlich "Abfall"; er besteht aus DNA-Abschnitten, die im Laufe der Evolution jede spezifische Funktion eingebüßt haben. In die ungefähr 5 % DNA, die spezifische Information enthalten, teilen sich grob geschätzt ca. 50.000-100.000 "Gene". Das sind Sequenzen, die jeweils Informationen für ein Polypeptid enthalten. Aktivität von ungefähr 30.000 solcher Gene wurde allein im Gehirn nachgewiesen (Sutcliffe, 1987).

Vom wissenschaftstheoretischen Standpunkt aus ist interessant, daß das"Gen" zunächst als abstraktes Konstrukt konzipiert wurde. Mit Hilfe dieses Konstrukts erklärte man sich die von G. Mendel entdeckten Zahlenverhältnisse bei der Aufspaltung. Inzwischen hat sich dieses Konstrukt "materialisiert" (für eine ausführliche Diskussion, vgl. Falk, 1984). Unter diesem Gen verstehen wir heute eine definierte Sequenz von DNA-Basen, die auf unerwartet komplexe Weise strukturiert ist (s. Abb. 1).

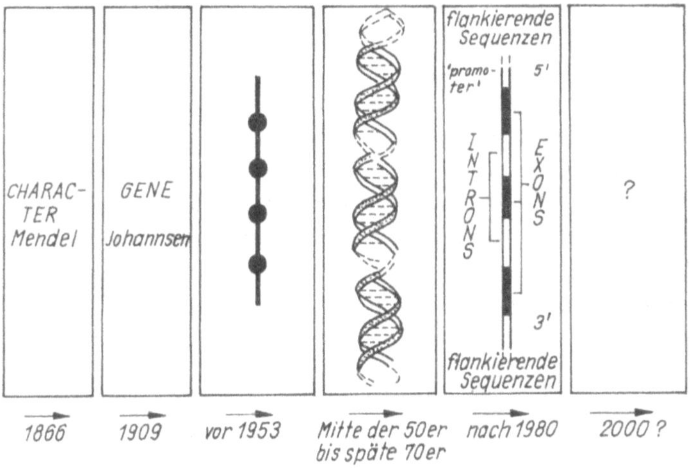

Abb. 1
Wie sich das Konstrukt "Gen" materialisiert hat: Von der Einheit, die Mendel forderte, um die von ihm entdeckten Aufspaltungsverhältnisse zu erklären, und dem "Perlenketten-Modell" der früheren experimentellen Genetik bis zum Watson-Crick-Modell und der mit Hilfe neuer molekularbiologischer Methoden aufgeklärten komplexen Genstruktur bei Eukaryonten.

Für Aktivierung und Inaktivierung solcher Gene sind Kontrollmechanismen erforderlich, die zur Zeit intensiv erforscht werden. Der erste Schritt der "Genwirkung" ist das "Überschreiben" des DNA-Code in native Messenger-RNA. Diese wird dann noch im Zellkern in reife mRNA umgewandelt - im wesentlichen durch das Herausschneiden der Transkripte von "intervenierenden" DNA-Sequenzen, die keine spezifische Information für das betreffende Protein enthalten. Die "Reife" mRNA verläßt dann den Zellkern; an den Ribosomen des Cytoplasmas erfolgt nun das "Übersetzen" (Translation) der Basensequenz in die spezifische Aminosäuren-Sequenz des Proteins. Der lebende Organismus in Struktur und Funktion entwickelt sich, indem die Proteine in geordneter Weise zusammenwirken. Diese Ordnung baut sich auf und erhält sich mit Hilfe morphologischer Strukturen. Das wesentliche Bauelement ist die Zelle mit ihren Organellen, die ihrerseits durch Genwirkung entstehen. Selbst auf dieser, der "untersten" Stufe erwies sich die genetische Determination von Funktionselementen des Gehirns in manchen Fällen als komplexer als in anderen Bereichen. Hämoglobin-Gene zum Beispiel determinieren in den Vorläufer-Zellen der roten Blutkörperchen im Knochenmark den Protein-Anteil des roten Blutfarbstoffes. In allen anderen Geweben sind sie inaktiv. Das Gen für das Hormin Calcitonin dagegen produziert dieses Hormon in Zellen der Schilddrüse. Im Hypothalamus, also einem Teil des Gehirnes, produziert das gleiche Gen ein verwandtes, aber doch abweichendes Protein, das "calcitonin-gene-related product" (CGRP) (Amara et al., 1982). Beide Proteine werden durch das gleiche Gen determiniert; aber das primäre Transkript wird auf verschiedene Weise verarbeitet. Das führt zu Genprodukten, deren Aminosäuren-Sequenzen nur teilweise identisch sind und die höchstwahrscheinlich auch verschiedene Funktionen haben (die Funktion des CGRP scheint noch nicht bekannt zu sein). Ähnliche Unterschiede in Aufbau und Funktion von Proteinen, die durch das gleiche Gen determiniert werden, hat man bei den Endorphinen und Enkephalinen beobachtet. Das sind relativ kurze Aminosäuren-Sequenzen (Peptide), die offenbar eine bedeutende Rolle bei der Koordination der Funktion von Nervenzellen spielen. Auch hier hängt die Verarbeitung der nativen RNA und damit die Struktur des Translationsproduktes vom Zelltyp ab, in dem sie stattfindet (vgl. Frézal et al., 1983).

Da man erst jetzt beginnt, die Genwirkung in differenzierten Zellen besonders des Zentralnervensystems vergleichend zu erforschen, darf man annehmen, daß die weitere Forschung noch mehrere derartige Beispiele und vielleicht auch noch kompliziertere Zusammenhänge zutage fördern wird.

3. Die Neuronen als wichtigste Elementar-Bausteine des Nervensystems

Die wichtigsten Elementar-Bausteine für die Funktion unseres Nervensystems - und besonders des Gehirns- sind die Nervenzellen (Neuronen). Sie sind eng benachbart mit einer anderen Zellklasse, den Gliazellen. Ein Neuron besteht aus dem Zellkörper, der auch den Zellkern enthält, sowie aus einem Axon und zahlreichen Dendriten. Über das Axon werden Reize an andere Neuronen übertragen; die Dendriten empfangen Reize von anderen Neuronen. Man schätzt die Zahl der Neuronen im Gehirn des erwachsenen Menschen auf ungefähr 10^{10} - 10^{11}.

Innerhalb eines Neurons werden Reize auf elektrischem Wege fortgeleitet; dabei spielt die Polarisation und Depolarisation der Kernmembran die Hauptrolle. Die Reizübertragung von einem Neuron zum anderen erfolgt durch spezifische chemische Verbindungen, die Neurotransmitter. Ort der Übertragung sind die Synapsen. Die Kenntnis dieser Synapsen ist besonders wichtig für unser Verständnis gen-determinierter neuronaler Prozesse, aber auch für die biologischen Grundlagen von Fähigkeiten wie insbesondere Lernen und Gedächtnis. Deswegen lohnt sich ein Blick auf ihre Struktur und Funktion. Beide können sich bei verschiedenen Arten von Neuronen in Einzelheiten unterscheiden. In den meisten Büchern findet man die Synapse eines adrenergen, also mit Noradrenalin als Neurotransmitter arbeitenden Neurons als Beispiel abgebildet. Hier soll - im Unterschied dazu - eine glutaminerge, also mit der Aminosäure Glutamat als Neurotransmitter arbeitende Synapse gezeigt werden.

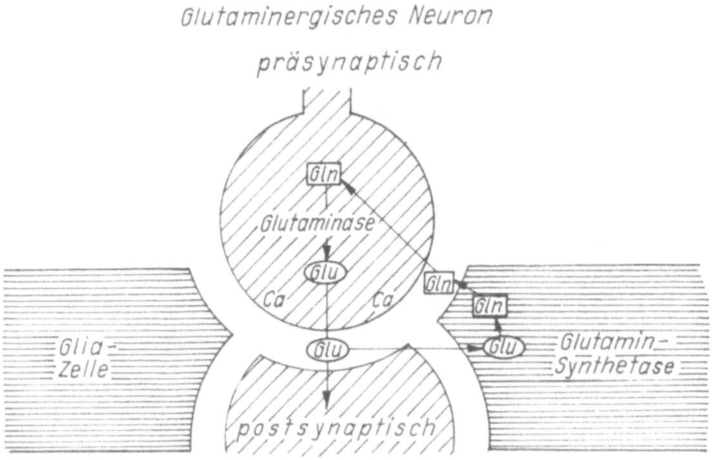

Abb. 2

Glutaminergisches Neuron. Der Neurotransmitter Glutamat wird mit Hilfe des Enzyms Glutaminase aus Glutamin gebildet. Er wird aus dem präsynaptischen Teil am glutaminergen Neuron abgegeben, wenn dieses Neuron "feuert". Aus dem synaptischen Spalt wird er durch den postsynaptischen Teil der Synapse, der ein Teil des zweiten Neurons ist, aufgenommen. Nach Rückwandlung in Glutamin - wohl in Gliazellen- erfolgt Rücktransport in das erste Neuron.

Wenn ein elektrischer Reiz diese Synapse erreicht, werden in ihr gespeicherte Neurotransmitter-Moleküle in den synaptischen Spalt hinein freigesetzt. An der postsynaptischen Seite - an der Nervenzelle, die den Reiz empfängt - werden sie durch Rezeptoren gebunden und in die Zelle aufgenommen. Da Glutamat ein excitatorischer Neurotransmitter ist, erhöht das den Erregungszustand dieses Neurons. Es "feuert", wenn sein Erregungszustand eine gewisse Schwelle überschreitet. Excitatorische Reize von anderen Neuronen erhöhen den Erregungszustand der Zelle, inhibitorische Reize setzen ihn herab.

Glutamat wird aus Glutamin durch ein bestimmtes Enzym, Glutaminase, synthetisiert. Nach Aufnahme durch das postsynaptische Neuron wird es teilweise von Gliazellen aufgenommen und durch ein anderes Enzym, Glutamin-Synthetase, wieder in Glutamin zurückverwandelt. Ein ähnlicher Ablauf - Abgabe des Neurotransmitters auf einen elektrischen Reiz hin, Aufnahme durch das Erfolgsneuron jenseits des synaptischen Spaltes, erneuter Abbau des Neurotransmitter-Moleküls nach beendeter Funktion - findet sich in der einen oder anderen Form auch bei anderen Neurotransmittern; die Beteiligung von Gliazellen ist wohl nicht obligat.

Das Nervensystem - und vor allem das Gehirn - ist ein strukturiertes Netzwerk von Neuronengruppen, die verschiedene Funktionen haben. Diese Funktionsunterschiede sind teilweise durch die Neurotransmitter-Spezialisierung, aber auch etwa durch die Verschaltung der Neuronen miteinander verursacht. Gliazellen sowie Hormone und Neuropeptide sind weitere Elemente innerhalb dieses Systems.

Für den Psychologen ist hier ein Aspekt von besonderem Interesse: Dieses Netzwerk ist durch Gen-bedingtes Wachstum von Nervenzellen und ihren Fortsätzen keineswegs vollständig determiniert. Es kann in gewissen Grenzen in Abhängigkeit von Einflüssen aus der Außenwelt oder auch aus dem Organismus selbst - also durch die Umwelt im weitesten Sinne - modifiziert werden. Ja, geeignete Stimulation ist notwendig für die Entwicklung und Erhaltung von Strukturen. Ein Beispiel aus der täglichen Erfahrung: Eine häufige Augenanomalie besonders bei Kindern ist das Schielen. Es beruht auf einer Unfähigkeit, die Bewegungen der beiden Augen zu koordinieren. Schielende Kinder lernen sehr rasch, das Bild des einen Auges zu unterdrücken; denn die sonst auftretenden Doppelbilder würde die Orientierung sehr behindern. Dieser Unterdrückungsvorgang erfolgt rein psychologisch; sowohl das Auge als auch die Sehregion im Occipitalhirn sind vollständig intakt. Trotzdem führt er zu einer irreversiblen Schwachsichtigkeit (Amblyopie) des unterdrückten Auges. Ihr Ursprung liegt im Gehirn; das Auge bleibt normal. Man kann der Amblyopie durch rechtzeitiges orthoptisches Training vorbeugen. Diese Beobachtungen beim Menschen werden ergänzt etwa durch die klassischen Tierexperimente von Valverde (1967), der junge Mäuse in vollständiger Dunkelheit aufwachsen ließ; das führte zu einer Reduktion der Synapsenzahl, die auf die Sehrinde beschränkt war. Außerdem wurden die Synapsen dort atrophisch.

Andererseits wissen wir alle, daß geistige Operationen rascher und effizienter vonstatten gehen, wenn sie geübt werden. Wir sind sogar fähig, neue Verbindungen herzustellen zwischen Inhalten, die unverbunden nebeneinanderstanden. Seit langem haben sich Psychologen mit einer Beschreibung und Analyse der resultierenden Phänomene wie Assoziation, Lernen und Gedächtnis befaßt. Im folgenden sollen einige moderne Versuche geschildert werden, die hier zugrundeliegenden neurobiologischen Mechanismen aufzuklären. Zuvor mögen jedoch einige Definitionen nützlich sein. "Lernen" sei definiert als Veränderung des Verhaltens unter dem Einfluß von Erfahrung.[1)]

Außerdem sollen zwei Arten von Lernen unterschieden werden: Assoziatives und nicht assoziatisches Lernen (Dahlem Workshop, 1986, Group Report No. 2). Unsere Frage lautet jetzt: Was geht auf den Ebenen der Neuronen und der Moleküle vor sich, wenn ein Organismus lernt? Dieses Problem ist viel zu komplex, als daß es direkt beim Menschen untersucht werden könnte. Deshalb folgte man hier der oben genannten Forschungsstrategie und wählte einfache Organismen aus in der Hoffnung, daß hier die Probleme einfacher gelagert und der Analyse besser zugänglich sein würden. Die theoretische Berechtigung dieser Strategie begründet sich, wie zu Anfang ausgeführt, aus der Evolutionstheorie.

4. Der Seehase Aplysia als biologisches Modellsystem für das Studium des Lernvorganges

Ein derartiger einfacher Organismus ist der sogenannte "Seehase" (Aplysia), eine etwa 12 cm lange Meeresschnecke. Dieses Tier hat ein relativ einfach aufgebautes Nervensystem mit wenigen, aber besonders großen Neuronen. Wenn ein leichter elektrischer Schock an Kiemen oder Siphon appliziert wird, so zieht das Tier sich zurück. Wiederholung des Experiments führt in Abhängigkeit von den experimentellen Bedingungen entweder zur Habituation oder zur Sensibilisierung. Mit Habituation ist gemeint; daß die Reaktion schwächer wird, wenn man die Reizung später wiederholt; Sensibilisierung bedeutet, daß die Reaktion in diesem Falle stärker wird, rascher abläuft oder auch schon bei schwächerer Reizung auftritt. Diese Verhaltensänderungen können als einfache Form nichtassoziativen Lernens aufgefaßt werden, und sie wurden auf der Ebene der Zelle wie der beteiligten molekularen Vorgänge gründlich analysiert (vgl. Carew, 1986, Kandel, 1979). Das gleiche Tier ist auch zu assoziativem Lernen fähig; man kann bei ihm klassische bedingte Reflexe und sogar operantes Lernen beobachten. In der folgenden Darstellung wollen wir uns auf einen einfachen Reflex beschränken, der im Zurückziehen der Kiemen besteht. Für diesen Reflex sind insgesamt nur sehr wenige Neuronen erforderlich, - nicht mehr als 33. Kurzzeitsensibilisierung

[1)] Bunge und Ardila (1987, S. 186) kritisieren diese - in der einen oder anderen Form häufig vorgefundene - Definition: "Einerseits bezeichnen sie die hier einbezogene "Habituation" nicht als Lernen. Andererseits machen sie nicht ohne Grund geltens, daß man auch etwas lernen kann, ohne deshalb sein Verhalten zu ändern. Sie definieren: We conceive of learning as a lasting modification in a neural system, that enables its owner to have experiences it could not have had before learning". Im folgenden werden Habituation und Sensibilisierung - in Abweichung von dieser Definition - ausdrücklich mit in die Betrachtungen einbezogen, da sich dabei grundlegende Vorgänge besonders gut studieren lassen.

wurde besonders gründlich auf verschiedenen Ebenen untersucht. Diese Studien zusammen ergeben das folgende Bild: Die entscheidenden Veränderungen finden im präsynaptischen Teil der Synapse statt.

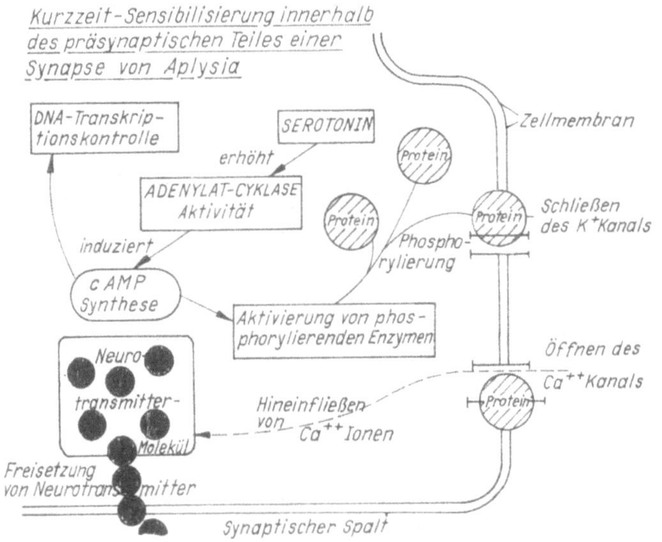

Abb. 3

Kurzzeit-Sensibilisierung: Ereignisse in einer Synapse von Aplysia. Serotonin erhöht die Aktivität der Adenylatcyclase. Das führt zu erhöhter cAMP-Synthese. Dadurch werden phosphorylierende Enzyme aktiviert. Proteine werden phosphoryliert, und K^+-Kanäle werden geschlossen. Das führt zur Öffnung von Ca^{++}-Kanälen und zum Einfließen von Ca-Ionen, die ihrerseits die Freisetzung von Neurotransmitter-Molekülen bewirken. Diese Kette von Ereignissen läuft rascher ab, wenn die Reizung wiederholt wird (für Einzelheiten vgl. den Text).

Serotonin, einer der bekanntesten Neurotransmitter, erhöht die Aktivität des Enzyms Adenylat-Cyclase, das wiederum die Synthese des cyclischen Adenosinmonophosphats.(cAMP seinerseits stimuiert die Aktivität von Proteine phosphorylierenden Enzymen. Eines dieser Proteine ist Teil von Kanälen für Kalium-Ionen (K^+); diese Kanäle werden durch Phosphorylierung geschlossen. Kalium (K^+)-Ionen spielen jedoch eine wichtige Rolle bei der Polarisierung und Depolarisierung neuronaler Membranpotentiale und dadurch für die Leitung von Reizen über Dendriten und Axon eines Neurons. Ein Verschluß der K^+-Kanäle führt zu einem vermehrten Fluß von Calcium-(Ca^{++} -Ionen). In einem letzteren Schritt innerhalb dieser Kette von Veränderungen stimulieren die Calcium-Ionen die Abgabe des Neurotransmitters in den synaptischen Spalt. Dadurch erreicht der Reiz das nächste Neuron. Für das Verständnis der Sensibilisierung ist besonders wichtig, daß die Elemente dieser Wirkkette jedenfalls zunächst nicht vollständig zu dem Zustand vor der ersten Reizung zurückkehren; daher laufen die Reaktionen rascher ab, wenn die Reizung wiederholt wird. Diese Wirkkette führt, wie gesagt, zur Kurzzeit-Sensibilisierung; einem Aspekt des Kurzzeit-Gedächtnisses. Zu den relativ gut bestätigten Ergebnissen der psychologischen Forschung gehört jedoch die Erkenntnis, daß Kurzzeit- und Langzeit-Gedächtnis sich durch eine Reihe von Merkmalen voneinander unterscheiden. So sollten auch die zugrundeliegenden Mechanismen wenigstens zum Teil verschieden sein. Andererseits sieht es so aus, als ob jedenfalls die ersten Schritte ähnlich oder gleich sein könnten; das vermehrt gebildete cAMP könnte nämlich durchaus zu einer vermehrten Bildung von Makromolekülen führen, die für das Langzeit-Gedächtnis wichtig sind. cAMP ist nämlich wohlbekannt als sogenannter "second messenger", der die Kontrolle der DNA-Transkription in Zellen vermittels, die in Reaktion auf die Wirkung von Hormonen ein bestimmtes Protein vermehrt produzieren. So liegt es nahe zu vermuten, daß Wiederholung kurzzeitiger ablaufender Vorgänge, wie sie oben beschrieben wurden, mit der damit verbundenen wiederholten Freisetzung von cAMP auch dazu führt, daß die Transkription bestimmter Gene in mRNA angeregt wird, so daß die entsprechenden Proteine vermehrt gebildet werden. Diese Proteine könnten dann zu Wachstum, Vermehrung und funktioneller Verbesserung von Synapsen beitragen, die für das Langzeitgedächtnis wichtig sind.

Hier finden die Untersuchungen an Aplysia Anschluß an moderne Spekulationen über die Grundlage des Langzeit-Gedächtnisses. Zwei von ihnen werden weiter unten genauer geschildert werden. Zunächst noch einige weitere Worte zum Aplysia-System: Aplysia selbst ist ein relativ unwichtiges und auch nicht sehr attraktives Tier. Das Ausmaß an Fleiß und Scharfsinn, da in die Analyse von Struktur und Funktion seines Nervensystems investiert wird, ist jedoch gerechtfertigt angesichts der Erwartung, daß die Mechanismen, die hier aufgeklärt werden, auch bei höheren Organismen einschließlich des Menschen wirksam sein sollten - vielleicht mit einer oder der anderen Modifikation. Selbst unter Fachleuten ist noch umstritten, wieweit das wirklich der Fall ist (vgl. Dahlem Workshop, 1986); aber für einen Teil dieser Wirkkette scheint es doch erwiesen zu sein. So sind Austausch von Ca^{++}- und K^{+} -Ionen und auch cAMP bei allen bisher untersuchten Organismen einschließlich der Säugetiere wichtig für die Synapsen-Funktion.

Dieses ist wohl die richtige Stelle, um einige moderne Spekulationen über den molekularen Mechanismus des Langzeit-Gedächtnisses anzufügen. Auch in der Biologie ist Spekulation - das Formulieren möglichst detaillierter Hypothesen - ein wesentlicher Teil der Forschung. Die nun folgenden beiden Hypothesen sind im wesentlichen Punkten durch Experimente nicht gestützt; ihre Bedeutung liegt nicht zuletzt darin, daß in ihnen die Voraussetzungen, die ein molekularer Mechanismus für das Langzeit-Gedächtnis erfüllen muß, klar formuliert sind.

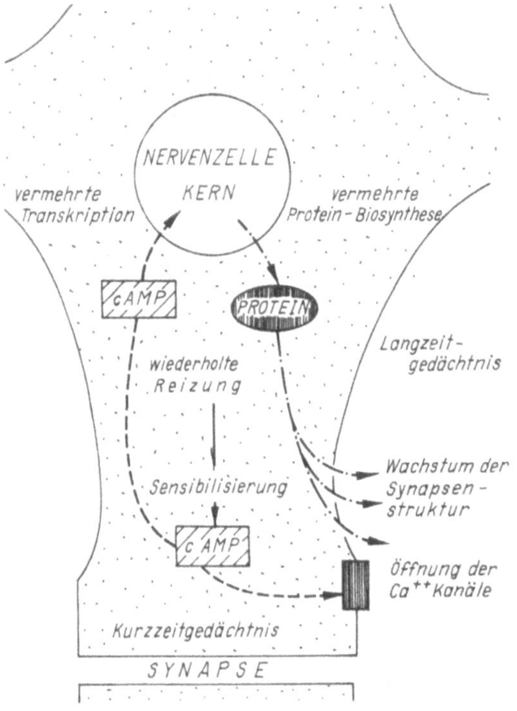

Abb. 4

Mögliche Konsequenzen des Mechanismus der Sensibilisierung bei Aplysia für das Langzeit-Gedächtnis: cAMP könnte nicht nur die Ca++ -Kanäle öffnen, sondern auch erhöhte DNA-Transkription bewirken. Diese Proteine könnten das Wachstum synaptischer Strukturen beschleunigen.

5. Moderne Vorstellungen über den molekularen Mechanismus des Langzeit-Gedächtnisses [1)]

Auf der Ebene der Einzelzelle ist das Hauptproblem, das die Natur hier zu lösen hatte, das folgende: Das Langzeit-Gedächtnis bleibt für Jahre und Jahrzehnte erhalten; die meisten Makromoleküle dagegen - mit Ausnahme von DNA - haben eine Lebensdauer von Tagen, höchstens Wochen. Die Gedächtnisspuren müssen also so gespeichert werden, daß ihre Erhaltung relativ unabhängig ist vom Wechsel der beteiligten Makromoleküle, - es sei denn, die Speicherung erfolgte in der DNA. Aus diesem Grunde nehmen vor Jahren einige Forscher in der Tat eine Speicherung in der DNA (oder RNA) an. Diese Hypothese hat inzwischen

---

[1)] Die Darstellung dieses Abschnittes stützt sich weitgehend auf den Habilitations-Probevortrag, den meine Mitarbeiterin Dr. Suman Sahai am 3.6.1987 vor der Fakultät für Theoretische Medizin der Universität Heidelberg gehalten hat.

aus vielen Gründen sehr an Überzeugungskraft verloren; vor allem zeigte sich, daß Experimente, die sie bestätigen sollten, entweder nicht reproduziert werden konnten, oder anders interpretiert werden mußten.

Vor allem aber wurden plausible Modellvorstellungen entwickelt, wie eine Erhaltung der Gedächtnisspur auch mit Hilfe von Proteinen und angesichts ihres raschen "Turnover" möglich ist. Zwei solche Modellvorstellungen sollen dargestellt werden. Crick (1984), der Mitentdecker des Watson-Crick-Modells, schlug folgenden Mechanismus vor (vgl. Abb. 5).

Nehmen wir an, ein bestimmtes Protein könne in einer aktiven und einer inaktiven Form existieren. Zum Beispiel könne das Protein ein Dimer formen (sich also aus zwei sehr ähnlichen oder gleichen Untereinheiten zusammensetzen); jede der beiden Komponenten könnte in einer unphosphorylierten Form vorkommen. Wenn beide Teile phosphoryliert sind, sei das Dimer aktiv (+ +), wenn beide unphosphoryliert sind, sei es inaktiv (- -). Außerdem soll angenommen werden, daß ein Enzym existiere, welches ein Teilprotein des Dimers nur dann phosphoryliert, wenn das andere bereits phosphoryliert ist. Ein solches Enzym würde (+-) in (++) umwandeln, aber (- -) unverändert lassen. So könnte eine einmal entstandene Gedächtnisspur, bei deren Entstehung durch irgendeinen Mechanismus (- -) in (+ +) umgewandelt wurde, erhalten bleiben, wenn immer nur eines der beiden Bestandteile eines Dimers (+ +) zunächst durch ein unmodifiziertes Protein ersetzt (+ -) und dieses dann durch das postulierte Enzym phosphoryliert und damit aktiviert wurde (+ +). Dieser Mechanismus würde also trotz des Protein-Austausches das Dimer im aktivierten Zustand belassen; die Gedächtnisspur bliebe intakt.

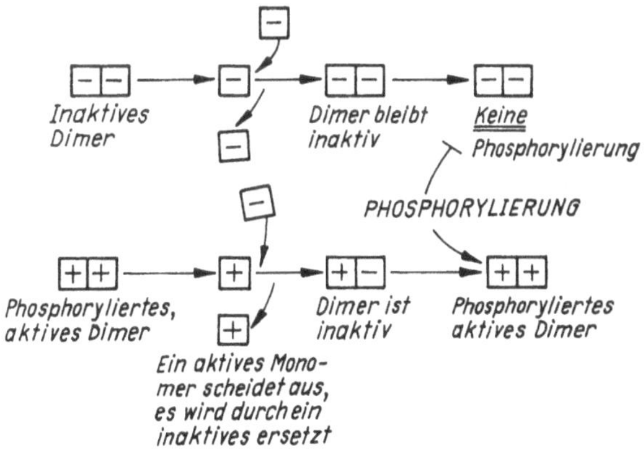

Abb. 5

Modellvorstellung von Crick (1984 über die Bildung und Erhaltung von Langzeit- Gedächtnisspuren in der Synapse auf Proteinebene obwohl Proteine allgemein rasch ausgewechselt werden.

Eine andere Vorstellung wurde von Lisman (1985) entwickelt. Auch diese Vorstellung arbeitet mit Protein- Phosphorylierung; im Unterschied zu der von Crick entwickelten stützt sie sich nur auf an sich schon bekannte Enzymreaktionen; sie ist deshalb etwas konkreter.

Dieses Modell nimmt einen Schaltmechanismus zwischen zwei stabilen Zuständen an; es soll sich auf zwei Enzymen zusammensetzen, einer Kinase (Kinase-1) und einer Phosphatase. Kinase-1-Moleküle werden aktiviert durch Phosphorylierung; dann setzt sich der Prozeß autokatalytisch fort, indem andere Kinase-1-Moleküle phosphoryliert werden. Kinase-1-Moleküle können auch durch Dephosphorylierung mit Hilfe der Phosphatase inaktiviert werden. In den beiden stabilen Zuständen des Systems sind entweder alle Kinase-1-Moleküle aktiviert, oder sie sind inaktiviert. Die Speicherung im Gedächtnis könnte nun folgendermaßen funktionieren: Zunächst wäre die Kinase-1 unphosphoryliert und deshalb inaktiv. Ein Nervenimpuls könnte nun eine zweite Kinase (Kinase-2) aktivieren, wobei das Ausmaß dieser Aktivierung von der Stärke des Reizes abhinge. Kinase-2 könnte den Schaltmechanismus aktivieren, indem sie Kinase-1 phosphorylierte. Sobald diese Aktivierung eine bestimmte Schwelle überschritte, könnte sie autokatalytisch weiterlaufen; der Aktivierungsgrad der Kinase-1 würde sich also immer wieder selbst erneuern, ohne daß der durch Kinase-2 vermittelte Impuls weiterhin notwendig wäre.

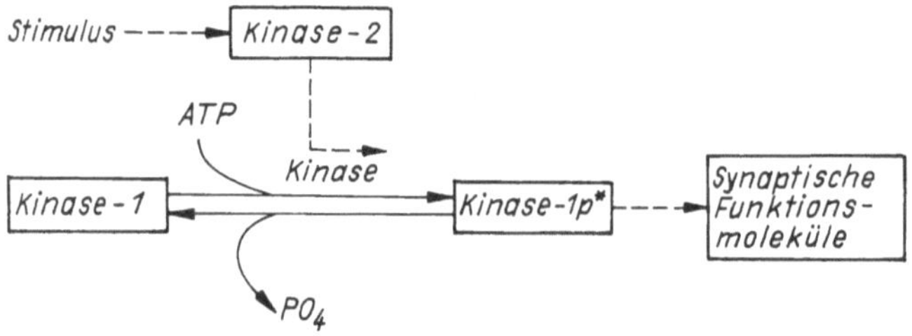

Abb. 6
Modellvorstellung von Lisman (1985) darüber, wie enzymatische Phosphorylierung zur Erhaltung von Gedächtnisspuren in der Synapse führen könnte, obwohl Proteine allgemein rasch ausgewechselt werden (für Einzelheiten vgl. den Text).

Aktive Kinase-1 könnte dann andere Bestandteile der Zelle, besonders der Synapse, immer wieder so modifizieren, daß Gedächtnisspuren entständen und über lange Zeit erhalten bleiben könnten. Dieser Mechanismus wurde biochemisch genau durchdacht; auf Einzelheiten müssen wir hier verzichten. Jedenfalls wurde nachgewiesen, daß Kinase im postsynaptischen Teil der Synapse vorkommt. Auch ist es kein Zufall, daß beide Modelle mit Phosphorylierung als wesentlichem Element arbeiten; denn Protein-Phosphorylierung ist ein bekannter und weit verbreiteter Regulationsmechanismus für Protein-Aktivität. Man sieht, wie spezifisch die Vorstellungen sind, bis zu denen die wissenschaftliche Diskussion heute schon vorgedrungen ist. Je spezifischer solche Hypothesen sind, desto eher können wie widerlegt werden und desto mehr tragen sie zum Wissensfortschritt bei (Popper, 1963).

6. Höhere Integrationsebenen für Lernen und Gedächtnis

Die Probleme des Lernens und des Gedächtnisses - Lang- oder Kurzzeit - können jedoch nicht ausschließlich auf der Ebene der Einzelzelle behandelt werden. So können uns z.B. Hypothesen wie die oben genannten zwar etwas lehren darüber, daß überhaupt Information gespeichert werden kann; sie bieten jedoch keinerlei Hinweis, was und wie gespeichert wird. Warum erinnere ich mich z.B. an das Gesicht eines Freundes, den ich vor 10 Jahren zum letzten Mal gesehen habe, und warum erkenne ich ihn sofort wieder, obwohl sein Gesicht inzwischen faltiger und sein Kopf vielleicht kahl geworden ist? Hier sind offenbar Zustandsänderungen und Vorgänge wichtig, bei denen die einzelnen Neuronen in bestimmter Weise zusammenarbeiten. Schließlich sind die Neuronen bei allen Tieren einschließlich des Menschen ähnlich aufgebaut;die Hauptunterschiede zwischen primitiveren und höher organisierten Arten finden sich in Strukturen höherer Ordnung. Hier wird die schon oben erwähnte allgemeine Gesetzmäßigkeit besonders deutlich: Die in bestimmter Weise organisierten komplexen Strukturen können Eigenschaften haben, die sich von den Elementen, den Neuronen, nicht ablesen lassen. Die Gehirne höherer Tiere sind organisiert als hierarchische Systeme mit mehreren Funktionsebenen. Es ist eines der Hauptziele der klassischen Gehirnmorphologie und -physiologie, diese Ebene und ihre funktionellen Wechselwirkungen zu erforschen. Ein wichtiger Anfang war hier die klassische Lokalisationsforschung, die auf der Analyse von psychischen Ausfällen beruhte, die durch die Zerstörung bestimmter Hirnareale verursacht waren (vgl. Hopf et al.,1981). Klassische Beispiele sind hier immer noch die motorische und sensorische Aphasie, die hervorgerufen werden durch Zerstörung der vorderen (Broca; Areale 44 und 45 nach Brodmann) und der hinteren Sprachregion (Wernicke; Areal 40 nach Brodmann). Andere Regionen sind wichtig für andersartige Funktionen; so gibt es eine Gegend - beim Makaken im unteren Temporalbereich -, bei deren Zerstörung keine Gesichter mehr erkannt werden können. Die an sich naheliegende Deutung, diese Hirnareale seien auch "die" Zentren für die genannten Funktionen, wird heute allgemein als simplizistisch abgelehnt; man sagt heute oft, an allen Funktionen sei mehr oder weniger das ganze Gehirn beteiligt. Für eine mehr holistische Auffassung spricht auch die Beobachtung, daß das Gehirn sich bei der Kompensation von Ausfällen durch Herstellung neuer Funktionskreise als außerordentlich flexibel erweist. Wahrscheinlich erfassen beide Standpunkte - der lokalisatorische und der holistische - einen je anderen, wichtigen Teil der Wirklichkeit. Ein "schwacher Lokalisationismus" (Bunge & Ardila, 1987, S. 162) trifft die wirklichen Verhältnisse wohl am besten.

Ein anderer, wichtiger Aspekt der Gehirnfunktion auf "höherer" Ebene ist die Kolumnen-Struktur der Hirnrinde, wie sie etwa von Hubel und Wiesel (vgl. Hubel, 1982) für das optische System der Katze analysiert wurde (für den gesamten Problemkreis siehe die Darstellung bei Popper & Eccles, 1977). [1)]

Nach diesen Ergebnissen sind einzelne sensorische Neuronen spezialisiert für Aufnahme und Weiterleitung ganz bestimmter Reize. Manche von ihnen "feuern" beispielsweise nur, wenn ihnen über das Auge senkrechte Linien angeboten werden; Impulse aus diesen Neuronen werden dann durch andere zusammengeführt und integriert. Die anatomisch nachweisbaren, zur Hirnfläche senkrecht stehenden Säulen ("Kolumnen"), die sich aus verschiedenartigen, miteinander verschalteten Neuronen zusammensetzen, wirken offenbar als "Module" für die Hirnfunktion - etwa so, wie Module in einem Computer zusammenwirken.

Auf einer noch höheren Integrationsebene kooperieren die verschiedenen anatomisch abgrenzbaren Teilbereiche des Zentralorgans. Das Gesamtsystem wird oft mit einem (außerordentlich komplizierten) Computer verglichen. Dieser Vergleich sollte jedoch nicht überzogen werden. Das Gehirn unterscheidet sich nämlich von einem Computer auch in wesentlichen Merkmalen: So besteht bei ihm keine reinliche Trennung zwischen Hardware und Software. Struktur und Funktion stehen in einer viel engeren Wechselwirkung. Natürlich ist Funktion unmöglich ohne Struktur; aber Struktur kann sich vielfach nicht entwickeln, ja nicht einmal erhalten ohne Funktion.

Das alles nach dem gegenwärtigen Stand der Forschung darzustellen ginge über die Absicht des Beitrages und vor allem auch über die Fachkompetenz des Autors weit hinaus. Im folgenden soll jedoch an einem Beispiel gezeigt werden, wie die Beziehung zwischen psychischer Leistung und Feinstruktur des Gehirnes im Tierexperiment analysiert werden kann.

7. Beziehungen zwischen verschiedenen Formen des Lernens und der Verteilung der Moosfaser-Endigungen im Hippokampus der Maus

In den Experimenten, die hier referiert werden sollen, wurden bestimmte Aspekte der Lernens in Beziehung zur Struktur und Funktion

[1)] Diese Darstellung ist eine ganz hervorragende Informationsquelle auch für den, der sich mit der dualistischen Auffassung des Leib-Seele-Problems durch diese Autoren nicht anfreunden kann.

von Elementen innerhalb des Hippokampus der Maus studiert. Der Hippokampus ist Teil des limbischen Systems, einer sehr alten Struktur im Mittelhirn, die sich aus dem Archäocortex entwickelt hat. Viele verschiedene Funktionen wurden ihm zugeschrieben, so z.B. das "recognitive memory", eine Form des Gedächtnisses, die das assoziative Gedächtnis mit umfaßt, aber insofern darüber hinausgeht, als es auch eine Beurteilung von Information nach ihrer Bedeutung für das Individuum mit enthält (vgl. Swanson, 1983; Kornhuber, 1973). Außerdem - und im engen Zusammenhang damit hat das limbische System auch viel mit den Affekten zu tun, die unsere Erfahrungen begleiten. Im Gehirn der Maus ist der Hippokampus ein wurstförmiges Gebilde, da bei Schnitten in Horizontaler Ebene eine lamellenartige Struktur zeigt. Diese Lamellen werden gebildet durch Schichten von Neuronen und ihren Verbindungen mit anderen Gehirnteilen. Der Hippokampus erhält den wesentlichen Teil seiner Afferenzen von drei Regionen: Dem Cortex, insbesondere der Riechregion, dem Septum und dem Hirnstamm. Reize von der Außenwelt passieren zunächst die zugehörigen corticalen Regionen; dann gehen sie durch die "Fascia dentata" und erreichen die Areale CA3 und CA1.

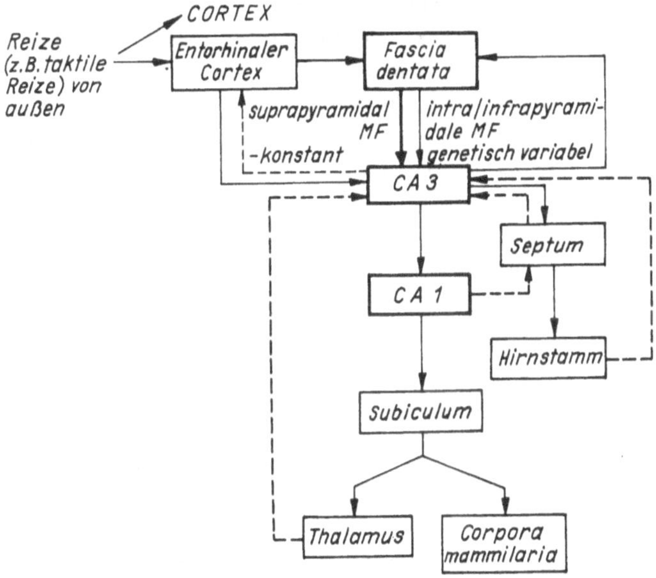

Abb. 7

Der Weg eines neuronalen Reizes von der Außenwelt (z.B. durch einen Berührungsreiz) in dem entorhinalen Cortex, und von dort aus in den Hippokampus: Fascia dentata-Supra- und infrapyramidale Moosfasern (MF) - andere hippokampale Strukturen des Gehirns (Thalamus); Corpora mammilaria; Hirnstamm (nach Schwegler, 1986).

Die einzigen Verbindungswege zwischen Fascia dentata und diesen Arealen sind die sogenannten "Moosfasern", auf die wir uns nun konzentrieren wollen. Zwei Bündel kann man hier unterscheiden, ein größeres und ein kleineres. Das größere zeigt nur ein geringes Ausmaß an interindividueller Variabilität, während das kleinere wesentlich variabler ist. Neben ihrer Variabilität hat diese Region weitere Vorteile, einen theoretischen und einen praktischen, die eine genauere Analyse nahelegen. Theoretisch gesehen ist sie der ideale Ort für die Modulation einlangender Reize: Alle Reize, die von der Fascia dentata herkommen, müssen diesen "Flaschenhals" passieren, bevor sie in anderen Teilen des Hippokampus weiterverarbeitet werden können. Außerdem - das ist der praktische Vorteil - können diese Faserbündel mit Hilfe einer speziellen Färbemethode dargestellt werden, da sie besonders viel Zink enthalten (Moosfaserfärbung; vgl. Schwegler, 1986).

Drei Gründe - Variabilität, "strategische" Lokalisation, spezifische Färbbarkeit - waren also maßgebend für die Auswahl dieser Region für eine tiefgreifende Analyse.

Im folgenden sollen vor allem drei Arten von Lern-Experimenten geschildert werden:

1.) "Vermeidungslernen" in der Shuttle-Box. Diese Box besteht aus zwei Abteilen. Die Maus muß lernen, von einem Abteil in das andere zu springen, um einen schwachen elektrischen Schock zu vermeiden, der ihr vorher durch ein Lichtsignal angekündigt wird. Das Tier muß also zunächst eine Verbindung zwischen Signal und Schock herstellen (= assoziatives Lernen) und dann sein Verhalten ändern (= Lichtsprung).

2.) In einem zweiten Experiment müssen die Tiere den Weg durch ein Wasserlabyrinth finden, um dann aus ihm zu entkommen.

3.) Das dritte Exp riment bestand im Laufe durch ein Trockenlabyrinth, durch das die Tiere den Weg zu einer Futterquelle finden müssen.

Ganz offenbar sind diese Aufgaben verschieden; die zweite und dritte ähneln einander mehr als beide der ersten.

Das erste Experiment (Shuttle-Box-Lernen) hatte die folgenden Ergebnisse:

a) Die Lernfähigkeit ist in hohem Maße genetisch determiniert: Es bestehen offensichtlichliche Unterschiede zwischen verschiedenen Inzuchtstämmen, und ausgedehnte Kreuzungsexperimente zeigten die Beteiligung zahlreicher Erbanlagen; die Wirkung eines Hauptgens wurde durch einige Studien nahegelegt.

b) Beim Vergleich der verschiedenen Stämme zeigte sich eine enge Korrelation zwischen der Lerngeschwindigkeit und der Größe des iip-Moosfaserterminalen Feldes (= des oben erwähnten kleinen Bündels) im Hippokampus. Und zwar ist diese Region kleiner in gut lernenden, größer dagegen in schlechter lernenden Stämmen.

Dieselbe negative Korrelation zeigte sich bei ergänzenden Studien an Hybriden und an Mäusen genetisch gemischter Abstammung (Lipp & Schwegler, 1982; Schwegler & Lipp, 1983, Lipp et al., 1984). Übrigens kann man Lernfähigkeit der Tiere in diesem Experiment auch verbessern, wenn man im Hippokampus Läsionen setzt (Literatur bei Schwegler, 1986).

c) Beide Parameter - Shuttle-Box-Lernen und Moosfaser-Endigungen - können manipuliert werden durch Behandlung von Jungtieren mit dem Schilddrüsen-Horm Thyroxin. Auch hier geht eine Vergrößerung des iip-Terminalfeldes mit einer Verschlechterung des Lernens einher.

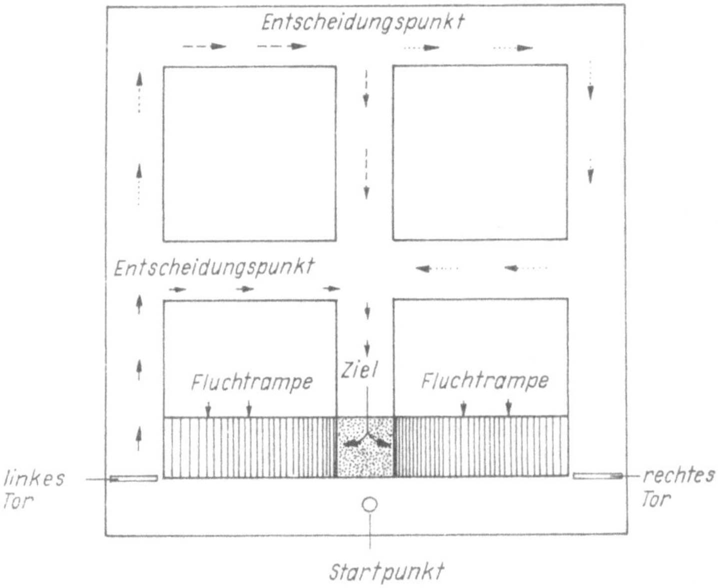

Abb. 8

Wasserlabyrinth. Die Maus soll den Weg von dem Startpunkt zur Rampe finden. In einigen Experimenten wird die linke, in anderen die rechte Pforte eröffnet. Damit soll verhindert werden, daß das Tier mit einfachem Rechts-links-Lernen Erfolg hat. In einem anderen Experiment kann das Tier sich aus dem Wasser befreien, indem es eine für es unsichtbare Insel findet. Für Einzelheiten der Experimente vergl. den Text.

Diese Studien haben eine Beziehung zwischen einem bestimmten Aspekt der Gehirnstruktur und der Leistung in einem Lernexperiment überzeugend nachgewiesen. Warum aber ist die Korrelation negativ? Der naive Beobachter würde viel eher das Gegenteil erwarten: Je mehr Synapsen, desto besser das Lernen. Aber gerade dieses negative Ergebnis hat in der Interpretation und im Verständnis dessen, was hier vorgeht, weitergeführt.

Um das zu verstehen, sollen nun die Ergebnisse der Labyrinthstudien betrachtet werden. Studien mit einer bestimmten Form des Wasser-Labyriths hatten zunächst die gleichen Ergebnisse wie die Shuttle-Box-Experimente: Die Korrelation zwischen Lernfähigkeit und Moosfasern blieb negativ.

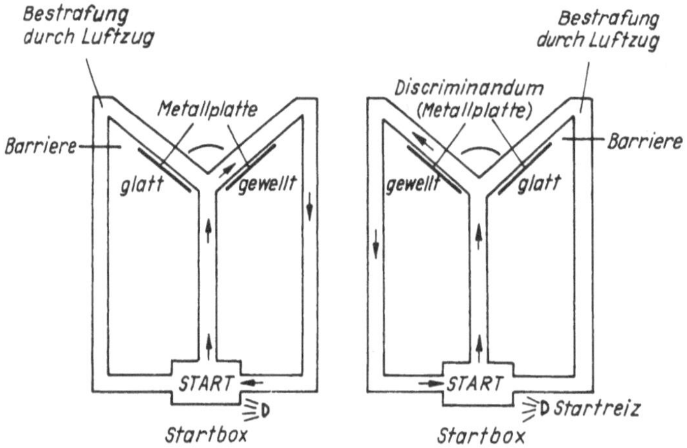

Abb. 9
Trocken-Labyrinth. Die Maus wird durch einen kalten Luftstrom zum Hineinlaufen in das Labyrinth veranlaßt. Um durch das Labyrinth zur Futterquelle zu gelangen, ohne durch einen anderen Luftstrom bestraft zu werden, muß sie lernen, zwischen einer glatten und einer geriffelten Metallplatte zu unterscheiden. Nach "Bestrafung" wird der Rückweg für kurze Zeit verschlossen, um das Tier Zeit zum "Nachdenken" zu geben.

Hier kam es nur darauf an, möglichst rasch aus dem Labyrinth zu entfliehen, wobei die geräteinduzierte Aktivität eine wesentliche Rolle spielte. Das Verhältnis kehrte sich jedoch um, wenn man diese Aktivität rechnerisch für alle Tiere gleich setzte oder wenn das Labyrinth-Experiment so verändert wurde, daß das Tier sich die Stelle merken mußte, an der es eine - für es unsichtbare - Plattform fand. Jetzt auf einmal zeigten die Tiere mit dem stärkeren iip-Bündel die besseren Leistungen. Sehr deutlich kam diese umgekehrte Beziehung auch heraus bei dem Experiment mit dem Trocken-Labyrinth. Hier hatten die Tiere zwischen zwei Wegen zu entscheiden, um zu einer Futterquelle zu gelangen.

Der richtige Weg war durch eine zusätzliche Reizquelle angezeigt, eine Platte, die auf der einen Seite geriffelt, auf der anderen Seite glatt war. Ein Tier, das den falschen Weg gewählt hatte, wurde durch vorübergehendes Einschieben einer den Rückweg abschneidenden Platte dazu gezwungen, für kurze Zeit sitzen zu bleiben und "nachzudenken".

Um diese einander zunächst wiedersprechenden Ergebnisse besser zu verstehen, ist es notwendig, die Lernaufgaben als solche genauer zu vergleichen. Beim Vermeidungslernen in der Shuttle-Box hat das Tier ein Abteil zu verlassen, an das es sich gerade gewöhnt. Instinktiv würde es eher geneigt sein, bewegungslos in einer Ecke hocken zu bleiben; um zu springen, muß es diese Tendenz zunächst überwinden. Im einfachen Wasserlabyrinth ist sein erster Impuls, einfach zu schwimmen und so zu entkommen. Je aktiver es diesem Impuls folgt, desto rascher wird es Erfolg haben. Bei den Versuchen mit der Plattform dagegen wird es desto eher erfolgreich sein, je rascher und genauer es sich die Lage dieser Plattform merken kann. Und im Trockenlabyrinth kann es sitzen und zunächst ein quasi-logisches Konzept formen, bevor es aktiv wird.

Aufgrund solcher und anderer experimenteller Ergebnisse bemühen sich Genetiker um eine theoretische Erklärung (vgl. Schwegler, 1986). Zur Zeit kann eine geschlossene Theorie dieser Verhaltensmodifikationen noch nicht angeboten werden. Möglicherweise aber wird die Antwort einmal in der folgenden Richtung gefunden werden: Viele Moosfaser-Synapsen - gutes Gedächtnis, gute Fähigkeit, Konzepte zu finden - geringe und oft nur zögerliche Aktivität -; wenige Synapsen - schlechtes Gedächtnis - geringe Fähigkeit, Konzepte zu bilden - hohe allgemeine Aktivität und spontane Reaktionen. Auf diesen Wegen mag es einmal möglich werden, einige, genetisch determinierte, Grundfähigkeiten zu identifizieren, aus denen sich komplexe Leistungen wie das Lernverhalten in den geschildeten Experimenten zusammensetzen. Derartige Grundfähigkeiten werden auf Besonderheiten in der Organisation des Gehirnes zurückzuführen sein. Diese Organisation unterscheidet sich natürlich von einer Species zur anderen, bei von Fall zu Fall mehr oder weniger größen Ähnlichkeiten, die auf den gemeinsamen Ursprung in der Stammesgeschichte zurückzuführen sind. Es überrascht uns jedoch nicht, daß wir auch genetisch bedingte Unterschiede innerhalb der gleichen Art beobachten können; vielmehr entspricht es der allgemeinen Erfahrung, wonach interindividuelle Variabilität auf biochemischer und molekularbiologischer Ebene innerhalb der meisten bisher untersuchten Species groß ist (vgl. Vogel & Motulsky, 1986).

Es wäre ein Ziel des interdisziplinären Gespräches zwischen neuro-biologisch orientierten Verhaltensgenetikern einerseits und Lernpsychologen auf der anderen Seite, gemeinsam zu untersuchen, ob und inwieweit derartige Experimente und Erklärungskonzepte auch bei der Interpretation von Befunden weiterhelfen können, die durch Erfahrungen und Untersuchungen beim Menschen erhoben wurden. Auf den ersten Blick scheinen sich einige Analogien anzubieten mit Erfahrungen über individuelle Unterschiede nicht nur in der Lernfähigkeit und der Fähigkeit zu geistigen Leistungen, sondern auch im alltäglichen Verhalten und im Temperament. Dabei bleibt unbestritten, daß derartige Verhaltensunterschiede beim Menschen natürlich nicht nur, ja vielleicht nicht einmal vorwiegend, genetisch bedingt sind. Wie zu Anfang hervorgehoben, entwickelt sich ja auch das Gehirn nur unter dem Einfluß der ständigen Funktion. Im Gegensatz zu den vielfältigen Umweltunterschieden, denen verschiedene Menschen ausgesetzt sind, leben Versuchstiere normalerweise unter sehr einheitlichen (und übrigens im Vergleich zu Wildtieren überaus komfortablen) Bedingungen. Hier sollte allerdings erwähnt werden, daß bei den genannten Mäuse-Versuchen - insbesondere über das Lernverhalten in der Shuttle-Box - der Einfluß vieler Umweltfaktoren genau untersucht wurde; angefangen von der Transplantation befruchteter Zygoten in den Uterus von Muttertieren anderer Stämme, über das Anlegen neugeborener Tiere an fremde Muttertiere zum Trinken bis zum Schaffen einerseits angereicherter, andererseits Reizdeprivierter Umwelten für die heranwachsenden Tiere. Die genetischen Stammesunterschiede im Lernverhalten wurden dadurch nicht oder nur wenig beeinflußt.

8. Untersuchungen des Verhaltens auf organismischer Ebene: Ethologie

Durch die Publikationen von Konrad Lorenz (vgl. v.a. Lorenz, 1963), der Soziobiologen wie E.O. Wilson (Wilson, 1975), und vieler anderer wurde die Ethologie viel populärer als die bisher zitierte Arbeitsrichtung; ihre Ergebnisse und Hypothesen wurden nicht nur im allgemeinen Publikum, sondern auch unter Geistes- und Sozialwissenschaftlern wie Philosophen, Psychologen, Soziologen und anderen oft und kontrovers diskutiert. So richtet sich auch die Kritik gegen "biologistisches", "reduktionistisches" usw. Denken vorwiegend gegen Ethologen und Soziobiologen. Die ethologischen Experimente und Konzepte ordnen sich jedoch in Wirklichkeit sehr gut in Studien auf anderen, "niederen", d.h. dem Gehirnsubstrat naherliegenden Ebenen ein, wie sie oben an Beispielen dargestellt wurden. Auch hier müssen wir uns wieder auf einige wenige Beispiele beschränken.

Eine bestimmte Art des genetisch determinierten Lernens wurde von Konrad Lorenz entdeckt und als "Prägung" bezeichnet (vgl. Lorenz, 1978). So werden z.B. Zebrafinken schon kurze Zeit nach dem Schlüpfen auf das Aussehen derjenigen Artgenossen geprägt, die sie später, im geschlechtsreifen Alter, als Geschlechtspartner akzeptieren werden (Immelmann, 1972). Es ist ein gemeinsames Merkmal der Prägung, daß der notwendige Stimulus während eines eng begrenzten Zeitintervalls erfolgen muß, um wirksam zu sein. Bei Zebrafinken wurde nun während der genau gleichen Phase der Entwicklung ausgedehnter Zelltod in bestimmten Teilen des Gehirnes beobachtet (Teuchert et al. 1982). Offensichtlich finden zu diesem Zeitpunkt im Gehirn umfangreiche Umbauvorgänge statt; damit die Neuverknüpfung neuronaler Elemente auf biologisch sinnvolle Weise erfolgen kann, ist notwendig, daß die richtigen Reize durch die Umwelt angeboten werden und daß dieses Angebot auch zur genau richtigen Zeit erfolgt.

Es ist umstritten, ob es Prägung auch beim Menschen gibt. Diese - weitgehend nur semantisch - Kontroverse kann vermieden werden, wenn man mit Hassenstein (1973) von "Prägungsähnlichen Lernvorgängen" spricht. Bekanntlich werden auch beim Menschen Fähigkeiten wie Laufen oder Sprechen innerhalb bestimmter Phasen der individuellen Entwicklung gelernt; sie benötigen jedoch die adäquate Anregung von der Außenwelt, und es kommt zu Störungen, wenn diese Anregung ausbleibt. Meiner persönlichen Auffassung nach, die ich nicht nur mit Ethologen wie Hassenstein, sondern z.B. auch mit vielen Kinderärzten teile, gilt das nicht nur für Kognitive und motorische Fähigkeiten, sondern auch für Sozialisierung, emotionale Stabilität und viele andere Aspekte der Persönlichkeit. Man kann vernünftigerweise annehmen - aber es sollte noch viel detaillierter ausgearbeitet werden, daß auch diese Lernprozesse mit struktureller und funktioneller Hirnreifung parallel gehen. [1)]

9. Individuelle, genetisch bedingte Unterschiede innerhalb der Species: Verhaltensgenetik des Menschen

Die Ethologie befaßt sich vorwiegend - keineswegs mehr ausschließlich - mit biologisch beeinflußten Verhaltensweisen, die mehr oder weniger allen Mitgliedern einer Species gemeinsam sind. Innerhalb dieses Rahmens artspezifischer Verhaltensweisen gibt es jedoch individuelle Unterschiede, und gerade diese Unterschiede finden oft unser besonderes Interesse. Vom psychologischen Standpunkt aus befaßt sich mit ihnen die differentielle Psychologie, deren Vorgehensweise und Ergebnisse an dieser Stelle nicht besonders besprochen werden sollen. Vom genetischen Standpunkt aus und mit genetischen Methoden bemüht sich die Verhaltensgenetik, insbesondere die Verhaltensgenetik des Menschen, der Lösung des Problems näherzukommen, ob und wie genetische Faktoren zu diesen Unterschieden beitragen. Am Beispiel der Beziehungen zwischen Moosfaser-Endigungen im Hippokampus und Lernfähigkeit der Maus wurde bereits gezeigt, wie eine Verflechtung genetischer mit hirnmorphologischen Ansätzen zu Aufschlüssen über genetisch bedingte Variabilität und Hirnstruktur und Verhalten sowie ihre Beziehungen zueinander führen kann. Gerade die Variabilität machte hier eine tiefer greifende Analyse möglich. Im folgenden sollen nun Lösungsansätze besprochen werden, die beim Menschen selbst versucht wurden.

---

1) Gerade zum Thema der Wechselbeziehung zwischen gengesteuerter, individueller Entwicklung des Gehirnes und notwendigen Einflüssen von Seiten der Umwelt finden sich lesenswerte theoretische Ausführungen bei Bunge und Ardila (1987).

In der Regel stellen Wissenschaftler, die an der Verhaltensgenetik des Menschen interessiert sind, eine von zwei Fragen (vgl. Vogel & Motulsky, 1986; Vogel & Propping, 1981):

1.) Ein wie großer Teil der in einer menschlichen Bevölkerung beobachteten Variabilität in einem definierten Aspekt von Befinden und Verhalten ist durch genetische Unterschiede, wieviel ist durch umweltbedingte Unterschiede (im weitestmöglichen Sinne dieses Wortes) verursacht?
2.) Welches sind die genetisch determinierten biologischen Mechanismen, die unseren mentalen Fähigkeiten und Verhaltensweisen und unserem subjektiven Empfinden zugrundeliegen, und wie können genetisch bedingte Unterschiede in diesen Mechanismen unser Verhalten beeinflussen?

Die erste Frage erscheint auf den ersten Blick einfach; die zweite deutet bereits auf wesentlich komplexere Zusammenhänge hin. Die wesentlichen Methoden für die Beantwortung der ersten Frage sind Vergleiche zwischen nahen Verwandten wie ein- und zweieiigen Zwillingen, die gemeinsam oder getrennt aufgewachsen sind, sowie zwischen Eltern und Kindern und Geschwistern. Als besonders aufschlußreich erwies sich auch ein Vergleich von Adoptivkindern einerseits und ihren biologischen Eltern, andererseits mit den Adoptiveltern und deren biologischen Kindern. Die erhobenen Daten, sehr oft Meßdaten wie Ergebnisse von Intelligenztests, aber auch klassifikatorische Daten wie medizinische Diagnosen, werden dann mit Hilfe biometrischer Methoden ausgewertet. Es sind Aussagen möglich etwa über die "Heritabilität" eines Merkmales; d.h. zum Beispiel kann die Frage (im Prinzip und theoretisch) beantwortet werden, wie groß der Anteil der genetischen Varianz an der Gesamtvarianz eines Merkmales in einer bestimmten Bevölkerung ist (Berechnung der "Heritabilität", h^2). Daß das im Prinzip so einfache Vorgehen viele praktische Schwierigkeiten hat, sei hier nur erwähnt (für eine ausführliche Diskussion vgl. Vogel & Motulsky, 1986). Es wird deutlich z.B. bei der vielfach kontroversen Diskusssion der Frage, ein wie hoher Anteil an der Gesamtvarianz des I.Q. in der Bevölkerung genetisch bedingt sei. Von den praktischen Schwierigkeiten, eine sinnvolle Antwort auf diese scheinbar so einfache Frage zu gewinnen, seien nur einige genannt: In welchen Grenzen können Befunde bei Zwillingen auf die Gesamt-Bevölkerung extrapoliert werden? Wie unabhängig sind die Umwelten getrennt aufgewachsener Zwillinge? Inwieweit stellen Adoptiveltern und -kinder eine auslesefreie Stichprobe aus der Gesamtbevölkerung dar? Welchen Einfluß haben die Wechselwirkungen zwischen genetischen und Umwelt-Faktoren innerhalb der Familie auf die Ergebnisse?

Immerhin ist die große Mehrzahl der Fachleute der Meinung, daß sowohl genetische Faktoren als auch die Umwelt einen wesentlichen Einfluß auf die I.Q.-Unterschiede in unserer Bevölkerung haben. Allerdings, dieses Resultat ist eigentlich erschütternd trivial, wenn man es mit dem großen Forschungsaufwand vergleicht, mit dessen Hilfe es erzielt wurde. Weniger trivial sind schon die Ergebnisse, die mit den gleichen Methoden bei Anomalien und Krankheiten erzielt wurden. So sind offenbar genetische Faktoren an der Disposition für Geistes- und Gemütskrankheiten, für verschiedene Formen der geistigen Behinderung und auch für dissoziales und destruktives Verhalten wie Kriminalität und Alkoholismus wesentlich beteiligt. Für die meisten dieser Anomalien und Krankheiten hat man ermittelt, wie hoch das Risiko naher Verwandter, beispielsweise der Kinder, bestimmter Gruppen von Patienten ist, später einmal in gleicher oder ähnlicher Weise zu erkranken. Derartige "empirische Risikoziffern" sind nützlich für die genetische Familienberatung (vgl. Fuhrmann & Vogel, 1982).

Andererseits haben diese Studien gezeigt, daß psychologische Unterschiede zwischen den Menschen auch im "pathologischen" Bereich in keiner Weise ausschließlich durch genetische Unterschiede verursacht sind. Wir sind nicht "die Sklaven unserer Gene (Vogel, 1984a). Unsere Gene determinieren nur eine gewisse "Reaktionsnorm". Sie legen ein individuelles Muster möglicher Reaktionsweisen fest. In dem dadurch gegebenen Rahmen kann sich unsere Persönlichkeit und Leistungsfähigkeit in Wechselwirkung mit den Ereignissen unserer äußeren Lebensgeschichte entfalten.

Diese Feststellung, so tröstlich sie für viele von uns sein mag, ist viel zu allgemein, als daß sie als Richtschnur für eine mehr in die Tiefe gehende Analyse der beteiligten neurobiologischen Mechanismen dienen könnte. Die Erforschung dieser Mechanismen beim Menschen ist jedoch dadurch behindert, daß das lebende menschliche Gehirn für die meisten Methoden, die bei der genetischen und neurobiologischen Analyse anderer Tiere verwendet werden, unzugänglich ist. Andere Systeme, wie z.B. rote Blutkörperchen, können viel leichter analysiert werden. Das ist der Hauptgrund, warum wir so viel mehr über die genetischen Mechanismen wissen, die die Variabilität in Physiologie und Pathologie der roten Blutzellen determinieren, als über die gleichen Mechanismen im Gehirn. Trotz dieser in der Natur der Sache liegenden Schwierigkeiten wurden im Laufe der letzten Jahre doch auch Befunde erhoben, die einen Einblick in neurobiologische Mechanismen erlauben. Viele von ihnen stammen aus der Analyse pathologischer Abweichungen, und das sollte uns nicht allzu sehr wundern: "Pathologische" Abweichungen haben die Tendenz, das schwere Geschütz medizinisch-wissenschaftlicher Bemühungen auf sich zu ziehen; so bilden sich viel leichter ressourcenreiche Forschungsschwerpunkte, als bei der Erforschung von Variabilität im Bereich des "Normalen". Dazu kommt, daß Verhältnisse im pathologischen Bereich und an seinen Grenzen oft einfacher liegen und deshalb der wissenschaftlichen Analyse leichter zugänglich sind.

In den folgenden Bereichen liegen vor allem Ergebnisse beim Menschen vor:

1.) Chromosomenaberrationen: etwa eines von 150 Neugeborenen besitzt ein Chromosom zu viel oder zu wenig; oft ist das ein Geschlechtschromosom (vgl. Vogel & Motulsky, 1986). Je nachdem, welches Chromosom beteiligt ist, kann das zu einer mehr oder weniger schwerwiegenden Störung in der geistigen Leistungsfähigkeit und/ oder der Persönlichkeit führen. Diese Störungen sind weitgehend durch Anomalien in der Embryonalentwicklung verursacht; offenbar entwickelt sich das Netzwerk der Neuronen nicht so gut wie beim durchschnittlichen, chromosomal normalen Menschen (für Einzelheiten vgl. Gulotta, 1981; Vogel und Motulsky, 1986). Details dieser Entwicklungsstörungen sind in der Regel unbekannt; allerdings wurde erst kürzlich ein Fall mit einer besonderen Chromosomenstörung beschrieben (Partielle Duplikation/Deletion des kurzen Armes von Chromosom 17). Hier fehlten nicht nur die Hirnwindungen sondern die coricalen Pyramidenzellen waren gegenüber ihrer normalen Position um ca. 180^{0} gedreht (Bordarier et al., 1986). Befunde dieser Art zeigen die Art und Weise, in der Erbanlagen die normale Entwicklung des neuronalen Netzwerkes in unserem Leben dirigieren.
2.) Handelt es sich hierbei leider noch größtenteils um Zukunftsmusik, so erlaubt die Analyse genetischer Defekte infolge von Mutationen einzelner Gene schon heute an verschiedenen Stellen tiefere Einblicke. Wie schon erwähnt, sind ungefähr 30.000 Gene in Zellen des Gehirns aktiv; so überrascht es uns nicht, daß ein erheblicher Anteil der mehreren hundert genauer analysierter Stoffwechsel-Defekte Störungen der Hirnfunktion zur Folge haben - oft zusätzlich zu anderen klinischen Zeichen. Diese Störungen mögen zu geistiger Behinderung, Epilepsie, oder auch zur Geisteskrankheit führen (vgl. McKusick, 1986; speziell für den epileptischen Formenkreis Blandfort et al., 1987).

Von der biochemischen Analyse derartiger Anomalien und nicht so selten auch ihrer erfolgreichen Behandlung mit Hilfe von Medikamenten oder Drogen haben wir viel darüber gelernt, welche Stoffwechselvorgänge dafür notwendig sind, daß ein Gehirn normal funktionieren kann. Beispiele sind die Entgiftung von Metaboliten, die im normalen Zellstoffwechsel entstehen. Der Abbau von Makromolekülen, die für die Gewebestruktur erforderlich sind und dem ständig fortschreitenden Erneuerungsprozeß zum Opfer fallen; oder Aufnahme von Cofaktoren, die für die Funktion vieler Enzyme nötig sind und die wir meist unter dem

Namen "Vitamine" kennen. Patienten, die an derartigen Stoffwechseldefekten leiden, sind selten, manchmal sehr selten. Aber die meisten dieser Defekte sind autosomal-rezessiv erblich; die Patienten tragen also das mutierte Gen in doppelter Dosis, sie sind homozygot; Heterozygote, also Personen, die ein solches Gen in einfacher Dosis tragen, sind in den meisten Fällen nach klinischen Kriterien gesund. Das Enzym jedoch, das bei den (kranken) Homozygoten fehlt, ist bei ihnen in aller Regel auf die Hälfte der normalen Aktivität vermindert. Kein Wunder, denn wo zwei Gene aktiv sein sollten, da muß nun eines genügen. Für "Normalbetrieb" reicht das offenbar aus; sonst könnten diese Genträger nicht gesund sein. Aber reicht es auch noch aus, wenn besondere Belastungen auftreten? Und tatsächlich werden mehr und mehr Befunde erhoben, wonach diese Heterozygoten besonders auffällig gegenüber manchen Anomalien sind. Auch sieht es so aus, als ob Heterozygote der Phenylketonurie und auch der häufigen Lipidspeicherkrankheiten - also Menschen, die nach allen vernünftigen Kriterien in der Regel gesund sind - doch im Durchschnitt intellektuell weniger leistungsfähig und teilweise auch stärker vulnerabel wären als homozygot Normale. Heterozygote rezessiver Mutationen sind jedoch in der Bevölkerung sehr viel häufiger als homozygot Kranke. [1)]

Wahrscheinlich sind die meisten von uns Träger eines oder mehrerer derartiger Gene. Viele Humangenetiker vermuten heute, daß ein beträchtlicher Teil der genetischen Varianz innerhalb unserer Bevölkerung, die die intellektuelle Leistungsfähigkeit besonders im unteren Normbereich und vielleicht auch unsere emotionale Stabilität beeinflußt, durch Heterozygotie für rezessive Gene bedingt sein könnte, die im homozygoten Zustand zu schwerer geistiger Behinderung führen (vgl. Vogel, 1984b, 1985).

3.) Der größte Teil der bisher besprochenen genetischen Variabilität beeinflußt die Funktion des Gehirnes, indem das einzelne Neuron in seiner Funktion gestört ist. Bei den Chromosomenaberrationen verläuft offenbar auch die Verschaltung der Neuronen während der Embryonalentwicklung nicht regelrecht; darüber weiß man jedoch nur sehr wenig. Genetische Variabilität wurde jedoch auch auf einer höheren Integrationsebene analysiert. Das Elektroenzephalogramm (EEG) erlaubt die Analyse der spontanen, rhythmischen Aktivität von Neuronengruppen im celebralen Cortex. Für diese Aktivi-

---

1) Nennt man die Häufigkeit des dominanten Allels A, p, und die Häufigkeit des rezessiven Alleles a, q; $p + q = 1$, dann gilt für die Genotypen das Verhältnis AA, p^2; Aa, $2pq$ und aa, q^2 (Hardy-Weinberg-Gesetz; vgl. Vogel & Motulsky, 1986). Die Phenylketonurie hat eine Häufigkeit von 1:10.000. Daraus folgt: $q = 1/100$; und die Häufigkeit der Heterozygoten $2pq = 1/50$.

tät ist das Zusammenwirken kortikaler Zellgruppen mit anderen Hirnstrukturen notwendig; die wichtigsten sind der Thalamus im Mittelhirn, die substantia reticularis (aufsteigendes retikuläres aktivierendes System; ARAS) im Hirnstamm und das limbische System.

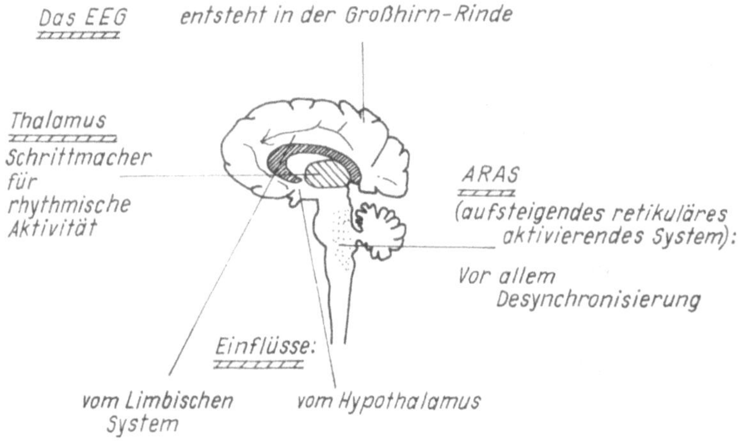

Abb. 10
Das Elektroenzephalogramm (EEG) des Menschen entsteht im cerebralen Cortex; die EEG-Schrittmacher sind jedoch im Thalamus gelegen. Die Wechselwirkung zwischen beiden Ebenen wird modifiziert durch Einflüsse von anderen Gehirnteilen; besonders der Substantia reticularis im Hirnstamm (ARAS) und dem limbischen System.

Das EEG hat den großen Vorteil, daß es von der intakten Kopfoberfläche abgeleitet werden kann. Untersuchungen an gesunden Freiwilligen sind also relativ einfach möglich. Außerdem besteht ein erhebliches Ausmaß an interindividueller Variabilität, die unter normalen Bedingungen genetisch bedingt ist, und es wurden sogar einige häufige Varianten herausgearbeitet, die einem einfachen Mendelschen Erbgang folgen (vg. Vogel, 1986). Wie mit Hilfe verschiedener, psychologischer und psychophysiologischer Methoden gezeigt werden konnte, fanden sich Unterschiede zwischen Gruppen von normalen Individuen mit verschiedenen EEG-Varianten. Unter Verwendung von bereits bekannten Konzepten über Entstehung und Bedeutung des EEG, wie sie die experimentelle Neurophysiologie herausgearbeitet hatte (vgl. Andersen & Andersson, 1968) konnten diese Unterschiede interpretiert werden (Vogel et al., 1986). Eine weitere Analyse des Systems verspricht m.E. wesentliche neue Aufschlüsse zur Frage der genetischen Variabilität, die das Befinden und Verhalten des Menschen beeinflußt, und der zugrundeliegenden Mechanismen.

10. Schlußbetrachtungen

Wir wollen jetzt versuchen, den Weg zurück zu finden von der (exemplarischen, nicht einmal in der Intention vollständigen) Darstellung von Studien über Mechanismen der Gehirnfunktion auf ganz verschiedenen Ebenen und an verschiedenen Objekten, zurück zu einer Art von Synthese. Dabei sind wir uns darüber im klaren, daß diese Synthese nur ganz vorläufig und skizzenhaft aussehen kann: Schon auf der Ebene der primären Genwirkung in Transkription und Translation ist offenbar die genetische Determination von Proteinen, die für Struktur und Funktion des Zentralnervensystems notwendig sind, oft komplexer als in den meisten anderen Bereichen. Die Grundeinheit der Funktion, das Neuron, ist ein geordnetes System von Gen-determinierten Grundelementen, beispielsweise Enzymen, Membranen und Rezeptorproteinen. Neuronen und ihre Verpflechtungen entwickeln sich Hand in Hand mit ihrer Funktion; so verbessert sich die Fähigkeit des Organismus, sich an seine Umwelt anzupassen. Ein wichtiger Teilaspekt dieser Anpassung ist das, was der Psychologe als "Lernen" bezeichnet und mit den Methoden der Lernpsychologie analysiert. Diese ständige Wechselwirkung mit der Umwelt ist notwendig für optimale Entwicklung und Funktion des neuronalen Netzwerkes. Die hier stattfindenden molekularen Grundvorgänge innerhalb des Neurons und in der Interaktion einzelner Neuronen miteinander werden heute von Neurobiologen an einfachen Systemen analysiert - wir haben Befunde an dem Seehasen (Aplysia) genauer dargestellt und Hypothesen über die Erhaltung des Gelernten auf molekularer Ebene, in der Einzel-Synapse, kennengelernt. Für die Analyse des Zusammenwirkens verschiedener Funktionsebenen innerhalb des Gehirnes bei der Verhaltensmodifikation durch "Lernen" bietet sich die Maus als komplex organisierter Organismus an. Hier ist es möglich, genetische Unterschiede innerhalb der gleichen Species für die Aufklärung der Beziehungen zwischen der morphologisch faßbaren Struktur bestimmter Hirnareale und der Funktion auszunutzen; die korrelativen Beziehungen zwischen den Moosfaser-Synapsen im Hippokampus und der Fähigkeit, bestimmte Lernaufgaben zu lösen, erwiesen sich hier als besonders aufschlußreich. So zeigte sich, daß die Lösung verschieden strukturierter Lernaufgaben verschiedene Strategien erfordert, deren Erlernen unterschiedliche, ja entgegengesetzte Anforderungen an die Neuronen-Verteilung und ihre Verknüpfung im Gehirn stellen. Wie Ergebnisse der Ethologie zeigen, erfolgen manche dieser Verknüpfungen bevorzugt innerhalb charakteristischer, genetisch prädeterminierter Phasen der individuellen Entwicklung. Einige Verhaltensweisen, die für das Überleben des Individuums wichtig sind, können nur innerhalb dieser "sensiblen Phasen" erworben werden (Prägung). Innerhalb dieser allgemeinen, Species-spezifischen Grenzen führen individuelle Unterschiede in der genetischen Ausstattung in Wechselwirkung mit unterschiedlichen Lebenserfahrungen zu individuellen Unterschieden des Befindens, des Verhaltens und der Leistungsfähigkeit.

Auch der Mensch ist ein Ergebnis der Evolution; er ist deshalb anderen Lebewesen, insbesondere den Säugetieren, in den meisten Aspekten seiner individuellen, biologischen Entwicklung sowie in Gestalt und Funktion seines Körpers - auch des Gehirns - ähnlich. Deshalb ist es vernünftig, von Fall zu Fall zu prüfen, ob und wieweit Gesetzmäßigkeiten, die bei einfacher strukturierten und dem experimentellen Zugriff leichter zugänglichen Organismen erkannt wurden, auch beim Menschen zutreffen. Darüber hinaus gibt es spezielle Methoden, mit deren Hilfe man beim Menschen die Bedeutung von Unterschieden in den Erbanlagen für die Varianz des mit psychologischen Methoden erfaßbaren Phänotyps sowie ihre Wechselwirkungen mit der Umwelt erforschen kann. Die einfache Frage nach dem Anteil der genetischen Varianz an der interindividuellen Gesamt-Varianz eines Merkmales kann mit Hilfe des biometrischen Vergleiches von psychologischen Meßergebnissen und psychopathologischen Daten bei Zwillingen, sowie in biologischen und Adoptiv-Familien beantwortet werden, wenn auch ungenau und in relativ engen, durch die Methode gezogenen Grenzen. Darüber hinaus machen es mehrere, meist neuere Methoden möglich, analytisch in die beteiligten Mechanismen einzudringen.

Wie schon zu Anfang betont, erhebt die Biologie nicht den Anspruch, mit den ihr zur Verfügung stehenden Methoden alle Aspekte des Befindens, Verhaltens und der geistigen Leistungsfähigkeit des Menschen analysieren zu können. Kein vernünftiger Mensch will die Psychologie - oder etwa gar die Philosophie - durch Biologie ersetzen. Die Psycho-Biologie erforscht jedoch genau die gleichen Vorgänge "von außen", die der Psychologe vielfach von innen her angeht - manchmal direkt durch Selbstbeobachtung, viel häufiger aber indirekt, durch Beobachtung und Befragung anderer Individuen. Er untersucht das biologische Substrat des Denkens, Fühlens, Verhaltens und der geistigen Leistung. Manchmal ist dieses Substrat von außen her, eben mit Hilfe biologischer Methoden, in anderen Fällen aber von innen her, mit Hilfe des traditionellen Methodenspektrums der Psychologie leichter zugänglich. Möglichst differenziertes neurobiologisches Wissen erleichtert die Hypothesen-Bildung und bewahrt einen manchmal vor Irrtümern, wenn man psychische Vorgänge mit Psychologie-immanenten Methoden analysieren will. Umgekehrt können sich aus der psychologischen Erfahrung Arbeitshypothesen für die biologische Forschung ergeben. Was hier gefordert wird, ist Diskurs und - wo immer möglich - Zusammenarbeit. Diesem Diskurs soll dieser Beitrag auf möglichst konkrete Weise dienen.

Literatur

Amara, S.G., Jonas, V., Rosenfeld, M.G., Ong, E.S. & Evans, R.M.: (1982). Alternative RNA processing in calcitonin gene expression generates mRNAs encoding different polypeptide products. Nature, 298, 240-244

Andersen, P. & Andersson, S.A.: (1968) Physiological basis of the alpha rhythm. New York; Appleton Century Crofts.

Blandfort, M., Tsuboi, T. & Vogel F.: (1987). Genetic counseling in the epilepsies. Human Genetics, 76, 303-331.

Bordarier, C. Robain, O. , Rethore, M.-O., Dulac, O. & Dhellemes, C.: (1986). Inverted neurons in agyria. A. Golgi study of a case with abnormal chromosome 17. Human Genetics, 73, 374-378.

Bunge, M.: (1980). The mind-body problem. Oxford: Pergamon.

Bunge, M. & Ardila, R.: (1987). Philosophy of psychology. New York Springer

Carew, T.J. (1987). Cellular and molecular advances in the study of learning in aplysia. In J.P. Changeux & M. Konishi (eds.). The neural and molecular basis of learning. Chichester: Wiley.

Crick, F.:(1984). Memory and molecular turnover. Nature, 312, 101

Changeux, J.-P. & Konishi, M.: (1987). The neural and molecular bases of learning. Chichester: Wiley.

Falk, R.: (1984). The gene in search of an identity. Human Genetics, 68, 195-204.

Frezal, J. Munnich, A. & Mitchell. G.: (1983). One gene, several messangers. From multifunctional proteins to endogenous opiates. Human Genetics. 64, 311-314.

Fuhrmann, F. & Vogel, F.: (1982), Genetische Familienberatung. Berlin: Springer.

Gulotta, F., Rehder, H. & Gropp, A.: (1981). Descriptive neuropathology of chromosomal, disorders in man. Human Genetics, 57, 337-344.

Hassenstein, B.: (1973), Verhaltensbiologie des Kindes. München: Piper.

Hopf, H.C., Poeck, K.& Schliack, H.: (1981). Neurologie in Praxis und Klinik, Bd. 1,2,3. Stuttgart: Thieme.

Hubel, D.H.: (1982). Exploration of the primary visual cortex, 1955-1978. 299, 515-524.

Immelmann, K.: (1971). Ontogenetische Entwicklung sozialer Beziehungen bei Mensch und Tier. Naturwissenschaftliche Rundschau, 24, 325-334

Kandel, E.R.: (1979). Cellular insight into behavior and learning. Harvey Lecture. Series 73, 19-92.

Kandel, E.R.: (1979). Small systems of neurons. Scientific American, 241, 60-70.

Knippers, R: (1985). Moleculare Genetik. Stuttgart: Thieme.

Kornhuber, H.-H. : (1973). Neural control of input into long-term memory: Limbic system and amnestic syndrome in man. In H.P. Zippel (ed.) Memory and transfer of information. New York: Plenum.

Küppers, B.O.: (1986). Der Ursprung biologischer Information. München: Piper

Lipp, H.P. & Schwegler, H.: (1982). Hippocampal mossy fibers and avoidance learing. In I. Lieblich (ed.). Genetics of the brain. Amsterdam: Elsevier.

Lipp, H.P. & Schwegler, H.: (1984). Postnatal modification of hippocampal circuity alters avoidance learning in adult rats. Science, 225, 80-82.

Lisman, J.E.: (1985). A mechanism for memory storage insentitive to molecular turnover: A bistabe autophosphorylating kinase. Proceeding of the National Academy of Sciences (USA), 82, 3055-3057.

Lorenz, K.: (1963). Das sogenannte Böse. Wien: Borotha-Schoeler.

McKusick, V.A.: (1986). Mendelian inheritance in man. Baltimore: Johns Hopkins University Press.

Popper, K.R.: (1963). Conjectures and refutations. London: Rutledge & Kegan Paul.

Popper, K.R. & Eccles, J.C.: (1977). The self and its brain. Berlin: Springer.

Sahai, S.: (1986). Elucidation of the role of neurotransmitter glutamate in normal and abnormal mental function. Habilitationsschrift, Universität Heidelberg

Schwegler,H.: (1986). Die Grundlagen des Lernens. Neurobiologische und genetische Ansätze. Habilitationsschrift, Universität Heidelberg

Schwegler, H. & Lipp, H.P.: (1983). Hereditary covariants of neural circuity and behavior: Correlations between the proportions of hippocampal synaptic fields in regio inferior and two-way avoidance in mice and rats. Behavior Brain Research, 7, 1-38.

Sutcliffe, J.G. Kiel, M., Bloom, F.E. Milner, R.J.: (1987). Gene activity in the CNS, a tool for understanding of brain function and dysfunction. In F. Vogel & K. Sperling (eds.). Human Genetics. Proceedings of the 7th International Congress of Human Genetics (pp. 474-483). Berlin: Springer.

Swanson, L.W. : (1983). The hippocampus and the concept of the limbic system. In W. Seufert (ed). Neurobiology of the hippocampus. London.

Teuchert, E., Wolff, I.R. & Immelmann, W.: (1982). Physiologische Degeneration in der Ontogenie des ZNS von Vögeln - eine Einflußnahme auf die sensible Phase für Prägung. Verhandlungen der Deutschen Zoologischen Gesellschaft. Stuttgart: Fischer.

Valverde, F. : (1967). Apical dendritic spines of the visual cortex and light deprivation in the mouse. Experimental Brain Research 3, 337-352.

Vogel, F.: (1984a). Wir sind nicht die Sklaven unserer Gene. Mannheimer Forum 84/85. 61-113. Mannheim: Boehringer.

Vogel, F.: (1984b). Relevant deviations in heterozygotes of phenylketonuria (PKU). In K. Berg (ed.). Medical genetics and future. New York: Liss.

Vogel, F.: (1986). Grundlagen und Bedeutung genetisch bedingter Variabilität des normalen menschlichen EEG. EEG-EMG, 17, 173-188.

Vogel, F. & Motulsky, A.G.: (1986). Human Genetics - Problem and Approaches. Berlin: Springer.

Vogel, F. & Propping, P.: (1981). Ist unser Schicksal mitgeboren? Berlin: Severin & Siedler.

Vogel, F., Krüger, J. Höpp, H.P., Schalt, E. & Schnobel, R.: (1986). Visually and auditory evoked EEG potential in carriers of four hereditary EEG variants. Human Neurobiology, 5, 49-58.

Vollmer, G.: (1981). Evolutionäre Erkenntnistheorie, Stuttgart: Hirzel.

Wilson, A.O.: (1975). Sociobiology: The new synthesis. Cambridge, Mass.: Harvard University Press.

PLASTISCHE MOLEKÜLE UND LERNENDE GEHIRNE

Gerald Wolf [1)]

Die wirbellosen Tiere und die niederen Wirbeltiere verdanken ihr Verhaltensrepertoire weitgehend dem phylogenetischen "Lern"prozeß. Sie werden gleichsam mit der Reifeprüfung in der Tasche in ihre Umwelt hineingeboren. Ausgedehnte Phasen der Kindheit, in denen sie erst lernen müßten, sich in ihrer Umwelt biologisch zweckmäßig zu verhalten, erübrigen sich dadurch. Jedoch haben auch diese Tiere gewisse Möglichkeiten zu einem zusätzlichen, einem "ontogenetischen Lernen". Das bringt eine Erweiterung des Spielraumes in ihrer konkreten Umwelt mit sich. Phylogenetisch nicht "vorhergesehenen" und wegen zu geringer Auftretenswahrscheinlichkeit ganz einfach auch nicht vorhersehbaren Umgebungsanforderungen kann auf diese Weise zweckmäßig begegnet werden, sofern entsprechende individuelle Erfahrungen vorausgegangen sind. Bei der Entwicklung der höheren Wirbeltiere, der Vögel und der Säugetiere und allzumal dem Menschen, dem "Lernwesen par excellence", ist in ganz besonderem Maße auf Lernfähigkeit gesetzt worden. Die "Plastizität" des menschlichen Verhaltens, mithin die seines Nervensystems, ist für jedermann derart evident, daß darüber das Angeborensein von verhaltenswirksamen Hirnleistungen, so auch die, die für seine psychische Grundverfassung zuständig sind, mitunter völlig übersehen wird.

Plasitizität als Grundeigenschaft

In einem allgemeineren Sinne ist Plastizität jedem Lebewesen eigen, gleich ob Bakterium, Apfelbaum, Tier oder Mensch. Tatsächlich verhält sich kein Organismus völlig erbstarr. Plastisch, anpassungsfähig, sind Stoffwechsel- und Wachstumsprozesse, und ebenso, damit zumindest teilweise zusammenhängend, die Exekutive des genetischen Apparates. Aber nicht nur die Entscheidung, ob reprimiert oder exprimiert wird, die Regulation der Genaktivität also, zeugt von Anpassungsvermögen, auch die Genprodukte, die Messenger-Ribonucleinsäuren und schließlich die Proteine sind plastisch, durch chemische Modifikation im Prozeß vor oder nach der Translation in Struktur und Funktion wandelbar. Gerade in den letzten Jahren mußte man mehr und mehr einsehen, daß die Eigenschaften der Proteine durchaus nicht nur durch die von der DNA abgeleitete Primär-

1) Institut für Biologie der Medizinischen Akademie Magdeburg, Erich-Weinert-Str. 3, Magdeburg DDR-3014

struktur determiniert ist. Das Ionenmilieu, die Konzentration von Effektormolekülen oder die Bildung von Derivaten, z.B. die Phosphorylierung, Acetylierung oder Glykosylierung, vermögen die Funktionen der Proteine ganz entscheidend zu beeinflussen. Diese Modifikabilität der Moleküle liegt, wie in einzelnen Fällen bewiesen werden konnte und in anderen zumindest sehr wahrscheinlich ist, auch den nervalen Lernprozessen zugrunde, dem Lernen senso stricto. Nach Greengard (1987) sind mehr als siebzig Proteine des Nervensystems bekannt, deren Funktion durch Phosphorylierung (Anhängen eines Phosphatrestes) bzw. Dephosphorylierung gesteuert wird. Zu ihnen gehören Enzyme für den Transmitterstoffwechsel, Rezeptorproteine, Ionenkanal-Proteine, Proteine des Zytoskelettes und solche, die die Genaktivität kontrollieren.

Die Suche nach "dem" Lernmechanismus

Wenn wir von einer Isomorphie geistiger und hirnorganischer Prozesse ausgehen, müssen zumindest für die längerfristig wirksamen Lern- und Gedächtnisleistungen konstruktive Veränderungen im nervalen Substrat, so in dessen Struktur oder (bzw. und) Chemismus, erwartet werden. Die Fülle an Beobachtungen, die im Gehirn der Säuger bei der Suche nach Lernmechanismen angestellt wurden, ist mittlerweile unüberblickbar (vgl. Matthies, 1986; Changeux und Konishi, 1987, oder die Übersicht in "Trends in Neuroscience", Heft 4 von 1988). Welche Parameter man bisher auch untersuchte, kaum einen gibt es, der sich nicht als "lernrelevant" erwies: Transmitter, Peptide, Transmitterenzyme, Transmitterrezeptoren (Anzahl und molekulare Struktur), sekundäre Messenger, Wachstumsfaktoren, Hormone, hirnspezifische Proteine (z.B. das S-100-Protein), Membranbausteine (Ganglioside, Glykoproteine), transmembranale Transportprozesse (Ionenkanäle, Carrier), der intrazelluläre (neuroplasmatische) Stofftransport, das Zytoskelett, die Anzahl synaptischer Vesikel, die Größe synaptischer Aktivzonen und der Synapsen überhaupt, die Synapsenanzahl und -form, die Menge der Projektionen zwischen den Nervenzellen und vieles anderes mehr. Es muß schon als ein Dilemma der Neurobiologie angesehen werden, daß trotz jahrzehntelangen, weltweit intensivsten Suchens zum Lerngeschehen zwar Fakten über Fakten und dutzendweise Hypothesen angeboten werden können, aber keine wirklich fundierte Theorie. Wahrscheinlich ist schon im elementaren Bereich die Vielfalt so groß, daß die Suche nach "dem" Lernmechanismus ergebnislos bleiben muß.

Plastische Moleküle und lernende Schnecken

In einigen Modellfällen sind die Erkenntnisse jedoch erfreulich weit gediehen. Ganz vornan stehen die Ergebnisse, die an der Meeres-Nacktschnecke Aplysia ("Seehase") durch die Arbeitsgruppe um E. Kandel von der Columbia-Universität in New York angeboten werden (Kandel und Mitarb., 1987). Die Nervenzellen dieser Schnecke sind relativ groß (damit experimentell leicht zu handhaben), präzise verschaltet und identifizierbar. Gegenstand der Untersuchung ist der durch Lernen veränderbare Rückzugsreflex der Kiemen und des Atemrohrs (Siphon). Die denkbar einfachste Form des Lernens, die Reizgewöhnung oder Habituation, läßt sich hier sehr leicht dadurch demonstrieren, daß das Anpusten des Siphons mit einem Wasserstrahl nach wenigen Wiederholungen schwächer und schwächer mit Rückzug des Siphons und der Kiemen beantwortet wird. Schließlich bleibt der Reflex völlig aus. Wie leicht nachgewiesen werden kann, sind weder die Muskulatur dieser Organe noch die sie versorgenden motorischen Nervenzellen "ermüdet". Geändert hat sich lediglich die Effektivität jener Synapsen, die zwischen den Sinnesnervenzellen, über die der Reiz signalisiert wird, und den motorischen Nervenzellen vermitteln (Abb. 1). Grund dafür ist das Schließen der Kanäle für die Calciumionen. Die Calciumkanäle bestehen aus zylinderförmig angeordneten Proteinmolekülen, die in die Zellmembran der synaptischen Endigungen eingebaut sind. Normalerweise strömen die Calciumionen bei Ankunft einer Erregung über diese Kanäle in das Innere des synaptischen Terminals ein und bewirken daraufhin, daß Transmittermoleküle in den synaptischen Spalt freigesetzt werden. Sind die Calciumkanäle aber verschlossen, bleibt die Erregungsübertragung auf die motorischen Neuronen mangels Transmitter aus. Die Habituation kann Minuten, aber auch Tage und Wochen lang anhalten. Im Falle der Kurzzeitwirkung ist in der beschriebenen Weise, durch einen m o l e k u l a r e n M e c h a n i s m u s also, die "Erinnerung" an die Harmlosigkeit des Reizes erklärbar geworden.

Noch spektakulärer ist die Aufklärung der molekularen Mechanismen, die auf eine starke Reizeinwirkung hin die Habituation rückgängig machen, Deshabituation oder Sensitivierung genannt. Reizt man nämlich ein Tier heftig am Kopf oder Schwanz, nachdem der Kiemenrückzugsreflex durch Habituation eingestellt wurde, zeigt sich die Reaktion auf den Wasserstrahl hin wieder in seiner vollen Stärke, ja er kann stärker als zuvor auftreten. Anthropomorph ausgedrückt heißt das: "Das Anpusten ist wahrscheinlich gar nicht so belanglos, wie ich bisher meinte, denn, wie jetzt im Schwanzbereich zu merken war, stellt mir irgendetwas Gefährliches nach!" Durch den Sensitivierungsreiz werden, um wieder naturwissenschaftlich zu formulieren, bestimmte Interneuronen erregt, die ihrer-

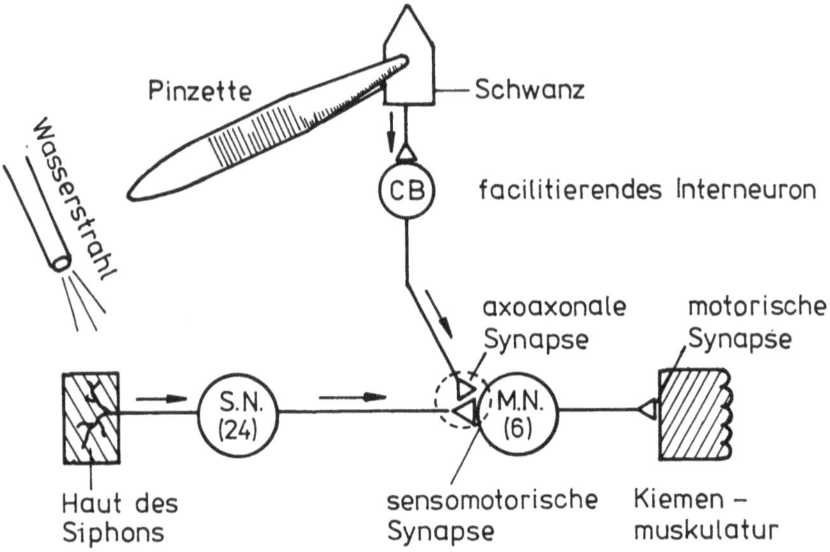

Abb. 1. Stark vereinfachtes Schaltschema für die bei der Meeresschnecke Aplysia am Kiemenrückzugsreflex beteiligten Neuronen. Die Sinnesnervenzellen (S.N., insgesamt 24 Neuronen) werden über ihre Mechanorezeptoren in der Haut des Siphons gereizt (Anpusten mit Wasserstrahl). Synaptisch wird die Erregung auf motorische Nervenzellen (M.N., insgesamt 6) übertragen, die daraufhin die Kontraktion der Kiemenmuskulatur auslösen. Nach wiederholter (schwacher) Reizung der S.N. erlischt der Reflex, Habituation genannt. Wird aber in diesem Zustand z.B. der Schwanz heftig gereizt, tritt der Kiemenrückzugsreflex wieder in voller Stärke oder stärker als zuvor auf. Diese als Sensitivierung bezeichnete, mehr oder weniger dauerhafte Reflexbahnung trägt wie die Habituation alle Merkmale eines Lernprozesses. Ursache der Sensitivierung ist die Aktivierung von reflexverstärkenden (= facilitierenden) Interneuronen. Zu ihnen gehören die serotoninergen (den Transmitter Serotonin freisetzenden) CB-Neuronen. Über eine präsynaptische Kopplung (umstrichelte Zone) erhöhen sie die Wirksamkeit der zwischen den S.N. und den M.N. ausgebildeten sensomotorischen Synapsen.

seits synaptische Kontakte mit den vorhin beschriebenen sensomotorischen Synapsen eingehen, gewissermaßen Synapsen an Synapsen bilden (Abb. 1). Bei einer bestimmten Klasse dieser Interneuronen, den CB-Zellen, wurde als Transmitter das Serotonin (5-Hydroxytryptamin) identifiziert. Für die kurzzeitige Form der Sensitivierung, die Minuten lang bis etwa eine Stunde andauert, ließ sich zeigen, daß der verantwortliche Mechanismus mit einer kaskadenhaften Abfolge von Modifizierungen präexistierender Proteine (Rezeptor-, Enzym-, Ionenkanalproteine) zusammenhängt. In vereinfachter Form ergibt sich folgendes Bild:

Der Transmitter Serotonin wird bei Erregung der Interneuronen synaptisch freigesetzt und an entsprechende Rezeptormoleküle der Membran des postsynaptischen Abschnittes gebunden, jenes Teils der von den Sinnesnervenzellen ausgesandten Nervenfasern also, der mit dem nachgeschalteten Motoneuron selbst wieder eine Synapse ausbildet. Die Rezeptormoleküle ändern durch die Transmitterbesetzung ihre Gestalt, was, durch ein weiteres Protein, ein G-Protein, vermittelt, zu einer Aktivierung des Enzyms Adenylatcyclase führt. Die Adenylatcyclase katalysiert die Umsetzung von Adenosintriphosphat (ATP) zu zyklischem Adenosinmonophosphat (cAMP). Das cAMP aktiviert als sekundärer Messenger das Enzym Proteinkinase A, das seinerseits eine Phosphorylierung von Kaliumkanälen in der Membran bewirkt, die sich daraufhin schließen (Abb. 2). Daraus folgt, daß der Kaliumionenausgleich zwischen dem Inneren und dem Äußeren der Zelle behindert ist und eine von der Sinnesnervenzelle einlaufende Erregung länger anhält. Die Calciumkanäle werden dadurch länger offengehalten, eine erhöhte Transmitterfreisetzung folgt und schließlich eine stärkere Erregung der Motoneuronen - eben der Effekt, der bei der Sensitivierung des Rückzugreflexes auf Anpusten mit dem Wasserstrahl hin durch verstärkte Kontraktion direkt zu beobachten ist. Gewissermaßen die Probe aufs Exempel lieferten Rayport und Schacher (1986). Ihnen gelang es, unter den Bedingungen einer Nervenzellkultur eine funktionstüchtige, d.h. also auch lernfähige (!), Verschaltung von Sinnesnervenzelle, facilitierendem Neuron und motorischem Neuron zu fabrizieren, indem sie dafür die entsprechenden Nervenzelltypen aus den jeweiligen Ganglien von Aplysia isolierten. Mit einem solchen In-vitro-Modell aus je einem Neuron der genannten drei Typen ließen sich sowohl das Phänomen der Habituation als auch das der Sensitivierung demonstrieren!

Der (Kurzzeit-)Gedächtniseffekt erklärt sich damit, daß die modifizierten Moleküle, die für die Veränderung der Verhaltensreaktion zuständig sind, relativ langsam in die Ausgangsform zurückkehren. So müssen im Falle der Sensitivierung die Kaliumkanäle erst wieder dephosphoryliert bzw. neu synthetisiert werden. Bei einer intermediären (24 Stunden und länger anhaltenden) Form der Sensitivierung konnten Greenberg und Mitarb. (1987) nachweisen, daß die regulatorische Untereinheit der Proteinkinase A teilweise abgebaut wird, wodurch die katalytische Untereinheit gewissermaßen freie Hand für die Phosphorylierung der Kaliumkanäle bekommt. In diesem Falle bedarf es der Neusynthese der regulatorschen Untereinheiten, um die Sensitivierung rückgängig zu machen.

An dieser Stelle soll noch erwähnt werden, daß für die verschiedenen Informationsspeicherprozesse bei Aplysia auch andere molekulare Mechanismen eine Rolle spielen, in besonderem Maße wahrscheinlich Verände-

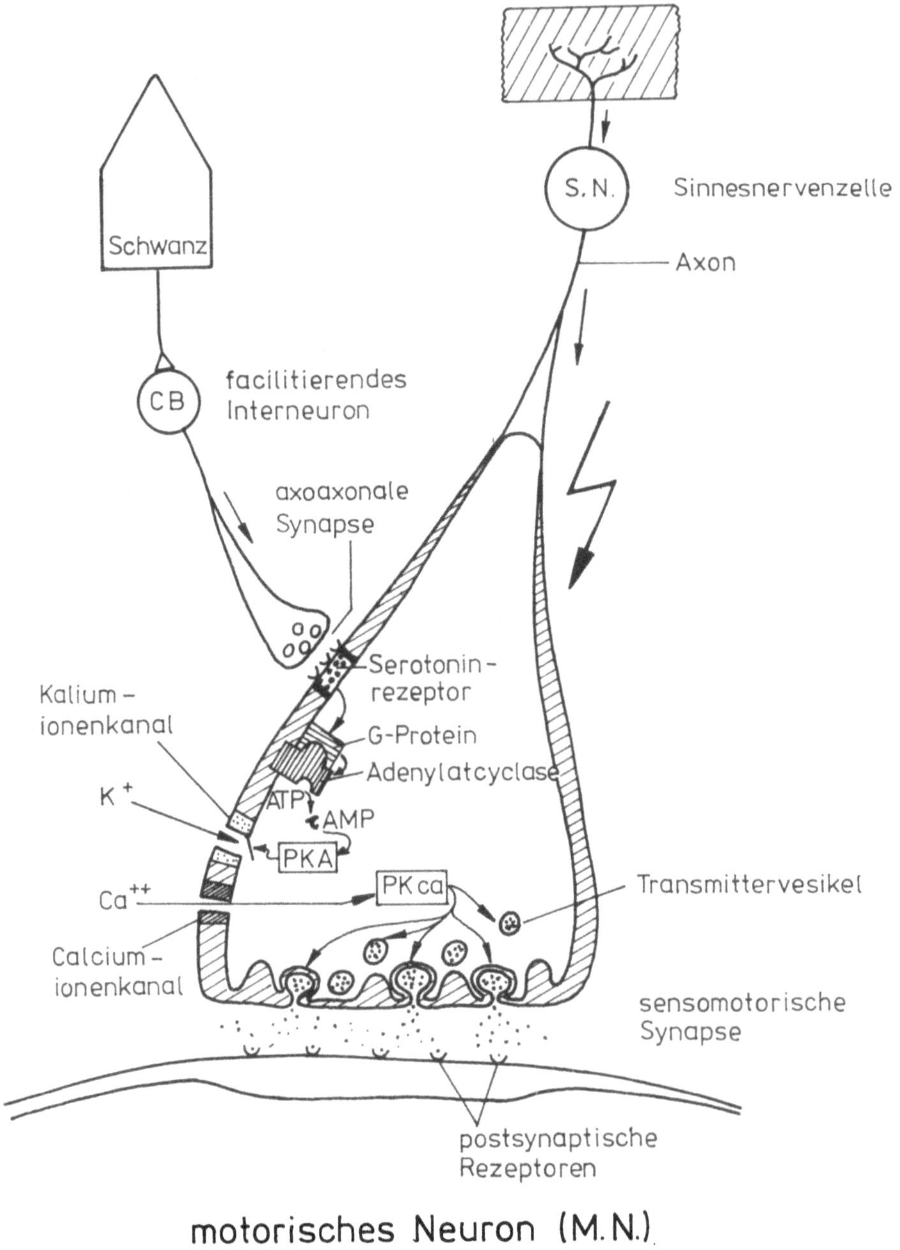

Abb. 2. Molekulares Modell der Kurzzeit-Sensitivierung. Die durch den Sensitivierungsreiz erregten CB-Interneuronen übertragen an den axoaxonalen Synapsen ("Synapsen an Synapsen") die Information durch Freisetzung des Transmitters Serotonin über entsprechende Rezeptoren auf die nachgeschalteten Zelle. Die Rezeptoren aktivieren bei Besetzung mit Serotonin, vermittelt durch ein G-Protein, das Enzym Adenylat-Cyclase, das die Entstehung von zyklischem Adenosinmonophosphat (cAMP) katalysiert. Das cAMP aktiviert als sekundärer Messenger die Proteinkinase A, die ihrerseits durch eine Phosphorylierungsreaktion die Kalium-Ionenkanäle schließt. Erregungen der Sinnesnervenzelle bleiben dadurch länger erhalten, und die Calcium-Ionenkanäle sind dementsprechend länger als gewöhnlich geöffnet. Der dadurch erhöhte Cal-

ciumionen-Einstrom bewirkt eine stärkere Aktivierung einer von Calciumionen und dem Calcium bindenen Protein Calmodulin abhängigen Proteinkinase (PKca), wodurch vermehrt Transmitter freigesetzt werden. Das schließlich führt zur stärkeren Erregung der Motoneuronen und damit zu einer erhöhten Kontraktionen der durch sie innervierten Kiemenmuskulatur. Der Gedächtniseffekt erklärt sich mit der relativ langsamen Rückführung in den Ausgangszustand.

rungen im "handling" des Calciums. Bei den langfristigen Lernformen stehen offenbar die Synthese von Proteinen und, zumindest teilweise damit verbunden, Strukturveränderungen im Vordergrund, im Falle der Langzeit-Habituation die Verminderung von Synapsen (Castellucci und Mitarb. 1978), in dem der Langzeit-Sensitivierung eine Vermehrung synaptischer Strukturen (Bailey und Chen, 1983).

So simpel, so "technisch", so "seelenlos" das molekularbiologische Habituierungs- und Sensitivierungsmodell von Aplysia zu sein scheint, es erlaubt immerhin, alle die für Lernvorgänge angegebenen Charakteristika abzuleiten: Die aus dem äußeren Reiz (Wasserstrahl zur Habituierung, derbe Reizung am Kopf oder Schwanz zur Sensitivierung) bezogene Information

- führt zu einer Verhaltensänderung (Habituation bzw. Sensitivierung des Rückziehreflexes),
- wird gespeichert (hält eine Zeitlang vor, wird also Gedächtnisinhalt, bzw. bewirkt bei Sensitivierung nach bereits erfolgter Habituierung eine Gedächtniskorrektur),
- ist bei erneuter Reizdarbietung abrufbar (in Form der Verhaltensreaktion) und

wird nach kürzerer (Kurzzeit-, Intermediärgedächtnis) oder längerer Zeit (Langzeitgedächtnis) vergessen.

Handelt es sich hierbei nun nur um eine formale Gleichheit gegenüber höher entwickelten Formen des Lernens? Ist das Studium der Lern- und Gedächtnisprozesse bei niederen Tieren gar gleichbedeutend mit einer via regia, die hinführt zu den weitaus komplizierteren Verhältnissen bei Säugetieren und beim Menschen? Manches deutet daraufhin, eine bindende Antwort freilich steht noch aus.

Plastizität im Gehirn der Säugetiere

Tatsächlich häufen sich solche Befunde, wonach auf der Basis von strukturellen und funktionellen Gemeinsamkeiten der Nervensysteme, wie wir sie beim Vergleich von Mensch und Tier der unterschiedlichsten Species beobachten können, auch die jeweiligen Lernmechanismen Ähnlichkeiten aufweisen: Sowohl bei Säugetieren als auch bei Aplysia läßt sich der Übergang von Informationen aus dem Kurzzeit- in den Langzeitspeicher durch Hemmung der RNA- oder der Proteinsynthese blockieren, Calciumionen und Proteinkinasen haben eine vergleichbar große Bedeutung, ebenso Strukturumbauten im synaptischen Bereich (Montarolo und Mitarb., 1986; Gustafsson und Wigström, 1988; Matthies, 1989). Viele Beobachtungen haben zu dem Ergebnis geführt, daß für die Konsolidierung der Information im Langzeitgedächtnis bei Säugetieren die Neubildung von Synapsen eine wichtige Rolle spielt. Am deutlichsten wird das beim Vergleich von Tieren, die in unterschiedlich informationsträchtiger Umwelt aufgewachsen sind (Abb. 3).

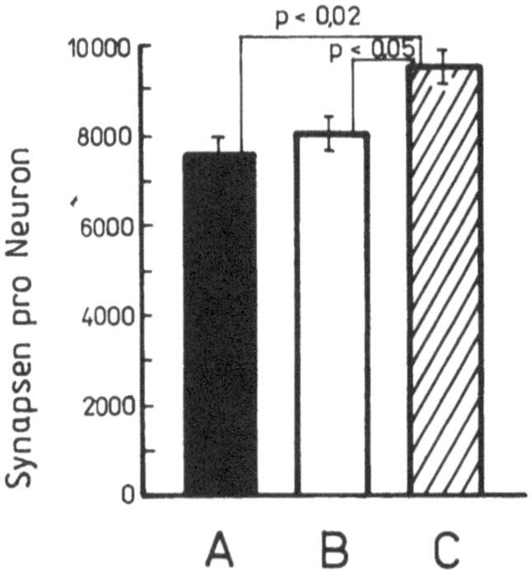

Abb. 3. Abhängigkeit der Synapsenanzahl von den Umweltbedingungen. Ratten wurden nach dem Absetzen vom Muttertier (30. Lebenstag) entweder einzeln (A), in Gruppen bei einfachster Käfigestaltung (B) oder unter komplexen Umweltbedingungen (C) aufgezogen. Bei Auswertung der Synapsendichte in den Schichten I bis IV der Großhirnrinde (Hinterhauptspol, okzipitaler Cortex) ergab sich, daß unter komplexen Umweltbedingungen gegenüber extrem informationsarmer Umgebung die Anzahl der Synapsen pro Neuron um nahezu 25 % größer ist. Nach Greenough und Bailey (1988).

Daneben aber gibt es mehr als genug Hinweise darauf, daß die Langzeitspeicherung durch Effektuierung präexistierender Synapsen eine zumindest ähnlich große Bedeutung hat. Als mutmaßliche Mechanismen werden in erster Linie die folgenden, im Zusammenhang mit Lernprozessen beobachteten Phänomene diskutiert: die Vergrößerung von Synapsen bzw. die ihrer Informationsübertragungsbereiche, Aktivzonen genannt, eine vermehrte Transmitterbereitstellung, die erhöhte Antwortbereitschaft der nachgeschalteten Zelle durch Vermehrung oder Veränderung von Transmitter-Rezeptoren, eine veränderte Membrandurchlässigkeit für Ionen durch Modifikationen von Ionenkanälen und die Intensivierung spezieller

Stoffwechselprozesse im prä- oder postsynaptischen Abschnitt. Entsprechende Befunde erscheinen geeignet, die auf Ramon y Cajal (1911), Sherrington (1940) und Hebb (1949) zurückgehende Vorstellung zu stützen, wonach das Langzeitgedächtnis ein Ergebnis stabilisierter neuronaler Verbindungen ist, sich also aus der synaptischen Konnektivität des Nervensystems ableiten läßt. Eine Lern- und Gedächtnistheorie muß, wie auch immer, erklären können, auf welche Weise die Flüchtigkeit der Information, die in Form räumlicher und zeitlicher Erregungs- und Hemm-Muster innerhalb von Neuronenverbänden repräsentiert ist, im Konsolidierungsprozeß durch stabilere Zustände abgelöst wird.

Das Limbische System und die Langzeitpotenzierung

Viele, vielleicht alle Neuronen des Gehirns von Säugetieren (und dem Menschen) weisen plastische Eigenschaften auf, sind lernfähig. Rittenhouse und Mitarb. (1988) konnten das kürzlich sogar für Ganglienzellen im Grenzstrang des Sympathicus nachweisen. Der bedeutendste Informationsspeicher aber, zumindest bei den höheren Säugern, ist die Großhirnrinde. Allerdings obliegt die Entscheidung, was gespeichert und was verworfen wird, im wesentlichen den Instanzen des Limbischen Systems (Isaacson, 1982; Doane und Livingston, 1986; Wolf, im Druck). Läsionsexperimente und klinische Beobachtungen weisen auf zwei Regionen hin, die hierbei eine besondere Rolle spielen, die Hippocampus-Formation und der mittlere Anteil des Zwischenhirns (Squire, 1986).

Der Hippocampus behauptet eine Zentralstellung in der neurobiologischen Lern- und Gedächtnisforschung. Grund ist unter anderem das Phänomen der Langzeitpotenzierung (LTP), das durch Bliss und Lømo (1973) im Hippocampus entdeckt wurde und seitdem als genereller Basismechanismus für Lernvorgänge kandidiert. Die LTP entspricht einer längerfristigen, Wochen, ja sogar Monate lang anhaltenden Erhöhung der synaptischen Effektivität, die als Folge wiederholter Stimulierung synaptischer Verbindungen auftritt. Sie läßt sich experimentell vorteilhaft auch am Schnittpräparat demonstrieren. Dunwiddie und Lynch (1979) konnten zeigen, daß Calciumionen für das Zustandekommen der LTP unerläßlich sind. Da Calciumionen als sekundäre Messenger so mannigfaltig in den Chemismus der Zellen eingreifen, ist trotz intensivster Bemühungen bis heute eine Kausalbeziehung zur LTP nur unter Vorbehalten ableitbar (Gustafsson und Wigström, 1988).

Als nahezu sicher aber gilt, daß neben oder auch in Zusammenhang mit den Calciumionen die Glutaminsäuretransmission eine wichtige Rolle spielt. Glutaminsäure bzw. ihr Anion, das Glutamat, ist wahrscheinlich der quantitativ bedeutsamste Transmitter im Zentralnervensystem der Wirbeltiere. Die mit ihr verbundenen Stoffwechselwege werden während der ontogenetischen Entwicklung der entsprechenden Hirnstrukturen parallel zu ihrer Funktion, so auch parallel zur Ausreifung ihrer plastischen Eigenschaften, intensiviert (z.B. Wolf und Mitarb., 1989). Einer der Subtypen der Glutamatrezeptoren, der sog. NMDA-Rezeptor, ist mit einem Ionenkanal verbunden, der bei Öffnung neben Natrium- auch Calciumionen in die Zelle einströmen läßt. Darauf bauen Lynch und Baudry (1984) ihre Hypothese zur Entstehung der LTP auf. Hiernach soll das Calcium, das bei verstärkter Reizung vermehrt in die Zelle gelangt, eine als Calpain bezeichnete Protease aktivieren, die durch proteolytischen Abbau des postsynaptischen Fodringerüstes Glutamatrezeptoren freigibt und mit der Erhöhung der Anzahl solcher Rezeptoren die Effektivität der synaptischen Informationsübertragung steigert (Abb. 4).

Gibt es "gnostische Einheiten"

K.S.Lashley hatte den größten Teil seines wissenschaftlichen Lebens damit verbracht, die Orte des Gehirns zu suchen, in denen die Informationen abgespeichert werden (Lashley, 1960). Allerdings schlugen seine zahllosen Versuche fehl, bei Ratten, die zuvor auf Bewältigung bestimmter Leistungen dressiert worden waren, durch Abtragung von Teilen der Großhirnrinde einen Ort für die Engramme zu finden. Der von ihm beobachtete Gedächtnisverlust war jeweils nur quantitativer Art und der entfernten Rindenfläche, gleich welcher Region, annähernd proportional. Lashley wurde dadurch zu einem überzeugten Vertreter der Äquipotenztheorie. Aus der Lasertechnik hat man hierzu passende Vorstellungen abgeleitet, denen zufolge Gedächtnisinhalte nach Art eines Hologramms konserviert seien - nämlich über jeweils große Rindenflächen verteilt (Barrett, 1970). In ähnlicher Weise ist der Informationsverlust bei einem Hologramm dem Ausmaß seiner Zerstörung proportional und nicht vom Ort des Ausfalles abhängig. Auch die hochaktuellen Spin-Gläser, mit denen sich Informationen analog zu neuronalen Netzwerken speichern und quasi assoziativ abrufen lassen (Stein, 1988), folgen diesem Äquipotenzprinzip.

Mit anderen Untersuchungstechniken aber läßt sich leicht nachweisen, daß die Großhirnrinde zumindest bei höher entwickelten Säugetieren eben doch nicht so äquipotent strukturiert ist. Eindeutig sind Projektionsareale für die verschiedenen Modalitäten, wie Sehen, Hören oder die Hautgefühle, unterscheidbar, ebenso die als motorische Repräsentationsfelder bezeichneten und ziemlich präzise lokalisierbaren Kommandozentralen für die Muskulatur. Daran grenzen Rindengebiete an, die als sekundäre oder tertiäre Projektions- oder Repräsentationsfelder bezeichnet

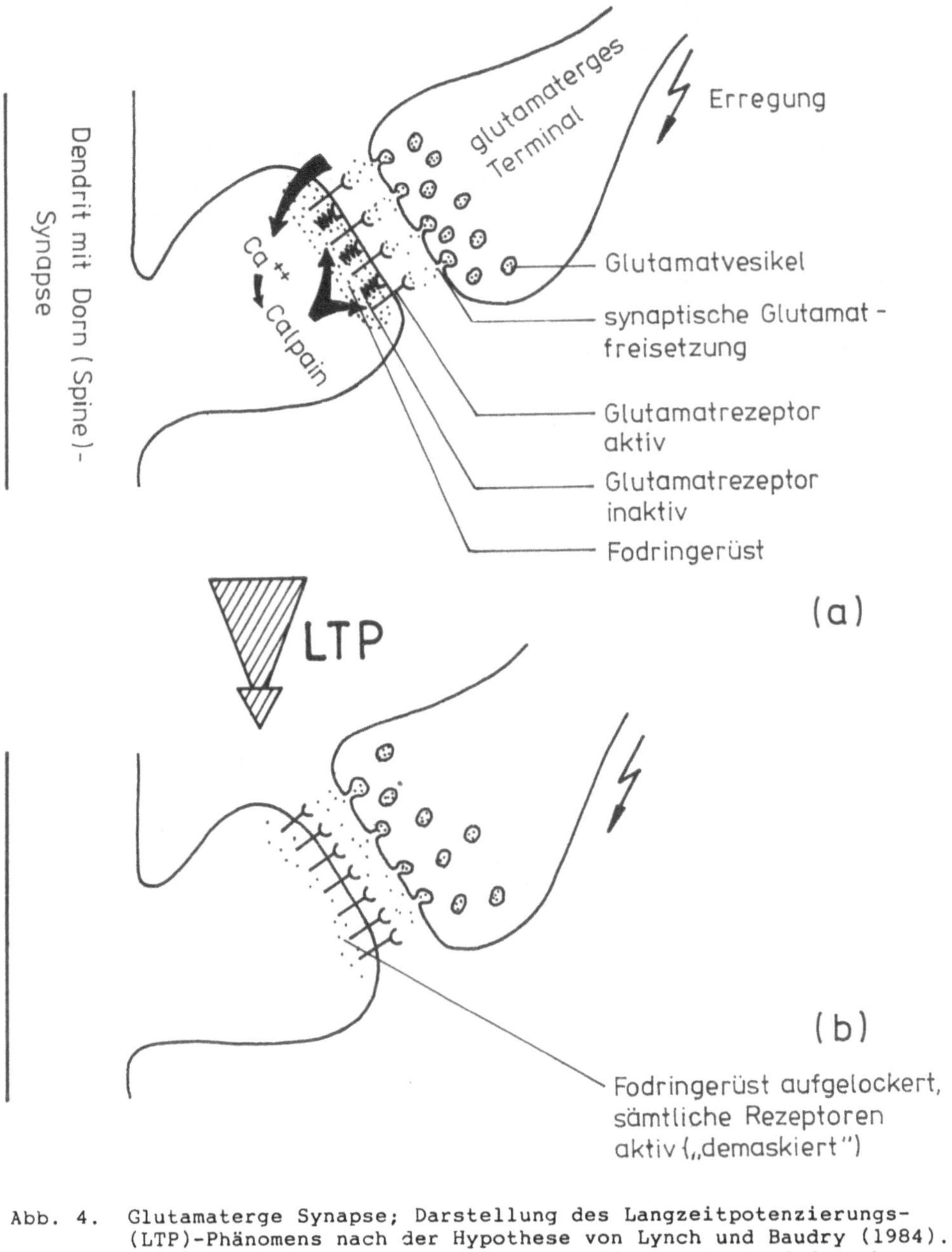

Abb. 4. Glutamaterge Synapse; Darstellung des Langzeitpotenzierungs-(LTP)-Phänomens nach der Hypothese von Lynch und Baudry (1984). a - Zustand vor der Ausbildung der LTP; b - Zustand danach. Durch teilweisen Abbau des Fodringerüstes, bedingt durch Calciumeinstrom und die dadurch aktivierte Protease Calpain, werden "maskierte" Rezeptoren freigegeben, so daß sich die Anzahl aktiver Glutamat-Rezeptoren bei LTP insgesamt erhöht. Der Einstrom von Calciumionen in die Zelle erfolgt über Ionenkanäle, die mit dem Glutamatrezeptor (Subtyp NMDA-Rezeptor) direkt gekoppelt sind und erst bei erhöhter synaptischer Aktivität (verstärkte Freisetzung des Transmitters Glutamat) geöffnet werden.

werden und die sehr viel stärker integrativ arbeiten als die ersteren, die primären Rindenareale (z.B. Creutzfeldt, 1983). Je größer die Entfernung zum jeweiligen primären Rindengebiet ist, um so komplexer ist die hier erarbeitete und so eben auch die hier gespeicherte bzw. abrufbare Information. Während bei Reizungen der primären Sehrinde (wie sie während einer Hirnoperation am vollbewußten menschlichen Patienten ohne zusätzliches Risiko vorgenommen werden können) lediglich "Sternchen", Lichtblitze, eventuell auch Kreise oder Dreiecke "gesehen" werden, berichten die Patienten bei Stimulierung von Rindenarealen höherer Ordnung, komplette Bilder und Szenen nach Art von Halluzinationen oder eben Erinnerungen wahrzunehmen (Halgren, 1982; Fried und Mitarb., 1982).

Konorski (1967) nun vermutet, daß sich die sekundären und tertiären Projektionsgebiete aus "gnostischen Einheiten" zusammensetzen, in denen die aus den primären Arealen stammenden Sinnesinformationen integriert und, im Falle des visuellen Systems, als mehr oder weniger komplette Abbildeinheiten gespeichert werden. Tatsächlich läßt sich ja feststellen, daß von solchen Orten aus bei punktueller Reizung umfassende Bilder abgerufen werden können.

Zum Konzept der "gnostischen Einheiten" passen recht gut die Beobachtungen über spezifische Formen von Wahrnehmunsstörungen, für die Sigmund Freud den Ausdruck "Agnosien" geprägt hat. So können Menschen mit Funktionsausfällen im unteren Schläfenlappen, einem tertiären visuellen Areal, trotz erhalten gebliebenen Sehvermögens z.B. Gesichter nicht mehr wiedererkennen, ein als Prosopagnosie bezeichnetes Phänomen. Selbst das eigene Spiegelbild soll dann Schwierigkeiten machen. Wie spezifisch ein solcher Verlust sein kann, wird damit belegt, daß im Falle der Prosopagnosie persönliche Gegenstände, ein Kamm oder die Brieftasche z.B., noch immer als solche erkannt und von jenen unterschieden werden, die anderen Personen gehören. Perret und Mitarb. (1987) zitieren einen Fall, in dem ein Farmer zwar noch seine Freunde erkannte, aber nicht mehr seine Kühe unterscheiden konnte. Umgekehrt vermochte ein anderer Patient aus dem gleichen Milieu seine Kühe, aber nicht mehr seine Freunde wiederzuerkennen!

Um das zugrunde liegende Substrat genauer zu analysieren, arbeiteten die genannten Autoren mit Affen, bei denen sie mittels feiner Elektroden die elektrische Aktivität einzelner Nervenzellen aus dem Temporallappen (in diesem Fall der Bereich des Sulcus temporalis superior) ableiteten. Sie fanden Neuronen, die bei Darbietung eines vollständigen menschlichen Gesichtes mit einer Serie von Impulsen antworteten, unabhängig von dem jeweiligen Blickwinkel, unter dem das Gesicht gezeigt wurde. Andere Neuronen reagierten bevorzugt bei Gewahrwerden einzelner Teile des Gesichtes, der Mundregion, der Augen, des Haaransatzes usw. Manche Nervenzellen gar sprachen auf individuelle Gesichter an und antworteten deutlich schwächer, wenn das Gesicht eines anderen Menschen dargeboten wurde (Abb. 5). Dabei spielte es nur eine untergeordnete Rolle, ob das jeweils bevorzugte Gesicht bei gesenktem oder erhobenem Kopf zu sehen bzw. groß oder klein abgebildet war oder welcher mimischer Ausdruck gewählt wurde. Andere Neuronen wieder unterschieden nicht zwischen individuellen Gesichtern, reagierten aber jeweils auf einen bestimmten mimischen Ausdruck (z.B. auf alarmierend aufgerissene Augen) oder auf einen bestimmten Augenschnitt.

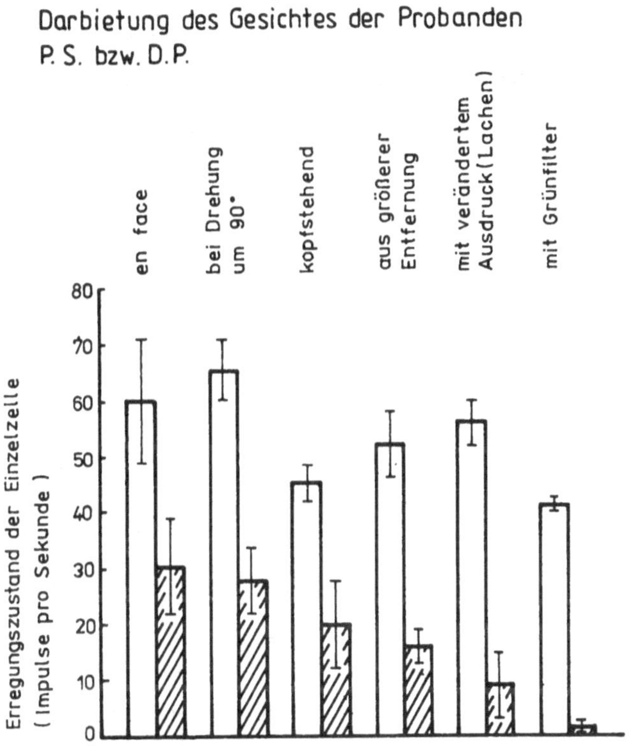

Abb. 5. Aktivität einer einzelnen Nervenzelle im Schläfenlappen eines Affen bei Wiedererkennung von menschlichen Gesichtern. Die hellen Säulen demonstrieren das Antwortverhalten der Nervenzelle MO 55 bei Darbietung des Gesichtes vom Probanden P.S., die schraffierten die Reaktion auf das Gesicht von D.P. Ganz gleich, in welcher Weise das Versuchstier das Gesicht der beiden Personen präsentiert bekommt, stets antwortet die Zelle bei Wahrnehmung des Gesichtes von D.P. mit deutlich höherer Aktivität. Nach Perret und Mitarb. (1987).

Es erscheint naheliegend, daß die spezifische Reaktionsweise assoziierender Neuronen mit der Speicherung entsprechender Informationen direkt im Zusammenhang steht, ebenso mit dem Vorgang des Wiedererkennens. Ob aber einzelne Zellen tatsächlich als "gnostic units", z.B. als "person recognition units", oder eben nur als Teil einer funktionell spezifizierten Zellpopulation aufzufassen sind, ist derzeit nicht entscheidbar. Um eine "Anatomie des Gedächtnisses" vorlegen zu können, müssen demnach noch ganz elementare Fragen geklärt werden.

Literatur

[1] Bailey, C.H. and M. Chen: Morphological basis of long-term habituation and sensitization in Aplysia. Science 220 (1983), 91 - 93.

[2] Barrett, T.W.: Holography, information theory and the cerebral cortex. Math. Biosci. 9 (1970), 49 - 60.

[3] Bliss, T.V.P. and T. Lømo: Long-lasting potentiation of synaptic transmission in the dentate area of the anesthetized rabbit following stimulation of the perforant path. J. Physiol. (London) 232 (1973), 331 - 356.

[4] Castellucci, V.F., T.J. Carew and E.R. Kandel: Cellular analysis of long-term habituation of the gill-withdrawal reflex of Aplysia californica. Science 202 (1978), 1306 - 1308.

[5] Changeux, J.-P. and M. Konishi (Eds.): The Neural and Molecular Bases of Learning. Wiley and Sons, New York 1987.

[6] Creutzfeldt, O.: Cortex cerebri. Leistung, strukturelle und funktionelle Organisation der Hirnrinde. Springer, Berlin etc. 1983.

[7] Doane, B.K. and K.E. Livingston (Eds.): The Limbic System: Functional Organization and Clinical Disorders. Raven Press, New York 1986.

[8] Dunwiddie, T.V. and G. Lynch: The relationship between extracellular calcium concentrations and the induction of hippocampal long-term potentiation. Brain Res. (1979), 103 - 110.

[9] Freed, I., C. Mateer, G. Ojemann, R. Wohns, and P. Fedio: Organization of visuospatial functions in human cortex. Brain 105 (1982), 349 - 371.

[10] Greenberg, S.M., V.F. Castellucci, H. Bayley, and J.H. Schwartz: A molecular mechanism for long-term sensitization in Aplysia. Nature 329 (1987), 62 - 65.

[11] Greengard, P.: Protein phosphorylation and neuronal function. In: Fidia Research Foundation Neuroscience Award Lectures, vol 1. Liviana Editrice, Padova 1987, pp. 52 - 100.

[12] Greenough, W.T. and C.H. Bailey: The anatomy of a memory: convergence of results across a diversity of tests. Trends Neurosci. 11 (1988), 142 - 147.

[13] Gustafsson, B. and H. Wigström: Physiological mechanisms underlying long-term potentiation. Trends Neurosci. 11 (1988), 156 - 162.

[14] Halgren, E.: Mental phenomena induced by stimulation in the limbic system. Hum. Neurobiol. 1 (1982), 251 - 260.

[15] Hebb, D.O.: The Organization of Behavior. Wiley and Sons, New York 1949.

[16] Isaacson, R.L.: The Limbic System. 2nd ed. Plenum Press, New York, London 1982.

[17] Kandel, E.R., S. Schacher, V.F. Castellucci, and P. Goelet: The long and short of memory in Aplysia: A molecular perspective. In: Fidia Research Foundation Neuroscience Award Lectures, vol. 1. Liviana Editrice, Padova 1987, pp. 7 - 47.

[18] Konorski, J.: Integrative Activity of the Brain: An Interdisciplinary Approach. Chicago Univ. Press, Chicago 1967.

[19] Lashley, K.S.: In search of the engram. In: F.A. Beach, D.O. Hebb, C.T. Morgan, and H.W. Nissen (Eds.): The Neuropsychology of Lashley.

McGraw-Hill, New York 1960, pp. 478 - 505.
[20] Lynch, G. and M. Baudry: The biochemistry of memory: A new and specific hypothesis. Science 224 (1984), 1057 - 1063.
[21] Matthies, H. (Ed.): Learning and Memory, Mechanisms of Information Storage in the Nervous System. Pergamon, Oxford etc. 1986.
[22] Matthies, H.: Neurobiological aspects of learning and memory. Ann. Rev. Psychol. 40 (1989), 381 - 404.
[23] Montarolo, P.G., P. Goelet, V.F. Castellucci, J. Morgan, E.R. Kandel, and S. Schacher: A critical time period for macromolecular synthesis in long-term heterosynaptic facilitation in Aplysia. Science 234 (1986), 1249 - 1254.
[24] Perret, D.I., A.J. Mistlin, and A.J. Chitty: Visuell neurons responsive to faces. Trends Neurosci. 10 (1987), 358 - 364.
[25] Ramon y Cajal, S.: Histologie du Systéme Nerveux de l'Homme et des Vertébrés. Maloine, Paris 1911.
[26] Rayport, S.G. and S. Schacher: Synaptic plasticity in vitro: Cell culture of identified Aplysia neurons mediating short-term habituation and sensitization. J. Neurosci. 6 (1986), 759 - 763.
[27] Rittenhouse, A.R., M.A. Schwarzschild and R.E. Zigmond: Both synaptic and antidromic stimulation of neurons in the rat superior cervical ganglion acutely increase tyrosine hydroxylase activities. Neurosci. 15 (1988), 207 - 215.
[28] Sherrington, C.S.: Man on his Nature. Cambridge Univ. Press, London 1940.
[29] Squire, L.R.: Mechanisms of memory. Science 232 (1986), 1612 - 1619.
[30] Stein, D.L. (Ed.): Spin Glasses and Biology. World Scient. Publ., Teaneck (N.J.) 1988.
[31] Wolf, G.: Das Gehirn. Wege zum Begreifen. Akademie-Verlag, Berlin (im Druck).
[32] Wolf, G., K. Richter, W. Schmidt, G. Svenneby, and J. Storm-Mathisen: Glutaminase in the postnatally developing rat cerebellum: Comparison of staining and immunocytochemistry activity. Neurochem. Res.14 (1989), 583 - 588.

EVOLUTIONSFAKTOREN UND LERNEN

A. Ermisch und J. Heß[1)]

Im folgenden stellen wir Hypothesen vor, die durch einige eigene Untersuchungen zur Kommunikation zwischen Zellen ausgelöst wurden, aber auch in Bereiche führen, die wir nicht experimentell verfolgen. Die vorzustellenden Probleme werden diskutiert, d. h., weder was die eigenen Arbeiten, noch die weiteren Verallgemeinerungen betrifft, gelöst.

Definitionen und Modelle

Evolution ist in der Biologie der Naturvorgang, der der Entstehung von Arten zugrunde liegt. Artbildung führt zur Diversifikation und kann Progression einschließen. Als Faktoren der Evolution gelten Größen, die die Hardy-Weinberg-Verteilung stören, d. h., den Genpool einer Population ändern. Zu diesen Faktoren gehören Mutation und Selektion.

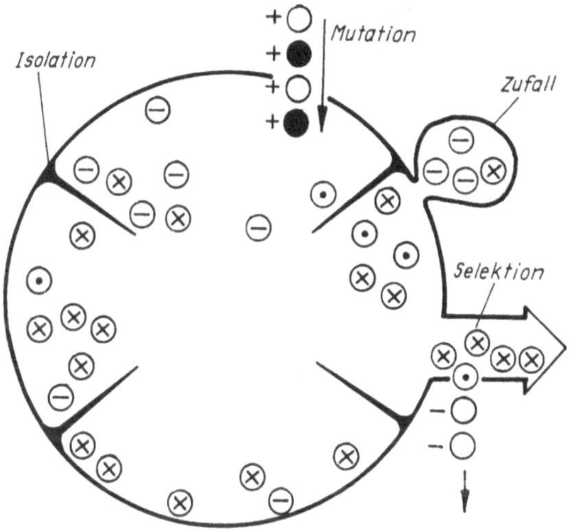

Abb. 1. Evolutionsfaktoren und Genpool. Die Symbole stehen für verschiedene Allelkombinationen (Genotypen), deren Häufigkeit im Genpool durch Evolutionsfaktoren geändert werden kann. Mutationen bringen neue Genotypen in den Genpool, die Selektion begünstigt die präadaptierten und liest negative Genotypen aus. Isolation verhindert die Panmixie. Durch Zufallsereignisse (genetische Drift, Gründerprinzip) können Genotypen angereichert werden.

1) Prof. Dr. A. Ermisch, Dr. J. Heß: Sektion Biowissenschaften der Karl-Marx-Universität, Bereich Zellbiologie und Regulation, Talstraße 33, 7010 Leipzig

Für "Lernen" gibt es zahlreiche Definitionen. Wir definieren Lernen als den Vorgang, der zur Bewertung von Ereignissen mit Speicherung führt. Die Definition setzt Erklärungen voraus. "Ereignis" ist ein unbekannter Vorgang oder Tatbestand in der Umgebung eines lebenden Systems, z. B. einer Zelle oder auch eines mehrzelligen Organismus. "Bewertung" schließt 2 Vorgänge ein, nämlich "Erkennen" und "Zuordnung von Bedeutung für die weitere Existenz des Organismus", im Extrem "für das Überleben förderlich" oder "bedrohlich". Die Zuordnung von Bedeutung führt zu einer Reaktion, durch die der Organismus überleben kann. Schließlich meint "Speicherung": Erneuter Kontakt des Organismus mit dem Ereignis führt zum erneuten, gleichen Erkennen und gleicher Zuordnung von Bedeutung, d. h. zu gleicher Reaktion. Lernen im vorgestellten Sinne vollzieht sich auf der Ebene einzelner Zellen ebenso wie auf der Ebene ganzer Organismen, von den Protisten bis zu unserer Art.

Lernen im vorgestellten Sinne kann nach den Prinzipien der Informationstheorie beschrieben werden. In einer etablierten Kommunikationskette (Abb. 2) setzt ein Sender etwas frei, was für den Empfänger ein Signal darstellt. Der Empfänger "erkennt" (empfängt) das Signal und er reagiert. Das Signal hat für ihn Bedeutung. Die Reaktion sichert Überleben. Etablierte Kommunikationsketten bestehen in Form von angeborenen Reaktionen auf der Ebene von Organismen. Auf molekularer Ebene sind die Glieder Signal-Empfänger als Ligand-Rezeptor-Beziehungen darstellbar. Was im Körper von Organismen als Reaktionen von Zellen geschieht, läßt sich vielfach auf etablierte, d. h. genetisch festgelegte Kommunikationsketten zurückführen. Die Kommunikation zwischen Zellen, wie sie sich im Hormonsystem oder Nervensystem primär vorstellt, beruht auf solchen etablierten Kommunikationsketten.

Lernen hingegen ist für uns die Etablierung einer neuen Kommunikationskette. Lernen erfolgt durch zelluläre Leistungen, durch zelluläre Reaktionen. Das Kernproblem beim Lernen als zellulärer Reaktion besteht somit darin, wie (1) für eine Zelle ein Ereignis zu einem Signal wird, und wie (2) die Reaktion der Zelle auf das zum Ereignis gewordene Signal konserviert, also immer in etwa gleicher Weise ablaufend realisiert werden kann. Es gibt verschiedene Modelle, um die Geschehnisse beim Lernen zu erklären.

Die Kommunikation zwischen Neuronen beginnt mit der Freisetzung von chemischen Signalen, Transmittermolekülen, aus der Endigung einer oder mehrerer Nervenzellen und ihrer Bindung an Rezeptoren einer anderen Nervenzelle. Dies geschieht in Kontaktbereichen zwischen Nervenzellen, den Synapsen. Lernen kann nicht ohne Veränderungen von Vorgängen im

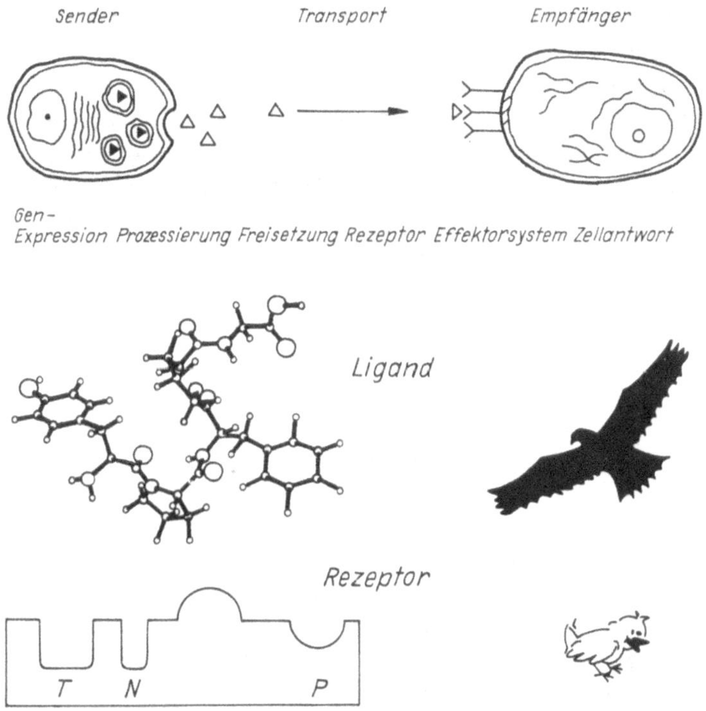

Abb. 2. Kommunikationsketten. Oben: Eine Zelle als Sender eines chemischen Signales (Dreiecke). Die Bildung des Signales erfolgt nach Expression des betreffenden Genes. Es folgen Reifungsprozesse (Prozessierung) der primären Genprodukte und die Verpackung des chemischen Signales in Vesikel sowie schließlich die Freisetzung des Signales in die Flüssigkeitsumgebung der Zelle. Von dort kann ein Transport zu anderen Zellen, Empfängern, erfolgen. Als Transportweg kommen insbesondere der Blutstrom für Hormone oder der synaptische Spalt für Transmitter in Frage. Jene Moleküle am Empfänger, die das chemische Signal (Ligand) binden und eine Zellantwort induzieren, heißen Rezeptoren. Im vorliegenden Beispiel sind die Rezeptoren Moleküle der äußeren Seite der Zellmembran. Ihnen ist ein ebenfalls in der Zellmembran gelegenes Effektorsystem nachgeordnet, welches eine Kaskade von chemischen Reaktionen einleitet die als Zellantwort zusammengefaßt werden. Unten: Beispiele für Liganden und Rezeptoren. Auf der linken Seite die Struktur eines Peptidmoleküls (ß-Casomorphin-5) und gedachte paßfähige Bereiche des zugehörigen Rezeptors (µ-Rezeptor). Nebenstehend wird ein Greifvogel als Ligand für ein Kücken aufgefaßt. Die Gestalt des Greifvogels "paßt" in ein visuelles Raster des Kückens. Durch diesen Ligand-Rezeptorkontakt werden Effektorsysteme aktiviert, letztlich erfolgt als Antwort des Organismus eine Abduckreaktion des Kückens.

synaptischen Bereich erklärt werden. Vielfach wird angenommen, daß dauerhafte Änderungen in den Kontaktbereichen von Nervenzellen stattfinden. Gestützt werden solche Hypothesen durch Untersuchungen, die über morphologische Änderungen bei Lernvorgängen berichten, z. B., daß die Anzahl und die Größe von Synapsen in bestimmten Arealen des Gehirnes steigt (Zusammenfassung vgl. Byrne 1987, Petit and Markus 1987). Auch hat sich bei Untersuchungen von Lernleistungen bei der Meeresschnecke Aplysia gezeigt, daß die Habituation des Siphonrückziehreflexes auf verminderte Transmitterfreisetzung im Kontaktbereich von sensorischen und motorischen Neuronen zurückführbar ist (Kandel et al. 1987).

Eine Anzahl weiterer, in den Einzelheiten verschiedener Lernmodelle, bezieht ein durch Bliss und Lomo (1973) entdecktes Phänomen ein, die "long term potentiation" (LTP). LTP, eine lang anhaltende Steigerung in der Effektivität der synaptischen Transmission (Kennedy 1988, Brown et al. 1988) läßt sich durch kurzzeitige, hochfrequente Stimulation von Nervenfasern (präsynaptischen Regionen) in bestimmten Hirnregionen auslösen, z. B. im Hippocampus. Man kann annehmen, daß LTP auch durch Ereignisse in der Umgebung von Organismen auslösbar ist. Die zentralen Geschehnisse bei LTP sind eine Freisetzung von Liganden (Transmittern) für Rezeptoren an der postsynaptischen Membran und deren Folgen. Die Folgen bestehen in der Öffnung von Ionenkanälen in der postsynaptischen Membran, wodurch excitatorische postsynaptische Potentiale (EPSP) entstehen. LTP bedeutet eine langzeitige, Stunden oder Tage anhaltende Zunahme von EPSP. Die EPSP wiederum ermöglichen dem postsynaptischen Neuron, Aktionspotentiale auszulösen. Was bei den anhaltenden EPSP und Aktionspotentialen im synaptischen Bereich geschieht, betrachten wir als molekulare Vorgänge, die zur Bewertung des auslösenden Ereignisses führen.

Die hier sehr summarisch geschilderten Vorgänge der LTP können in viele Einzelschritte untergliedert werden. Insgesamt werden zwei Phasen unterschieden, die Einleitung von LTP und die Erhaltung der LTP. Die Einleitung schließt wenige Sekunden ein, wenn durch tetanische Stimulation Ereignisse in der prä- aber auch in der postsynaptischen Region stattfinden. Dazu gehört die Aktivierung bestimmter excitatorischer Glutamat-Rezeptoren, der sogenannten N-methyl-D-Aspartat-Rezeptoren, an der Postsynapse. Die Erhaltung ist unter anderem charakterisiert durch eine erhöhte Freisetzung von Transmittermolekülen aus der Präsynapse und zahlreiche Änderungen in der Postsynapse. Zu letzteren könnten schließlich auch eine Variation in der Rezeptoranzahl sowie auch Beziehungen von Rezeptoren zu Elementen des Cytoskelettes zählen. LTP gilt als ein Mechanismus bei bestimmten Lernvorgängen, die man bei ganz unterschiedlichen Tiergruppen, z. B. bei Schnecken, Fischen und Säugern (Lit.: Byrne 1987), untersucht hat.

Bei allen Vorschlägen zur Erklärung von Lernmechanismen handelt es sich um eine Diskussion um molekulare Vorgänge in Kommunikationsketten. Chemisch betrachtet sind die an den molekularen Vorgängen bei der Kommunikation beteiligten Stoffgruppen vor allem Eiweiße (Proteine): Eine Anzahl von Transmittern bzw. Modulatoren sind Peptide, die Rezeptoren stellen Proteine bzw. Proteide dar. In viele Schritte der Bildung und Freisetzung von Transmittern, ebenso wie in die Folgereaktionen der Ligand-Rezeptorinteraktionen usw., sind Enzyme eingeschaltet. Proteine sind sowohl die Bausteine der Kanäle, durch die Ionenfluxe stattfinden, als auch des Cytoskelettes. Letztendlich sind direkt oder indirekt Proteine an allen molekularen Vorgängen der Kommunikation beteiligt.

Alle Änderungen, die beim Lernen geschehen, hängen von den Eigenschaften der beteiligten Eiweiße und deren Menge ab. Die Eigenschaften der Eiweiße wiederum ergeben sich weitgehend aus ihrer Primärstruktur. Die Primärstruktur ist als DNA-Basenfolge festgeschrieben. Änderungen in der Primärstruktur von Eiweißen sind daher nur durch Mutationen möglich. Die Primärstruktur von einigen Eiweißen, die in Vorgänge im synaptischen Bereich einbezogen sind, ist bekannt, so z. B. die Struktur des nikotinergen Acetylcholinrezeptors und seiner Untereinheiten (Huganir und Greengard 1987). Auch sind Variationen in der Primärstruktur von Proteinen beschrieben worden, die auf Mutationen der entsprechenden Gene zurückgehen. So kennt man Gruppen verwandter Proteine, sogenannte Proteinfamilien, deren Gene durch (u. U. mehrfache) Duplikation eines ursprünglich einzigen Gens und nachfolgende genetische Variation der neuen Vorlagen entstanden sind. Das gilt z. B. auch für die beiden muscarinergen Acetylcholinrezeptoren M_1 und M_2, den β_2-adrenergen Rezeptor sowie verschiedene Sehpigmente (Opsine): Alle diese Rezeptoren haben ein gewisses Maß an Homologien in ihrer Aminosäuresequenz, sowie übereinstimmend 7 sogenannte transmembranale α-Helices, das sind Gruppen von jeweils 20 bis 28 hydrophoben Aminosäuren, die die Zellmembran durchziehen (Dohlman et al. 1987).

Auch was die Menge der an den molekularen Vorgängen in Kommunikationsketten beteiligten Stoffe betrifft, sind letztendlich genetische Programme maßgebend. So synthetisieren z. B. Inzucht-Mäuse des Stammes Balb/c in Hippocampus und Striatum mehr Acetylcholin als ihre Vettern vom Stamm C57B1/6 und unterscheiden sich auch noch in anderen Parametern ihres zentralnervalen cholinergen Systems genetisch von jenen (Durkin et al. 1982). Die Ursachen für solche Unterschiede sind unbekannt. Zum Beispiel wäre daran zu denken, daß die für die Synthese der jeweiligen Verbindungen zuständigen Gene bei den verschiedenen Tieren unterschiedlich oft abgelesen (exprimiert) werden könnten. Von Prokaryonten (bei denen die Kontrollmechanismen viel besser entschlüsselt sind, als bei Eukaryonten) sind Mutanten bekannt, die sich in der Basensequenz bestimmter regulatorischer DNA-Abschnitte unterscheiden, z. B. in einem Operator-Bereich. Dadurch kommt es zu unterschiedlicher Genexpression, und die Syntheserate für die entsprechenden Produkte variiert.

Schließlich können auch genetische Defekte die Konzentration chemischer Signale in Kommunikationsketten ändern. Beispielsweise wird im Gehirn homozygoter Brattleboro-Ratten ein bestimmtes Neuropeptid, das Vasopressin, nicht synthetisiert. Als primäre Ursache wurde eine Basendeletion im Vasopressin-Gen ermittelt (Richter 1987). Vasopressin hat Eigenschaften eines Neurotransmitters (Buijs 1987, Joëls 1987). Es sind Daten vorgelegt worden, nach denen Brattleboro-Ratten in bestimmten, wenngleich nicht in allen Lernexperimenten schlechter abschneiden als vergleichsweise untersuchte Kontrolltiere (Übersicht bei Gash et al. 1987).

So kommen wir zusammenfassend zu der Folgerung, daß sowohl die Eigenschaften als auch die Menge der Moleküle in Kommunikationsketten durch genetische Programme bestimmt werden. Programmänderungen durch Mutationen verändern solche Kommunikationsketten und damit auch die Lernfähigkeit.

Lernleistungen und mutativ entstandene Differenzen

Die Lernfähigkeit kann gegenwärtig nicht von den genetischen Grundlagen her aufgearbeitet werden. Beispielsweise können wir nicht Bewerber für ein Biologiestudium auf Grund von Analysen über die Gene, die in Lernfähigkeiten eingeschaltet sind, immatrikulieren oder ablehnen. Das ist aus vielerlei Gründen auch gut so. Wollen wir Lernfähigkeiten beurteilen, messen wir das Endergebnis der genetischen Grundlagen, nämlich die realisierten Leistungen unter möglichst standardisierten Bedingungen. Solche Aufgabenstellungen bereiten methodische Schwierigkeiten, die dann, wenn es darum geht, die Lernfähigkeiten von stark differierenden Arten vergleichend zu betrachten, sagen wir Lernfähigkeiten von Fischarten gegenüber denen von Säugerarten, sehr schwer lösbar sind. Beim innerartlichen (intraspezifischen) Vergleich von Lernleistungen verringern sich die Probleme. Sind Lernfähigkeiten genetisch bedingt, wird man zweierlei erwarten: (1) die individuelle Lernfähigkeit variiert, (2) es kann auf Lernleistungen gezüchtet werden. Um Lernleistungen von Tieren oder von Vertretern unserer Art messen zu können, sind zahlreiche Tests entwickelt worden, alle mit bestimmten Vorzügen, keiner ohne Nachteile. Leistungen von Ratten beispielsweise können mit einer sogenannten fußreizmotivierten Hell-Dunkel-Diskriminierung in einer Y-Kammer getestet werden (Abb. 3, Inset).

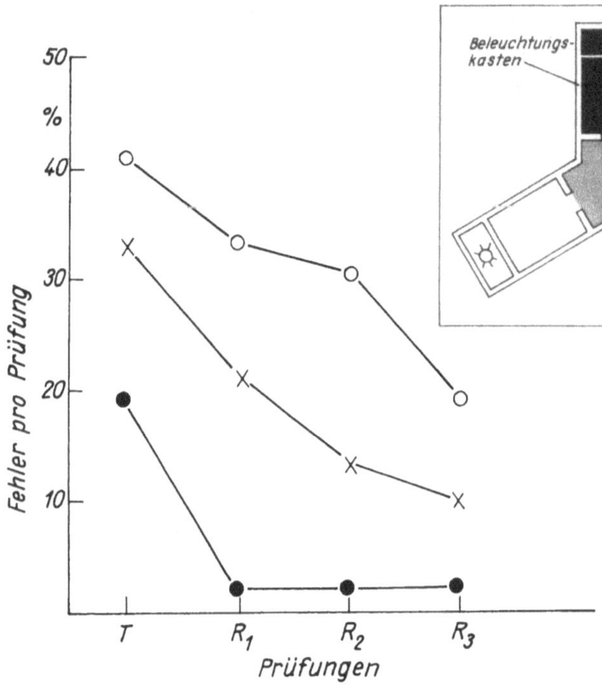

Abb. 3. Prozentuale Fehlerraten von Ratten bei 4 Lerntests (Training T und 3 Wiederholungen R1...R3 an den Folgetagen) in einer Y-Kammer (Inset).
-x- Mittelwert der gesamten Stichprobe (n=55)
-o- Mittelwert der schlechtesten Tiere (n=5)
-●- Mittelwert der besten Tiere (n=5)

Bei diesem Test wird das Versuchstier durch einen milden elektrischen Fußreiz veranlaßt, seine Startbox zu verlassen. Eine der beiden möglichen Zielboxen ist straffrei, sie wird 1 s vor dem Fußreiz durch ein optisches Signal angezeigt. Wird diese erleuchtete Zielbox innerhalb einer vorgegebenen Zeit auf direktem Wege aufgesucht, gilt der Lauf als richtig, anderenfalls als Fehler. Der jeweilige neue Aufenthaltsort des Tieres wird danach zur Startbox usw. Den Lernerfolg beurteilt man anhand der Fehlerrate bei Wiederholungen des Tests an den Folgetagen. Es entstehen Lernkurven, die zwischen einzelnen Tieren z. T. drastisch differieren (Abb. 3): Bestimmte Versuchstiere sind offenbar "begabter" als andere, dem unangenehmen Fußreiz zu entgehen. Wenn man nun Tiere der jeweils extremen Leistungsgruppen untereinander verpaart, kann man versuchen, auf unterschiedliche Lernleistungen (zumindest für diesen Test) zu züchten.

In unseren Experimenten machten die Tiere einer als Elterngeneration verwendeten, unausgelesenen Population von Wistar-Ratten bei 44 Tests im Mittel 16.5 Fehler. Das war vor etwa 4 Jahren. Inzwischen, nach der 10. Generation, beträgt die mittlere Fehlerrate der auf gute Leistungen selektierten Versuchstiere 10.6, die der "schlechten" Tiere dagegen 22.6 und damit mehr als das Doppelte der "guten" Tiere (Abb. 4).

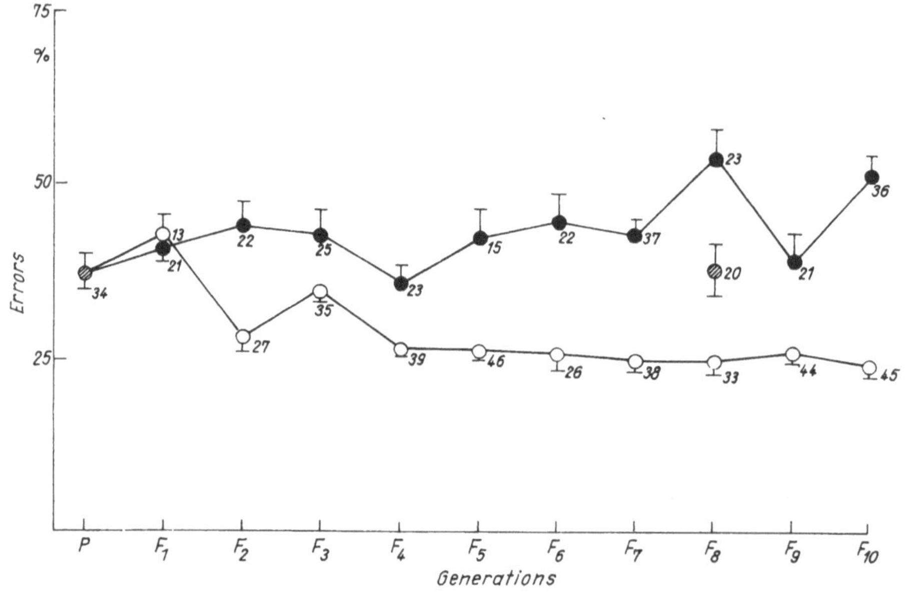

Abb. 4. Entwicklung der prozentualen Fehlerraten (Mittelwerte +/- SEM für die angegebenen Tierzahlen) in 2 Rattengruppen, die auf gute (-o-) bzw. schlechte (-•-) Lernleistungen in einer Y-Kammer selektiert wurden. Die Unterschiede zwischen den Gruppen sind ab der Generation F4 mit $p < 0.001$ statistisch signifikant.
-ϕ- unselektierte Tiere

Unterschiede zwischen Männchen und Weibchen konnten nicht beobachtet werden. Die Differenzen zwischen den beiden Zuchtgruppen sind schon seit über 2 Jahren statistisch signifikant, während gleichzeitig getestete, unselektierte Tiere immer noch etwa die gleiche Fehlerrate aufweisen wie die ehemalige Elterngeneration (Abb. 4). Interessant ist auch ein Blick auf den Anteil "begabter" Tiere in den beiden Zuchtgruppen (Abb. 5).

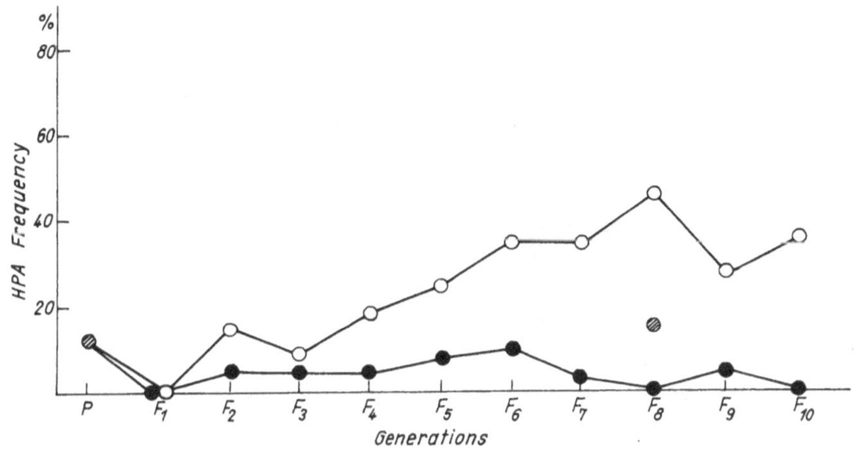

Abb. 5. Anteil "begabter" Tiere (high performance animals, HPA) in den beiden Zuchtgruppen von Abb. 4. Als HPA galten Tiere, die (bei 44 Tests) weniger als 20 % Fehler machten.

Als "begabt" wurden Tiere bezeichnet, die (bei 44 Tests) höchstens 20 % Fehler machten. Ihr Anteil nahm in der Gruppe der "guten" Tiere erwartungsgemäß zu, während er bei den "schlechten" Tieren gegen Null geht (Abb. 5). Genau umgekehrt verhält es sich mit dem Anteil "unbegabter" Tiere in den beiden Gruppen.

Die Ursachen für diese Unterschiede sind offenbar genetisch verankert, auch wenn wir über sie fast nichts wissen. Möglicherweise spielen Informationsverarbeitungsgeschwindigkeiten eine Rolle, da die "guten" Tiere nicht nur signifikant besser, sondern auch schneller reagieren als ihre "schlechten" Vettern: Die individuellen Fehlerraten korrelieren positiv mit den jeweiligen Reaktionszeiten, d. h. der Zeit zwischen dem optischen Signal und dem Verlassen der Startbox. Manche Tiere, fast ausschließlich solche der "schlechten" Gruppe, bleiben sogar trotz des unangenehmen Fußreizes die ganze Zeit in ihrer Startbox sitzen. In ähnlichen Untersuchungen mit einem anderen Lerntest (der sogenannten "shuttle box") hat man ein solches "freezing behavior" der Tiere, d. h. die Unfähigkeit zu einer angemessenen Meide- oder Fluchtreaktion (Fleming und Broadhurst 1975), u. a. mit genetisch bedingten Unterschieden in der emotionalen Bewertung des Strafreizes in Verbindung gebracht (Driscoll und Baettig 1982, Driscoll 1986). Daran wiederum sind anscheinend bestimmte mesocorticale dopaminerge Neuronen beteiligt, die sich in ihrem Transmitter-Metabolismus unterscheiden (D'Angio et al. 1988). Ob diese (oder welche anderen) Kommunikationskette(n) mit welchen Signalen, Rezeptortypen, -anzahlen, -mustern, Effektorsystemen usw. für die Unterschiede zwischen den Tieren unserer Zuchtgruppen verantwortlich sind, ist im Moment völlig offen.

Auffällig ist allerdings, daß "gute" und "schlechte" Lerner in bestimmten Bereichen des limbischen Systems unterschiedliche Mengen an Vasopressin (und Oxytocin, auf das hier nicht weiter eingegangen werden soll) besitzen, vermutlich weil in diese Areale unterschiedlich viele vasopressin-haltige Nervenfasern einstrahlen (Ermisch et al. 1986 a,b). Beziehungen zumindest von Abschnitten des limbischen Systems, wie der Hippocampusformation oder des Septums, zu Lern- und Gedächtnisleistungen gelten als sicher. Daß das Neuropeptid Vasopressin nicht nur zur Neurohypophyse transportiert wird, um dort in den Blutstrom entlassen zu werden, sondern über sogenannte exohypothalamische Fasern (Sterba 1974) auch in solche limbische Areale und dort bis in synaptische, v.a. axodendritische Kontakte zu anderen Neuronen gelangt, ist bekannt (Buijs et al. 1980, 1987). Aus solchen Fasern kann das Peptid auch in vivo freigesetzt werden (Landgraf et al. 1988), und zwar unter Bedingungen, die eine Funktion als Neurotransmitter nahelegen (Buijs 1987). Da außerdem verschiedene limbische (und andere) Neuronenpopulationen offenbar auch Rezeptoren für Vasopressin besitzen (Joël 1987, Smock et al. 1987, Dantzer et al. 1988), scheint eine wie auch immer geartete Beteiligung des Peptids an Lern- und Gedächtnisprozessen prinzipiell möglich zu sein.

Folgt man dieser Hypothese, dann könnten die unterschiedlichen Lernleistungen unserer beiden Rattengruppen letztendlich auch von denjenigen Genen abhängen, die für das Auswachsen vasopressin-haltiger Neuronen und die zugehörige(n) Kommunikationskette(n) verantwortlich sind. Ob sich diese Annahme allerdings beweisen läßt, bleibt abzuwarten.

Wie auch immer, bezogen auf das gesamte genetische Material sollten die genetischen Unterschiede zwischen den Linien mit extremen Lerndifferenzen aber relativ klein, sozusagen minimal sein. Dies würde vermutlich gleichzeitig auch bedeuten, daß man solche geringen Differenzen im Molekularen nur schwer aufdecken kann.

Vergleiche von Lernfähigkeiten und Lernleistungen zwischen Arten, also interspezifische Vergleiche, sind schwierig. Intuitiv geht wohl jedermann davon aus, daß wir mehr lernen können als Paramecien, Ameisen oder Ratten. Es ist allerdings problematisch, solche Differenzen zu messen und mit Zahlen zu belegen. Das hat zahlreiche Ursachen. Eine der wichtigsten besteht darin, daß die Voraussetzungen für vergleichbare Leistungen, die Prädispositionen, beachtet werden müssen. Zu den Prädispositionen wären u. a. anatomische und physiologische Voraussetzungen zu zählen, z. B. in Form unterschiedlicher Sinnesleistungen. Blinde Tiere, etwa Grottenolme, haben keine Voraussetzungen, um "Bilder" aufzunehmen. Hunde erinnern sich an Duftmarken, z. B. an eine Hasenspur, wir riechen sie nicht einmal. Interessant ist auch, daß die Bemühungen, Schimpansen beizubringen mit menschlicher Wortsprache umzugehen, nur für "mama", "papa" und "cup" gelangen. Daraus wird man kaum schließen, daß die Lernfähigkeit bei Schimpansen im Vergleich zu unserer Art nur ein Promille oder sogar nur ein Zehntel davon beträgt, falls man von der Gegebenheit ausgeht, daß der sogenannte "Mann auf der Straße" gegen 2-3 tausend Worte, Schriftsteller hingegen bis zum 10fachen verwenden. Dies wird schon bezüglich der Symbol- (z. B. Taubstummen-)Sprachen deutlich, von denen Menschenaffen immerhin einige hundert Zeichen erlernen können.

Weil die Anzahl vergleichender und vergleichbarer Untersuchungen sehr klein ist, besteht eine stille Vereinbarung, Lernleistungen und Speicherkapazitäten durch Beziehungen von Hirn- zu Körpermassen, sogenannte Encephalisationsindices, auszudrücken oder mit Hilfe von Progressionsindices auf die Leistungskapazität ausgewählter Hirnabschnitte zu schließen. Es ist hier nicht möglich, Einwände und Ausnahmen vorzustellen. Dennoch sei gesagt, daß die allermeisten Tierarten diesbezüglich überhaupt nicht untersucht sind, z. B. die Insekten. Von Physikern (Sagan 1978, Ebeling und Feistel 1982) sind die Größenordnungen der Kapazitäten des Lernspeichers aus Encephalisationsindices geschätzt worden. Nach solchen Darstellungen beträgt dann die Informationskapazität bei Säugern etwa 10^{11}, bei unserer Art gegen 10^{13} bit. Das sind interessante, wenngleich natürlich problematische Zahlenangaben. Neben den Encephalisations- bzw. Progressionsindices wertet man auch die Neuronen- bzw. Faseranzahlen in bestimmten, hier insbesondere neokortikalen Regionen und die Anzahl und Art der synaptischen Verbindungen als einen Hinweis auf Lernfähigkeiten und Speicherkapazitäten. Die mittleren Hirnmassen bei Schimpansen und Homo differieren um den Faktor 3, die Encephalisationsindices um den Faktor 2.5. Dabei ist zu beachten, daß die prozentual größten Differenzen bestimmte neokortikale Anteile betreffen, während eine phylogenetische Größenzunahme von Stammhirnanteilen geringfügig ist. Über Differenzen in Details der neuronalen Organisation kortikaler Hirngebiete von Schimpansen und Menschen ist wenig bekannt. Was die unterschiedlichen Hirnmassen beider Arten betrifft, so werden diese aber nicht auf verschiedene Massen der beteiligten Neuronen, sondern auf unterschiedliche Anzahlen von Neuronen mit im Prinzip gleichen Massen zurückführbar sein.

Wir haben bisher zwei Aussagen bezüglich der interspezifischen Differenzen von Lernleistungen vorgestellt. Zum einen bestehen interspezifische Differenzen in den Prädispositionen, etwas Bestimmtes zu lernen. Beispielsweise lernen Schimpansen sicherlich schneller, in einem Gewirr von Ästen zu hangeln als wir. Zum anderen bestehen jedoch interspezifische Differenzen in der Gesamtspeicherkapazität. Beispielsweise kann keine Art insgesamt soviele Zeichen speichern wie unsere. Die interspezifischen Differenzen in den Prädispositionen können wir bisher überhaupt nicht in irgendwelchen Faktoren ausdrücken. Die Differenzen des zweiten Typus betragen mit hoher Wahrscheinlichkeit mehrere, zwischen Schimpansen und uns wohl wenigstens eine Zehnerpotenz. Beide Typen von Differenzen sind genetisch begründet, es sind Artmerkmale.

Man weiß wenig über die tatsächlichen genetischen Differenzen. Artvergleiche auf der DNA-Ebene sind ärmlich. Bisher wurden gegen 20 Millionen Nukleotide von einigen hundert Arten sequentiert, die meisten bei unserer Art und verschiedenen Mikroben (De Lisi 1988). Vergleiche zwischen Menschenaffen und uns können von gut 10 Tausend sequentierten Basenfolgen ausgehen (Miyamoto et al. 1987, Holmquist et al. 1988 a, b) dazu kommen noch Daten aus Hybridisationsexperimenten und auch aus (nicht-DNA-sequentierten) Proteinsequenzen. Immerhin haben solche Vergleiche zu der Schlußfolgerung geführt, daß die genetischen Differenzen zwischen Schimpansen und unserer Art prozentual geringfügig sind, nach King und Wilson (1975) sogar weniger als 1 % betragen. Wenn dies so ist, dann gehen auch die interspezifischen Differenzen in den Lern- und Speicherkapazitäten auf sehr kleine genetische Differenzen zurück. Wie können große Speicherdifferenzen bei minimal differenten genetischen Grundlagen entstehen?

Was wir als Gehirn haben, geht auf proliferative Einheiten, teilungsfähige Zellen zurück. Bezüglich verschiedener neokortikaler Anteile sind diese Geschehnisse gut untersucht. Die ursprünglichen proliferativen Einheiten sind um das embryonale Neuralrohr gruppiert (Rakic 1988). Aus diesen Zellen entstehen die Milliarden Nervenzellen des Cortex. Man kann die Entstehung der cortikalen Areale grob in drei Vorgänge unterteilen: (1) symmetrische Teilungen der proliferativen Einheiten, (2) asymmetrische Teilungen dieser Einheiten, (3) Ausbildung ontogenetischer Säulen (Abb. 6). (1) Die Zellen in der ventrikulären Zone verdoppeln sich durch Mitosen, wobei die Tochterzellen zunächst weiterhin teilungsfähig bleiben. Dies geschieht bei Affenarten und bei unserer Art durch Zellteilungszyklen vor dem 40. Gestationstag. Danach liegt die Anzahl von Einheiten (Zellgruppen) fest, aus denen ontogenetische Säulen entstehen. (2) In den Anlagen für ontogenetische Säulen erfolgen noch weitere Zellteilungen, allerdings asymmetrisch. Von den

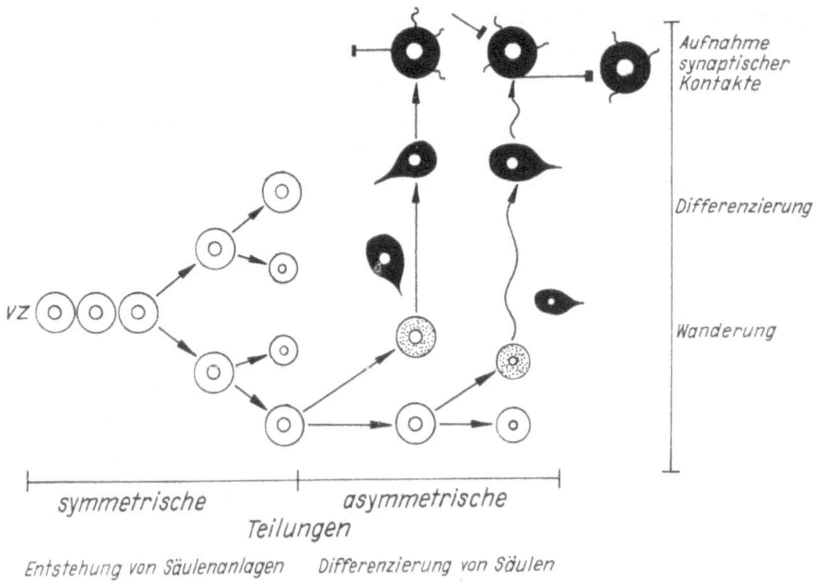

Abb. 6. Bildung und Differenzierung kortikaler Areale bei Primaten (nach Angaben von Rakic 1988). Aus einer proliferativen ventrikulären Zone (VZ) entstehen Säulenanlagen, indem zunächst symmetrische, später jedoch unsymmetrische Zellteilungen stattfinden. Die nicht mehr teilungsfähigen Zellen (gepunktet und schwarz) wandern in Richtung Hirnoberfläche (senkrechte Pfeile). Dabei erfolgt die Differenzierung einschließlich der Aufnahme synaptischer Kontakte. Während dieser Vorgänge sind die Zellen säulenartig gruppiert, was die nach oben gerichteten Pfeile ebenfalls verdeutlichen sollen.

beiden nunmehr entstehenden Tochterzellen ist nur eine weiterhin teilungsfähig. Man bezeichnet sie als Stammzelle. (3) Die andere Tochterzelle, nicht mehr teilungsfähig, migriert als Wanderzelle in Richtung der Hirnoberfläche, d. h. weg vom Neuralrohr. Während der Migration vollzieht sich ihre Differenzierung, eingeschlossen die Bildung präsynaptischer eigener Terminalen und postsynaptischer Bereiche für Terminalen anderer Neurone. So entstehen neuronale Kommunikationsketten oder "Circuits" oder "neuronale Netzwerke", welchen Terminus man immer bevorzugt. Die asymmetrische Teilung und die kortikale Neurogenese beginnt bei Primaten nach dem 40sten embryonalen Tag und dauert, regional verschieden, zwischen einem und gut drei, bei unserer Art bis zu mehr als vier Monaten.

Für Fragestellungen, die wir in diesem Beitrag behandeln, sind die umfangreichen weiteren Einzelheiten (Rakic 1988) nicht so wichtig wie zwei generelle Folgerungen. Es gibt (1) eine Produktionsphase für Säulenanlagen und es gibt (2) eine Differenzierungsphase für die angelegten Säulen. Man nimmt zwei Sätze von Genen an, die diese beiden Phasen stattfinden lassen, je einen für die Produktions- und Differenzierungsphase (Lit. bei Rakic 1988). Von diesen Folgerungen ausgehend kommen wir wieder auf die Differenzen in den Anzahlen von Neuronen von Schimpansen und Menschen zurück, die sich in den mittleren Hirnmassen von 450 bzw. 1350 g ausdrücken. Eine einzige zusätzliche Zellteilung in der Produktionsphase für Säulenanlagen in der Embryonalentwicklung von Schimpansen würde zur Zell- und das heißt zur Massenverdopplung führen. Um es anschaulich, wenngleich dann sicher überzogen zu sagen: Aus dieser Sicht differieren Schimpansen- und Menschengehirne basal um eineinhalb Mitoserunden. Mitosen sind genetisch gesteuert. Der genetische Aufwand für geänderte Zellzyklen dürfte nicht groß sein und dennoch die Voraussetzungen für die großen Differenzen in der Speicherkapazität beider Arten schaffen.

Es ist klar, daß sich die realen Verhältnisse nicht auf eineinhalb Mitoserunden reduzieren lassen. Vielmehr sind gewisse Differenzen in der Produktions- und in der Differenzierungsphase wahrscheinlich. Dies bedeutet jedoch keinen Einwand gegen die Aussage, daß relativ geringe genetische Verschiedenheiten zu beträchtlichen Differenzen in den Lernleistungen führen können. Und diese Aussage sollte sowohl für den genetischen Aufwand in der Produktions- wie in der Differenzierungsphase gelten.

Die Differenzierungsphase liefert letztlich die Zellen für die Cytoarchitektonik eines Gehirnareals. Die Mechanismen der Differenzierung bleiben noch recht unübersichtlich. Gegenwärtig kennt man etwa ein Dutzend Faktoren, die an der Wanderung sowie dem regelgerechten Auswachsen und Verschalten von Neuronen beteiligt sein sollen. Dazu gehören u. a. der Nerv Growth Factor (Levi-Montalcini 1987), der Neurite-Inducing Factor sowie die Insulin-like Factors. Weiterhin ist nicht ausschließbar, daß eine ganze Anzahl von Peptiden, die in differenzierten Gehirnen als Transmitter oder Modulatoren neuronaler Kommunikationsketten dienen, in embryonalen Phasen bestimmte neuronale Differenzierungen induzieren. Vasopressin beispielsweise, pränatal an Wistarratten appliziert, induziert verbesserte Verhaltensleistungen bei den erwachsenen Versuchstieren (Ermisch et al. 1987). Es ist unbekannt, welche Ereignisse das applizierte Peptid induziert. Von Interesse ist dennoch, daß zwischen den ermittelten verbesserten Leistungen in der Hell-Dunkel Diskriminierung nach pränataler Vasopressin-Applikation und der Anzahl von vasopressin-haltigen Nervenfasern in der Septum-Region

(Ermisch et al. in Vorbereitung) ein Zusammenhang bestehen kann. Andererseits ist aus der Literatur bekannt, daß Vasopressin Zellteilungen und Wachstum stimulieren kann (Ganz et al. 1988). Zur Differenzierungsphase gehören weiterhin die "kritischen Perioden". Mit diesem Terminus wird die Gegebenheit beschrieben, daß Differenzierungsvorgänge im Gehirn zu bestimmten Zeiten weichenstellend zu beeinflussen sind. Die kritischen Perioden sind bezüglich der Entwicklung von Sexualität gut untersucht (Dörner 1986). Kritische Perioden korrelieren u. U. mit der Konzentration eines einzigen chemischen Signales, z. B. eines Sexualhormones. Damit würden Differenzierungen, einschließlich der fehlerhaften, von der Expression einiger, jedenfalls nicht sehr vieler Gene abhängen.

So kommen wir insgesamt zu der Schlußfolgerung, daß intra- und interspezifische Differenzen in Lern- und Speicherkapazitäten mit relativ geringen genetischen Unterschieden erklärbar sind. Diese genetischen Differenzen wirken sich in der Ontogenese aus. Es geht um die Anzahl und die Differenzierung von Neuronen.

Lernleistungen und Selektion

Es wird im allgemeinen davon ausgegangen, daß Lernfähigkeit die Fitneß eines Organismus verbessert und damit dessen Chance, sich in die Evolution fortzusetzen. Diesem Urteil schließen wir uns an. Die Zunahme der Individuenanzahl unserer Art beruht wesentlich auf den Selektionsvorteilen, die durch Lernleistungen ermöglicht wurden. Dennoch lohnt es, die Beziehungen zwischen Lernfähigkeit und Selektion differenzierter zu betrachten. Durch Lernen können Kommunikationsketten etabliert werden. Damit sind die Beziehungen eines Individuums gegenüber der umgebenden Welt offener, als wenn es ausschließlich über bereits etablierte Kommunikationsketten verfügt, die ihm nur erlauben, mit bestimmten Gegebenheiten der Welt auszukommen. Aus der Stammesgeschichte ergibt sich allerdings kein zwingender Grund zu der Annahme, daß diejenigen Kommunikationsketten als ursprünglich zu gelten haben, die genetisch etabliert sind (Tierney 1986). Auch führt Öffnen genetisch fixierter Kommunikationsketten durch Lernen nicht zwangsläufig zu Selektionsvorteilen. In der Literatur wird beispielsweise gefragt, warum Programme für Vogelgesangsstrophen in manchen Fällen genetisch fixiert, in anderen aber durch Lernen geöffnet sind (Tierney 1986). Es besteht keine Einigung über Selektionsvorteile für das Lernen der Strophen. Manche Autoren favorisieren daher die Ansicht, daß hier offene Kommunikationsketten die ursprüngliche Form darstellen.

Wenngleich also im Einzelfall der Vorzug einer gelernten gegenüber einer fixierten Reaktion für das Individuum fraglich sein kann, höhere Speicherkapazitäten, sozusagen Zusätze an das genetisch Festgelegte vergrößern die Möglichkeiten für ein Individuum, in der Welt zu bestehen und in die Evolution einzugehen.

Ein Problem, das unsere Art betrifft, kann in der Frage aufgehoben werden, ob an alle genetisch festgelegten Programme Lernzusätze erfolgen können. Die Antwort ist nicht einfach, aber eher nein. Unbedingte Reflexe können nicht oder kaum durch Lernzusätze modifiziert werden. Für die viszeralen Funktionen gilt prinzipiell Gleiches.

Im Zusammenhang mit den dargestellten Beziehungen von Hirnmassen und Lernleistungen ist auffällig, daß diejenigen Bezirke des Gehirnes, von denen man annimmt, sie würden Antriebe für Grundansprüche herstellen, nicht groß sind. Dies sind vor allem Regionen des limbischen Systems, z. B. das Zwischenhirn und hier insbesondere der Hypothalamus oder ursprüngliche Vorderhirnregionen, etwa das Mandelkerngebiet (Ermisch 1985). Andererseits erlebt nahezu jeder den Anspruch auf Ernährung, Schutz und Fortsetzung (Sexualität) mächtig. Die funktionsspezifischen Einheiten im Gehirn, die solche Ansprüche primär entstehen lassen, dirigieren auch funktionell ganz anders orientierte Einheiten des Gehirns. Sie richten z. B. das Sehen oder Hören darauf aus, erfaßte und gespeicherte Bilder oder Worte für Ernährung, Schutz oder Sexualität zu nutzen.

Es ist unstrittig, daß unsere Art über sehr große Lernkapazitäten verfügt. Die Lernkapazitäten betreffen aber nicht alle Leistungsbereiche des Gehirnes gleichartig. Dies kann als gesichert gelten, auch wenn wir andererseits die Differenzen bisher kaum numerisch ausdrücken können. Die bezüglich der Lernleistungen kapazitivsten Gehirnbereiche haben es uns ermöglicht, sehr viele, sehr unterschiedliche Biotope zu besetzen, letztlich, beinahe, von der Tiefsee bis zu den Bergspitzen, von den Sümpfen bis in die Wüsten. Das ist eine wesentlich auf Lernkapazitäten aufbauende, selektiv bevorteilte Bewertung von entsprechenden mutativen Vorlagen. Dasist aber noch nicht die abschließende Antwort auf die Frage, welche Hirnregionen unser Verhalten steuern und wieviel diese Hirnregionen lernen können.

Literatur

/1/ Bliss, T.V.P., and T. Lomo: Long lasting potentiation of synaptic transmission in the dentate area of anaesthetized rabbit following stimulation of the perforant path. J. Physiol. Lond. 334 (1973) 331-356.

/2/ Brown, Th.H., C.P.F. Chapman, E.W. Kairiss, and C.L. Keenan: Long-term synaptic potentiation. Science 242 (1988) 724-728.

/3/ Buijs, R.M.: Vasopressin localization and putative functions in the brain. In: Vasopressin. Principles and Properties (D.M. Gash, G.J. Boer, eds.). Plenum Press, New York and London 1987.

/4/ Buijs, R.M., D.N. Velis, D.F. Swaab: Extrahypothalamic vasopressin and oxytocin innervation of fetal and adult rat brain. Progr. Brain Res. 53 (1980) 159-167.

/5/ Byrne, J.H.: Cellular analysis of associative learning. Physiol. Reviews 67 (1987) 329-439.

/6/ D'Angio, M., A. Serrano, P. Driscoll, B. Scatton: Stressful environmental stimuli increase extracellular DOPAC levels in the prefrontal cortex of hypoemotional (Roman high-avoidance) but not hyperemotional (Roman low-avoidance) rats. An in vivo voltammetric study. Brain Res. 451 (1988) 237-257.

/7/ Dantzer, R., G.F. Koob, R.M. Bluthé, M. LeMoal: Septal vasopressin modulates social memory in male rats. Brain Res. 457 (1988) 143-147.

/8/ De Lisi, Ch.: Computers in molecular biology: Current applications and emerging trends. Science 240 (1988) 47-52.

/9/ Dohlman, H.G., M.G. Caron, R.J. Lefkowitz: A family of receptors coupled to guanine nucleotide regulatory proteins. Biochemistry 26 (1987) 2657-2664.

/10/ Dörner, G.: Hormone-dependent brain development and preventive medicine. In: Systemic Hormones, Neurotransmitters and Brain Development (G. Dörner, C.M. McCann, L. Martini, eds.). Monograph in Neural Sciences 12, Karger, Basel 1987.

/11/ Driscoll, P.: Roman high- and low-avoidance rats: Present status of the swiss sublines, RNA/Verh and RLA/Verh, and effects of amphetamine on shuttle-box performance. Behav. Genetics 16 (1986) 355-364.

/12/ Driscoll, P., K. Baettig: Behavioral, emotional and neurochemical profiles of rats selected for extreme differences in active, two-way avoidance performance. In: Genetics of the Brain (I. Lieblich, ed.). Elsevier Biomedical Press, Amsterdam, New York and Oxford 1982.

/13/ Durkin, T.P., H. Hashem-Zadek, P. Mandel, A. Ebel: A comparative study of the acute effects of ethanol on the cholinergic system in hippocampus and striatum of inbred mouse strains. J. Pharmacol. Exp. Ther. 220 (1982) 203-208.

/14/ Ebeling, W. und R. Feistel: Physik der Selbstorganisation und Evolution. Akademie-Verlag, Berlin 1982.

/15/ Ermisch, A.: Gehirne und Gefühle. Urania-Verlag, Leipzig-Berlin-Jena 1985.

/16/ Ermisch, A., R. Landgraf and P. Möbius: Vasopressin and oxytocin in brain areas of rats with high or low behavioral performance. Brain Res. 379 (1986 a) 24-28.

[17] Ermisch, A., R. Landgraf, P. Möbius and H. Petter: Behavioral performance of rats and the content of vasopressin and oxytocin in distinct brain areas. In: Learning and Memory. Mechanisms of Information Storage in the Nervous System (H.J. Matthies, ed.). Advances in the Biosciences 59, Pergamon Press, Oxford-New York, 1986 b.

[18] Ermisch, A., H. Bigl, M. Koch, T. Barth and G. Sterba: Improved behavioral performance of rats after pre- and postnatal administration of vasopressin. Exp. Clin. Endocrinol. 90 (1987) 17-25.

[19] Fleming, J.C., P.L. Broadhurst: The effects of nicotine on two-way avoidance conditioning in bi-directionally selected strains of rats. Psychopharmacol. 42 (1975) 147-152.

[20] Ganz, M.B., S.K. Peller, M.C. Perfetto, R.B. Sterzel: Arginine vasopressin promotes growth of rat glomerular mesangial cells in culture. Am. J. Physiol. 255 (1988) F 898-906.

[21] Gash, D.M., J.G. Herman, G.J. Thomas: Vasopressin and animal behavior. In: Vasopressin. Principles and Properties (D.M. Gash, G.J. Boer, eds.). Plenum Press, New York and London 1987.

[22] Holmquist, R., M.M. Miyamoto and M. Goodman: Higher-primate phylogeny - Why can't we decide? Mol. Biol. Evol. 5 (1988 a), 201-216.

[23] Holmquist, R., M.M. Miyamoto and M. Goodman: Analysis of higher-primate phylogeny from transversion differences in nuclear and mitochondrial DNA by Lake's methods of evolutionary parsimony and operator metrics. Mol. Biol. Evol. 5 (1988 b), 217-236.

[24] Huganir, R.L., P. Greengard: Regulation of receptor function by protein phosphorylation. Trends Pharmacol. Sci. 8 (1987) 472-477.

[25] Joëls, M.: Electrophysiological actions of vasopressin in extrahypothalamic regions of the central nervous system. In: Vasopressin. Principles and Properties (D.M. Gash, G.J. Boer, eds.). Plenum Press, New York and London 1987.

[26] Kandel, E.R., S. Schacher, V.F. Castellucci, and Ph. Goelet: The long and short of memory in Aplysia: A molecular perspective. In: Fidia Research Foundation Neuroscience Award Lectures. Liviana Press, Padova 1987.

[27] Kennedy, M.B.: Synaptic memory molecules. Nature 335 (1988) 770-772.

[28] King, M.-C. and A.C. Wilson: Evolution at two levels in humans and schimpanzees. Science 188 (1975) 107-116.

[29] Landgraf, R., I. Neumann, H. Schwarzberg: Central and peripheral release of vasopressin and oxytocin in the conscious rat after osmotic stimulation. Brain Res. 457 (1988) 219-225.

[30] Levi-Montalcini, R.: The nerve growth factor: thirty-five years later. EMBO J. 6 (1987) 1145-1156.

[31] Miyamoto, M.M., J.L. Slightom, and M. Goodman: Phylogenetic relationships of humans and African apes as ascertained from DNA sequences (7.1 kilobase pairs) of the $\psi\eta$ -globin. Science 238 (1987) 369-373.

[32] Petit, T.L., and E.J. Markus: The cellular basis of learning and memory: The anatomical sequel to neuronal use. Neurol. Neurobiol. 29 (1987) 87-124.

[33] Rakic, P.: Specification of cerebral cortical areas. Science 241 (1988) 170-176.

[34] Richter, D.: A hypothalamic dysfunction diabetes insipidus in (brattleboro)rats and the mutation in the vasopressin gene. In: Hypothalamic Dysfunction in Neuropsychiatric Disorders. Advances in Biochemical Psychopharmacology (D. Nerozzi, ed.). Raven Press, New York 1987.

[35] Sagan, C.: The Dragons of Eden. Ballantine Books Edition, New York 1978.

[36] Smock, T., R. Cach, A. Topple: Action of vasopressin on neurons and microvessels in the rat hippocampal slice. Exp. Brain Res. 66 (1987) 401-409.

[37] Sterba, G.: Ascending neurosecretory pathways of the peptidergic type. In: Neurosecretion - The Final Neuroendocrine Pathway (F. Knowles, L. Vollrath, eds.). Springer, Berlin 1974.

[38] Tierney, A.J.: The evolution of learned and innate behavior: Contributions from genetics and neurobiology to a theory of behavioral evolution. Anim. Learn. Behav. 14 (1986) 339-348.

Diskriminationslernen von geometrisch und zeitlich strukturierten Mustern bei Tieren im Kontext der evolutionären Erkenntnistheorie

Renate Siegmund und Beatrix Wuntke *)

Verhalten ist nach TEMBROCK (1987) organismische Interaktion mit der Umwelt auf der Grundlage eines Informationswechsels im Dienste der individuellen, ökologischen und inklusiven Fitness. Aus dieser Definition des Verhaltens geht die unmittelbare Bedeutung des Informationswechsels für die Organismen hervor, die durch TEMBROCK im Drei-Vektoren-Modell dargestellt wird (Abb. 1). Dabei ist das Lernen ein Prozeß, der umweltbezogenes Verhalten auf der Basis individueller Informationsaufnahme (Eingangsvektor), Informationsverarbeitung und -speicherung (Zustandsvektor) vervollkommnet und die Grundlage für eine dynamische Verhaltensanspassung (Ausgangsverktor) bildet.

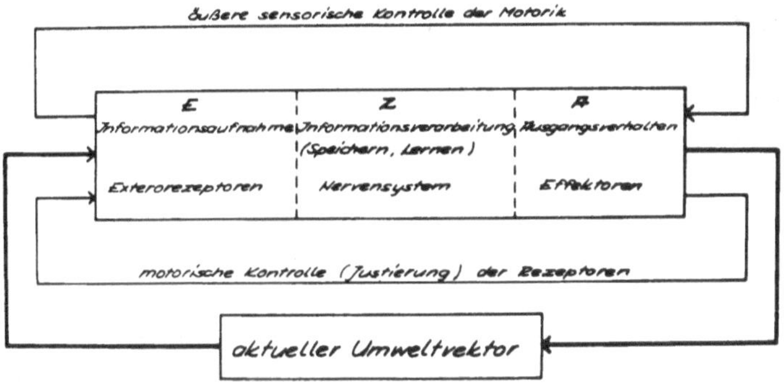

Abb. 1:
Drei-Vektoren-Modell des Verhaltens nach TEMBROCK (1987)

*) Humboldt-Universität zu Berlin, Sektion Biologie, Bereich Verhaltenswissenschaften, Invalidenstraße 43, Berlin, 1040, DDR

Zahlreiche Verhaltensweisen bei Tieren lassen sich durch äußere Reize oder Reizkombinationen auslösen. Untersuchungen zum Erkennen von Artgenossen, Nahrungsobjekten, Feinden und zur Habitatswahl haben in der lern- und erkenntnistheoretischen Forschung zunehmend an Bedeutung gewonnen. In diesem Rahmen werden auch Spontanpräferenzen bei Tieren untersucht. Das Spontanverhalten - herausgebildet in der Evolution und angepaßt auf Situationen, artspezifisch und den natürlichen Bedingungen entsprechend - hat große Bedeutung für das Überleben der Tiere. Dabei ist jedem motorischen Programm ein Mechanismus (im Eingangsvektor) vorgeordnet, der nur bestimmte Reize wirksam werden läßt, die wiederum einen informationellen Zustand erzeugen, der motorisches Verhalten auslöst. Diese Verhaltensweisen müssen stets im Zusammenhang mit Randbedingungen gesehen werden. So können die Verhaltensbereitschaft (jeweilige Antriebsstärke), Sozialfaktoren, Tages- und Jahreszeit sowie die Versuchsanlage selbst die Antwortreaktion der Tiere beeinflussen.

In Spontanwahlversuchen mit binärer Entscheidungsmöglichkeit an Schwarmfischen (Leucaspius delineatus) dienten Fischattrappen bzw. Streifenmuster in unterschiedlicher Anzahl als Signale (vgl. Abb. 2). Die angebotenen Signale befanden sich im inneren Ring eines Rundbeckens. Dieses innere Rundbecken war undurchsichtig bis auf zwei, sich gegenüberliegende Fenster, durch die der im Außenring befindliche Fisch die Signale wahrnehmen konnte. Die Spontanaktivität und die Aufenthaltshäufigkeit der Fische vor den Signalen wurden über Infrarot-Lichtschranken registriert (vgl. auch ELSTNER 1973).

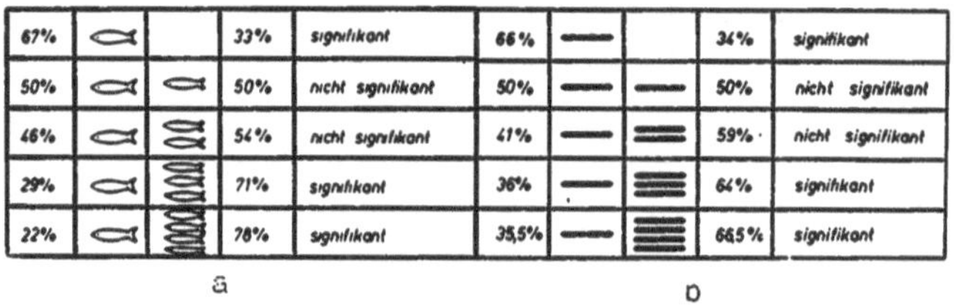

Abb. 2:
Binäre Wahlentscheidung (in %) auf Signalpaare mit quantitativen Merkmalsänderungen (a - Streifenmuster; b - Fischattrappen)

Die Versuche zeigten eine Zunahme der Signalbevorzugung mit wachsender Anzahl der Strukturelemente (Abb. 2). Bei Angebot lebender Artgenossen verschiedener Zahl nahm der Signalwert schneller zu (Abb. 2a) als bei der quantitativen Änderung abstrakter Muster (Abb. 2b). Die Anschwimmhäufigkeit änderte sich auch in Abhängigkeit vom Neigungswinkel des Musters (Abb. 3). Die geneigten Muster besitzen wahrscheinlich einen höheren Informationswert für die Fische. Das äußerte sich im verstärten Anschwimmen des Signals und wird auch dadurch bestätigt, daß die Fische bei Annäherung an die geneigten Signale ihre Schwimmlage veränderten (erhöhtes Erkundungsverhalten ?).

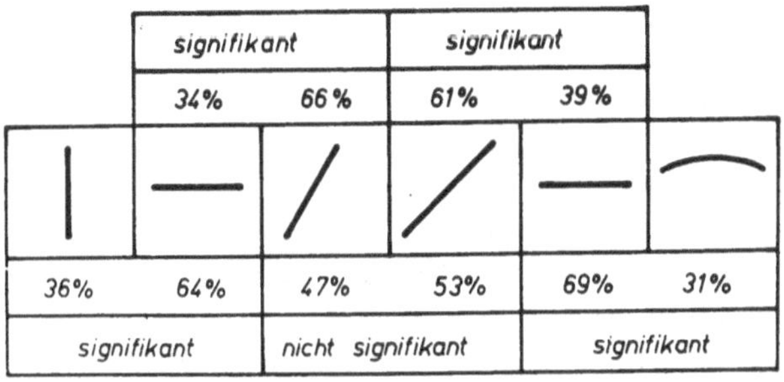

Abb. 3:
Häufigkeit des Anschwimmens verschieden geneigter Strukturelemente bei binärem Signalangebot

KARAS und JAKIMENKO (1969) stellten fest, daß die Informationsaufnahme bei der Wahrnehmung optischer Signale (z.B. das Erkennen einfacher Linien unterschiedlicher Neigung) durch den Analysatorbereich nach festen genetischen Programmen vollzogen wird. Da sich Umweltfaktoren schneller ändern können als die genetische Konstitution des Organismus, entstand frühzeitig in der Evolution Lernen als wirkungsvoller Variationsmechanismus des Verhaltens. Dieser erlaubt es den Individuen, sich schnell an neue bzw. ungewöhnliche Situationen anzupassen, und auch bei Fischen sind Erkennungssysteme auf der Basis von Lernprozessen nachgewiesen.
Die evolutionäre Erkenntnistheorie geht davon aus, daß die Erkenntnisfähigkeit der Organismen entsprechend den morphologischen Merkmalen an die Umwelt angepaßt ist, und wie diese der Evolution unterliegt (RIEDL 1981). Der

Selektionsvorteil leistungsfähiger Erkenntnissysteme liegt in einem Zuwachs an Sicherheit in den Verhaltensentscheidungen.
Nach LORENZ (1987) und TEMBROCK (1987) hat die evolutionäre Erkenntnistheorie eine ihrer Wurzeln in der Verhaltensbiologie. Methoden der Verhaltensbiologie können daher genutzt werden, um vergleichende Analysen zur Funktionsweise und Leistungsfähigkeit des Erkenntnisapparates von Tieren durchzuführen. So verfügen Fische, wie die untersuchten Karpfen und Forellen, über ein sehr gut differenziertes Formensehen, ihre Transpositions- und Generalisationsfähigkeit (die Befähigung zum transfer-Lernen nach BUCHHOLTZ 1982) sind jedoch bisher wenig geprüft. Für die Analyse des Diskriminationsvermögens bietet sich das futterbelohnte operante Lernen als Versuchsmethode an. Durch die konkrete Vorgabe des Informationsinhaltes wird eine Rückkopplung in Form des sichtbaren Verhaltens der Versuchstiere hervorgerufen. Unser methodischer Ansatz entspricht den Untersuchungen von HERTER (1956), RENSCH (1973) und DÜCKER et. al. (1979), wobei die Experimente mit einfach strukturierten, geometrischen Mustern begonnen wurden (vgl. Abb. 5). Nach ANGERMEIER (1984) ist der vergleichbare Signalwert eine Voraussetzung für den Vergleich phylogenetischer Lernstrategien bei Tieren. Ferner kann die Anzahl der Tiere einer Art, die das Lernkriterium erfüllen, zu zwischenartlichen Vergleichen herangezogen werden.
Dressiert wurde in unseren Experimenten nach dem Prinzip der optischen, straffreien, simultanen Zweifachauswahl mit einer mit Futter versehenen, modifizierten Dressurgabel nach HERTER (1956). Eine weitgehend rückwirkungsfreie, vollautomatische Durchführung der Lernexperimente wurde durch eine Computeranlage ermöglicht (Abb. 4). Im Innern des Aquariums waren zwei Plastikstäbe so montiert, daß das Tier die dahinter auf dem Monitor abgebildeten Signale sehen konnte. Berührte der Fisch als Reaktion auf die angebotenen Muster einen der Plastikstäbe, so wurde ein Kontakt geschlossen, den der Computer auf der Grundlage eines entsprechenden Programmes bewertete. Bei Richtigwahl erfolgte eine Aktivierung des Futterautomaten über den Computer. Vom Drucker wurden Richtigwahlen, Falschwahlen und Reaktionszeiten am Ende einer jeden Versuchsserie (n = 30) ausgegeben. Die tendenzfreie Musterdarbietung erfolgte mit stochastischen Seitenwechseln, wobei die Wahl des Positivmusters bei der Unterscheidung der simultan gebotenen Signale mit Futter belohnt

wurde. Die Aufgabe galt als erlernt, wenn an zwei aufeinanderfolgenden Tagen das Lernkriterium von 80 % Richtigwahlen erreicht wurde. Der subjektive Einfluß des Versuchsleiters wird in den computergestützten Versuchen auf ein Minimum begrenzt bei einer gleichzeitigen Verringerung des zeitlichen Aufwandes für die Versuchsdurchführung und Datenaufbereitung.

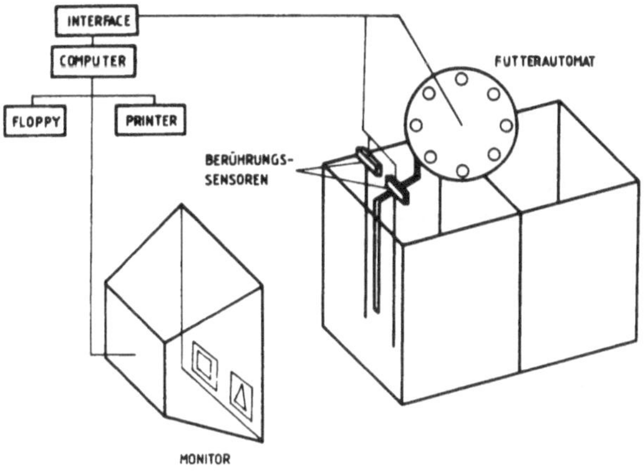

Abb. 4:
Schematische Darstellung der computergestützten Versuchsanlage

Während der Lern- und Transpositionsversuche wurden im Verhalten der Versuchstiere die Parameter Schwimmrichtungstyp, Schwimmschnelligkeit und Reaktionszeit erfaßt und analysiert. Diese Parameter standen in deutlicher Korrelation zum Dressurverlauf (vgl. auch SIEGMUND et al. in press).
Es waren in den Versuchen zunächst strukturierte geometrische Muster zu diskriminieren, mit denen dann die Befähigung der Fische zum transfer-Lernen getestet wurde (vgl. Abb. 5).
Die Fische unterschieden die angebotenen Muster in den Experimenten innerhalb von 30 bis 100 Versuchen. In den Transpositionsversuchen wurden bei den Versuchstieren zwei Lösungsstrategien zur Musterdiskriminierung festgestellt, eine mengenorientierte und eine gestaltgerichtete Generalisation. Die

Fische, welche die gestaltorientierte Diskrimination verfolgten, konnten alle Muster signifikant unterscheiden (Fisch 1 und 5 in Abb. 5). Diese Ergebnisse lassen vermuten, daß Fische Teile von Formen zu einem Ganzen erkennen können.

Karpfen 1, 5, 6	Muster +	Muster −	Richtigwahlen in % 1	5	6
Diskriminationslernen	▲		85	83	95
Diskriminationslernen	▲	▴▴▴	89	86	82
Transposition	▵▵▵	▴▴▴	75	75	55
Umkehrlernen	▴▴▴	▲	95	90	94
Transposition	▴▴▴	▵▵▵	85	80	65
Transposition	▵▵▵	▲	90	90	95
Diskriminationslernen	▴▴▴	△	96	98	94
Transposition	▵▵▵	△	95	95	85

Abb. 5:
Richtigwahlen (in %) der Versuchstiere 1, 5 und 6 bei der Diskriminaton und Transposition geometrischer Muster

Während der gesamten Lernversuche wurde bei allen Tieren die Ausbildung eines "learning sets" erkennbar, die sich bei jeder Aufgabe durch weniger Versuche bis zum Erreichen des Lernkriteriums äußerte.

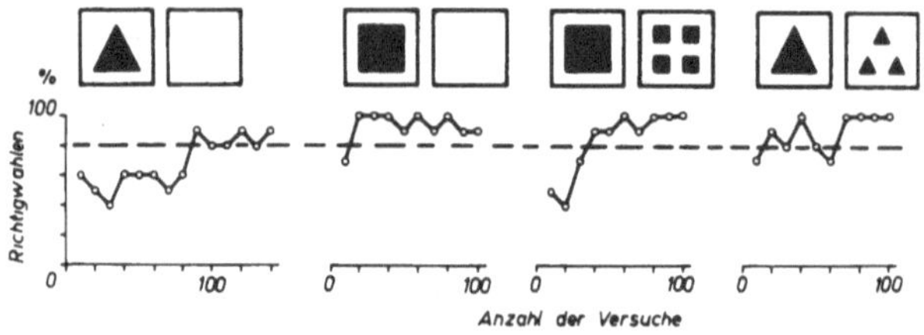

Abb. 6:
Lernkurve eines Versuchsfisches zur Diskrimination geometrischer Muster bei Simultanzweifachwahl (Ausbildung eines "learning sets")

Mit einer weiteren Musterserie wurde der Frage nachgegangen, inwieweit die Fische symmetrische Muster (Ordnung) von asymmetrischen (Unordnung) diskriminieren können (vgl. Abb. 7). Diese Frage wurde in ähnlicher Form an Tauben (DELIUS 1985; SCHEUTZ 1988) und in Freiburg (Hassensteinschule) an Bienen (GANTER, 1983; HOHL, 1984) untersucht. Die Unterscheidung regelmäßig strukturierter Muster ("Schachbrett") von unregelmäßig strukturierten war in allen Dressuren signifikant. In der Abb. 7 sind die Ergebnisse für 2 Fische bei Simultanwahl im Versuch nach HERTER bzw. bei computergestützter Versuchsdurchführung dargestellt. Die Maximalwerte der Richtigwahlen zeigten keine methodenbedingten Unterschiede.

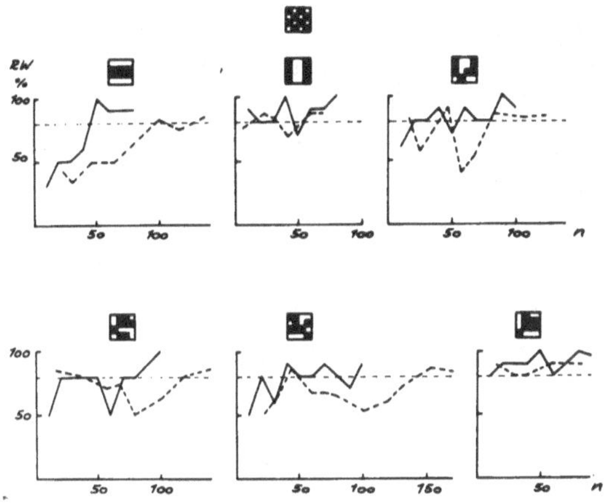

Abb. 7:
Beispiel für die Diskrimination geordneter (Schachbrett) gegen ungeordnete Muster bei computergestützter Durchführung (---) bzw. Versuchsdurchführung nach HERTER (——)
RW - Richtigwahlen
n - Zahl der Versuche

Bienen nutzen nach GANTER (1983) und HOHL (1984) verschiedene Parameter zur Unterscheidung angebotener Muster (Blütensterne mit unterschiedlicher Zackenzahl). Dabei waren nicht alle Bienen in der Lage, Symmetrien (gerade bzw. ungerade Zackenzahl) zur Diskrimination zu nutzen. FOPPA (1965) diskutiert: "Vollzieht sich die Generalisation nach den Merkmalen der Einzelreize, so ist offensichtlich, daß bereits beim Diskriminationsprozeß diese absoluten Signaleigenschaften den Ausschlag gegeben haben müssen.

Wird dagegen die Relation verallgemeinert, so muß die Beziehung der Signale (Reizobjekte) zueinander beim Unterscheidungslernen erfaßt worden sein". Die bisherigen Ergebnisse weisen darauf hin, daß sich die Lösungsstrategien zu Beginn der Versuche herausbilden, und belegen für die Mehrzahl der Versuchstiere eine verallgemeinernde, gestaltorientierte Diskrimination.
1975 schlußfolgerte BITTERMAN aus seinen Lernexperimenten, daß Fische ein qualitativ anders entwickeltes Lernvermögen als die höheren Vertebraten besitzen, das sie nicht zum Umkehrlernen und zur Ausbildung von "learning sets" befähigt. Diese im Widerspruch zu den Befunden anderer Autoren z.B. HENRICHFREISE und DÜCKER (1983) stehende Beurteilung der Fische veranlaßte uns, im Rahmen der Diskriminationsversuche der Frage des Umkehrlernens bei unseren Versuchsfischen nachzugehen. Die Ergebnisse unterstützen die Resultate von HENRICHFREISE und DÜCKER (1983). Im Vergleich mit Literaturangaben zum Umkehrlernen bei Vertebraten zeigen sich jedoch deutliche Unterschiede im Lernniveau der einzelnen Vertebratenklassen. Am höchsten ist es bei den Säugetieren, die es bei serialem Umkehrlernen bis zu einem "one-trial-reversal" bringen können (SCHUSTERMAN 1964; WARREN 1966). "One-trial-reversal" bedeutet, daß die Tiere bei Bedeutungsumkehr der erlernten Signale die Erfahrung aus dem ersten Versuch sofort auf den nächsten übertragen.
Beim Umkehrlernen der Fische war in der Anfangsphase des Versuches eine Beeinflussung des Lernverhaltens der Tiere durch das vorherige Muster zu erkennen (vgl. auch FAHRENKRUG 1988). Während die Tiere bei einer völlig neuen Aufgabe anfangs Richtigwahlen im Zufallsbereich (um 50 %) erbringen, wirkte sich die Bedeutungsumkehr derart aus, daß die Richtigwahlen zwischen 0 und 20 % lagen, da das vorher positive Signal bevorzugt angeschwommen wurde. In der anschließenden Versuchsphase war ein sukzessiver Bedeutugsverlust des ehemals positiven Signals zu beobachten. Nach HENRICHFREISE und DÜCKER (1983) setzt mit dem Erreichen der 50%-Grenze das eigentliche Erlernen des neuen Positivsignals ein. Nach weiteren 20 bis 50 Versuchen hatten alle Versuchstiere das Lernkriterium erreicht (vgl. Abb. 8). Generell war die für das Erreichen ds Lernkriteriums notwendige Anzahl von Versuchen bei den untersuchte Fischen verhältnismäßig gering. Ähnliche Befunde erhielt ANGERMEIER (1983) bei futterbelohntem operanten Lernen an Meeres- und Süßwasserfischen. Laufende

Versuche zeigen auf, daß die Fische bis zu 9 Wochen nach Beendigung der Lernexperimente noch zur erlernten Musterdiskrimination befähigt sind.

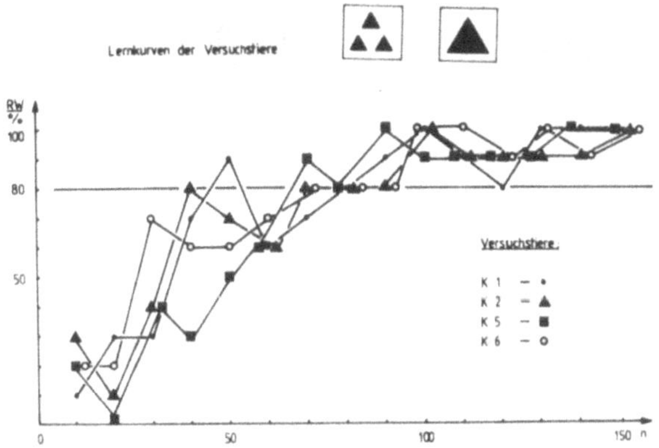

Abb. 8:
Richtigwahlen (RW in %) der Karpfen 1, 2, 5 und 6 während des Umkehrlernens (Zahl der Versuche n = 150)

Insgesamt können die Ergebnisse so interpretiert werden, daß auf Grund der strukturellen und funktionellen Beschränkungen im Nervensystem der Fische ein Großteil von Verhaltensweisen genetisch fixiert ist. Bei für das Überleben wichtigen Verhaltensweisen, wie der Futtersuche, ist die schnelle Eliminierung irrelevanter Verhaltensweisen aus einem im Vergleich zu höheren Tieren weniger vielfältigen Spektrum von Möglichkeiten von hohem Überlebensvorteil.

In Untersuchungen zur Diskrimination von Mustern zeitlicher Ordnung wurde zur Signaldarstellung ein elektronisches Gerät eingesetzt, mit dem sowohl stochastische als auch regelmäßige Signale über Leuchtdioden mit einer einstellbaren Blinkfrequenz den Fischen angeboten werden konnte (MEDICUS 1985). Die Wahl des periodischen Zeitmusters (aus 4 Leuchtdioden bestehend) wurde mit Futter belohnt. Alternativmuster waren aperiodisch aufleuchtende 2,3 bzw. 4 LED (vgl. auch Abb. 9). Die Unterscheidung von 2 zu 4 LED und 3 zu 4 LED erlernten alle untersuchten Karpfen (n = 12). Dabei lag die Fehlerzahl bis zum Erreichen des Lernkriteriums in dieser sensorischen Reizdiskrimination in der Serie 2 (3 zu 4 LED) niedriger als in der Serie 1 (2 zu 4 LED). Das wird auf

Umlernprozesse (learning set) zurückgeführt. Hier deutet sich eine numerische Diskrimination durch die Versuchstiere an.

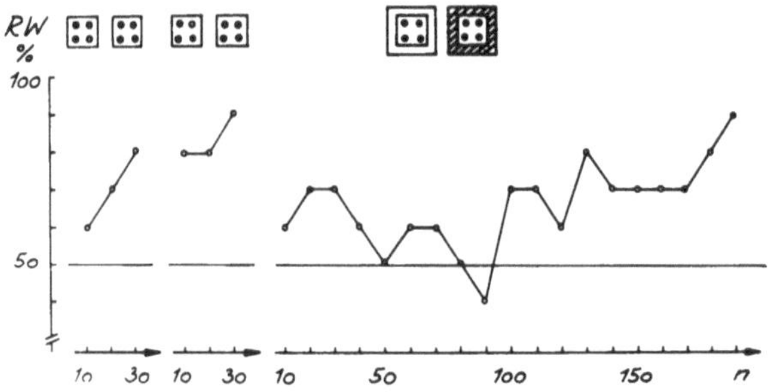

Abb. 9:
Lernkurve eines Karpfens bei der Diskrimination von Mustern zeitlicher Ordnung
1. Serie: 2 unregelmäßig aufleuchtende LED gegen
4 regelmäßig aufleuchtende LED
2. Serie: 3 unregelmäßig aufleuchtende LED gegen
4 regelmäßig aufleuchtende LED
3. Serie: 4 unregelmäßig aufleuchtende LED gegen
4 regelmäßig aufleuchtende LED
RW - Richtigwahlen
n - Zahl der Versuche

Die Diskrimination von Mustern zeitlicher Ordnung erwies sich als bedeutend schwieriger als die Unterscheidung geometrischer Muster (RIEDL et al. 1987). Daß zeitliche Orientierung schwerer erlernbar ist als räumliche, diskutieren auch OESER und SEITELBERGER (1988).

Untersuchungen zur Beeinflussung der Herzfrequenz von einzeln bzw. in Gruppen gehaltenen Fischen ergaben eine Dezeleration der Herzrate bei stochastisch und auch bei periodisch angebotenen Lichtreizen (SIEGMUND 1983). über die Herzrate konnte eine Abnahme der Antwortbereitschaft auf stochastisch angebotene Lichtreize erfaßt werden. Die Bewegungsaktivität hingegen ließ keine Beziehung zum wiederholten Reizangebot erkennen. Die Gewöhnung (Habituation) an einen Reiz entspricht einer reizspezifischen Desensibilisierung. Nach LORENZ (1978) liegt die Teleonomie der Reizgewöhnung darin, daß nur bestimmte Reize ihre Wirkung verlieren. Eine Verminderung der Beleuchtungsstärke (um den Faktor 0,5) hob den desensitivierten Zustand auf, die geringere Lichtintensität hatte bei gleicher Dauer des Lichtreizes eine signifikante auslösende Wirkung. Die "reizspezifische Drosselung", wie SCHLEIDT (1955) dieses Phänomen nannte, beruht somit nicht auf einer Schwellenwertverminderung der Sinnesorgane. Der Gewöhnungsprozeß des einzelnen Fisches wurde deutlich durch die Anwesenheit von Artgenossen beeinflußt (vgl. auch SIEGMUND 1983).

Zur Lebenserhaltung gehört das Erlernen der Unterscheidung von stochastischen und regelmäßigen, von bedeutungslosen und bedeutungsvollen Reizen. Im Rahmen der phylogenetischen Anpassung hat das "negative Lernen" (BUCHHOLTZ 1973) eine hohe Valenz. Die Möglichkeit der Eliminierung irrevalenter Umweltinformationen fördert die ökonomie lokomotorischer Aktionen.

So erlernten Silberkarpfen, daß die Fütterung in bestimmten zeitlichen Abständen erfolgen kann. Ein 6 min-Rhythmus der Fütterung bewirkte eine Aktivitätsrhythmik mit gleicher Periodenlänge (vgl. auch ZABKA 1983). Wurden die Futtergaben ausgesetzt, so löste die letzte Fütterung noch einen 6 min-Zyklus des entsprechenden Verhaltens (Appetenzverhalten) aus. Danach war kein 6 min-Rhythmus der lokomotorischen Aktivität mehr nachweisbar. Nach dem Wiedereinsetzen der Fütterungen wurde die ursprüngliche Phasenbeziehung zwischen Fütterung und lokomotorischer Aktivität schnell wiederhergestellt. über das Erlernen des zeitlichen Abstandes der Fütterungen und eine entsprechende Abstimmung des Verhaltens erfolgte hier eine rasche Aufwand-Nutzen-Optierung. Wurde der Fütterungsrhythmus auf 10 min verlängert, lösten die ersten 5 bis 6 Futtergaben noch einen auf 6 min fixierten Verhaltenszyklus aus. Dann stellte sich das System auf den neuen Rhythmus ein.

Periodische Zeitabstände werden auch ohne ersichtliche Bekräftigung erlernt, wie Herzfrequenzanalysen an Fischen aufzeigten. Dabei könnte das erfolgreiche Anwenden einer bestimmten Strategie während des Gewöhnungsprozesses (hier das Herausfiltern einer Zeitinformation) eine Bekräftigung bewirken. Im Gegensatz dazu bewirken stochastisch gegebene Strafreize, auf die sich die Tiere nicht mit entsprechenden Verhaltensweisen bzw. Erwartungen einstellen können, da sie nicht zeitlich vorhersagbar sind, extreme Verhaltensstörungen, die bis zum Tode führen können, wie SELIGMAN (1974) an Ratten aufzeigte.

PAVLOV nahm 1924 noch an, daß beliebige Zeitabstände erlernt werden können (in PAVLOV 1953). Untersuchungen von GRABENSBERGER (1933), in denen Ameisen 3 - 5, 21, 22, und 27 h-Rhythmen synchronisiert wurden, schienen diese Meinung zu bestätigen. Interessant ist aber, daß gerade bei dieser Insektengruppe bisher kein circadianer Rhythmus (also endogener Tagesrhythmus) nachgewiesen wurde. Versuche, andere Tierarten mit stark vom 24 h-Rhythmus abweichenden Rhythmen zu synchronisieren, erbrachten keinen Erfolg (BÜNNING 1977). Bei Tieren, die über einen Circadianrhythmus verfügen, ist demnach eine beliebige Verlängerung der Zeitabstände bei der temporären Konditionierung nicht möglich.

Circadiane Rhythmen äußern sich nicht nur in bestimmten physiologischen Funktionen oder Verhaltensweisen zu bestimmten Tageszeiten, sie können auch von vielen Organismen im Sinne einer Uhr genutzt werden, die Zeitintervalle bis zu 5 min angibt (RENSING 1973). Der Mechanismus, mit dessen Hilfe Zeitintervalle innerhalb einer Schwingung bestimmt werden, ist bisher unbekannt. BÜNNING (1977) ist der Ansicht, daß nicht das Erlernen der Intervalle die Grundlage für die Zeitbestimmung bildet, sondern das Setzen von Marken in möglicherweise mehreren nebeneinanderlaufenden circadianen Uhren. Hierfür sprechen auch Ergebnisse von BELING (1960), die feststellte, daß Bienen bereits nach einmaliger Fütterung am nächsten Tag zur gleichen Zeit das Futter erwarten. Das scheint nur durch das von BÜNNING (1977) postulierte Setzen von Zeitmarken erklärbar. Die Phasenlage des Systems wird dabei nicht verändert.

Der Zeitsinn ds Menschen ist nach OESER und SEITELBERGER (1988) eine Orientierungsdisposition, die in der Auseinandersetzung mit der Umwelt gegen das 10. Lebensjahr beim Menschen zur vollen Reife gelangt und kulturell erfahren werden muß. Daraus erklären sich Unterschiede in der Einstellung zur Zeit bei verschiedenen Völkern und Kulturepochen. Die Merkmale des subjektiven Zeiterlebens deuten darauf hin, daß der Zeitsinn zu seiner Aktualisierung großer Hirngebiete bedarf und durch individuelle Lernprozesse ausgeformt wird. Schon das Erleben der Aufeinanderfolge und der Zeitdauer von Ereignissen weist einen Komplexitätsgrad nervöser Systemleistungen auf, der exakten Beschreibungen bisher nicht zugänglich ist. Das Erlebnis der Gegenwart, des Jetzt', ist nicht punktueller Natur, sondern besitzt eine zeitliche Ausdehnung, die ca. 3 sec beträgt, was mit den Bedingungen der menschlichen Sprachproduktion in gutem Einklang steht (PÖPPEL 1978). In diesem Zusammenhang sind die neuesten Untersuchungen von M. SCHLEIDT (1988) sehr interessant, die aufzeigen konnte, daß die Dauer repetitiver Verhaltensmuster (d. h. Verhaltensweisen, bestehend aus sich wiederholenden Elementen; u.a. Kopfnicken, Beinwippen) in verschiedenen Kulturen übereinstimmend im Bereich von ca 3 sec liegt. Das weist darauf hin, daß schon frühzeitig in der Stammesgeschichte derartige Voraussetzungen für einen sogenannten Zeitsinn beim Menschen entwickelt wurden.

Zur Aufklärung der stammesgeschichtlichen Entwicklung des Verhaltens der Organismen können sowohl die motorischen Leistungen als auch die selektive Wahrnehmungsfähigkeit (Musterkennung) herangezogen werden. Zeitliche Aspekte von Verhaltensweisen, insbesondere bei Lernvörgängen, blieben dabei auch im Rahmen der Verhaltensontogenese bisher weitgehend unberücksichtigt. Gesetzmäßigkeiten der Mustererkennung sind sowohl aus ökologischer (Erkennen und Bewerten von Umgebungsstrukturen) als auch evolutionsbiologischer Sicht (z.B. evolutive Herausbildung von Merkmalsfilterungen) interessant. In unseren bisherigen Experimenten konnten individualspezifische Lernstrategien festgestellt werden, die sich auch in den Reaktionszeiten widerspiegelten.

In diesem Zusammenhang sind Aufwand-Nutzen-Bilanzen des Faktors Zeit relevant. "Short-Sampler" sind in Bezug auf die Zeitökonomie "r-Selektionisten": schnelle Entscheidungen unter Einkalkulation höherer Fehlerraten ("Ausschuß"). "Long-Sampler" wenden viel Zeit auf, ehe sie entscheiden und erhöhen so als "k-Selektionisten" die Wahrscheinlichkeit des Erfolges. Das aber gelingt nur bei relativ konstanten Umgebungsbedingungen, während die "Short-Sampler" bei instabilen Umweltbedingungen besser angepaßt sind. Man sollte entsprechenden evolutionsstabile Strategien (ESS) erwarten, ausgedrückt im relativen Anteil beider Typen in einer konkreten Population (TEMBROCK mdl.).

Die Ergebnisse von Erkenntnisprozeßanalysen können dabei interdisziplinär umgesetzt werden, z.B. in der Psychologie, Medizin und Technik, wobei mit der Entwicklung und Erforschung der künstlichen Intelligenz gerade auf diesem Gebiet auch die Verhaltensbiologie gefordert ist.

Danksagung

Ein Teil der Untersuchungen wurde im Rahmen des Universitätsvertrages zwischen der Wiener Universität und der Humboldt-Universität zu Berlin durchgeführt. Herrn Professor RIEDL danken wir herzlich für Anregungen zur Versuchsdurchführung und gerätetechnische Unterstützung durch die Wiener Universität.
Des weiteren gilt unser Dank Herrn Professor TEMBROCK für sein Interesse am Fortgang der Untersuchungen und für wertvolle Diskussionen.
Für die Mitarbeit bei den Lernexperimenten möchten wir uns bei J. FAHRENKRUG und B. NEUMANN bedanken.
Die Untersuchungen zur Spontanwahl wurden von E. ELSTNER im Rahmen ihrer Dissertation im Bereich Verhaltenswissenschaften durchgeführt.

Literatur

ANGERMEIER, W. F.: Die Evolution des operanten Lernens. Basel, München 1983.
ANGERMEIER, W. F.: Lernpsychologie. München, Basel 1984
BELING, I.: Über das Zeitgedächtnis der Bienen. Z. vgl. Physiol. 9 (1960), 259-338.
BUCHHOLTZ, CH.: Das Lernen bei Tieren. Stuttgart 1973.
BUCHHOLTZ, CH.: Grundlagen der Verhaltensphysiologie. Braunschweig, Wiesbaden 1982.
BÜNNING, E.: Die physiologische Uhr. 3. Aufl., Berlin, Heidelberg, New York 1977.
DELIUS, J. D.: Complex visual information processing in the pigeon. Act. XVIII Congr. Internat. Ornithol., Moskau 1985.
DÜCKER, G., SCHRAMEYER, CH., M. STASCHEIT: Die Auswirkung der Übungsverteilung auf das Lernen und Vergessen bei Carassius auratus auratus L.. Z. Tierpsychol. 51 (1979), 269-281.
ELSTNER, E.: Experimentelle Untersuchung zur Verhaltensbeeinflussung von Schwarmfischen durch visuelle Umweltgrößen. Diss. A. (1973), Humboldt-Univ. Berlin.
FAHRENKRUG, J.: Untersuchungen zum visuellen Diskriminierungsvermögen am Karpfen (Pisces, Cyprinus carpio). Dipl.-Arb. (1987), Humboldt-Univ. Berlin.
FOPPA, K.: Lernen, Gedächtnis, Verhalten. Köln 1965.
GANTER, D.: Untersuchungen zum Formensehen der Honigbiene (Apis mellifera). Staatsexamensarb. (1983), Univ. Freiburg.
GILBERT, R. M., N. S. SUTHERLAND: Animal discrimination learning. London, New York 1969.
GRABENSBERGER, W.: Untersuchungen über das Zeitgedächtnis der Ameisen und Termiten. Z. vgl. Physiol. 20 (1933), 1-54.
HENRICHFREISE, G.; G. DÜCKER: Vergleichende Untersuchungen zum Problem des serialen Umkehrlernens bei Fischen (Carassius auratus L., Cyprinus carpio L., Salmo gairdneri RICHARDSON). Zool. Anz. 221 (1983), 197-213.
HERTER, K.: Die Fischdressuren und ihre sinnesphysiologischen Grundlagen. Berlin 1956.
HOHL, E.: Gerad- oder Ungeradzackigkeit von Sternfiguren - ein Kriterium der Formenunterscheidung bei Honigbienen. Staatsexamensarb. (1984), Univ. Freiburg.
KARAS, A., O. O. JAKIMENKO: Issledovanije mekhanismov raslitshenija elementarnikh i sloshnikh prisnakov pri obosnanii form u karpovnikh rib. Sh. vish. nerv. dej. 19 (1969), 3.
LORENZ, K.: Vergleichende Verhaltensforschung. Wien, New York 1978.
LORENZ, K.: Evolution und Apriori. In: Die evolutionäre Erkenntnistheorie. Berlin, Heidelberg 1987.
MEDICUS, G.: Experimentelle Untersuchungen der stammesgeschichtlichen Grundlagen der Vernunft: Die Wahrnehmung von Zufall und Gesetzmäßigkeit. Projekt des Zool. Inst. d. Univ. Wien 1985.
NEUMANN, B.: Untersuchungen zum visuellen Diskriminationsvermögen von geordneten gegen ungeordnete geometrische Strukturen am Karpfen (Pisces, Cyprinus carpio). Dipl.-Arb. (1988), Humboldt-Univ. Berlin.
OESER, E., F. SEITELBERGER: Gehirn, Bewußtsein und Erkenntnis. Darmstadt 1988.

PAVLOV, I. P.: Vorlesungen über die Arbeit der Großhirnrindenhemisphären. In: Sämtliche Werke, Bd. IV, Berlin 1953.
PÖPPEL, E.: Time perception. In: AUTRUM, H., JUNG, R. LOEWENSTEIN, W. R., MacKAY., H.-L. TEUBER: Handbook of physiology VIII. Berlin, Heidelberg, New York 1978
RENSCH, B.: Gedächtnis, Begriffsbildung und Planhandlungen bei TIEREN. Berlin, Heidelberg 1973.
RENSING, L.: Biologische Rhythmen und Regulation. Jena 1973.
RIEDL, R.: Biologie der Erkenntnis: Die stammesgeschichtlichen Grundlagen der Vernunft. 3. Aufl., Berlin, Hamburg 1981.
RIEDL, R., SIEGMUND, R., SZANTO, A., WUNTKE, B.: Visual pattern discrimination of stochastic and periodical events in fish (Blenniidae, Cyprinidae). Zool. Jb. Physiol. 91 (1987) 359-362.
SCHEUTZ, A.: Paarvergleichendesexperimente bei Tauben und Kindern. Staatsexamensarb. (1988), Univ. Wien.
SCHLEIDT, M.: Untersuchungen über die Auslösung des Kollers beim Truthahn. Z. Tierpsychol. 11 (1955), 417-435.
SCHLEIDT, M.: A universal time constant operating in human short-term behaviour. Ethology 77 (1988), 67-75.
SCHUSTERMAN, R. J.: Successive discrimination reversal training and multiple discrimination training in one-trial learning by chimpanzees. J. comp. Physiol. Psychol. 58 (1964), 153-156.
SELIGMAN, M. E. P.: Depression and learned helpness. In: FRIEDMANN, R. J., M. M. KATZ (Ed): The psychology of depression: Contemporary theory and research. Washington 1974.
SIEGMUND, R.: Untersuchungen zu reizabhängigen Herzfrequenzänderungen an freischwimmenden und fixierten Fischen (Teleostei, Cyprinidae). Zool. Jb. Physiol. 87 (1987), 93-111.
SIEGMUND, R., WUNTKE, B., M. SCHMÖLLERL: Investigation of visual patterndiscrimination and behavioural learning. Hamburg, Berlin in press.
TEMBROCK, G.: Materialismus, Idealismus und evolutionäre Erkenntnistheorie. Zusammenfassender Kommentar. In: Die Evolutionäre Erkenntnistheorie. Berlin, Hamburg 1987a.
TEMBROCK, G.: Verhaltensbiologie. Jena 1987b.
WARREN, J. M.: Revesal learning and the formation of learning sets by cats and rhesus monkeys. J. comp. Physiol. Psychol. 61 (1966), 421-428.
ZABKA, H.: Das Verhalten von Silberkarpfen bei kurzzeitrhythmischen Futtergaben unter praxisnahen Bedingungen. Fischereiforsch. 1983, 44-53.

LEISTUNGEN VERSCHIEDENER ORGANISATIONSHÖHE IM BEREICH DES ERFAHRUNGSERWERBS

Bernhard Hassenstein [1)]

Im Bereich des Erfahrungserwerbs lassen sich bei den Organismen Funktionen von verschiedener Organisationshöhe erkennen. Sie bilden, graphisch dargestellt, sicherlich ein Dendrogramm, einen "Stammbaum". Aus diesem wird im folgenden Referat eine besonders bedeutsame "lineare" Stufenfolge zur Besprechung ausgewählt, die durch folgende Begriffe gekennzeichnet ist: Elementare Assoziation - bedingter (Schutz-)Reflex - bedingte Appetenz und bedingte Aktion - angeborene Strategien des Erfahrungserwerbs - freie Assoziationsbildung als Grundelement der Intelligenz.

Diese Stufenfolge wird in drei Durchgängen dargestellt: Zunächst anhand von Beispielen (I), dann in mathematisch-logischer Schreibweise (II) und schließlich in Funktionsschaltbildern (III). Die Stufenfolge nimmt ihren Ausgang bei der physiologischen Grundfunktion der Assoziationsbildung, d.h. dem Verknüpfen von zuvor noch nicht verbundenen Gegebenheiten im Rahmen des verhaltenssteuernden Systems. Als wichtiges Ergebnis der Erörterung wird sich herausschälen: Die Vervollkommnung der Leistungen nach dem eben genannten Schema ergibt sich nicht durch Änderungen im Grundvorgang der Assoziationsbildung, sondern durch dessen Kombination mit immer neuen funktionellen Zusatzstrukturen wie Zeitgliedern, Koinzidenzelementen, Differenziergliedern etc.

Der Ausdruck "Assoziation" wird vielfach in zwei Bedeutungen gebraucht: für den Vorgang des Sich-Verknüpfens und für das Ergebnis dieses Vorgangs. - Der Vorgang der Assoziationsbildung wird in diesem Referat als funktioneller Grundprozeß des Lernens vorausgesetzt; demgemäß wird nach seinem biophysikalisch-biochemischen Zustandekommen hier nicht gefragt.

I. Die Höherdifferenzierung im Bereich des Erfahrungserwerbs an Beispielen

A, Assoziation

Ein Junge hat seinen Freund eingeladen, mit ihm durch den Wald zu reiten. An einer Stelle scheut das Pferd des Freundes ohne erkennbaren Grund. Der Junge weiß, warum: An dieser Stelle war das Pferd vor einiger Zeit durch das Geräusch eines in der Nähe stürzenden, von Waldarbeitern gefällten Baumes heftig erschreckt worden. Seither scheut es jedesmal, wenn es an dieser Stelle vorbeikommt. Sein ZNS hatte also etwas vom damaligen Ereignis gespeichert, und zwar als bleibende Verknüpfung zwischen zwei damaligen Informationswerten: einem erschreckenden akustischen Eindruck und der allgemeinen, vor allem wohl visuell gewonnenen Information über den Ort.

Die geknüpfte Assoziation zwischen Schreckreiz und Ortsinformation offenbarte sich nun im Verhalten des Tieres. Die äußere Ursache für das Entstehen der Assoziation lag damals in der Gleichzeitigkeit von Sinnesein-

[1)] Institut für Biologie I der Universität, D-7800 Freiburg, Albertstr. 21 a

drücken aus verschiedenen Quellen: dem akustischen Schreckreiz und der Ortsinformation. (Der "akustische Schreckreiz", vor allem aber die "allgemeine Ortsinformation" waren zwar als solche bereits das Ergebnis hochorganisierter Auswertungsprozesse; trotzdem ist der beschriebene Lernprozeß insofern als elementar einzustufen, als er auf keinen anderen Voraussetzungen beruhte als auf der Gleichzeitigkeit des Eintreffens der für die Verknüpfung maßgeblichen Reize.)

B. Bedingter (Schutz-)Reflex

Auf die Hornhaut eines Versuchstieres ist eine Düse gerichtet; der unerwartet austretende Luftstrahl löst den Lidschlagreflex aus, der die Hornhaut vor dem gefährdenden Einfluß schützt. Geht dem Luftstrahl ein oder mehrmals ein neutraler Lichtreiz voraus ("neutral" insofern, als er von sich aus keinen Lidschlagreflex auslöst), so ändert sich durch einen Lernprozeß das Reaktionsmuster: Bereits der Lichtreiz löst nun den Lidschlag aus, so daß das Auge schon geschlossen ist, wenn es anschließend vom Luftstrahl getroffen wird. Durch die Assoziation zwischen dem ankündigenden Reiz und der Reflexantwort hat sich ein "bedingter Reflex" gebildet. Der ursprünglich nur ankündigende Reiz ist zum "bedingten", d.h. lernbedingt sekundär auslösenden Reiz geworden.

Lernprozesse wie dieser erfüllen folgenden biologischen Sinn: Werden schädigende Reize, die einen Schutzreflex auslösen, regelmäßig durch bestimmte andere, vorausgehende Wahrnehmungen angekündigt, so erscheint es sinnvoll, bereits auf die ankündigende Wahrnehmung mit dem Schutzreflex zu antworten, weil dadurch der schädigende Einfluß gar nicht erst auf das gefährdete Organ trifft, sondern dieses schon im voraus gegen den schädigenden Einfluß abgeschirmt wird. Demgemäß lautet der Funktionszusammenhang, allgemein formuliert: Geht dem auslösenden Reiz für einen Schutzreflex ein- oder mehrmals ein anderer Reiz voraus, so kann dies einen Lernvorgang verursachen mit dem Ergebnis, daß fortan schon dieser andere, zunächst nur ankündigende Reiz die Reaktion auslöst.

Ermittelt man im Experiment die Bedeutung der Dauer des Zeitintervalls (zwischen ankündigendem und primär auslösendem Reiz) für die Bildung eines bedingten (Schutz-)Reflexes, so findet man: Nicht Gleichzeitigkeit, sondern zeitliche Nähe (Contiguität) zwischen den beiden Reizen liefert das beste Lernergebnis, und zwar muß dafür der bedingte Reiz - ganz entsprechend seiner Eigenschaft als ankündigendes Signal - zeitlich früher eintreffen.

C. Bedingte Appetenz, bedingte Aktion

Der Lernvorgang der bedingten Appetenz wird in Abb.1 dargestellt: Ein kleiner Fisch zeigt an einem ihm gebotenen "Tütchen" primär kein Interesse

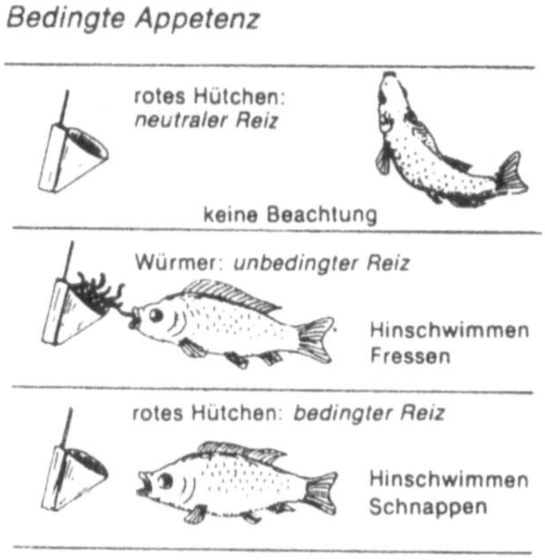

Abb. 1. Schemazeichnung zur Erklärung des Begriffs der bedingten Appetenz. Das rote Hütchen wird durch einen erfahrungsbedingten Lernprozeß zum "bedingten Reiz", der - natürlich nur bei aktiviertem Antrieb - das Appetenzverhalten und sogar einen Teil der Endhandlung ("Schnappen") auslöst.

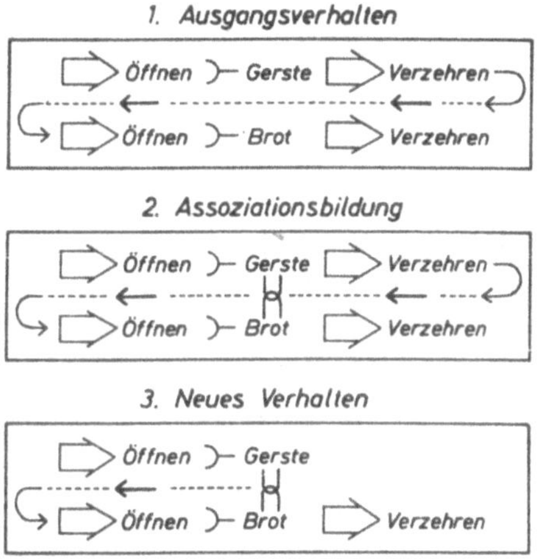

Abb. 2. (zu Abschn. I E) Eine Ziege beim Wahlversuch zwischen 2 gleichen, aber verschieden beköderten Kästen. Nach Fischel aus [2] .

Abb. 3. Schema der freien Assoziationsbildung, dargestellt an W. Fischels Ziegenversuch (Abb. 2). Die Pfeile mit dickem Schaft vor "Öffnen" und "Verzehren" bedeuten "Verhaltenselement", die Zeichen vor "Gerste" und "Brot" bedeuten "Wahrnehmung", die einfachen Pfeile und Punktlinien geben die zeitliche Reihenfolge an. Das Verbindungszeichen zwischen "Gerste" und "Brot" im mittleren und unteren Kasten bedeutet "Assoziation".

(Bild oben); doch werden ihm anschließend Futter-Würmchen darin geboten (Lernphase Bild Mitte). Daraufhin richtet der Fisch später bei Hunger sein Appetenzverhalten auf das Tütchen, auch wenn dieses leer ist, ja er macht davor sogar Schnappbewegungen (Bild unten). Für den darin zum Ausdruck kommenden Lernprozeß spielt nicht nur das gleichzeitige Wahrnehmen der Würmchen ("unbedingter" Reiz) und des Futtertütchens (später bedingter Reiz) eine Rolle, sondern in dreifacher Hinsicht auch der Hunger: Der Fisch lernt (1) nur bei Hunger; (2) nur wenn der Hunger während der Wahrnehmung des Reizes gestillt wird (Belohnung); und er zeigt (3) sein erlerntes Verhalten nur, wenn er danach wieder hungrig ist.

Lernprozesse dieser Art erfüllen folgenden biologischen Sinn: Folgt auf die Wahrnehmung eines bestimmten Reizes ein- oder mehrmals die Befriedigung eines Antriebs, so könnte dem ein Sachzusammenhang zugrunde liegen, der es sinnvoll sein läßt, auf diesen Reiz künftig sein Appetenzverhalten zu richten, weil dies eine erneute Antriebsbefriedigung versprechen könnte. Dementsprechend lautet das Lernprinzip der bedingten Appetenz: Nimmt ein Lebewesen vor oder während einer Antriebsbefriedigung ein- oder mehrmals eine bestimmte, ursprünglich neutrale Reizsituation wahr, so kann das einen Lernprozeß mit dem Ergebnis hervorrufen, daß diese Reizsituation fortan zum Anlaß oder auch zum Ziel für das Appetenzverhalten des Antriebs wird, der befriedigt wurde. Durch diesen Lernvorgang erhält also das Appetenzverhalten eines Antriebs neue auslösende und richtende Reize.

Appetenzverhalten kann durch Lernvorgänge nicht nur neue auslösende Reize, sondern auch neue ausführende Verhaltensweisen dazuerwerben. Ein Beispiel: Wird ein Schaflamm nach einer Trennung von seiner Mutter immer dann wieder zu ihr gelassen, wenn es gerade Harn gelassen hat, so geht es nach einigen derartigen Erfahrungen dazu über, sogleich Harn zu lassen, wenn sich sein Drang zur Beendigung der Trennung von seiner Mutter meldet
Das Harnlassen ist dann für das Lämmchen durch einen Lernprozeß zu einer bedingten Aktion geworden.

Der biologische Sinn dieser Art von Lernprozessen ähnelt dem zuvor beschriebenen der bedingten Appetenz, nur daß nicht der Empfang eines Reizes, sondern ein eigenes Verhaltenselement die Wahrscheinlichkeit für eine darauf folgende Antriebsbefriedigung erhöht. Das Lernprinzip lautet demgemäß: Folgt auf ein Verhaltenselement ein- oder mehrmals die Befriedigung eines Antriebs, so verknüpft sich die Antriebsinstanz mit dem Verhaltenselement und stellt es in seinen Dienst.

Die beiden Lernprozesse der bedingten Appetenz und bedingten Aktion (zusammenzufassen als "Lernen aus guter Erfahrung") verleihen dem Appetenzverhalten neue Anpassungsfähigkeit: Aufgrund zeitlicher Nähe (Contiguität) zwischen Sinneseindrücken bzw. Verhaltenselementen einerseits und Antriebsbefriedigung andererseits gewinnt das Appetenzverhalten erfahrungsbedingt neue ("bedingte") auslösende und richtende Reize bzw. neue ausführende Verhaltensweisen.

D. Angeborene Strategien des Erfahrungserwerbs

Die bisher besprochenen Lernprozesse spielten sich im Zusammenhang mit Verhaltensweisen von aktueller biologischer Notwendigkeit ab; dies begrenzte aber zugleich die Anzahl möglicher Lerngelegenheiten auf Situationen ausgelöster Schutzreflexe und auf Hergänge der Antriebsbefriedigung (="Belohnung"). Ein nächsthöheres Leistungsniveau des Erfahrungserwerbs wird durch Verhaltensweisen erreicht, die ohne diese Voraussetzungen allein auf den Erfahrungserwerb abzielen, ohne an Reaktionen auf aktuelle Gefahren oder an die Befriedigung biologischer Bedürfnisse gebunden zu sein. Solche speziellen "Strategien des Erfahrungserwerbs" sind Erkunden, Neugierde, Spielen und Nachahmen. Diese vier Verhaltensweisen unterscheiden sich klar voneinander, wenn sie typisch ausgeprägt sind, fließen aber auch in vielfältigen Überlappungen und Schattierungen ineinander über. Beim Erkunden, Neugierverhalten, Spielen und Nachahmen gewinnt und speichert das Lebewesen Erfahrungen, ohne daß zugleich andere Antriebe wie Hunger, Fortpflanzungstrieb, Fluchtdrang oder Aggressivität als Motor aktiviert sein müßten - im Gegenteil, diese Antriebe unterdrücken, wenn sie aktiviert sind, das Erkundungs- und Neugierverhalten wie auch das Spielen und Nachahmen. Die "Verhaltensweisen des reinen Erfahrungserwerbs" treten im Gegenteil gerade zu solchen Zeiten auf den Plan, in denen die übrigen Antriebe nur schwach aktiviert oder inaktiv sind: "Spielen erfolgt nur im entspannten Feld". Der Spieltrieb ist mit keinem sonstigen biologischen Antrieb identisch.

Für die autonomen Verhaltensweisen Erkunden (1), Neugierverhalten (2) und Nachahmen (4) ist es ohne nähere Erklärung evident, daß sie der Erweiterung der Erfahrung und dem Erlernen von bisher nicht beherrschten Verhaltens-Fähigkeiten dienen, nicht aber für das Spielen (3). Dieses enthält jedoch, wenn man genauer hinsieht, eine ganze Anzahl von unterschiedlichen, direkt oder indirekt informationliefernden Einzelstrategien. Unter ihnen sei hier das "antwortbedingte Wiederholen" zur Besprechung ausgewählt.

Macht ein in Spiellaune befindliches Lebewesen (Tier oder Kind) eine auffällige Wahrnehmung, so wiederholt es in vielen Fällen sein unmittelbar vorausgegangenes eigenes Verhalten. Ein Beispiel: Ein junger, gegen seinen menschlichen Pfleger zahmer Wolf trat zufällig mit dem Vorderfuß auf einen reifen Bovist, der platzte und stäubte. Der Wolf erschrak ein wenig, sprang einen Schritt zurück, schob sich aber sofort vorsichtig wieder nach vorn und tappte mit seiner Pfote erneut auf den Bovist darauf.

Derartige Verhaltensweisen gehorchen folgendem Imperativ: "Nach auffälligen Wahrnehmungen wiederhole dein unmittelbar vorhergegangenes Verhalten"! Verhaltenswiederholung nach diesem Muster hat einen ausgeprägten Erfahrungsnutzen: Es liefert Information darüber, ob das wahrgenommene Ereignis eine Auswirkung des eigenen Verhaltens war oder nur zufällig zeitlich damit zusammentraf. Im ersten Fall folgt auf die Wiederholung des eigenen

Verhaltens wiederum die gleiche Wahrnehmung, was weitere Wiederholungen nach sich ziehen kann, im anderen Fall nicht. Wenn ein Kleinkind in eine Pfütze tritt und nach der Wahrnehmung des Wasserspritzens dieses Verhalten begeistert wiederholt, so ist das keine Unart, sondern es folgt eben dieser Tendenz der Verhaltenswiederholung nach Umweltantwort.

Diese angeborene Strategie liefert dem Lebewesen eine Art von Erfahrungen, deren Wichtigkeit gar nicht zu überschätzen ist: die Kenntnis über regel- oder gesetzmäßige Folgen des eigenen Verhaltens sowohl im dinglichen Bereich als auch im sozialen Miteinander. Auch der Naturwissenschaftler wiederholt sein Experiment, um gesetzmäßige Zusammenhänge von zufälligem Zusammentreffen zu unterscheiden. Was der Organismus dann jeweils als Assoziation speichern und so als "Instruktion" gewinnen kann, sind Ursache-Wirkungs-Beziehungen zwischen eigenem Verhalten und wahrgenommenen Konsequenzen.

Neben dem "antwortbedingten Wiederholen" bestehen im Rahmen des Spielverhaltens mehrere weitere Verhaltensmuster mit der hauptsächlichen Funktion, dem Lebewesen Erfahrungen zu verschaffen. Zwei unter sich ganz unterschiedliche Beispiele dafür sind (1) die Tendenz zum Abwechseln zwischen spielerischen Verhaltensweisen und (2) das Einbeziehen von angeborenen Verhaltensmustern ins Spielen unter Abwandlung solcher Verhaltensdetails, die ein soziales Partnerspiel unmöglich machen würden; hierher gehört die Beißhemmung im Kampfspiel.

Beim Erkunden, Neugierverhalten, Spielen und Nachahmen handelt es sich um ein hochdifferenziertes, aus vielen Einzelfunktionen zusammengesetztes angeborenes, also genetisch determiniertes Programm von Strategien zum Erfahrungserwerb. "Erbgut" und "Umwelt" haben, wie man sieht, auf dieser höheren Ebene eine besondere, ganz andere Beziehung zueinander als im Rahmen der bisher besprochenen Lernvorgänge.

E. Die "freie Assoziation" als Element der Intelligenzleistung

Nun folgt ein Beispiel für die "spontane" Bildung einer neuen "Querverbindung" innerhalb dessen, was ein Tier zuvor gelernt hatte. "Spontan" heißt hier: ohne äußeren Anlaß, also ohne von außen kommende neue Information.

Der Tierpsychologe W. Fischel hatte eine Ziege gelehrt, vor ihr stehende Kästen zu öffnen, um daraus Futter zu entnehmen. In dem zu schildernden Versuch wurden ihr jedesmal zugleich zwei Kästen nebeneinander vorgesetzt (Abb.2). Einer davon (abwechselnd der rechte oder der linke) enthielt jeweils Brot, die Lieblingsspeise des Tieres, der andere ein Häufchen Gerste, die weniger beliebt war. In den ersten Versuchen dieser Art fraß die Ziege jeweils das, was sie im zuerst gewählten Kasten vorfand, sei es Gerste oder Brot, und leerte danach auch den zweiten. Nach einigen Erfahrungen dieser Art änderte die Ziege jedoch ihr Verfahren: Fand sie zufällig im erstgeöffneten Kasten das Brot, so fraß sie dieses; fand sie aber Gerste, so ließ sie den Deckel gleich wieder zufallen und wandte sich dem anderen Kasten zu, um dort zuerst ihre Lieblingsspeise Brot zu finden und zu verzehren. Danach kam dann auch die Gerste daran.

Beim Übergang von der alten zur neuen Strategie änderte sich für die Ziege nichts an den Außenbedingungen; die Ursache für den Verhaltenswechsel mußte also in ihrem Inneren liegen: Aufgrund ihrer ersten Erfahrungen verhielt sie sich im zweiten Versuchsabschnitt so, als würde sie, falls sie zuerst die Gerste fand, im anderen Kasten das Brot liegen sehen und sich daraufhin diesem zuwenden. Formal betrachtet war aufgrund des mehrmals wiederholten Zusammenhangs "Gerste im einen, Brot im anderen Kasten" eine innere Koppelung, eine Assoziation derart entstanden, daß die Wahrnehmung "Gerste" nun die gespeicherte Information "Brot im anderen Kasten" aufrief ("aktivierte") und daß die derart aufgerufene Information dann das Verhalten vom bisherigen Verlauf ablenkte und neu ausrichtete. Dies ist in Abb.3 schematisch dargestellt.

Die Änderung der Verhaltenssteuerung, die sich in diesem Beispiel beobachten ließ, ist gewiß als Leistung nicht allzu hoch einzuschätzen. Aber sie hat trotzdem den Wert von etwas prinzipiell Neuem, das über das eigentliche Lernen hinausführt: Ohne besonderen äußeren Anlaß bildete sich zwischen zwei Assoziationskettengliedern eine neue Verbindung, und dies führte zu einem bisher noch nicht beobachteten neuen Verhalten: dem Wiederzufallenlassen eines Deckels, ohne den Inhalt des geöffneten Kastens zu verzehren. Mit dieser Neubildung einer Verknüpfung ohne unmittelbaren äußeren Anlaß ist der Rubikon vom eigentlichen Lernen zum Neuverknüpfen aus innerem Anlaß überschritten. Zwar mag man zögern, hier schon von einer Intelligenzleistung oder von Einsicht zu sprechen. Aber nach Überschreitung dieser Grenze führt der Weg ohne weiteren Wesensschritt fließend zu einfachen und dann zu immer höheren und höchsten Intelligenzleistungen.

Wer nach der Grenze zwischen bloßem Lernen und der Intelligenz fragt, wird vielleicht über die Geringfügigkeit des Schrittes vom Lernen zum Entstehen einer neuen Assoziation aus innerem Anlaß ("freie Assoziation") enttäuscht sein. Aber es ist ja auch nicht ausgemacht, daß an der Grenze eines Begriffsfeldes sogleich Gegebenheiten auftauchen müssen, die den Begriff in seiner vollen Ausprägung repräsentieren. Geht man beispielsweise von Grautönen allmählich zu bunten Farben über, so erscheint auch hier zunächst ein ganz matter Farbeindruck, und erst im Zentrum des Begriffsfeldes finden wir ausgeprägte Farben wie sattes Grün, glühendes Rot, strahlendes Blau oder leuchtendes Gelb. Nicht nur hier, sondern auch in vielen anderen Fällen erweist es sich daher als Fehler, wenn man die beiden Fragen verwechselt: Wo liegt die Grenze eines Begriffs zu einem Nachbarbegriff? Und: Was alles gehört zu einem Begriff im Zentrum des Begriffsfeldes? Wenn ein Kleinkind zum erstenmal zwei oder mehrere Bauklötze zu einem Turm aufeinanderstellt, so führt von dort noch ein schier unermeßlich langer Weg zur

Leistung des unbekannten Baumeisters des Freiburger Münsters. Trotzdem haben wir beim kleinen Kind das allerersté "Bauen" vor uns. Der Weg von der Grenze bis zur Vollendung kann noch sehr weit sein. Wer aber speziell nach der Grenze sucht, findet dort womöglich nur einen bescheidenen Schritt.

"Freies Assoziieren" sowie eine der Grenzen dieser Fähigkeit lassen sich für das menschliche Erleben in folgendem einfachen Versuch demonstrieren: Man intoniere die ersten 5 Töne einer aufsteigenden Durtonleiter und frage dann die Hörer nach etwaigen "freien" Assoziationen. Fast alle werden die Tonreihe sogleich im Sinne eines bekannten Liedes fortsetzen: "Alle meine Entchen ...", "Fuchs, du hast die Gans gestohlen ..." oder "Horch, was kommt von draußen rein". Anschließend intoniere man eine etwas längere, mehr Information enthaltende Tonreihe (was das Aufrufen vorhandener Assoziationen an sich viel leichter macht), wähle dazu aber eine hinsichtlich der Tonfolge gespiegelte Melodie (die man sich vorher sorgfältig eingeprägt hatte), z.B. die ersten 13 Töne von "Hänschen klein". Das überraschende Ergebnis lautet: Bei niemanden wird die Assoziation erweckt. Selbst wer auf die Idee der Spiegelung kommt, erkennt die Melodie nicht als ganze, sondern muß sie sich zunächst Ton für Ton "rückwärts" vergegenwärtigen. Aus dieser Erfahrung läßt sich entnehmen, daß Assoziationen "zeitlich gerichtet" sein können. Dies entspricht der Erfahrung des letzten Absatzes von Abschnitt IB.

II. Die Reihe der Höherdifferenzierungen in Formelschrift

Das Symbol für das Entstehen einer Assoziation wird aus Abb.3 entnommen. Die weiteren Symbole sind: Reiz S; Reflex R; bedingt b; unbedingt (= vor dem Lernprozeß vorhanden) u; Appetenzverhalten A^+; Verhaltenselement V; Bereitschaft, Bereitschaftsinstanz B; Contiguität c (als Kennzeichen des Contiguitäts-Zeitintervalls); Informationswert I; Anzahl N; Wiederholung W; angeborene Strategien des Erfahrungserwerbs ASE; Funktion von (= Konsequenz von) f. Die Formeln sind in Abb.4 wiedergegeben.

Formel 1 heißt in Worten: Eine Assoziation zwischen S_1 und S_2 entsteht als Konsequenz davon, daß zugleich S_1 und S_2 eintreffen (als Symbol für Gleichzeitigkeit wurde das Zeichen für das logische Und, das umgekehrte v verwendet). Die Formel unterstreicht die eigentlich verblüffende physiologische Leistung, auf die Gleichzeitigkeit zweier Vorgänge mit einer Verknüpfung, also einer bleibenden funktionellen Strukturveränderung zu antworten.

Formel 2 sagt aus: S_b verknüpft sich mit R, sofern S_b und, nach einem Contiguitäts-Zeitintervall, S_u eintrifft.

Formel 3 sagt aus: S_b verknüpft sich mit A^+, sofern S_b und nach einem Contiguitäts-Zeitintervall eine Änderung der Bereitschaftsaktivität erfolgt; gemeint ist eine Verminderung durch die Belohnung (= Antriebsbe-

KANN-Phase = f (LERN-Phase)

1. *Assoziation:* $S_1 \supset\!\subset S_2 = f(S_1 \wedge S_2)$

2. *Bedingter Reflex:*

$$S_b \supset\!\subset R(S_u) = f(S_b \ldots {}^c\Delta t \ldots S_u)$$

Zusatzbedingung: $\Delta(S_b \ldots R) < {}^c\Delta t$

3. *Bedingte Appetenz:*

$$S_b \supset\!\subset A^+(B) = f(S_b \ldots {}^c\Delta t \ldots \dot{B})$$

Bedingte Aktion:

$$B \overset{\bullet}{\supset\!\subset} V_b = f(V_b \ldots {}^c\Delta t \ldots \dot{B})$$

4. *Angeborene Strategien des Erfahrungserwerbs:*

$$N(\supset\!\subset) = f(\underline{ASE})$$

z.B. $W(V) = f(V \ldots {}^c\Delta t \ldots S)$

$$V \supset\!\subset S = f'[W(V \ldots {}^c\Delta t \ldots S)]$$

5. *Successiv-Assoziation:*

$$I_1 \underset{\longrightarrow}{\supset\!\subset} I_2 = f(I_1 \ldots {}^c\Delta t \ldots I_2)$$

Simultan-Assoziation:

$$I_1 \underset{\longleftrightarrow}{\supset\!\subset} I_2 = f(I_1 \wedge I_2)$$

Abb. 4. Die Reihe der in diesem Aufsatz besprochenen Leistungen verschiedener Organisationshöhe im Bereich "Erfahrungserwerb", dargestellt in Formelschrift.

Abb. 5. Die beiden in diesem Aufsatz besprochenen Möglichkeiten für die Entstehung einer neuen signalleitenden Verknüpfung.

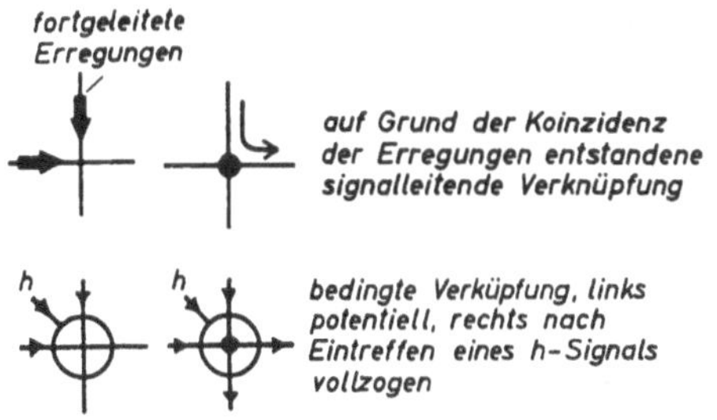

friedigung = Antriebsverminderung). - Die Bereitschaftsinstanz B verknüpft sich mit V_b, sofern V_b und, nach einem Contiguitäts-Zeitintervall, eine Änderung der Bereitschaftsaktivierung erfolgt.

Formel 4 sagt zunächst nicht mehr aus, als daß die Anzahl der erfahrungsbedingten Verknüpfungen durch die ASE ansteigt. Das Beispiel symbolisiert zunächst die Verhaltens-Wiederholung als Konsequenz eines auf das Verhalten folgenden Reizes, und in der darauffolgenden Zeile die daraufhin entstehende Assoziation zwischen Verhalten und Reiz.

Formel 5 schließlich führt das Assoziations-Zeichen mit einem Pfeil als Symbol für den Fall ein, daß eine Verknüpfung (und damit die Möglichkeit des Wiederaufrufens) eine zeitliche Reihenfolge impliziert (Successiv-Assoziation). Im nächsten Abschnitt wird auch über Assoziationen ohne diese Bedingtheit gesprochen werden (Simultan-Assoziation).

Alle Formeln in Abschnitt II sagen nicht mehr aus als die entsprechenden Beschreibungen in Abschnitt I; doch reduzieren sie das Gesagte auf ihre logisch-mathematische Grundstruktur. Dies hat im Zusammenhang dieses Referats im wesentlichen eine dienende Funktion. Die Formeln sollen definieren, was in Abschnitt III in Form von Datenverarbeitungs-Diagrammen (Funktionsschaltbildern) dargestellt wird [3].

III. Die Stufenfolge der Höherdifferenzierungen in Funktionsschaltbildern

A. In Abb.5 werden zwei Möglichkeiten der Entstehung einer signalleitenden Verknüpfung dargestellt: Entweder entsteht diese (nur) durch gleichzeitige Signale auf den beiden Bahnen, die einander zur möglichen Verknüpfungsbildung nahekommen; oder die Verknüpfung entsteht als Konsequenz des Empfangs eines "h-Signals" [2].

B. Abb.6 zeigt die Bildung eines bedingten Reflexes ohne Berücksichtigung der Zeitbeziehungen. Die Zeitspanne zwischen dem bedingten Reiz und der Reaktion ist in der Lernphase jedoch viel länger als in der Kannphase; hierin liegt ja geradezu der entscheidende Sinn der Reaktion. Diese Zusatzbedingung ist nur zu erfüllen, wenn der Signalweg, der das Contiguitäts-Zeitglied enthält, von demjenigen unterschieden und getrennt ist, der von S_b zu R führt; dies ist in Abb.7 verwirklicht.

C. Abb.8 und 9 zeigen die einfachsten und hinreichenden Leistungs- und Verrechnungselemente, um die Funktionen der bedingten Appetenz und der bedingten Aktion zu realisieren.

D. Abb.10 zeigt allein das Prinzip der Einschaltung der Instanz des Spiel-Antriebs. Abb.11 stellt die einfachste Schaltung dar, die das "antwortbedingte Wiederholen" realisieren kann. Das Lern-Teilsystem ist punktiert eingetragen, und zwar entsprechend dem Prinzip der wechselseitigen bedingten Verknüpfung (siehe nächster Absatz).

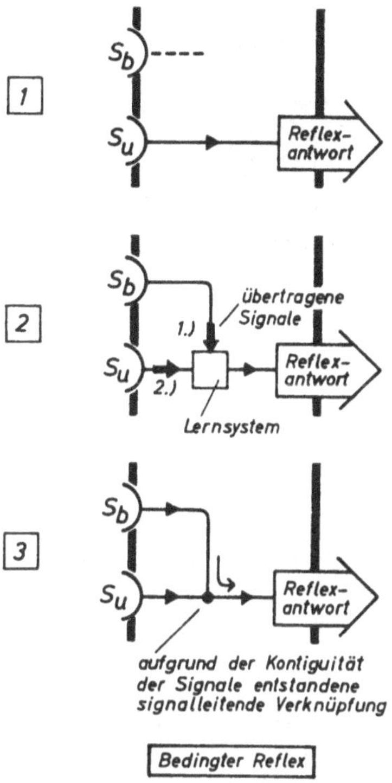

Abb. 6. Idealisiertes, vereinfachtes Schema der Verknüpfungsleistung bei der Bildung eines bedingten Reflexes. S_u ist der ursprünglich auslösende Reiz, S_b der zunächst neutrale, nach dem Lernvorgang aber ebenfalls auslösende, dann "bedingte (= erfahrungsbedingte) Reiz".

[1] Ausgangszustand vor dem Lernen; noch besteht keine funktionelle Verbindung zwischen S_b und der Reflexantwort R.

[2] "Lernphase": Ankunft der Signale von S_u und S_b in dem für das Zusammentreffen empfindlichen Teil-System des Zentralnervensystems. Die Zahlen 1.) und 2.) geben die für den Lernerfolg erforderliche zeitliche Reihenfolge des Eintreffens der Signale im Lernsystem an.

[3] "Kannphase": Neugebildete Verbindung $S_b \rightarrow R$.
Aus [1] 1987.

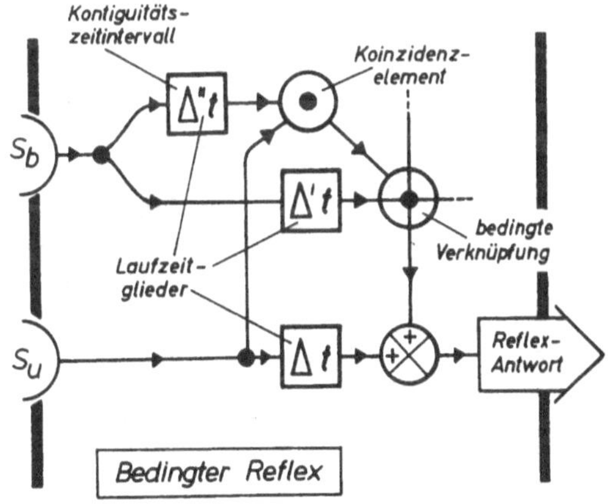

Abb. 7.

Idealisiertes, vereinfachtes Funktionsschaltbid eines bedingten Reflexes nach dem Typus des bedingten Lidschlußreflexes. In diesem Bild sollen die Signal-Laufzeiten auf den signalübertragenden Bahnen als sehr kurz im Vergleich zu den Zeiten gelten, die in den drei Laufzeitgliedern repräsentiert sind. ("Koinzidenzelement" heißt: Nur gleichzeitig eintreffende Eingangssignale erzeugen ein Ausgangssignal. "Laufzeitglied" heißt: Nach Empfang eines Signals wird nicht sofort, sondern erst nach Verstreichen des im Kästchen eingetragenen Zeitintervalls ein Signal weitergesendet.) Aus [1] 1987.

Abb. 8. Idealisiertes Funktionsschaltbild für den Lernprozeß der bedingten Appetenz. "Bereitschaft" ist die funktionelle Größe, in der alle Einflüsse zusammenlaufen, die als "innere Bedingungen" die Stärke des durch Außenreize ausgelösten Verhaltens beeinflussen; ihr Aktivierungsgrad B bestimmt gemeinsam mit der Reizstärke die Intensität des ausgelösten Verhaltens. Die von rechts kommende Bahn, deren Signale die Bereitschaft absinken lassen (weißes Minuszeichen auf schwarzem Grund), meldet entweder den motorischen Ablauf der dem Appetenzverhalten zugeordneten instinktiven Endhandlung oder sonstige, als Belohnung bewertete Ereignisse. Die vom Aufnahmeorgan des unbedingten Reizes zur Bereitschaftsinstanz führende Bahn symbolisiert Sinnesmeldungen, die die Bereitschaft ansteigen lassen. Das mit d/dt bezeichnete Funktionsglied registriert laufend die Bereitschaftsstärke, meldet aber ins Lernsystem nur deren Änderung und damit das Ereignis "Belohnung" (Ausgangsmeldung = absoluter Wert des zeitlichen Differentialquotienten der Eingangsmeldung). "Speicherelement": Träges Übertragungsglied, dessen Erregung nach kurzzeitigem Eingangssignal langsam abklingt und entsprechend diesem Zeitverlauf Signale nach rechts weitersendet. Aus [1] 1987.

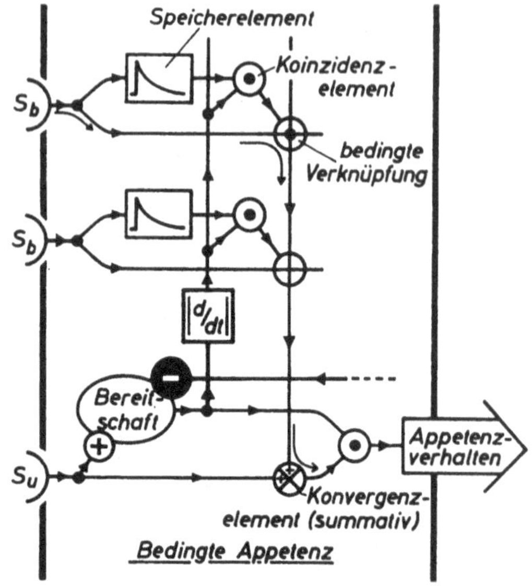

Abb. 9. Idealisiertes Funktionsschaltbild für den Lernprozeß der bedingten Aktion. Der gestrichelt gezeichnete Pfeil unten rechts kennzeichnet das angeborene instinktive Verhalten, das zu der Bereitschaft gehört, aber durch ein erlerntes Verhaltenselement ersetzt wurde. Der Abbildung liegt die Vorstellung zugrunde, daß eine Erfahrung stattfand, die das obere der beiden eingezeichneten Verhaltenselemente mit der Bereitschaft verkoppelte. Aus [1] 1987.

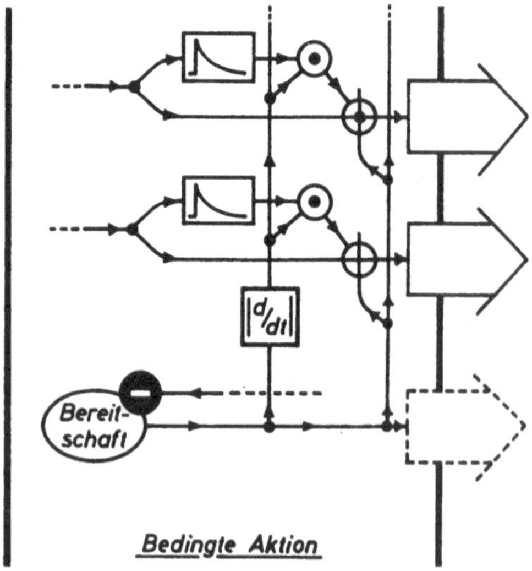

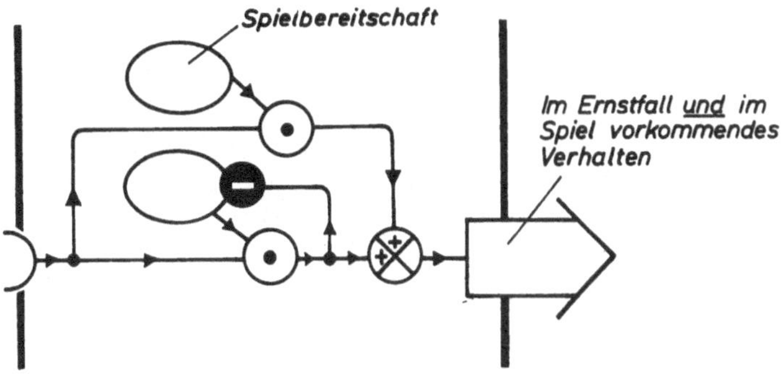

Abb. 10. Stark vereinfachtes, idealisiertes Funktionsschaltbild für die Einbindung einer eigenen Bereitschaftsinstanz für das Spielen in das Wirkungsgefüge der instinktiven Verhaltenssteuerung. Der neue Funktionsweg "umgeht" gleichsam die der Verhaltensweise eigentlich (d.h. für den Ernstbezug) zugehörige Bereitschaftsinstanz. Aus [1] 1987.

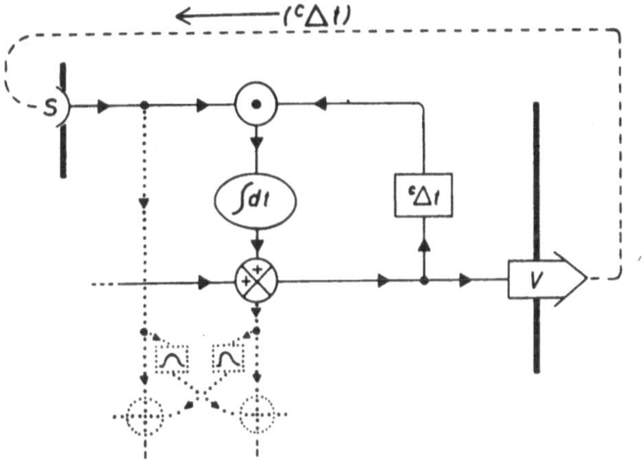

Abb. 11. Idealisiertes, vereinfachtes Funktionsschaltbild für "antwortbedingtes Wiederholen", ein Teilsystem der Spielverhaltenssteuerung: Folgt auf das Verhalten V nach einem Contiguitäts-Zeitintervall der auffällige Reiz S, so führt das zu einer Koinzidenz zwischen dem von diesem Reiz ausgehenden (afferenten) Signal und einer vom (efferenten) Kommando abzweigenden Meldung (Efferenzkopie); diese Koinzidenz erzeugt Signale, die - vielleicht nach akkumulierender Speicherung - das Verhalten erneut auslösen. Ein besonderes Teilsystem - punktiert gezeichnet - bildet den zeitlichen Zusammenhang zwischen V und S als Assoziation ab. Diesem Teilsystem entspricht Abb. 12.

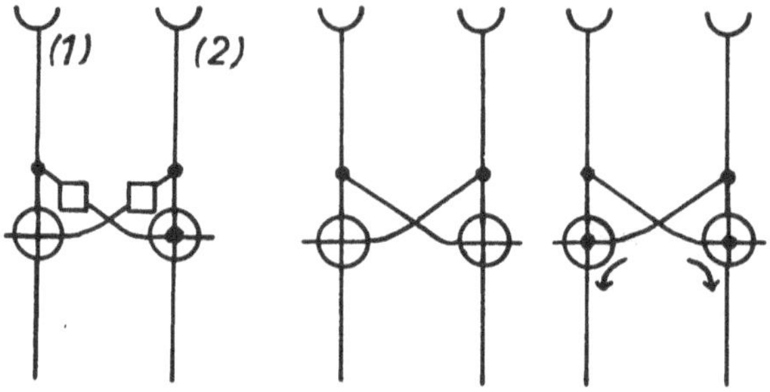

Abb. 12 a. Angenommen, die beiden eingezeichneten Kästchen symbolisieren träge Übertragungsglieder wie die "Speicherelemente" in Abb. 8 und 9, so bildet sich an dem in der Zeichnung angegebenen Ort eine bedingte Verknüpfung, wenn zuerst ein Signal in Kanal (1) und etwas später (Contiguitäts-Zeitintervall!) ein Signal in Kanal (2) eintrifft. Dies wäre - formal - die Assoziation einer Reiz-Zeitfolge: Successiv-Assoziation. - Wenn in einem entsprechenden Zwei-Kanal-Teilsystem, in dem die trägen Übertragungsglieder (wie in Abb. 12 b gezeichnet) auch fehlen können, beide Kanäle gleichzeitig Signale führen, dann bilden sich (wie in Abb. 12 c gezeichnet) in ihm zwei bedingte Verknüpfungen. Ein solches System der "wechselseitigen bedingten Verknüpfung" ist eine Grundlage für Simultan-Assoziationen und hat - im Falle von mehr als 2 bzw. vielen Kanälen - erstaunliche und unerwartete Fähigkeiten, wie sie von Willwacher [4] herausgearbeitet wurden. Aus [2] , verändert.

E. Das Funktionsschaltbild Abb. 12 realisiert (für 2 Reize) sowohl die Successiv- als auch die Simultan-Assoziation. Das Teilsystem der "wechselseitigen bedingten Verknüpfung" ist von G. WILLWACHER gefunden und sorgfältig untersucht worden [4].

Schlußgedanke

Die Funktionsschaltbilder Abb.5 bis 12 erheben den Anspruch, die einfachste hinreichende Struktur der Datenverarbeitung darzustellen, durch welche die Forderungen der Formeln von Abschnitt II erfüllt werden. Man kann aus ihnen einige Lehren ziehen: Die Beziehung zwischen Lernprozessen (Abschnitt I) und durchführenden Strukturen der Datenverarbeitung (Abschnitt III) ist der Anschauung nur mit Mühen zugänglich, auch bei Zwischenschaltung mathematisch-logischer Formeln (Abschnitt II). Was im verhaltenssteuernden System vor sich geht, dürfte aber im Prinzip viel eher durch die datenverarbeitenden Strukturen repräsentiert werden als durch die Worte und Sätze der Sprache. Wer beide Sprachen beherrscht, die in beschreibenden Worten und die in Funktionsschaltbildern, neigt daher zu der Anschauung: Fortschritte im funktionellen Verständnis der Leistungen verschiedener Organisationshöhe im Bereich des Erfahrungserwerbs dürften kaum auf einer anderen Ebene als der von Funktionsschaltbildern zu gewinnen und zu formulieren sein.

Literatur.

[1] Hassenstein, B.: Verhaltensbiologie des Kindes. Piper-Verlag, München 1. Aufl. 1973, 4. Aufl. 1987. Darin weitere Literatur.

[2] Hassenstein, B.: Klugheit. Bausteine zu einer Naturgeschichte der Intelligenz. Stuttgart, Deutsche Verlags-Anstalt 1988.

[3] Hassenstein, B.: Funktionsschaltbilder als Hilfsmittel zur Darstellung theoretischer Konzepte in der Verhaltensbiologie. Zool.Jb. Physiol. 87 (1983), 181-187.

[4] Willwacher, G.: Fähigkeiten eines assoziativen Speichersystems im Vergleich zu Gehirnfunktionen. Biol. Cybernetics 24 (1976), 181-198.

—: Storage of a Temporal Pattern Sequence in a Network. Biol. Cybernetics 43 (1982), 115-126.

MENSCH - BIOSPHÄRE - ZUKUNFT

R. Löther [1]

"Außer diesem Stern, dachte ich, ist nichts
und er
Ist so verwüstet.
Er allein ist unsere Zuflucht und die
sieht so aus."

(B. BRECHT)

Die Welt, in der wir leben, ist eine evolvierende Welt. Ihre Zukunft ist nicht festgelegt, sondern als ein Feld von Möglichkeiten angelegt. Im Realisieren von bestimmten Möglichkeiten, die andere Möglichkeiten ausschließen und neue Möglichkeiten entstehen lassen, vollzieht sich der Übergang vom Gegenwärtigen zum Zukünftigen. Die Analyse des Möglichkeitsfeldes individuellen wie gemeinschaftlichen menschlichen Handelns zeigt Alternativen und ihnen innewohnende Risiken, Risiko verstanden als Einheit von Chance und Gefahr. Sie verlangt Entscheidungen, in die Bedingungen und Interessen, Wissen und Weisheit eingehen. Zu den Aktivitäten ihrer Realisierung gehört ein ständiger Prozeß gesellschaftlichen Lernens, von Kontrolle, Kritik und Selbstkritik, der auf die Realisierung zurückwirkt. Je schlechter dieser gesellschaftliche Lernprozeß funktioniert, um so höher wird das Lehrgeld, das die menschlichen Gemeinschaften und die ganze Menschheit zu zahlen haben - von einzelnen Ereignissen des Scheiterns bis zum Preis der Selbstvernichtung der Menschheit.

Prozesse, die aus menschlichen Aktivitäten resultieren und die den Fortbestand der Menschheit und die Bewohnbarkeit der Erde gefährden, gehören zu den Tatbeständen des gegenwärtigen Zeitalters. Dessen grundlegendes Charakteristikum ist der Aufbruch der Menschheit zur sozialistischen Erneuerung ihrer gesellschaftlichen Existenz- und Entwicklungsformen, der mit der Großen Sozialistischen Oktoberrevolution in Rußland begonnen hat. Dabei werden - den Fortbestand der Menschheit vorausgesetzt - in einer langen historischen Epoche kapitalistisch und sozialistisch organisierte Menschengesellschaften auf der Erde existieren, ist friedliche Koexistenz der Staaten unterschiedlicher Gesellschaftsordnung das für sie angesichts der Gefahren, die für die Bewohnbarkeit des Planeten und das Überleben der Menschheit bestehen, geboten (vgl. D. KLEIN 1988, D. KLEIN/H. NEUBERT/ M. SCHMIDT 1989). Dazu gehören neues Denken und Koalition des Realismus und der Vernunft. Viel hängt davon ab, daß sich die Kommunisten auch hier, um mit dem MARX-ENGELS'schen "Manifest der Kommunistischen Partei" zu reden, als der

---

1) Zentralinstitut für Philosophie der Akademie der Wissenschaften der DDR, Otto-Nuschke-Str. 10/11, Berlin DDR - 1086

"entschiedenste immer weiter treibende Teil" bewähren. Für das, was da an Gefahren aus der Welt zu schaffen und dafür an Problemen zu lösen ist, hat sich die Bezeichnung "globale Probleme" eingebürgert. Der Bericht der von G.H. BRUNDTLAND geleiteten Weltkommission für Umwelt und Entwicklung "Unsere gemeinsame Zukunft" (1988), F. CASTROs Bericht an die VII. Gipfelkonferenz der Nichtpaktgebundenen "Die ökonomische und soziale Krise in der Welt, ihre Auswirkungen auf die unterentwickelten Länder, ihre düsteren Perspektiven und die Notwendigkeit zu kämpfen, wenn wir überleben wollen" (1983) sowie weitere Bestandsaufnahmen geben Auskunft über die Situation (vgl. H. BARSCHIK/K. BÜRGER 1988, G. KHOZIN 1988).

Die Listen der globalen Probleme differieren, desgleichen die Klassifikationen. Letztlich läuft alles auf die drei Zeitzünderbomben hinaus, die unter unserem gemeinsamen Haus, der Erde, ticken, wie A. GROMYKO und W. LOMEJKO (1985, S. 169 ff.) anschaulich formulieren. Als erste und gefährlichste hinsichtlich des Ausmaßes der ihr innewohnenden Gefahr nennen sie die Bombe des Wettrüstens, das die Menschheit mit dem atomaren Inferno bedroht. Als zweite Zeitbombe führen sie das wachsende Gefälle zwischen dem Lebensniveau der Industrienationen und der Entwicklungsländer an. Dieses sich fortsetzende und weiter anwachsende Mißverhältnis in der Entwicklung verschärfe die sozialen und nationalen Konflikte, trage zur Verschärfung der Spannungen innerhalb der "dritten Welt", zwischen den entwickelten und den Entwicklungsländern sowie dazu bei, regionale Kriege heraufzubeschwören, die die Möglichkeit in sich bergen, zum globalen und dabei auch zum mit Kernwaffen ausgetragenen Konflikt zu eskalieren. Schließlich verweisen die Autoren auf die "ökologische Bombe", Inbegriff all jener Faktoren, die das ökologische Beziehungsgefüge der Biosphäre und seine Komponenten wie Boden, Luft und Gewässer sowie die Lebewesen schädigen und damit die natürlichen Existenzgrundlagen der Menschheit zerstören.

Was immer sonst noch als global problematisch anzuführen ist - Bevölkerungsentwicklung, Ernährung, Gesundheit, Rohstoffe, Energie u.a. - gewinnt seine Relevanz für die Bewohnbarkeit der Erde und das Überleben der Menschheit durch seine Beziehungen zu diesen drei Zeitbomben. Und der bildhafte Ausdruck der Zeitbombe besagt auch, daß die Menschheit nicht mehr beliebig lange mit diesen vernichtungsschwangeren Prozessen existieren kann, sondern irgendwo in einer gewiß nicht sehr fernen Zukunft Grenzen liegen, die nicht überschritten werden dürfen, wenn die Menschheit davonkommen will. Jenseits dieser Grenzen, auf die wir uns immer noch zubewegen, gibt es keine Chancen mehr, und wir haben alles andere als sicheres Wissen, wo sie sich befinden. Wir wissen nur, daß es sie gibt und daß wir ihnen täglich näherkommen.

Wettrüsten und Drohung des nuklearen Infernos, Auseinanderklaffen des Lebensniveaus der Völker mit seinem Konfliktpotential und die Tendenz fortschreitender Destruktion der Biosphäre stehen in wechselseitigen Zusammenhängen. Diese sind zu bedenken, wenn es darum geht, die Gefahren zu überwinden. Vor allem ist die Wende zu Entspannung und Abrüstung in den internationalen Beziehungen die grundlegende Voraussetzung, um nicht nur die Drohung des nuklearen Infernos zu überwinden, sondern um auch die beiden anderen Zeitbomben zu entschärfen, da nur dadurch die Mittel verfügbar werden und die internationalen Beziehungen die Formen annehmen können, die dadür erforderlich sind. Unter den Bedingungen von "kaltem Krieg", Wettrüsten und Unterentwicklung ist keine Gesellschaft in der Lage, ihre Umweltprobleme gründlich zu lösen, kann die Menschheit ihre Beziehungen zur Biosphäre nicht in Ordnung bringen. Daraus erhellt, was es bedeuten würde, wenn der "Vertrag zwischen der UdSSR und den USA über die Liquidierung ihrer Raketen mittlerer und kürzerer Reichweite" (INF-Vertrag) vom 8. Dezember 1987 als Beginn der Wende zu Abrüstung und Entspannung in die Geschichtsbücher eingehen würde.

Andererseits würde ein etwaiger auf der Nordhalbkugel der Erde geführter Kernwaffenkrieg alle Bemühungen um die Verringerung des Entwicklungsgefälles zwischen den Völkern und um den Schutz von Natur und Umwelt gegenstandslos machen. "Nukleare Nacht" und "nuklearer Winter" wären erdweit (A. GINSBURG 1988, N. MOISSEYEV 1987a, Y.M. SVIREZHEV 1987). Und nach Erwägungen des Molekularbiologen A.A. BAEV und des Humangenetikers N.P. BOČKOV (1983) würden auch für jene Menschen, die eventuell die klimatischen und ökologischen Kataklysmen auf der Südhalbkugel der Erde überstehen könnten, auf Dauer kaum Überlebenschancen bestehen. Sie alle wären als chronisch Kranke zu bezeichnen. Erbkrankheiten, bösartige Geschwülste, Lungenleiden und andere Krankheiten sowie hohe Fehlgeburtsraten würden dazu führen, daß die Existenz der Menschheit 5 bis 6 Generationen nach dem atomaren Inferno besiegelt wäre. Im Falle eines Krieges zwischen hochindustriallisierten Ländern bedürfte es nicht einmal des Einsatzes von Kernwaffen, um eine nukleare Katastrophe zu bewirken. Die auf ihren Territorien befindlichen Kernreaktoren und stationierten Atomwaffen würden dafür ausreichen, so in Europa.

Übrigens begegnet hier ein besonderer Typ von wissenschaftlichen Hypothesen, Modellen, Szenarien und Prognosen: sie werden nicht aufgestellt und begründet, um ihren Wahrheitsgehalt in der Praxis zu prüfen, sondern um ebendies verhindern zu helfen. Anderenfalls wäre niemand mehr da, um die Ergebnisse auszuwerten, falls die Voraussagen zutreffen, was in hohem Maße wahrscheinlich ist.

Nehmen Friedenssicherung, Abrüstung und Entspannung eine Schlüsselstellung unter den globalen Problemen ein, um den Fortbestand und das Vorankommen der Menschheit zu sichern, bildet die ökologische Problematik im umfassenden Sinne der Wechselbeziehungen zwischen Menschheit und Biosphäre das alles andere übergreifende globale Problem. Das Nachdenken darüber läßt nach dem Platz des Menschen in der

Natur und in der Entwicklung der Erde und des Lebens auf ihr fragen. Für die Antwort halte ich vor allem drei Denkansätze für wichtig, die sich meines Erachtens einander ergänzen: 1. die von MARX und ENGELS begründete materialistische Auffassung der Menschheitsgeschichte mit ihren Aussagen über die Beziehungen zwischen Mensch, Gesellschaft und Natur, 2. die von V.I. VERNADSKIJ begründete Konzeption der Biosphäre, ihrer Evolution und der Noosphäre als ihrem jüngsten Evolutionsstadium, und 3. die von I.I. ŠMAL'GAUZEN begründete Konzeption der Epimorphose als Etappe progressiver morpho-physiologischer Organismenevolution.

Der ŠMAL'GAUZENsche Ansatz geht aus der biologischen Evolutionstheorie hervor und steht im Kontext der Erörterungen des großen sowjetischen Darwinisten (und dialektischen Materialisten) über die morpho-physiologische Höherentwicklung der Lebewesen, die "Aromorphose", wie er sie mit A.N. SEVERCOV nannte. Mit der Aromorphose sah er die Erweiterung der einer Organismengruppe zugänglichen Umwelt verbunden. Die damit eingeschlagene Evolutionsrichtung extrapolierte er gedanklich zu einer unbegrenzten Erweiterung der Umwelt, die nicht nur dazu führt, daß diese Lebewesen die gesamte Erdoberfläche besiedeln, sondern auch dazu, daß sie alle Hilfsquellen des Lebens ausnutzen. Ein solches Lebewesen befindet sich, wie ŠMAL'GAUZEN sagt, in einer ganz besonderen Position gegenüber allen anderen Organismen: er hebt sich über sie hinaus, besitzt alle Umwelten und unterwirft sie seinen Bedürfnissen. Diese höchste Etappe der Aromorphose bedeutet also etwas prinzipiell Neues gegenüber aller anderen Organismenevolution: die Herrschaft über die Umweltbedingungen. Es versteht sich von selbst, daß (in einer gegebenen Zeit auf einem Planeten) nur eine Organismenart alle Umwelten in Besitz nehmen kann, weil das die Herrschaft über alle anderen Organismen bedeutet. Damit wird deren Existenz von dieser Spezies abhängig. Das ist die letzte denkbare Etappe auf dem Weg der Aromorphose. ŠMAL'GAUZEN nannte sie "Epimorphose". Er konstatierte (1946, S. 466): "Diese letzte denkbare Etappe der Evolution erreichte in geologisch jüngst vergangener Zeit der Mensch".

ŠMAL'GAUZEN erreicht damit die Grenze dessen, was mit der biologischen Evolutionstheorie über die Stellung des Menschen in der lebenden Natur an der Erdoberfläche gesagt werden kann (und zugleich über mögliche vergleichbare Entwicklungen auf Planeten anderer Sonnen im Weltall). "Epimorphose" ist nicht etwa ein Synonym für Anthropogenese, sondern ein evolutionstheoretischer Allgemeinbegriff, der den Einzelvorgang des menschlichen Evolutionsweges auf der Erde mit erfaßt. Diese ist der bisher einzige Beleg dafür, daß die Epimorphose nicht nur eine Denkmöglichkeit ist. Die Frage ist, was die Menschen aus dieser ihrer Position machen.

Was bei der Reflexion dessen, was mit dem Menschen und durch ihn auf der Erde eingetreten ist, bei ŠMAL'GAUZEN als Epimorphose des Menschen in den Blick kommt, findet sich bei MARX und ENGELS philosophisch und gesellschaftswissenschaftlich untersetzt. Als bestimmend für die Entstehung und Entwicklung der Menschheit erkannten sie die Arbeit. Aus ihr resultiert die Position, die der Mensch in der Natur einnimmt. Die Arbeit ist "ein Prozeß zwischen Mensch und Natur, ein Prozeß, worin der Mensch seinen Stoffwechsel mit der Natur durch seine eigene Tat vermittelt, regelt und kontrolliert" (MEW, Bd. 23, S. 192). In der Arbeitstheorie der Menschwerdung ergänzten die Begründer materialistischer Gesellschaftswissenschaft und dialektisch-materialistischer Philosophie den Nachweis der Herkunft des Menschen aus dem Tierreich, seiner Abkunft von äffischen Ahnen, den T.H. HUXLEY, E. HAECKEL, Ch. DARWIN u.a. geführt hatten, mit der Bestimmung der Arbeit als des wesentlichen Evolutionsfaktors im Werdeprozeß der Menschheit und ihres Gesellschaftslebens. Im weiteren begriffen sie als ein Resultat der gesellschaftlichen Arbeitstätigkeit, daß die Natur der Erdoberfläche, die von den Menschen vorgefunden wird, zeitlich und räumlich (historisch und geographisch) fortschreitend eine von den vorangegangenen Generationen bereits veränderte, umgestaltete Natur ist. Anders gesagt, die Umwelt der Gesellschaft, die Natur an der Erdoberfläche insgesamt, nimmt zunehmend den Charakter einer "künstlichen Umwelt" an, wie A. LABRIOLA am Ende des 19. und A. KURELLA im 20. Jahrhundert dies nannten (KURELLA 1981, LABRIOLA 1974). Damit wird festgestellt, daß eine Realität eigener Art entstanden ist, die beim Menschen ihren Ursprung und in der Biosphäre ihr gegenständliches Dasein hat.

In den für Biosphäre und Mensch negativen Effekten des Stoffwechsels zwischen Mensch und Natur erkannten MARX und ENGELS die Auswirkungen spontaner Naturaneignung und Gesellschaftsentwicklung, die auf der blinden Verwirklichung ihrer Gesetze beruht. Sie wiesen demgegenüber die reale Möglichkeit nach, diese Entwicklung sowie damit verbunden die Beziehungen der Gesellschaft zur Natur bewußt vorausschauend zum Wohle der Menschheit zu gestalten. Ist bei ihnen von Herrschaft über die Natur die Rede, dann stets in dem Sinne, "daß wir keineswegs die Natur beherrschen, wie ein Eroberer ein fremdes Volk beherrscht, wie jemand, der außer der Natur steht - sondern daß wir mit Fleisch und Blut und Hirn ihr angehören und mitten in ihr stehen, und daß unsere ganze Herrschaft über sie darin besteht, im Vorzug vor allen anderen Geschöpfen ihre Gesetze erkennen und richtig anwenden zu können" (MEW, Bd. 20, S. 453).

VERNADSKIJs Konzeption der Biosphäre, ihrer Evolution und ihrer durch das Denken und die Arbeit der Menschheit bewirkten Transformation in die Noosphäre als geologisch jüngsten Evolutionsstadium der Biosphäre erhellt die planetare und erdgeschichtliche Dimension der menschlichen Epimorphose und des arbeitsvermittelten Stoffwechsels zwischen Mensch und Natur mit seinen Manifestationen in der Biosphäre.

Der dieser Konzeption zugrundeliegende Begriff der Biosphäre differiert erheblich von jenen landläufigen Erläuterungen, die besagen, die Biosphäre sei "der Bereich der Erdoberfläche, in dem sich Lebewesen aufhalten" o.ä. Im Sinne VERNADSKIJ's ist die Biosphäre keineswegs nur der Raum, in dem das Leben vorkommt, sein ihm äußerlicher Behälter. Es ist eine Sphäre, die vom Lebenden selbst gebildet wird, Lithosphäre, Hydrosphäre und Atmosphäre durchdringt, integriert und ihre Beschaffenheit zutiefst bedingt, wie der biogene Ursprung des atmosphärischen Sauerstoffs oder die Lithosphäre als Bereich einstiger Biosphären, als steinernes Evolutionsprodukt der Biosphäre, demonstrieren.

In der Biosphäre besitzen der Bestand und die Bewegung der chemischen Elemente eine Spezifität, die maßgeblich von der lebenden Materie bestimmt wird. Die Eigenart und Dynamik der chemischen Vorgänge in ihr beruhen wesentlich auf der Ausnutzung der aus dem Weltall einstrahlenden Sonnenenergie durch grüne Pflanzen und Cyanobakterien. Sie leiten die kosmische Strahlungsenergie der Sonne in die Energieflüsse und Stoffumläufe auf der Erde. Durch die Lebenstätigkeit der Organismen wird die solare Strahlungsenergie in chemische, mechanische, thermische, elektrische u.a. Energie umgewandelt. Insgesamt ist die Biosphäre ein gigantisches, vielfältig untergliedertes, thermodynamisch offenes, selbstregulierendes und sich entwickelndes System.

"Die Geschichte von Wissenschaft und Technik kann insgesamt in der Geologie und Biologie als Schaffung einer neuen geologischen Kraft auf unserem Planeten in der Biosphäre betrachtet werden - der menschlichen Arbeit und des menschlichen Denkens. Diese geologische Kraft, die sich langsam geologische Dauer verschafft, erhielt in unserem Jahrhundert deutliche Konturen, und vor unseren Augen verwandelt sich die Biosphäre in, wie LE ROY und TEILHARD DE CHARDIN es ausgedrückt haben, die Noosphäre, d.h. sie wird vom wissenschaftlich-technischen Denken umfaßt und geht in ein neues geologisches Stadium über", stellte VERNADSKIJ (1988a, S. 271 f.) fest.

Zur Herkunft des Ausdrucks "Noosphäre" teilte er mit: "In den Jahren 1922 und 1923 nahm ich in meinen Vorlesungen an der Sorbonne in Paris als Grundlage der Biosphäre biogeochemische Erscheinungen an .... Von meiner biogeochemischen Grundlage der Biosphäre ausgehend, führte der französische Mathematiker und Philosoph, der Bergsonianer E. LE ROY, in seinen Vorlesungen am College de France in Paris 1927 den Begriff "Noosphäre" für das moderne Stadium ein, das die Biosphäre geologisch durchlebt. Er betonte dabei, zu dieser Vorstellung sei er zusammen mit seinem Freund, dem bedeutenden Geologen und Paläontologen TEILHARD DE CHARDIN gelangt..." (VERNADSKIJ 1988b, S. 509). P. TEILHARD DE CHARDIN hatte den Begriff Noosphäre bereits 1925 in seiner damals nicht veröffentlichten Arbeit "La vision du passé" gebraucht, VERNADSKIJ erstmals 1931.

Bei TEILHARD DE CHARDIN wurde er zu einem Grundbegriff seiner idealistisch-finalistischen und theologisch eingefärbten, doch zugleich an dialektischen Momenten reichen Evolutionsphilosophie (vgl. R. LÖTHER 1975). VERNADSKIJ aber gab ihm einen naturwissenschaftlichen und materialistischen Inhalt und stellte zugleich vielfältige Beziehungen zu Gesellschaftswissenschaft und Philosophie her. Wobei er, der kein Marxist war, nachdrücklich auf die Übereinstimmung seiner Noosphäre-Konzeption mit dem wissenschaftlichen Sozialismus von MARX und ENGELS hinwies.

VERNADSKIJs Lehre von der Biosphäre und Noosphäre bezieht sich auf die Vergangenheit, die Gegenwart und die Zukunft von Erde, Leben und Menschheit, vereint Struktur-, Prozeß- und Entwicklungsdenken. "Sie ist eine umfassende integrative, interdisziplinäre Richtung in den Geo- und Biowissenschaften, die sich überdies zunehmend mit der globalen Soziologie und den Gesellschaftswissenschaften verbindet. Darin besteht auch die enorme Bedeutung des heutigen komplexen Wissens über die Biosphäre für die Wissenschaft und die heutigen globalen Prognosen, die unter den Bedingungen unkontrollierten technokratischer Tätigkeit der Menschen besonders kritisch ausfallen" (B. SOKOLOW 1988, S. 18).

Für die Forschung ist VERNADSKIJs Lehre von der Biosphäre und Noosphäre theoretische Grundlage disziplinärer und interdisziplinärer empirischer und theoretischer Untersuchungen. Im Bereich der Geo- und Biowissenschaften ist eine wichtige Entwicklungsrichtung theoretischer Arbeit die Verbindung der Theorie der Evolution der Biosphäre mit der von DARWIN begründeten biologischen Evolutionstheorie, wobei Bio- und Geoökologie sowie Biogeographie unter dem Evolutionsaspekt integriert werden. N.V. TIMOFEEFF-RESSOVSKIJ, der - wie bei D. GRANIN (1988) nachzulesen ist, VERNADSKIJ tief verehrte - und seine Schüler N.N. VORONCOV und A.N. JABLOKOV haben dies richtungsweisend erörtert (1975, S. 306 ff.; vgl. M. KAMSCHILOW 1977, E.I. KOLČINSKIJ 1987, A.V. LAPO 1987, S.R. MIKULINSKIJ/Ju.A. POLJANSKIJ 1983, Kap. 32 und 33). Auch die Theorie der Anthropogenese wird von der Synthese unter dem Aspekt der Evolution der Biosphäre erfaßt (V.P. ALEXEEV 1986). Die Bezugnahme auf die Physik der Selbstorganisation und Evolution als physikalische Rahmentheorie materieller Entwicklung kündigt sich an (H. NEUMEISTER 1988, S. 27 ff.).

Zur Untersuchung der Wechselbeziehungen der Menschheit mit der Biosphäre und ihrer zukünftigen Entwicklung ist VERNADSKIJs Lehre von der Biosphäre und Noosphäre für Natur-, Gesellschafts- und Technikwissenschaften und ihr Zusammenwirken grundlegend (vgl. V.P. KAZNAČEEV 1989, L. NOWIKOWA/J. OLEJNIKOW/Ju. PLETNIKOW 1988, B. SOKOLOW 1988). Prognostik aufgrund globaler mathematischer Modellierung gehört zum geistigen Rüstzeug (N. MOISEYEV 1987a und b). Ein bedeutsames Beispiel für die Anwendung der VERNADSKIJschen Biosphäre-

Noosphäre-Konzeption ist das Komplexprogramm für die Biosphären- und Ökologieforschung bis zum Jahr 2015 der Akademie der Wissenschaften der UdSSR, das Grundlage und Bestandteil des sowjetischen staatlichen Programms zum Umweltschutz und zur Nutzung der natürlichen Ressourcen ist. Zu den Forschungsrichtungen, in denen dieses Programm realisiert werden soll, gehören u.a.:

- Theoretische Grundlagen der Wechselwirkung von Gesellschaft und Natur beim Übergang von der Biosphäre zur Noosphäre;
- Theoretische Grundlagen der raum-zeitlichen Organisation der Biosphäre und ihrer Bestandteile;
- Energie- und Stoffaustausch in der Biosphäre;
- Methoden zur Begrenzung und Aufhebung regionaler und globaler ökologischer Widersprüche;
- Theorie der Evolution und Dynamik der Biosphäre;
- Ökologische Grundlagen der industriellen und landwirtschaftlichen Produktion (darunter abproduktarme und geschlossene Stoffkreislauf-Technologien) und rationelle Naturnutzung;
- Entwicklung von Methoden der Einbeziehung ökologischer Gesichtspunkte in die Lösung von Aufgaben der ökonomischen und sozialen Entwicklung des Landes und regionaler Gebiete;
- Entwicklung von Methoden der Erforschung und mathematischen Modellierung von Biosphärenprozessen (ökologischer Gerätebau, kosmische Methoden, Geoökoinformationssysteme u.a.);
- Ökologische Bildung und Erziehung.

Aus der bisherigen Geschichte der Wechselbeziehungen von Mensch, Gesellschaft und Natur zog MARX (MEW, Bd. 32, S. 53) die Lehre, daß "die Kultur - wenn naturwüchsig vorschreitend und nicht bewußt beherrscht ... - Wüsten hinter sich zurückläßt" (MEW, Bd. 32, S. 53). In der Vergangenheit ging die kulturelle Entwicklung, verwüstete Natur zurücklassend, an anderer Stelle weiter. Am Ende des 20. Jahrhunderts aber gibt es auf unserem Planeten keine Möglichkeiten des Ausweichens aus verwüsteten Territorien mehr und der Mensch hat die Macht, die gesamte Erdoberfläche in eine lebensfeindliche Wüste zu verwandeln. Nicht nur, daß sich lokale und regionale Schäden erdweit summieren, die Funktionen wesentlicher Bestandteile der Biosphäre sind generell gefährdet und das globalökologische Gleichgewicht, unter dem sich die Menschheitsentwicklung seit Jahrtausenden vollzogen hat, ist durch den Stoffwechsel zwischen Mensch und Natur in Bewegung geraten.

Globalökologische Veränderungen betreffen u.a. Atmosphäre und Klima (Stichworte "Treibhauseffekt" und "Ozonloch" - vgl. K.-H. BERNHARDT 1989, L. BUCHMANN 1989, R.S. STOLARSKI 1988). Auch der Rückgang der Wälder, der "gründen Lunge des Planeten", gehört hierher, wobei das Verschwinden der tropischen Regenwälder besonders folgenschwer ist. Zwar bedecken sie nur 6 Prozent der Erdoberfläche, doch sind sie von entscheidender Bedeutung für die Beziehungen zwischen lebender

Materie, Atmosphäre und Klima. Zudem leben in ihnen schätzungsweise zwischen 50 bis 90 Prozent aller Organismenarten. Sich auf US-amerikanische Prognosen beziehend, führt F. CASTRO (1983, S. 119 f.) an, daß sich die bewaldete Fläche in den entwickelten Ländern im Jahr 2000 um knapp 0,5 Prozent verringert haben wird, während es in der unterentwickelten Welt 40 Prozent sein werden. Wenn die gegenwärtige Tendenz anhalte, werden im ersten Viertel des nächsten Jahrhunderts alle für den Menschen zugänglichen Wälder in den unterentwickelten Ländern verschwunden sein.

"Die verheerenden Folgen, die der Niedergang der Wälder für die gesamte Menschheit nach sich zieht, zeichnen sich bereits in der Reinheit der Atmosphäre, in den Veränderungen der Regenfälle, in der Kontrolle von Überschwemmungen und Dürren, in der Verwüstung, der Erosion, der Verschlechterung des Klimas, in der Verringerung der Binnengewässer und des Grundwassers, dem Rückgang der Bodenfruchtbarkeit und der landwirtschaftlichen Produktion ab. Sie widerspiegeln sich in dem schnellen und unterschiedslosen Aussterben Hunderttausender Arten von Pflanzen und Tieren, die von der Erde verschwunden sein werden, noch ehe der Mensch sie richtig beschreiben, geschweige denn ihre potentiellen Möglichkeiten für die Medizin und andere noch unerforschte Gebiete kennenlernen konnte. Außerdem geht auch ein einzigartiger und unwiederbringlicher genetischer Reichtum verloren, zu dessen Entwicklung die Natur Hunderttausende, ja Millionen Jahre gebraucht hat. Auf diese Weise wird in beschleunigtem Maße eines der nützlichsten, notwendigsten und wesentlichsten Systeme des Lebens unseres Planeten zerstört", schreibt CASTRO (1983, S. 120).

Der arbeitsvermittelte Stoffwechsel zwischen Mensch und Natur ist die ständige notwendige Grundlage für die Existenz und Entwicklung der Menschheit. Er war nie widerspruchsfrei und problemlos und wird dies gewiß auch zukünftig nicht sein. Doch keineswegs notwendig wohnt ihm die gegenwärtige konflikthafte und sich planetar zerstörerisch auf die natürlichen Existenzbedingungen des Menschen auswirkende Zugespitztheit seiner Widersprüchlichkeit inne. Vielmehr ist die gegenwärtige Situation in den Wechselbeziehungen zwischen Menschheit und Biosphäre die Auswirkung eines bestimmten historischen Entwicklungsstadiums der gesellschaftlichen Produktivkräfte und des mit ihnen betriebenen Stoffwechsels zwischen Mensch und Natur. Es begann unter den Bedingungen der kapitalistischen Gesellschaftsordnung in der industriellen Revolution des 18./19. Jahrhunderts mit der von ihr eingeleiteten Produktivkraftentwicklung und Entfaltung der kapitalistischen Produktionsweise. Sie ist verknüpft mit Raubbau an Naturreichtümern und Ausstoß der (stofflichen und energetischen) Abfälle der Produktion und Konsumtion, der Exkremente des Stoffwechsels zwischen Mensch und Natur, in die natürliche Umwelt. Dabei wird die Selbstregulationsfähigkeit von Ökosystemen und der Biosphäre überfordert. Sie geraten aus dem

Gleichgewicht, auf das der Mensch sich eingerichtet hat.

"Der bisherige Typ der Technik, die heute noch dominierenden technologischen Verfahren sind eben unter Bedingungen entstanden und vervollkommnet worden, da Luft und Wasser kostenlose Gaben der Natur zu sein schienen, die herkömmlichen Rohstoffe als nahezu unerschöpflich galten", bemerkt H. NICK (1988, S. 102). Negative Folgen in den natürlichen Umwelten der auf diese Weise technisch-technologisch den Stoffwechsel mit der Natur betreibenden Menschengesellschaften wurden früh wahrgenommen. An scharfsinnigen und weitblickenden Warnern, Mahnern und Ratgebern, die die Anfänge feststellten, die Folgen antizipierten und neue Wege wiesen, hat es seit dem vorigen Jahrhundert nicht gefehlt, doch nachhaltiger Einfluß größeren Ausmaßes blieb ihnen versagt. Erst seit wenigen Jahrzehnten beginnt der Zustand und die Zukunft der Biosphäre und ihrer Bewohner als Ganzes im gesellschaftlichen Lernprozeß reflektiert zu werden, beginnt Denken im Maßstab des Planeten um sich zu greifen und an Klarheit und Praktikabilität zu gewinnen.

"Zunehmend setzt sich international die Erkenntnis durch, daß aktiv gestaltete ökologische Sicherheitspartnerschaft zwischen allen Staaten und Völkern der Welt zu einer Grundvoraussetzung des eigenen Überlebens geworden ist. Zwingend ergibt sich daraus die Notwendigkeit einer Langzeitstrategie der ökologischen Sicherheit. Sie muß eine Vielzahl nationaler, regionaler und globaler Aspekte umfassen und darf sich nicht nur darauf beschränken, Symptome von schon spürbaren Umweltproblemen zu bekämpfen. Sie muß vor allem darauf zielen, deren Ursachen zu erkennen und sie zu bewältigen. Das schafft Voraussetzungen, den Umweltschutz mehr und mehr aus der Sphäre der Schadensbegrenzung und -beseitigung in die der Schadensprävention zu verlegen. Dafür ist es notwendig, daß weltweit Ökonomie und Ökologie als unabdingbare Einheit aufgefaßt und durchgesetzt werden (M. HELMBOLD 1989, S. 467; vgl. H. NEUMEISTER 1988, S. 15 ff.).

Damit deutet sich die für den Fortbestand der Menschheit dringend erforderliche Wende in den Wechselbeziehungen zwischen ihr und der Biosphäre an: die Wende zur Koevolution zwischen Mensch und Biosphäre, d.h. zur kontrollierten und koordinierten Entwicklung der Menschheit und ihrer Umwelt (N. MOYSEJEV 1987b, S. 20). Wesentliche Voraussetzungen dieser Wende erwachsen hinsichtlich der technisch-technologischen Mittel des Stoffwechsels zwischen Mensch und Natur aus der wissenschaftlich-technischen Revolution (vgl. H. NICK 1988) und umfassend aus dem sie tragenden und von ihr hervorgebrachten Wissenschaftstyp der wissenschaftlich-technischen Revolution (vgl. H. HÖRZ 1988). Wissenschaftlich-technischer, wirtschaftlicher und sozialer Fortschritt der Menschheit sind so gestaltbar, und zugleich dafür unverzichtbar, daß die Sphäre des Lebens, die Biosphäre, nicht zur Wüste wird, sondern als Sphäre der Vernunft, als Noosphäre im

Sinne VERNADSKIJs, bewahrt und höherentwickelt wird. Wenn die Menschheit überlebt, werden es die Menschen noch lange mit den Nachwirkungen des gegenwärtigen Zustands der Biosphäre zu tun haben.

Literatur

Alexeev, V.P.: The Origin of the Human Race, Moscow 1986.

Baev, A.A., N.P. Bockov: Jadernaja voina postavit pod somnenie suscestovovanie celoveka kak biologiceskogo vida. Priroda 2988, 10, 3-10.

Banse, G., N. Hager und K. Buttker (Hrsg.): Verantwortung aus Wissen, Berlin 1989.

Bausch, H., K. Bürger: Naturressourcen der Erde und ihre Nutzung, Gotha 1988.

Bernhardt, K.-H.: Vorboten drohender Gefahr? Einheit 44 (1989), 149-155.

Buchmann, L.: Ist die Ozonschicht der Erde in Gefahr? Urania 65 (1989) 2, 4-7.

Castro, F.: Die ökonomische und soziale Krise in der Welt, Dresden 1983.

Die Folgen des Wettrüstens für die Umwelt und andere Aspekte der ökologischen Sicherheit. In: Tagung des Politischen Beratenden Ausschusses der Teilnehmerstaaten des Warschauer Vertrages (Warschau, 15./16. Juli 1988). Berlin 1988.

Ginsburg, A.: Der Planet Erde in der "postnuklearen" Epoche. Moskau 1988.

Granin, D.: Der Genetiker. Köln 1988.

Gromyko, A., W. Lomejko: Neues Denken im Atomzeitalter, Leipzig-Jena-Berlin 1985.

Helmbold, M.: Zur Umweltpolitik der DDR, Einheit 44 (1989), 466-468.

Hörz, H.: Wissenschaft als Prozeß, Berlin 1988.

Kamschilow, M.: Das Leben auf der Erde. Moskau - Leipzig - Jena - Berlin 1977.

Kacnačeev, V.P.: Ucenie V.I. Vernadskogo o biosfere i noosfere. Novosibirsk 1989.

Khozin, G.: Talking About the Future. Moscow 1988.

Klein, D.: Chancen für einen friedensfähigen Kapitalismus. Berlin 1988.

Klein, D., H. Neubert und M. Schmidt: Friedliche Koexistenz - Klasseninteressen und Menschheitsprobleme. Berlin 1989.

Kolčinskij, E.I.: Idei V.I. Vernadskogo ob evoljucii biosfery. Leningrad 1987.

Kurella, A.: Das Eigene und das Fremde, Berlin 1981.

Labriola, A.: Über den historischen Materialismus, Frankfurt/Main 1974.

Lapo, A.V.: Traces of Bygone Biospheres. Moscow 1987.

Löther, R.: Gesellschaftliche Bedingungen der Naturbeherrschung des Menschen. In: Das Menschenbild der marxistisch-leninistischen Philosophie, hrsg. von W. Eichhorn II, H. Ley, R. Löther. Berlin 1969.

Löther, R.: Das Teilhard-Phänomen und der Entwicklungsgedanke. In: Der dialektische Materialismus und seine Kritiker, hrsg. von H. Hörz und A.J. Iljin, Berlin 1975.

Löther, R.: Mit der Natur in die Zukunft, Berlin 1985.

Löther, R.: Zur Geschichte des ökologischen Denkens (im Druck).

Lüderitz, V., D. Neuhaus und K. Hilbig: Umwelt in Entwicklungsländern. Wissenschaft und Fortschritt 39 (1989), 89-92.

MEW = Marx, K., F. Engels: Werke, Berlin 1956 ff.

Mikulinskij, S.R., Ju.A. Poljanskij (Red.): Razvitie evoljucionnoj teorii v SSSR (1917-1970-e gody). Leningrad 1983.

Moisseyev, N.: Man, Nature and the Future of Civilization. Moscow 1987a.

Moiseyev, N.: The noosphere theory and mathematical models. In: Science as a Subject of Study. Moscow 1987b.

Neumeister, H.: Geoökologie, Jena 1988.

Nick, H.: Prometheus oder Pandora? Berlin 1988.

Nowikova, L., J. Olejnikow, Ju. Pletnikow: Die Konzeption der Noosphäre und das neue Denken. Sowjetwiss./Gesellschaftswiss. Beitr. 41 (1988), 211-220.

Šmal'gauzen, I.I.: Problemy darvinizma, Moskva 1946.

Sokolow, B.: Wernadski und das 20. Jahrhundert, Wissenschaftliche Welt 32 (1988) 3, 16-20.

Stolarski, R.S.: Das Ozonloch über der Antarktis. Wissenschaftlicne Welt 32 (1988) 3, 21-24.

Svirezhev. Y.M.: Ecological and Demographic Consequences of a Nuclear War. Berlin 1987.

Timofeeff-Ressovsky, N.N., N.N. Voroncov, A.N. Jablokov: Kurzer Grundriß der Evolutionstheorie. Jena 1975.

UdSSR: Programm für Biosphären- und Ökologieforschung, Biowiss. Inf. 12 (1988) 9, 17-20.

Unsere gemeinsame Zukunft. Bericht der Weltkommission für Umwelt und Entwicklung. Berlin 1988.

Vernadskij, V.I.: Trudy po vseobscej istorii nauki. Moskva 1988a.

Vernadskij, V.I.: Filosofskie mysli naturalista. Moskva 1988b.

ENTWICKLUNG DER HANDLUNGSKOMPETENZ - HAUPTINHALT ONTOGENETISCHEN LERNENS

Adolf Kossakowski[1)]

Lernen als eine Klasse informationsverarbeitender Prozesse dient auf allen Stufen der Entwicklung von Organismen dem individuellen Erfahrungserwerb, der diesen der Lebenserhaltung und -entfaltung dienende, zweckmäßige Wechselbeziehungen mit der Umwelt ermöglicht. Ein solches Lernen vollzieht sich in der aktiven (d.h. primär vom Handlungssubjekt initiierten und realisierten) Individuum-Umwelt-Interaktion, so daß wir berechtigt von einer Dialektik "lernbedingten Verhaltens und verhaltensbedingten Lernens" (Tembrock) sprechen können.

Beim Menschen vollzieht sich Lernen über den individuellen Erfahrungserwerb in der unmittelbaren Wechselwirkung des Individuums mit den gegenständlichen und sozialen Umweltbedingungen hinaus in hohem Grade durch Aneignung des sozial (großenteils sprachlich) vermittelten gegenständlichen Wissens sowie der sozialen Handlungserfahrungen in Form von gesellschaftlichen Werten und Handlungsnormen.

Unmittelbarer Erfahrungserwerb und Aneignung gegenständlichen Wissens sowie sozialer Handlungserfahrungen sind somit wesentliche Voraussetzungen der Entwicklung der individuellen Handlungskompetenz, die es der heranwachsenden Persönlichkeit ermöglicht, zu einem selbständigen und bewußten Handlungssubjekt zu werden.

Dieser Vorgang stellt den Hauptinhalt der Persönlichkeitsentwicklung dar. Unter psychologischem Aspekt betrachten wir nämlich Persönlichkeitsentwicklung als eine durch Lernen bedingte (ermöglichte) Erweiterung der individuellen Handlungskompetenz, die es dem heranwachsenden Individuum ermöglicht, in unterschiedlichen Lebens- und Tätigkeitsbereichen zunehmend bewußt und selbständig am gesellschaftlichen Leben teilzunehmen, in Gemeinschaft mit anderen die jeweils gegebenen natürlichen und gesellschaftlichen Bedingungen entsprechend eigenen Intentionen und gesellschaftlichen Notwendigkeiten weiterzuentwickeln und damit Bedingungen für die gesellschaftliche und eigene Weiterentwicklung zu schaffen.

1. Merkmale und psychische Voraussetzungen individueller Handlungskompetenz

Mit der soeben gegebenen Charakterisierung der Persönlichkeitsentwicklung als Erweiterung der individuellen Handlungskompetenz ist bereits eine allgemeine Bestimmung der letzteren gegeben worden.

Handlungskompetenz als Bezeichnung für die Bereitschaft und Fähigkeit zur Bewältigung definierter Anforderungen ist als Relation zwischen Anforderungen und objektiv gegebenen Realisierungsmöglichkeiten (O) auf

1) Institut für Pädagogische Psychologie der Akademie der Pädagogischen Wissenschaften

der einen sowie subjektiven Realisierungsvoraussetzungen (S) auf der anderen Seite anzusehen. Erfolgreiches Handeln erfordert Kompatibilität der objekt- und der subjektseitigen Voraussetzungen.
Die Beachtung dieser Relation gilt einmal für die Bestimmung von Bewältigungsmöglichkeiten: Bei $O > S$ sprechen wir von Überforderungen, bei $O < S$ von Unterforderungen. Entwicklungsstimulierend wirkt eine bestimmte Relation von O : S, die von Wygotski (1960) als "Zone der nächsten Entwicklung" bezeichnet wurde. Gemeint ist damit eine solche Relation von O : S, die dem sich entwickelnden Individuum die Aufgabenbewältigung zunächst mit erzieherischer Hilfe und dabei das Erlernen ihrer selbständigen Bewältigung ermöglicht. Zum anderen dient die O - S - Relation der Klassifizierung von unterschiedlichen Arten der individuellen Handlungskompetenz, als deren Grundklassen gewöhnlich Sachkompetenz (Bereitschaft und Fähigkeit zur Lösung von konkreten Sachaufgaben oder Sachproblemen), soziale Kompetenz (bezogen auf die Lösung konkreter sozialer Anforderungen) und gesellschaftliche Kompetenz (als Bereitschaft und Fähigkeit zur selbständigen Mitwirkung an der Bewältigung übergreifender gesellschaftlicher Aufgaben) bezeichnet werden. Dabei ist für menschliches Handeln charakteristisch, daß sich die Lösung von Sachaufgaben gewöhnlich in der sozialen Interaktion vollzieht und die soziale Interaktion größtenteils auf die Bewältigung von Sachaufgaben gerichtet ist, wobei beides im Rahmen übergreifender gesellschaftlicher Anforderungen, Wert- und Normsetzungen vor sich geht und deshalb Sach-, soziale und gesellschaftliche Kompetenz eng aufeinander bezogen sind. Die subjektseitigen Voraussetzungen, das sind - unter psychologischer Sichtweise - vor allem die psychischen Regulationskomponenten von Handlungen, sind je nach Anforderungs- oder Bezugsbereichen (je nach Kompetenzklasse) unterschiedlich strukturiert. (Dies müßte im einzelnen noch näher untersucht werden).
Uns interessiert aber insbesondere die Frage nach generalisierten Voraussetzungen oder nach grundlegenden psychischen Komponenten, die einem bestimmten Individuum die Bewältigung von Anforderungen in unterschiedlichen Bezugsbereichen (bzw. Handlungen in unterschiedlichen Tätigkeitsklassen) ermöglichen. Es geht also um die Frage nach generellen psychischen Komponenten individueller Handlungskompetenz.
Eine differenziertere Bestimmung der für die Entwicklung der Handlungskompetenz notwendigen subjektseitigen (psychischen) Komponenten ist am besten auf der Grundlage der Analyse vollständiger bewußter Handlungen als der für den Menschen charakteristischen Tätigkeitseinheiten möglich.[1] Darunter verstehen wir (in Anlehnung an Rubinstein 1958, Hacker 1973 u.a.) durch konkrete Handlungsziele abgegrenzte, zeitlich sowie hinsicht-

---

[1] Zu den Beziehungen zwischen Tätigkeiten und Handlungen siehe Kossakowski, A/J. Lompscher 1988.

lich unterschiedlicher Regulationsebenen und psychischer Regulationskomponenten hierarchisch gegliederte Tätigkeitseinheiten, die (in ihrer vollen Ausprägung) durch folgende Merkmale charakterisiert sind:
- Vorhandensein angeeigneter (weitgehend selbst erarbeiteter) gesellschaftlich wesentlicher und individuell bedeutsamer Tätigkeitsziele, was Reflexionen über ihre gesellschaftliche Notwendigkeit oder Nützlichkeit und individuelle Bedeutsamkeit sowie bewußte Entscheidungen für solche übergreifenden Ziele voraussetzt,
- selbständiges Bilden konkreter Handlungsziele, was bewußte Auswahl unter einer Vielzahl von Handlungsalternativen bei Beachtung äußerer und innerer Handlungsbedingungen, d.h. eine antizipierende Vorwegnahme der konkreten Handlungsergebnisse, ihrer qualitativen und quantitativen Parameter sowie Bewertung ihrer individuellen und gesellschaftlichen Folgen (Nutzenskalkulation) erfordert,
- das weitgehend selbständige Auswählen bzw. Erarbeiten der zur Zielerreichung notwendigen Mittel und Strategien (also von Handlungsprogrammen), was den Bezug zu den übergreifenden Tätigkeitszielen sowie die Berücksichtigung der äußeren (materialen und sozialen) wie der inneren (subjektiven) Handlungsbedingungen voraussetzt,
- die Fähigkeit und Bereitschaft, die Handlungsziele programmgemäß allein oder in Gemeinschaft mit anderen zu realisieren, was u.a. auch die Ausbildung stabiler Motive und Steuerungsqualitäten erforderlich macht, die es dem Individuum ermöglichen, im Handlungsverlauf auftretende Widerstände und Schwierigkeiten zu überwinden.

Um Mißverständnissen zu begegnen, möchte ich hervorheben, daß natürlich auch beim Menschen Handlungen auf unterschiedlichen Niveauebenen ablaufen können und daß sie durch unterschiedliche Arten des Lernens angeeignet werden können.
Wir unterscheiden:

. Unbewußte Verhaltensweisen, bei denen sowohl die Handlungsantriebe wie die angeborenen und/oder automatisierten Steuerungsmechanismen unbewußt bleiben und z.T. auch nicht bewußtseinsfähig sind. Hier regulieren bei gleichförmig bleibenden Anforderungen bereits ausgebildete Ablaufsschemata die Bewegungsabläufe.

. Handlungen, z.B. auf sensumotorischer Ebene, die als bewußtseinsfähig, aber nicht immer als bewußtseinspflichtig angesehen werden. Hier regulieren größtenteils unbewußt übernommene Handlungsantriebe sowie unwillkürliche Bewegungsabläufe den Handlungsverlauf, wobei allerdings (besonders bei eintretenden Schwierigkeiten) über die Bewegungsabläufe reflektiert werden kann, diese also bewußt gesteuert werden können (z.B. beim Schreibenlernen).

. Teilbewußte Handlungen, bei denen unterschiedliche Teilhandlungen (wie Zielsetzungen, Mittelwahl usw.) mehr oder minder reflektiert reguliert werden, andere dagegen, wie z.B. die Handlungsausführung, überwiegend unbewußt ablaufen.

. Voll bewußte Handlungen, in denen alle wesentlichen Teilhandlungen bewußt werden bzw. bewußt (im Sinne reflektierenden Vorgehens) gesteuert werden. Mit Hilfe solcher Handlungen werden primär neuartige und relativ komplexe Probleme bewältigt (vgl. dazu auch Mucha 1984, S.50/51).

Die für die Realisierung vollständiger und bewußter Handlungen in unterschiedlichen Tätigkeitsbereichen notwendigen psychischen Regulationskomponenten, d.h. die individuelle Handlungskompetenz konstituierenden generellen psychischen Komponenten lassen sich nach unterschiedlichen Aspekten klassifizieren (vgl. Kossakowski/Kessel im Druck). Auf der Grundlage unserer Untersuchungen zur Entwicklung selbständigen und eigenverantwortlichen Handelns in unterschiedlichen Anforderungsbereichen (vgl. Kossakowski 1980) könnte man die folgenden psychischen Komponenten als solche generellen Voraussetzungen der individuellen Handlungskompetenz ansehen:

1. Handlungsantriebe sowohl als Intentionen zur Befriedigung individueller Grundbedürfnisse (Nahrung, Sicherheit, Geborgenheit, Streben nach Selbstverwirklichung und Geltung) wie auch als sach- oder sozialbezogene Bedürfnisse nach Umgang mit Sachgegenständen und sozialen Partnern (bereichs- oder anforderungsbezogene Bedürfnisse, die - bewußt geworden - zu Handlungsmotiven werden. In verallgemeinerter und habitualisierter Form existieren solche Handlungsantriebe in Form von individuellen Wert- und Normkonzepten, die sich durch Aneignung gesellschaftlicher Werte und Normen auf der Grundlage individueller Handlungserfahrungen herausbilden.

2. Wissenssysteme in Form von Umweltkonzepten als Informationen über Handlungsbedingungen sowie in Form von Verfahrenskenntnissen, also von Handlungs- bzw. Operationskonzepten, die eine Überführung von Ist- in Sollzustände, die also ziel- und bedingungsadäquates Handeln ermöglichen.

3. Antizipative Fähigkeiten, die eine zeitliche, räumliche und gegenständliche Vorwegnahme von Handlungszielen, zielbezogenen Handlungsstrategien und Mitteln ermöglichen.

4. Reflexive Fähigkeiten, die
   - eine Bewertung aktueller Intentionen bezüglich übergreifender personeller und gesellschaftlicher Wünsche, Anforderungen, Werte und Normen (Nutzenkalkulation),
   - eine ziel- und bedingungsadäquate Bewertung von vorhandenen oder zu erarbeitenden Handlungsstrategien und -mitteln,
   - eine Bewertung der objektiven und subjektiven Handlungsmöglichkeiten, speziell der eigenen Position im System der materiellen und sozialen Handlungsbedingungen

   ermöglichen.

5. Ein mit den reflexiven Fähigkeiten sehr eng verbundenes, handlungsförderliches Selbstkonzept (Selbstwertbewußtsein, Selbstsicherheit), das sowohl motivational wie hinsichtlich der Durchsetzungsfähigkeit wirksam wird.

6. Steuerungsfähigkeiten, die auf elementarer Ebene die sensumotorische Koordination ermöglichen und auf höherer Ebene die volitive Steuerung des Handlungsablaufs auch bei auftretenden Schwierigkeiten garantieren (z.B. Durchhaltefähigkeit).

7. Spezielle Voraussetzungen zu sozial kompetentem Handeln wie Empathie, Fähigkeit, sich auf die Intentionen des Partners einzustellen (Dezentrierung, Perspektivübernahme), Fähigkeit zur Koordinierung kooperativer Aufgaben, Durchsetzungsfähigkeit u.a. Solche psychischen Voraussetzungen sind bei der weiter oben charakterisierten Verflechtung von sach- und sozial sowie gesellschaftlich bezogenen Tätigkeiten eine unbedingte Voraussetzung für individuelle Handlungskompetenz.

Das Niveau der individuellen Handlungskompetenz wird - günstige objektseitige Bedingungen vorausgesetzt - von folgenden Merkmalen der dargestellten psychischen Komponenten bestimmt:
- Grad der Integriertheit allgemeingesellschaftlicher, sozialer und individueller Motive (Ausprägungsgrad der Motivhierarchie), Niveau der Verinnerlichung und Stabilisierung von handlungsbestimmenden Werten und Normen sowie ihrer Bewußtheit in der aktuellen Handlungssituation,

- Umfang, Verinnerlichungs-, Generalisierungs- und Stabilisierungsgrad sowie Verfügbarkeit (Flexibilität) von Sach- und Verfahrenskenntnissen,

- Komplexität sowie räumliche und zeitliche Weite der Antizipation handlungsbedeutsamer Sachverhalte,

- Grad der Reflexivität (Bewußtheit) hinsichtlich des gesellschaftlichen und individuellen Nutzens (bzw. der Folgen) von angestrebten Handlungszielen, der Ziel- und Bedingungsadäquatheit der ausgewählten oder selbst erarbeiteten Handlungsstrategien und -mittel,

- Grad der individuellen und sozial orientierten Steuerungsfähigkeit (Intensität, Kontinuität, Folgerichtigkeit, aber auch Flexibilität, Durchhaltefähigkeit und Durchsetzungsfähigkeit) bei der Realisierung von Handlungen,

- Grad der Selbständigkeit einmal hinsichtlich der Teilhandlungen, wobei nach Oesterreich (1986) etwa folgende Stufung gilt:
. Ausführung vorgegebener Ziele und Strategien,
. Handlungsplanung nach vorgegebenen Zielen,
. Zielplanung für definierte Aufgaben,
. Bereichsplanung (Zielkoordinierung bei Handlungen, die unterschiedliche Bereiche umfassen),
. Erschließungsplanung (Suche nach neuen, persönlichkeitsfördernden Handlungsbereichen).

Damit ist Selbständigkeit zweitens auch hinsichtlich der Weite (des Umfangs) unterschiedlicher Lebens- bzw. Tätigkeitsbereiche gemeint.

Insgesamt ist das Niveau der individuellen Handlungskompetenz sehr eng mit der Ausprägung der Subjektposition des handelnden Individuums verbunden, d.h. mit dem Ausmaß der individuellen Entscheidungsspielräume sowohl hinsichtlich des gesamten Handlungszyklus[1)] als auch hinsichtlich der Weite der Tätigkeitsbereiche.

2. Lernen als Grundvorgang der Herausbildung der individuellen Handlungskompetenz

2.1 Zum grundlegenden Vorgang der Handlungskompetenzentwicklung

Die Entwicklung der dargestellten Komponenten und Merkmale der individuellen Handlungskompetenz vollzieht sich - wie bereits eingangs erwähnt - stets in der aktiven Individuum-Umweltwechselwirkung durch individuellen Erfahrungserwerb, beim Menschen vor allem durch Aneignung der gesellschaftlichen Werte, Normen, des Umgebungswissens und der Handlungsverfahren, die seine Tätigkeit in den unterschiedlichen Lebensbereichen orientieren und regulieren. Dieser Aneignungsvorgang, den wir als Lernen bezeichnen, kann auf unterschiedlichen Ebenen erfolgen. In Anlehnung an Klix (1971) unterscheiden wir zwischen folgenden Niveaustufen des Lernens (vgl. Abb. 1).

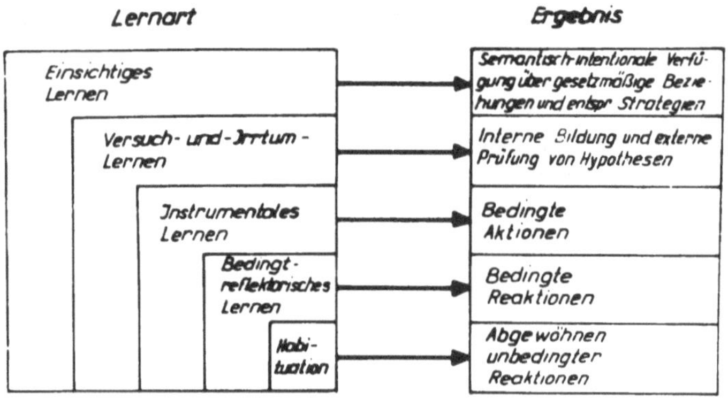

Abb.1: Genetisch unterschiedliche Lernarten und deren Ergebnisse (in Anlehnung an Klix 1971).

Die in Form von Eulerschen Diagrammen gewählte Darstellung soll zum Ausdruck bringen, daß elementarere Lernformen als genetische Voraussetzungen und gleichzeitig als integrierender Bestandteil höherer Lernarten angesehen werden.

---

1) Unseres Erachtens sollte man von Handlungskompetenz nur dann sprechen, wenn das Individuum den gesamten Handlungszyklus (also vollständige Handlungen, von der Zielbestimmung über die Programmerarbeitung, die Handlungsausführung bis zur Ergebnisüberprüfung) selbständig zu bewältigen vermag.

Auch die "höheren" Lernvorgänge können spontan oder mehr oder weniger sozial gesteuert erfolgen. Für menschliche Aneignungs- oder Lernvorgänge ist charakteristisch, daß auch die spontanen sozial vermittelt sind, und zwar durch die von der sozialen Umgebung geschaffenen materialen und zeitlichen Bedingungen, durch die Art der Pflege und Zuwendung, durch den Umgang mit den durch Menschen geschaffenen Handlungsgegenständen und -mitteln (Tasse, Löffel, Spielgegenstände, Lern- und Arbeitsgegenstände), besonders aber auch durch die mehr oder weniger bewußte Beobachtung und Nachahmung sowie durch Erwachsenenantworten auf kindliche Fragen (vgl. Schmidt-Kolmer 1984, S. 185/86). Dabei spielt die mündliche und schriftliche Sprache für menschliches Lernen eine ganz hervorragende Rolle.
Für den menschlichen Erfahrungserwerb als Grundlage für die Erweiterung seiner individuellen Handlungskompetenz ist die pädagogisch bewußt und systematisch gelenkte Aneignung von Handlungszielen, -normen und effektiven Handlungsverfahren in besonderer Weise bedeutsam, da auf diese Weise der Aneignungsvorgang durch Berücksichtigung wesentlicher Mechanismen und günstiger Bedingungen optimiert werden kann und dem Individuum viele Umwege des spontanen Lernens durch Versuch und Irrtum erspart werden können.
Wir haben es hier mit einem interessanten Entwicklungswiderspruch zu tun: Die Entwicklung selbständigen und eigenverantwortlichen Handelns ist umso effektiver, je mehr bewußt und systematisch die Herausbildung der dafür notwendigen psychischen Voraussetzungen pädagogisch gelenkt wird. Dabei darf allerdings auch die Bedeutung des spontanen, eigenständigen Erfahrungserwerbs nicht unterschätzt werden.

2.2 Schritte bei der Herausbildung individueller Handlungskompetenz im Kindes- und Jugendalter

Bisher fehlt es an systematischen Darstellungen der Entwicklung der Handlungskompetenz in der Ontogenese der Persönlichkeit, da die traditionelle entwicklungspsychologische Forschung primär auf Untersuchungen von Entwicklungsverläufen einzelner psychischer Prozesse bzw. Eigenschaften orientiert war und Analysen der Entwicklung selbständigen Handelns kaum berücksichtigt wurden (vgl. Kossakowski 1980, S. 20 ff).
Im folgenden sollen lediglich einige allgemeine Entwicklungstendenzen angedeutet werden:
- Die Herausbildung von Handlungsmotiven beginnt höchstwahrscheinlich mit dem Auftreten unbedingt-reflektorischer Orientierungsreaktionen, die bereits im Neugeborenenalter zum Neugierverhalten gegenüber unbekannten Reizen führen und woraus sich später Interessen als individuelle Zuwendungen zu bestimmten Gegenständen entwickeln. Hinsichtlich der Entwicklung von Leistungsmotiven lassen sich unterschiedliche Etappen feststellen, wie z.B.
  . Freude an einem bestimmten selbsterzeugten Effekt (2. Halbjahr),

. Freude am und Wunsch zum Selbermachen (etwa Ende des 1. Lebensjahres),
. Freude am gelungenen Werk (etwa um 3 Jahre),
. Erkennen der eigenen Tüchtigkeit, die mit einer bestimmten Anspruchsniveaubildung verbunden ist (5/6 Jahre),
. Erkennen der sozialen Bedeutsamkeit der eigenen Tätigkeit, besonders bei positiver sozialer Bekräftigung.

Die weitere Entwicklung ist weitgehend mit den Stufen der Entwicklung der Leistungshaltung im Lernen und Arbeiten identisch.

- Wesentliche Voraussetzungen für selbständiges Handeln sind in frühen Lebensetappen die Entwicklung von Willkürbewegungen sowie die Ausweitung des Handlungsraumes. Dies beginnt mit der sensumotorischen Koordination zwischen unterschiedlichen Sinnes- und motorischen Bereichen, die über unbedingt-reflektorische Bewegungen hinausgehen (Hören - Bewegen; Sehen - Bewegen usw.). Mit etwa 4 bis 5 Monaten erfolgt die Auge-Hand-Koordination. Die Kinder ergreifen zielgerichtet in Reichweite befindliche Gegenstände und führen sie (häufig direkt) zum Mund. Diese zielgerichteten Bewegungen werden sicherer, und der Aktionsraum erweitert sich, wenn das Kind beginnt, sich aufzusetzen, aufzurichten, sich im Raum fortzubewegen (6. - 8. Monat), besonders wenn es zu laufen beginnt (10. - 14. Monat) und später auch zum Laufen über größere Distanzen, zum Klettern usw. in der Lage ist. Weitere Etappen der Bewegungsbeherrschung und der Erweiterung des Handlungsraumes sind die Ausbildung der motorischen Feindifferenzierung etwa um 5/6 Jahre sowie die Nutzung von Fortbewegungsmitteln (Fahrrad, Moped etc.).

- Eine zentrale Voraussetzung für die Ausbildung individueller Handlungskompetenz ist die selbständige Zielbildung. Ein wichtiger Schritt in dieser Richtung ist sicher die Ausbildung von Erwartungshaltungen, z.B. die zunächst auf bedingt-reflektorischer Grundlage entstehende Erwartung der Nahrung beim Hören des Fläschchenfüllens, bei deren Nichteintreten negativ reagiert wird (etwa 2. bis 3. Monat). Dazu gehört auch die Ausbildung der sogenannten Objektpermanenz, also das aktive Suchen von Gegenständen, die aus dem Gesichtsfeld des Kindes verschwunden sind (etwa 3/4 Monate). Es folgen erste, noch einfache, aber aktive Zielvornahmen wie z.B. der Versuch, einen entfernteren Gegenstand heranzuziehen, der Wunsch, aufgenommen zu werden u.ä., deren Realisierung Befriedigung und deren Nichtrealisierung deutlichen Unwillen erkennen lassen (etwa 10 - 12 Monate). Mit 2 bis 3 Jahren sind dann bereits komplexere Zielsetzungen zu beobachten, die zunächst während des Handlungsgeschehens und dann bereits vor der Handlungsausführung benannt werden. Es entwickelt sich in einigen Tätigkeitsbereichen bereits eine intensive Zielbindung, was z.B. zu Trotzreaktionen führen kann, wenn die Zielrealisierung von Erwachsenen unterbrochen wird oder das Kind nicht dazu in der Lage ist, das Ziel zu realisieren (z.B. Klötze übereinander zu türmen).

Um die Zeit des Schuleintritts können sich solche Zielvornahmen über längere Zeiträume (mehrere Tage, ja Wochen) erstrecken, und bei 10- bis 12jährigen erweitern sich handlungswirksame Zielsetzungen auf Monate, ja auf Jahre. Sie werden im Jugendalter zu langzeitwirksamen Lebensperspektiven usw.

- Eine weitere wichtige Voraussetzung für selbständiges Handeln ist die Programmierung der Handlung (vgl. Abschnitt 3).
Diese Handlungsprogrammierung setzt gemeinsam mit den ersten Zielbildungsprozessen ein, wenn die Kinder mit etwa 2/3 Jahren beginnen, das Ziel ihrer Handlung vor ihrem Beginn zu benennen und ihre Vorgehensweise (z.T. während des Handlungsverlaufs) schrittweise zu kennzeichnen. Dabei sind im Vorschulalter vor allem kurzschrittige Antizipationen der Handlungsfolge vorherrschend, vielfach werden die nächsten Schritte erprobt (Versuch - und Irrtum - Handeln). Wir werden aber noch feststellen, daß bereits im Kindesalter bei angeleiteter Antizipation des Handlungsverlaufs interne Handlungspläne aufgebaut werden, die die Handlungsausführung effektiver gestalten.
Bereits im Vorschulalter sind die Kinder in der Lage, wichtige soziale und personale Bedingungen (z.B. Intentionen oder Reaktionen ihrer Spielpartner) zu berücksichtigen.

In den meisten Fällen werden bei komplexeren Handlungen nur die Hauptschritte antizipiert, oft auch in ungeordneter Reihenfolge. Bei einfacheren und gut überschaubaren Handlungen werden auch Einzelschritte antizipiert, wobei eine vom Ausgangs- zum Zielzustand fortschreitende sog. lokale Strategie bevorzugt wird. In der Folgezeit, besonders mit Eintritt in die Schule, entwickeln sich in Abhängigkeit von der intellektuellen Leistungsfähigkeit der Kinder, aber auch vom (oft interessenabhängigen) Bekanntheitsgrad bestimmter Tätigkeiten Fähigkeiten zu einer mehr folgerichtigen, größere Handlungsabschnitte überschauenden, häufig gut strukturierten Handlungsprogrammierung, wobei eine gemischte Strategie vorherrscht, die durch eine antizipatorische Grobstrukturierung der Gesamthandlung in komplexere Teilhandlungen vom Zielzustand zurück zum Ausgangszustand zu beobachten ist (globale Strategie), während die Planung der Teilhandlungen entweder in kleinen Schritten vom jeweils erreichten Ausgangszustand her (lokale Strategie) oder gar nicht erfolgt. Kennzeichnend für die Handlungsprogrammierung durch Jugendliche wird die Fähigkeit zu einer zunehmenden Einordnung einzelner Handlungen in übergreifende Tätigkeitsziele (angestrebter Schulabschluß, Erwerb sportlicher Fähigkeiten durch langzeitiges Training usw.)

- Die für die Motivierung, selbständige Zielbildung und Handlungsprogrammierung notwendige Aneignung von Werten und Handlungsnormen wie von Umweltkonzepten und Verfahrenskenntnissen erfährt durch die Sprachentwicklung einen entscheidenden Fortschritt.

. Mit Hilfe der Sprache können dem Kind Handlungsziele, aber auch die Realisierungsformen und die gesellschaftlichen Handlungsnormen in zunehmend generalisierter Form sprachlich vermittelt werden.

. Die zunehmend verallgemeinerte sprachliche Fixierung wesentlicher Handlungskomponenten ermöglicht langzeitige Speicherung sowie ein im Prinzip unbegrenztes internes Operieren auf innersprachlicher Ebene, wobei sprachlich vermitteltes Schließen und Urteilen den Aufbau (die Antizipation) systematischer Handlungsfolgen ermöglicht. Dadurch werden auch weitreichende Antizipationen von Handlungszielen und -strategien möglich.

. Die Sprache ermöglicht die Abhebung des handelnden Subjektes von konkret auszuführenden Operationen, das Erkennen des "Ich" als agierendes Subjekt und somit erst im eigentlichen Sinne reflektierendes (bewußtes) Handeln, wobei die erlebten und sprachlich vermittelten und fixierten sozialen Verhaltensnormen eine Grundlage für die sozial gesteuerte Ziel- und Strategiebestimmung darstellen.

- Damit ist bereits auf die Herausbildung eines bestimmten Merkmals der individuellen Handlungskompetenz, auf die Entwicklung der Subjektposition der handelnden Persönlichkeit verwiesen. In entwickelter Form gehören dazu das bewußte Erleben seiner selbst als Handlungsträger, als eigentlicher Initiator der Handlungen, das Reflektieren über sich selbst und seine Beziehungen zur Umwelt, über die objektiven Handlungsbedingungen und die eigenen Handlungsvoraussetzungen, über die Handlungsmotive und Handlungsfolgen sowie die damit verbundenen Entscheidungen über Handlungsziele und -strategien, was natürlich objektive Handlungsspielräume voraussetzt. Schließlich zählen wir zur Subjektposition auch die Fähigkeit, seine eigenen Intentionen in der sozialen Gruppe zu realisieren, die sozialen Partner in die Realisierung seiner eigenen Intentionen einzubeziehen.

Die ersten Schritte auf diesem Wege sind die bereits im 2. Lebenshalbjahr sichtbar werdende willentliche Durchsetzung eigener Intentionen und später die reflektierten Zielsetzungen ("ich will jetzt .....") , die bereits erwähnte Freude am Selbstmachen, das - zumindest in Ansätzen - vorhandene Reflektieren über seine eigenen Fähigkeiten ("das kann ich nicht") etwa um 3 Jahre herum, die reflektierte Absetzung der eigenen Person von anderen Personen und von Gegenständen der Umwelt, die auch in der Bezeichnung "Ich" für die eigene Person zum Ausdruck kommt. Im Laufe des Kindergartenalters entwickelt sich das Erkennen der Fähigkeiten und Intentionen des Handlungspartners, die bei der Realisierung der eigenen Intentionen - zumindest in Ansätzen - berücksichtigt werden. Einen deutlichen Entwicklungsschub erfährt die Herausbildung der Subjektposition im Jugendalter, die sich häufig in konflikthafter Auseinandersetzung mit der Erziehergeneration vollzieht, wenn diese den Heranwachsenden zu wenig eigene Entscheidungsspielräume und Selbstbestimmungsmöglichkeiten einräumt.

Überschaut man die Entwicklung wesentlicher Aspekte der individuellen Handlungskompetenz, dann lassen sich einige Knotenpunkte feststellen:

- Ein erster liegt bei etwa 3 - 4 Monaten, wo mit den bereits ausgebildeten Erwartungshaltungen sowie der Auge-Hand-Koordination sowohl die motivationalen wie die sensumotorischen Voraussetzungen für elementare antizipatorische Handlungen entwickelt sind.

- Einen Höhepunkt stellt die Zeit um das erste Lebensjahr herum dar. Hier sind deutlich aktive Zielvornahmen zu beobachten, die Kinder erleben sich erstmalig als Verursacher des Geschehens und äußern - je nach Effekt - Freude oder Angst. Insbesondere sind die Kinder - zumindest ansatzweise - zu sprachlichen Kundgaben ihrer Intentionen, besonders aber zu Reaktionen auf sprachliche Äußerungen Erwachsener in der Lage. Durch Krabbeln, Kriechen und Gehenlernen erweitert sich der Handlungsraum beträchtlich. Das Kind wird zur selbständigen Raumbewältigung fähig.

- Mit etwa 3 Jahren verlagert sich die Entwicklung der Handlungskompetenz - zumindest hinsichtlich alltäglicher Handlungen - von der Handlungsausführung und Handlungsraumerweiterung auf eigene Zielsetzungen und Handlungsprogrammierung auf der Grundlage kurzzeitiger Antizipationen. Insbesondere wird jetzt die sprachliche Handlungssteuerung (sowohl die Fremd- wie die Selbststeuerung) zu einem wichtigen Mittel der Erweiterung der Handlungskompetenz. Die Sprache ermöglicht das antizipatorische Durchspielen möglicher Handlungsziele, -verfahren und -folgen unter Einbeziehung bereits angeeigneter Normen und Verfahren. Zentral für diesen Zeitpunkt ist die Herausbildung der reflektierenden Subjektposition des Kindes, die in einer deutlichen Ich-Umweltdifferenzierung, in sich verstärkenden Bestrebungen, eigene Intentionen durchzusetzen, Vieles selbst zu machen, in Reflexion über eigene Wünsche und Möglichkeiten sowie deren soziale Bewertung und in ersten Formen des Abschätzens von Intentionen sowie Fähigkeiten der Handlungspartner zum Ausdruck kommen.

- Einen gravierenden Einschnitt stellt die Zeit der Einschulung dar, wobei bereits in Vorbereitung darauf, dann besonders aber durch die neuen, die ganze Lebensweise des Kindes verändernden Anforderungen und Bedingungen ein Entwicklungsschub vor allem hinsichtlich der Leistungsmotivation, hinsichtlich längerfristiger Zielstellungen und Handlungsplanungen, hinsichtlich sensumotorischer Steuerungen (z.B. beim Schreibenlernen), besonders aber hinsichtlich der sozialen Position des Kindes zu beobachten ist. Bezüglich der Ausprägung der Subjektposition erweitern sich einerseits die kognitiven und motivationalen Voraussetzungen, andererseits werden die individuellen Entscheidungsspielräume erheblich eingeschränkt. Das Kind muß viel mehr tun, was von ihm langzeitig wie kurzschrittig verlangt wird - und es ist in dem nunmehr wichtigsten Tätigkeitsbereich auch viel stärker auf konkrete Handlungshinweise angewiesen.

- Ein weiterer Einschnitt ist mit dem Erlernen des Lesens und Schreibens verbunden. Durch das nunmehr erreichte Verständnis schriftlich fixierten Gedankengutes wird das Kind stärker zur selbständigen Aneignung von Umweltwissen, von Handlungsnormen, -zielen und -verfahren fähig. Die schriftliche Fixierung eigener Überlegungen ermöglicht zeitlich weiterreichende Zielsetzungen und die Erarbeitung präziserer und differenzierterer Handlungsprogramme wie ihrer langzeitigen externen Speicherung. Prinzipiell wird (von den psychischen Voraussetzungen sowie von den notwendigen "Werkzeugen" her) eine selbständige Erweiterung der Handlungskompetenz durch selbständigen Informationsgewinn möglich. Ihre reale Erweiterung wird in der Folgezeit primär nicht mehr von der Entwicklung psychischer und physischer Voraussetzungen, sondern vor allem durch die gesellschaftlich determinierte soziale Position der Heranwachsenden bestimmt. Im Verlauf der Kindheit (bis zu Beginn des Jugendalters) können wir also hinsichtlich der Herausbildung der Handlungskompetenz einen Determinantenwechsel von ursprünglich physisch und psychisch bedingten (beim letzteren zwar immer sozial vermittelten) zu zunehmend durch die soziale Position des Heranwachsenden bedingten Erweiterungen der Handlungskompetenz konstatieren, der hier natürlich nur in ganz groben Zügen charakterisiert werden konnte.

3. Untersuchungen zur Herausbildung der individuellen Handlungskompetenz

In den unter Anleitung des Autors seit vielen Jahren durchgeführten Untersuchungen (vgl. Kossakowski/Ettrich 1973; Kossakowski/Köppler/Ludwig/Stannieder 1978; Kossakowski 1980) ging und geht es - unseren pädagogisch-psychologischen Intentionen entsprechend - um die Analyse der Herausbildung wesentlicher psychischer Komponenten individueller Handlungskompetenz im pädagogisch gelenkten Lernprozeß der Heranwachsenden.

Im Zentrum standen (neben einigen Untersuchungen zur Handlungsmotivierung) Untersuchungen zur Entwicklung der selbständigen Handlungsorientierung als eines ganz wesentlichen Bestandteils der individuellen Handlungskompetenz. Im eigentlichen Sinne selbständig handelt ein Mensch, wenn er die Fähigkeit besitzt, sich für die Realisierung ihm übertragener Aufgaben selbständig ziel- und bedingungsadäquate Handlungsprogramme zu erarbeiten und sie zu realisieren, vor allem aber, wenn er in der Lage ist, sich selbständig individuell und gesellschaftlich bedeutsame Ziele für konkrete Handlungen als auch für die Realisierung weitreichender Intentionen zu setzen. Zu den Hauptinhalten der Handlungsorientierung zählen wir - wie gesagt - die selbständige Zielbestimmung sowie die Entwicklung ziel- und bedingungsadäquater Handlungsprogramme, deren wichtigste Komponenten nach Hetz 1986 in der Abb.2 schematisch dargestellt werden.

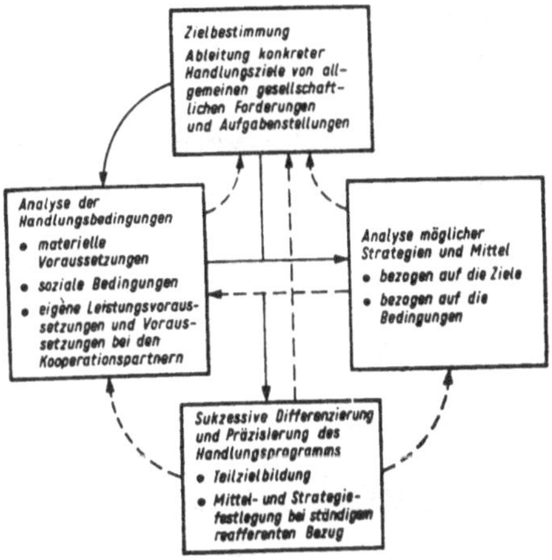

Abb.2: Schema der Erarbeitung eines Handlungsprogramms.

Dabei waren wir bestrebt, die Effektivität unterschiedlicher pädagogischer Interventionen bei der Aneignung psychischer Regulationsvoraussetzungen für selbständige Handlungsorientierung in Abhängigkeit vom Alter, von der Aufgabenstruktur (den objektiven Anforderungen) sowie von den jeweils individuell variierenden Persönlichkeitsvoraussetzungen zu analysieren.
Wir wollen im folgenden lediglich einige Untersuchungsergebnisse mitteilen, wobei es uns besonders auf die Darstellung der zu beachtenden Bedingungsvielfalt bei der pädagogisch gesteuerten Entwicklung der individuellen Handlungskompetenz ankommt.
1. Bereits in den ersten Untersuchungen zu altersbezogenen Formen pädagogisch intendierter Kompetenzentwicklung wurde die große Bedeutsamkeit antizipativer und reflexiver Vorgänge für die selbständige Handlungsregulierung in frühen Altersstufen sichtbar. Wir haben deshalb dieser Problematik von Anfang an große Aufmerksamkeit zugewandt.

- Unsere ersten Untersuchungen beschäftigten sich mit der Frage, wie weit sich bereits im frühen Kindesalter (zumindest kurzschrittige) Antizipation der Handlungsfolgen und Stimulierung der Kinder zu reflexivem Verhalten fördernd auf die Handlungsorganisation auswirken. Dazu trainierte Prusko (1968) in einem Zeitraum von 36 Tagen mit 1;3 bis 1;6 Jahre alten Krippenkindern bestimmte Verhaltensweisen bei Tisch, und zwar 1) motorische Fertigkeiten (Löffelführung, Säubern des Mundes von Speiseresten u.a.), 2) diszipliniertes Verhalten bei Tisch (ruhig warten bis die Nahrung vor dem Kind steht, nicht mit dem Gedeck spielen u.a.), und 3) höfliches Verhalten gegenüber den Erziehern und den anderen Kindern (um Speisen bitten, nach Erhalt der Speise danken u.a.). In der Versuchsgruppe A wurden die Kinder primär durch unmittelbar "handgreifliche" Lenkung (Handführung, Körperführung, Ruhigstellen der Arme beim Spielen mit dem Besteck usw.) zu normgemäßem Verhalten angehalten, wobei

- um gleiche Bedingungen zur Versuchsgruppe B zu garantieren - die unmittelbare Fremdregulierung der Handlungsausführung sprachlich begleitet wurde. In der Versuchsgruppe B wurden den Kindern die erwünschten Verhaltensweisen durch Hinweis auf normgemäßes Verhalten einer Erzieherin oder eines Vorbildkindes (also durch anschauliche Vorbildwirkung und Nachahmung) nahegebracht.
Dadurch wurden die Kinder der Gruppe B zu einer mehr antizipierenden und reflektierenden Organisation ihrer Handlungen angehalten. Gemessen wurde der Rückgang der Verhaltensfehler im Verlaufe des Trainings, wobei die Ausgangsfehlerzahl = 100 gesetzt wird. Die Ergebnisse sind aus Tabelle 1 ersichtlich.

Tab.1: Fehlerrückgang bei unterschiedlich trainierten Kindern

	VG A	VG B	KG
Mot. Fertigkeiten	46	75	3
Höfliches Verhalten	49	79	0
Diszipliniertes Verhalten	4	17	5

Bemerkenswert ist hier auch die unterschiedliche Wirksamkeit der pädagogischen Orientierungsformen hinsichtlich differenter Anforderungen. Die Ergebnisse dieser Untersuchung, die wegen der geringen Probandenzahl (es wurden in jeder Gruppe jeweils 7 Kinder trainiert) nur vorsichtig interpretiert werden dürfen, wurden durch weitere Experimente bestätigt.

- So untersuchte Meier (1971) die Wirkung unterschiedlicher Orientierungsformen hinsichtlich der Entwicklung normgemäßer Verhaltensweisen bei Tisch in unterschiedlichen Altersgruppen (2-, 3- und 4jährige Kinder). Die pädagogische Handlungsorientierung erfolgte während der Handlungsausführung und bezog sich auf die Korrektur von Verstößen gegen 15 formulierte und den Kindern bekannte Verhaltensweisen beim Essen. Sie wurde in den folgenden drei Formen (= Versuchsreihen) appliziert: a) verbale Instruktion, verbunden mit dem Hinweis auf ein sich vorbildlich verhaltendes Kind. Die betreffenden Kinder wurden aufgefordert, das Verhalten des "Vorbildkindes" nachzuvollziehen, b) verbale Instruktion, verbunden mit der Exposition einer schematischen Darstellung der erwünschten Verhaltensweisen (dazu hatte Meier für jede der 15 Verhaltensweisen schematisierte Darstellungen der erwünschten Verhaltensform entwickelt), c) verbale Instruktion mit detaillierten erläuternden Hinweisen.
Wir sind dabei von der Überlegung ausgegangen, daß die applizierten Orientierungsformen die Kinder in unterschiedlicher Weise (von a zu c zunehmend) zu antizipierender und reflektierender Handlungsorganisation anregten.
Bei etwa gleichem Ausgangsniveau in den Versuchsgruppen der 3 Versuchsreihen (a, b, c) innerhalb einer Altersstufe gab es in den einzelnen

Versuchsreihen unterschiedliche Senkungsziffern der durchschnittlichen Fehlerzahlen (siehe Tabelle 2).

Tab. 2: Durchschnittliche Fehlerzahlen vor (x_1) und nach dem Training (x_2) sowie durchschnittliche Senkungsziffern ($x_3 = x_1 - x_2$) in unterschiedlichen Versuchsreihen (a, b, c) und in verschiedenen Altersstufen.

	2 Jahre			3 Jahre			4 Jahre		
	x_1	x_2	x_3	x_1	x_2	x_3	x_1	x_2	x_3
VR a	39,6	11,4	28,2	25,0	12,0	13,0	17,0	8,3	8,2
VR b	42,0	6,2	35,8	22,1	7,6	14,5	14,0	8,3	5,7
VR c	43,9	13,3	30,6	28,3	7,9	20,4	17,3	5,7	11,6

Aus diesen Ergebnissen wird ersichtlich, daß alle Orientierungsformen in allen Altersstufen zu signifikanten Verbesserungen des Verhaltensniveaus geführt haben. Es wird aber auch die besondere Effektivität bestimmter Regulierungsformen in bestimmten Altersstufen deutlich. So ist im Alter von 2 Jahren die Methode b (verbale Instruktion verbunden mit bildhafter Veranschaulichung der erwünschten Verhaltensweisen) am wirksamsten. Im Alter von 3 und 4 Jahren erwies sich die verbale Instruktion mit erläuternden Hinweisen (Methode c) als effektivste Regulierungsform Allerdings muß auch hier wieder hervorgehoben werden, daß die Wirksamkeit unterschiedlicher Orientierungsformen nicht nur vom Alter des Kindes, sondern auch von der spezifischen Tätigkeitsform (von der Qualität der zu entwickelnden Handlungskomponenten) abhängt.
So haben sich bei den Zweijährigen bei insgesamt hoher Wirkungsweise de Methode b hinsichtlich unterschiedlicher Verhaltensformen auch unterschiedliche pädagogische Einwirkungsformen als besonders zweckmäßig erwiesen (siehe **Tabelle** 3).

Tab. 3: Durchschnittliche Fehlerzahlen vor (x_1) und nach dem Training (x_2) sowie durchschnittliche Senkungsziffern ($x_3 = x_1 - x_2$) bei unterschiedlichen pädagogischen Einwirkungen (a - c) und hinsichtlich unterschiedlicher Verhaltensformen bei 2-jährigen Kindern.

VR / VF	a			b			c		
	x_1	x_2	x_3	x_1	x_2	x_3	x_1	x_2	x_3
Werkzeuggebrauch	12,2	1,7	10,5	9,3	1,5	7,8	10,3	2,7	7,6
Disziplin	10,3	2,5	7,8	14,1	1,0	13,1	14,6	3,2	11,4
Höflichkeit	4,0	3,3	0,7	5,1	1,0	4,1	3,9	2,1	1,8

Insgesamt läßt sich feststellen, daß bereits im frühen Kindesalter Orientierungsformen besonders effektiv sind, die die Kinder zu stärker antizipativen und reflexiven Formen der Handlungsorganisation anregen.

- Dies wird auch durch eine weiterführende Untersuchung von Meier (1971) mit zweijährigen Kindern belegt, in der er die Effektivität handlungsorientierender Maßnahmen bei der Entwicklung von Tischsitten analysierte, wenn sie in speziellen Belehrungen vor Beginn des Essens (VR_1) oder während des Essens, immer dann, wenn bestimmte Verhaltensfehler auftraten (VR_2), appliziert wurden. Als Grundmethode diente die in diesem Alter wirksamste Form der anschaulichen Darstellung der erwünschten Verhaltensweisen, verbunden mit verbalen Instruktionen (Orientierungsform b der vorangehenden Untersuchung).
Obgleich die Bilder in VR_2 häufiger exponiert wurden als in VR_1 war die der eigentlichen Handlung vorausgehende Handlungsorientierung wirksamer als die während der Handlungsausführung gegebenen unmittelbaren Handlungshinweise (siehe Tabelle 4).

Tab. 4: Durchschnittliche Fehlerzahlen vor (x_1) und nach dem Training (x_2) sowie durchschnittliche Senkungsziffern (x_3) bei unterschiedlichem methodischem Vorgehen (nähere Erläuterungen im Text)

	x_1	x_2	x_3	
VR_1	46,2	9,4	36,8	S
VR_2	42,2	21,3	20,9	

S - statistisch signifikant

- Reflexives Verhalten wird besonders auch durch zusätzliche Motivierungen erhöht. So hat Estel (1968) bei der Entwicklung erwünschter Verhaltensweisen beim Essen bei 3- bis 5jährigen Kindern, die 3 Wochen lang (wöchentlich dreimal eine Stunde) trainiert wurden, feststellen können, daß zusätzliche Motivierungen im Sinne des Bewußtmachens der Erwünschtheit bestimmter Verhaltensweisen bei 3- und 5jährigen Kindern die bereits durch sachliche Informationen erzielten Reduktionen der Fehlerhäufigkeit weiter zu senken vermochten - vgl. Tabelle 5.

Tab. 5: Vergleich der Mittelwerte in der Ausgangsanalyse (x_1), Endanalyse (x_2) und der Fehlerreduktion (x_3) bei ausschließl. sachlichen Hinweisen (a) und bei zusätzlichen Motivierungen (b)
p = Signifikanzniveau

Alter	VR	x_1	x_2	x_3	
3	a	40.0	13.1	26.9	n.s.
	b	39.9	10.0	29.9	
4	a	25.0	7.5	17.5	p = 0.01
	b	26.1	2.0	24.1	
5	a	20.0	3.2	16.8	p = 0.05
	b	21.1	-	21.1	

- Antizipative und reflexive Leistungen spielen insbesondere in partnerbezogenen Handlungen (z.B. in Rollenspielen) eine bedeutende Rolle. Dies wurde insbesondere in bisher unveröffentlichten Untersuchungen von Salz und Mitarbeitern an unserem Institut deutlich: Je mehr die Kinder in der Lage waren, die situativen Intentionen des Partners, seine emotionale Zuständlichkeit und seine auf die Spielrealisierung bezogenen Fähigkeiten zu antizipieren (überhaupt darüber zu reflektieren), desto effektiver war das Zusammenwirken bei der Realisierung bestimmter Handlungsziele.

- Unsere Ergebnisse hinsichtlich der positiven Wirkungen von Maßnahmen, die die Kinder zu verstärkter Antizipation und Reflexion anregen, wurden auch durch andere Autoren bestätigt. So berichtet Elkonin (1965, S.2o5) daß bei der Entwicklung unterschiedlicher Verhaltensformen eine vorherige aktive Beschäftigung mit den geforderten Verhaltensweisen im Sinne einer aktiven Vororientierung zu sichtbaren Leistungssteigerungen geführt hat. Er spricht von der Notwendigkeit, dem Kind vor der eigentlichen Handlungsausführung eine "aktive Orientierungs- und Untersuchungstätigkeit" zu ermöglichen, die die Antizipation der und die Reflexion über die auszuführenden Handlungen fördert.

- Das soeben Gesagte gilt noch mehr in höheren Altersstufen. In Experimenten mit Schülern 7. - 9. Klassen (vgl. Kossakowski/Ettrich 1973) konnte z.B. nachgewiesen werden, daß in 3 experimentellen Sitzungen (B, C, D) bei Vermittlung gleichbleibend detaillierter Orientierungshinweise für die Leitung kollektiver Tätigkeiten in kleinen Gruppen (VR_1) die Leistungsentwicklung der Gruppenleiter niedriger war als in VR_2, in der die Gruppenleiter von Experiment B zu D zunehmend verallgemeinerte Orientierungshinweise erhielten (vgl. Abb.3).

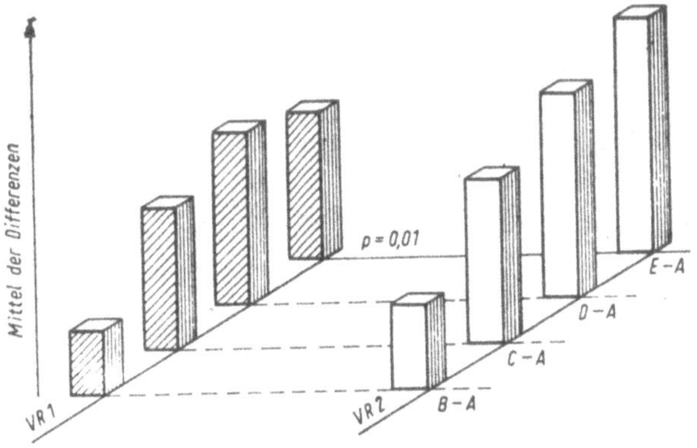

Abb. 3: Leistungsverlauf bei unterschiedlicher pädagogischer Orientierung. (A = Ausgangs-, E = Endanalyse)

In VR_1 wurden die Gruppenleiter dazu verleitet, die sehr detailliert vorgegebenen orientierenden Hinweise für die Handlungsausführung einfach zu übernehmen, während die Gruppenleiter der VR_2 gezwungen waren, auf der Grundlage sukzessiv verallgemeinerter pädagogischer Orientierungen zunehmend selbständig die ziel- und bedingungsbezogenen Strategien zu antizipieren und sie hinsichtlich ihrer Effektivität zu bewerten (reflexives Verhalten). Dies ermöglichte es ihnen, die Gruppentätigkeit stärker situationsadäquat zu organisieren und die selbst erworbenen Erfahrungen auf neue Handlungssituationen zu übertragen.

- Dabei sind natürlich die entwicklungsbedingten Fähigkeiten hinsichtlich der Weite und der Differenziertheit von Antizipation und Reflexion zu beachten. So erwiesen sich z.B. hinsichtlich komplexer Handlungen im Alter von 5 - 6 Jahren weder ausschließlich verallgemeinerte noch ausschließlich konkrete und kurzschrittige Detailorientierungen als effektiv. Im ersten Fall waren die Kinder nicht in der Lage, die notwendigen Präzisierungen selbständig vorzunehmen, im zweiten Fall zerfiel der einheitliche Handlungsverlauf, weil das übergreifende Handlungsziel nicht präsent war. Auf der Grundlage einer antizipierten Globalorientierung über den Gesamtverlauf der Handlung und schrittweise erarbeiteter Detailorientierungen gelang den Kindern dagegen eine zielbezogene Ausführungsregulation der Gesamthandlung in guter Qualität (vgl. Höckner 1971).

- Ausgehend vom Kriterium zunehmend selbständiger Antizipation und Reflexion in der Handlungsorientierung und -ausführung haben wir die folgende verallgemeinerte Stufeneinteilung für altersbezogene pädagogische Interventionen hinsichtlich der Entwicklung der selbständigen Handlungsorientierung der Heranwachsenden erarbeitet:

. "Orientierung" durch <u>unmittelbare physische Lenkung während</u> der Handlungsausführung

. <u>Anschauliches Vorführen</u> erwünschter Verhaltensweisen (lebende Vorbilder, bildhafte Darstellung) <u>vor und während</u> der Handlungsausführung

. <u>Verbale</u> teilzielbezogene <u>detaillierte und konkrete</u> Orientierung <u>vor</u> sowie <u>unterstützende</u> Orientierung <u>während</u> der Handlungsausführung

. <u>Verallgemeinerte</u> Gesamtzielorientierung und <u>detaillierte und konkrete Teilziel</u>orientierung <u>vor</u> der jeweiligen Handlungsetappe

. <u>Verallgemeinerte Gesamt- und Teilzielorientierung, Vermittlung</u> der Ausgangsbedingungen, konkrete <u>Kriterienvorgabe</u> für selbständige Erarbeitung teilzielbezogener Strategien

. <u>Zielvorgaben</u>, <u>konkrete Kriterienvorgabe</u> für die Analyse der Ausgangsbedingungen, für ziel- und bedingungsadäquate Teilzielbestimmung und teilzielbezogene Strategiewahl

. Vermittlung <u>allgemeiner Handlungsprinzipien und Kriterien</u> für die selbständige Zielbildung und Programmerarbeitung.

Es handelt sich also um ein sukzessives Fortschreiten von einer ursprünglichen <u>direkten</u>, detaillierten und konkreten pädagogischen Orientierung der Handlungen jüngerer Kinder zu zunehmend <u>vermittelten</u>, indirekten pädagogischen Orientierungsformen im Sinne der Vermittlung und Begründung genereller Handlungsprinzipien sowie verallgemeinerter Handlungsstrategien bei gleichzeitiger Zunahme der selbständigen Antizipation von und der Reflexion über Handlungsziele sowie ziel- und bedingungsadäquate Handlungsstrategien (vgl. Kossakowski 1980).

2. Es ist bereits mehrfach angedeutet worden, daß die pädagogischen Interventionen zur Herausbildung der selbständigen Handlungsorientierung, insbesondere der Antizipations- und Reflexionsfähigkeit, entwicklungsgerecht, das heißt aber auch den individuellen Voraussetzungen gemäß gestaltet werden müssen. Zur Bekräftigung dieses Gedankens sollen zwei weitere Untersuchungsbeispiele angeführt werden:

- Förster (1979) untersuchte spontan genutzte Strategien bei der Erarbeitung von Handlungsprogrammen und konnte dabei deutliche Unterschiede bei leistungsstarken und leistungsschwachen Schülern 9. Klassen feststellen:

Leistungsfähige	Leistungsschwache
. Längere Vorplanungszeit (interne Operationen	. Oft unmittelbares äußeres Probierhandeln
. Beginn mit den teilzielorientierten Gruppierungen (vom Endziel zum Ausgangszustand)	. Teilschrittorientiertes Legen (vom Ausgangszustand zum Ziel hin)
. Präzisierungen innerhalb der teilzielorientierten Gruppierungen	. Häufige generelle Umgruppierungen
. geringere Schrittzahl	. größere Schrittzahl
. Insgesamt systematisches, fortschreitend differenzierendes Vorgehen, Folgerichtigkeit und Ökonomie	. Insgesamt unsystematisches, häufig probierendes Vorgehen, geringe Folgerichtigkeit und Ökonomie
. Im Wiederholungsversuch Realisierung optimaler Strategie	. Auch im Wiederholungsversuch noch häufig probierendes Vorgehen

Die leistungsstärkeren Schüler realisierten in diesen Untersuchungen insgesamt eine effektivere Strategie, die man als 2-Phasen-Strategie bezeichnen könnte: Nach einer längeren internen Vorplanungszeit wird in der ersten Phase ein Grobentwurf der Gesamthandlung (die herarchische Teilzielstruktur) erarbeitet, wobei die Teilzielbildung oft vom Endziel her vorgenommen wird (Rückwärtsstrategie), während in der 2. Phase eine teilzielorientierte Detaillierung des Programms von der jeweiligen Ausgangssituation zum nächstfolgenden Teilziel hin erfolgt.

Den leistungsschwächeren Schülern fehlen dagegen aufgabenbezogene Strategien. Während man es daher bei leistungsstärkeren Schülern dieser Altersstufe bei der Vermittlung allgemeiner Handlungsprinzpien und Kriterien für selbständige Ziel- und Programmerarbeitung bewenden lassen kann, ist es bei leistungsschwächeren Schülern selbst aus 9. Klassen noch notwendig, Ziele zu vermitteln, Teilzielstrukturen vorzugeben und systematisches Vorgehen bei der Erarbeitung effektiver Strategien zu üben.

- Eine andere Untersuchung bezog sich auf unterschiedliche Stimulierungsformen bei different strukturierten Schülern (vgl. Stannieder in: Kossakowski/Köppler/Ludwig/Stannieder 1978). Unterschiedliche Stimulierungsformen (M 1 = Stabilisierung, M 2 = Instabilisierung der Lösungsgewißheit) führten bei selbstsicheren Schülern (GI) und bei Selbstunsicheren (GII) zu unterschiedlicher Intensität und Systematik in der Handlungsorientierung und wirkten sich dadurch in unterschiedlicher Weise auf die Leistungen als Gruppenleiter aus (vgl. Abb. 4).

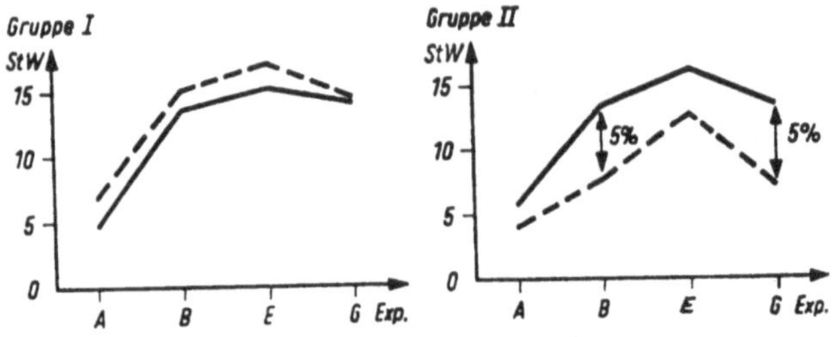

Abb. 4: Leistungsentwicklung unterschiedlich leistungsfähiger Schüler in Abhängigkeit von unterschiedlichen pädagogischen Interventionen

——— = M 1
- - - - = M 2

Während die selbstsicheren Schüler sowohl bei Instabilisierung wie bei Stabilisierung der Lösungsgewißheit etwa gleiche Leistungen aufweisen (sie erhöhen bei pädagogisch intendierter Instabilisierung sogar ihr Engagement), verringern sich bei den Selbstunsicheren die Leistungen bei Instabilisierung beträchtlich, was auf ihre größere Störanfälligkeit gegenüber realen bzw. befürchteten Mißerfolgen hinweist, die ihre Leistungsfähigkeit beeinträchtigt.

3. Wir haben auch bereits auf die Anforderungsabhängigkeit der Wirksamkeit unterschiedlicher pädagogischer Interventionen hingewiesen. So erwiesen sich gleiche pädagogische Orientierungsformen hinsichtlich unterschiedlicher Anforderungen als unterschiedlich effektiv (siehe nochmals die Tabellen 1 und 3).

- In welcher Weise die Wirksamkeit unterschiedlicher pädagogischer Interventionen zur Ausbildung der selbständigen Handlungsorientierung sowohl von der Anforderungsstruktur der Aufgaben wie von den Leistungsvoraussetzungen der Heranwachsenden abhängt, versuchten wir in einer komplex angelegten Untersuchung zur Befähigung von Schülern 5. und 7. Klassen für die Leitung kollektiver Tätigkeiten zu ermitteln (vgl. Moßmann 1980). Das Ergebnis ist überblicksmäßig im folgenden Schema dargestellt:

O_1				O_2			
T_1		~ T_2		T_1		> T_2	
Vp_1 ~ Vp_2		Vp_1 ~ Vp_2		Vp_1 > Vp_2		Vp_1 ~ Vp_2	

Dabei heißen:
O_1 = Verallgemeinerte, die konkrete Schrittfolge vermittelnde Orientierung
O_2 = Verallgemeinerte, wesentliche Realisierungsprinzipien vermittelnde Orientierung
T_1 = Technisch-manipulative Tätigkeit mit definierter optimaler Schrittfolge
T_2 = Sozial-kommunikative Tätigkeit mit variabler Schrittfolge
Vp_1= selbstsichere, intellektuell gut befähigte Vpn
Vp_2= selbstunsichere, intellektuell weniger befähigte Vpn

Dies bedeutet:

a) Beide Orientierungsformen führten in beiden Tätigkeitsklassen und beiden Leistungsgruppen zu signifikanten Leistungssteigerungen.

b) Die Instruktion über notwendige Schrittfolgen (O_1) erweist sich hinsichtlich beider Tätigkeitsklassen und hinsichtlich beider Leistungsgruppen als etwa gleich effektiv.

c) Die Instruktion über wesentliche Handlungsprinzipien (O_2) ist dagegen im Hinblick auf die 1. Tätigkeitsklasse der Instruktion über notwendige Schrittfolgen (O_1) überlegen.
Dieses Ergebnis hat uns zunächst überrascht, da wir annahmen, daß O_2 sich gerade hinsichtlich Tätigkeiten mit schwer zu bestimmender Schrittfolge bewähren würde. Offenbar benötigen aber Schüler dieser Altersstufe gerade für die Bewältigung von Aufgaben, die in ihrem Ablauf weniger festgelegt sind, ein gewisses Stützgerüst im Sinne einer Abfolgeordnung. Selbst wenn der Handlungsverlauf dadurch etwas eingeengt wird, gewährt eine solche Schrittfolgeorientierung doch eine bessere Folgerichtigkeit des Handlungsverlaufs, die in der 1. Tätigkeitsklasse durch die Aufgabe selbst vorgegeben ist.

d) Interessant ist, daß die Instruktion über wesentliche Handlungsprinzipien (O_2), die dem handelnden Individuum den größten Spielraum für selbständiges Handeln gewährt, sich besonders bei den leistungsstarken Versuchspersonen als effektivere erweist. Sie durchschauen die in der Aufgabe selbst liegende Folgerichtigkeit ohne fremde Hilfe und werden durch die Vermittlung von Merkmalen einer effektiven Handlungsregulation zur selbständigen Erarbeitung einer mehr flexiblen Handlungsorientierung angeregt.

4. Schließlich ist die aktuelle Leistung in der selbständigen Handlungsorientierung und -ausführung und damit die Entwicklung entsprechender Komponenten der Handlungskompetenz abhängig von den konkreten Gruppenbedingungen, überhaupt von den sozialen Interaktionsbedingungen, unter denen sie sich vollzieht. Dies gilt insbesondere für kommunikative Tätigkeiten. Wir erwähnten bereits beim Hinweis auf die Rolle der Antizipation von bzw. der Reflexion über die Partnerintentionen, Partnerfähigkeiten usw., daß diese für das Niveau kommunikativer Leistungen von großer Bedeutung sind. In unseren Untersuchungen ist die Bedeutung der Gruppenbedingungen für die Gruppenleistung und insbesondere für die Leistungsfähigkeit des Gruppenleiters in einem Experiment deutlich geworden, in dem es ursprünglich um die Wirksamkeit unterschiedlicher Motivierungsinhalte für das Engagement der Versuchspersonen bei der selb-

ständigen Handlungsorientierung ging. So führten in einem Experiment zur Befähigung von Schülern 7. Klassen für die selbständige Leitung kollektiver Tätigkeiten in kleinen Gruppen (vgl. Meyer und Schrader 1971) unterschiedliche Motivierungen trotz gleicher Sachinformationen über effektive Handlungsstrategien (was die Herausbildung gleicher interner Handlungsprogramme vermuten ließ) zu beträchtlich unterschiedlichen Leistungsentwicklungen bei den unterschiedlich motivierten Gruppenleitern (vgl. Abb.5).

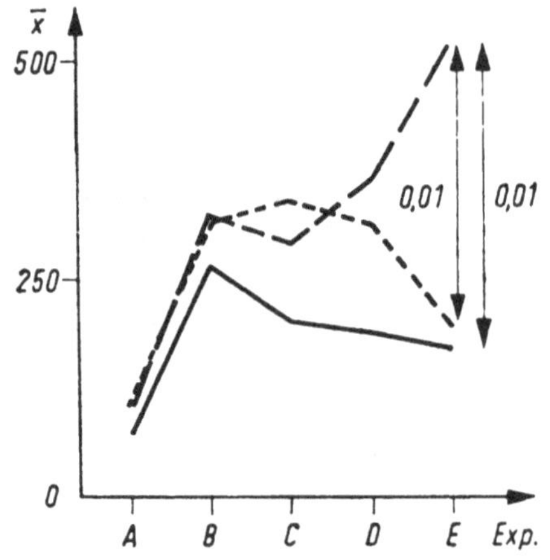

Abb.5: Wirkung unterschiedlicher Motivierungsformen auf die Erfüllung der Gruppenleiterfunktion

——— VR 1 ----- VR 2 ..... VR 3

Eine nähere Analyse ergab, daß die in den 3 Versuchsreihen praktizierten Motivierungsformen (VR 1 = allgemeingesellschaftliche, VR 2 = kollektive, VR 3 = individualistische) die Schüler zu unterschiedlichem Engagement in der Orientierungs- und Ausbildungsphase, besonders aber auch zu unterschiedlichen Leitungsstilen veranlaßten, was sich auf die sozialen Beziehungen in der Gruppe (speziell auf die emotionale Atmosphäre und die soziale Integriertheit der Gruppenleiter in die Gruppe) und über diese auf seine Leistungsmöglichkeiten auswirkte (vgl. Abb. 6).

Die soziale Integration der kollektiv motivierten Gruppenleiter (VR 2) erhöhte sich von Experiment A zu E beträchtlich, was ihre Leistungsfähigkeit erweiterte, während die individualistisch motivierten Gruppenleiter (VR 3) trotz gleichbleibend hohen individuellen Engegaments ihre guten Anfangsleistungen (siehe die ansteigende Kurve bis zum Experiment C in Abb.5) infolge zurückgehender Gruppenintegration und damit verbundener unzureichender Unterstützung (z.T. sogar Opposition) durch die Gruppenmitglieder nicht halten konnten.

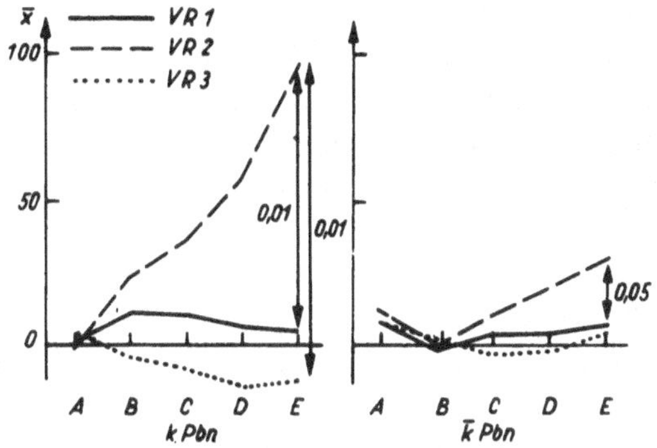

Abb. 6: Integriertheit des Gruppenleiters in die Gruppe
k Pbn = Gruppenleiter   k̄ Pbn = Gruppenmitglieder

4. Zusammenfassung

Die theoretischen Erörterungen sowie die dargestellten empirischen Ergebnisse zusammenfassend können wir feststellen:

1. Die Hauptfunktion des Lernens als einer besonderen Klasse informationsverarbeitender Prozesse besteht in der Erweiterung der individuellen Handlungskompetenz, was für die menschliche Persönlichkeit die Entwicklung zum selbständig und bewußt tätigen Handlungssubjekt bedeutet.

2. Für die Entwicklung der individuellen Handlungskompetenz ist beim Menschen die spontane, speziell aber auch die sozial vermittelte und insbesondere die pädagogisch gelenkte Aneignung sozialer Erfahrungen in Form von Sach- und Verfahrenskenntnissen, von Werten und Handlungsnormen sowie die Herausbildung antizipativer und reflexiver Fähigkeiten bedeutsam, die sich in engem Zusammenhang mit der Entwicklung gesellschaftlich und individuell bedeutsamer Handlungsantriebe (Handlungsmotive) vollziehen.

3. Als wesentliche komplexe Regulationseinheiten selbständigen Handelns (damit der individuellen Handlungskompetenz) sehen wir die Handlungsorientierung, Handlungsantriebe, Bewertungen und Entscheidungen an, die in allen Handlungsphasen (in unterschiedlicher Akzentuierung) wechselseitig zusammenwirken, wobei der Handlungsorientierung (Zielbestimmung und Handlungsprogrammierung) besondere Bedeutung zukommt.

4. Bei der pädagogisch gelenkten Entwicklung der selbständigen Handlungsorientierung (sowie der anderen komplexen Regulationseinheiten) sind insbesondere Interventionsformen effektiv, durch die möglichst frühzeitig von ursprünglich mehr unmittelbaren und detaillierten Führungsformen zu zunehmend generalisierten und vermittelten Orientierungsformen übergegangen wird, durch die insbesondere antizipative und reflexive Leistungen stimuliert und entwickelt werden und durch die den Heranwachsenden möglichst weitgehender (entwicklungsgerechter) Entscheidungs- und

Handlungsspielraum gewährt wird.

5. Bei der Bestimmung effektiver pädagogischer Orientierungsformen für die Befähigung der Heranwachsenden zu selbständiger Handlungsorientierung und -regulierung muß man stets von den zu bewältigenden objektiven Anforderungen (O) in ihren Relationen zu den beim handelnden Individuum bereits entwickelten Leistungsvoraussetzungen (S) ausgehen, wobei die Relation von O : S, soll sie entwicklungsstimulierend sein, innerhalb der "Zone der nächsten Entwicklung" liegen muß.

6. Besonders im Bereich kommunikativer Tätigkeiten, aber auch in anderen Tätigkeitsformen, in denen soziale Interaktionsbedingungen wirksam sind, ist für die aktuelle Leistungsfähigkeit wie für die ontogenetische Leistungsentwicklung die Beachtung gruppendynamischer Bedingungen unbedingte Voraussetzung.

Literatur

(1) Elkonin, D.B.: Zur Psychologie des Vorschulalters, Berlin 1965.

(2) Estel, R.: Die Wirksamkeit unterschiedlicher Erziehungsmethoden bei der Aneignung von Tischsitten im Kindergarten. Diplomarbeit Leipzig 1970 (unveröffentlicht).

(3) Förster, R.: Experimentelle Untersuchungen zur selbständigen Erarbeitung von Handlungsprogrammen durch Schüler 6. und 9. Klassen. Diplomarbeit Leipzig 1979 (unveröffentlicht).

(4) Hacker, W.: Allgemeine Arbeits- und Ingenieurpsychologie. Berlin 1973.

(5) Höckner, M.: Vergleich zur Wirkung unterschiedlicher Formen erzieherischer Handlungsregulierung bei der Entwicklung von Fähigkeiten zur Organisation kollektiver Tätigkeiten bei 5- bis 6jährigen Kindergartenkindern. Diplomarbeit Leipzig 1971 (unveröffentlicht).

(6) Klix, F.: Information und Verhalten, Berlin 1971.

(7) Kossakowski, A./W. Kessel: Einführung in die Psychologie. Bd.I. Im Druck.

(8) Kossakowski, A.: Handlungspsychologische Aspekte der Persönlichkeitsentwicklung. Berlin 1980.

(9) Kossakowski, A./K.U. Ettrich: Psychologische Untersuchungen zur Entwicklung der eigenständigen Handlungsregulation. Berlin 1973.

(10) Kossakowski, A./E. Köppler/H. Ludwig/G. Stannieder: Entwicklung der Handlungsregulation in der kollektiven Tätigkeit. Berlin 1978.

(11) Kossakowski, A./J. Lompscher: Zum Tätigkeitskonzept in der Psychologie. Pädagogische Forschung 1/88, S. 28-50.

(12) Meier, W.: Effektive Methoden der Anerziehung von kultivierten Tischsitten im Vorschulalter, ein Beitrag zur etappenweisen Entwicklung von Verhaltenseigenschaften. Diss.Leipzig 1971 (unveröffentlicht).

(13) Metz, E.: Entwicklungsstand der selbständigen Handlungsorientierung bei technisch-konstruktiven Anforderungen. Dissertation A, Berlin 1986 (unveröffentlicht).

(14) Meyer, E. und W. Schrader: Die Wirkung unterschiedlicher Motivierungen bei optimaler und konstanter Handlungsorientierung auf die Entwicklung organisatorischer Leistungen in Kleingruppen. Diplomarbeit Leipzig 1971 (unveröffentlicht).

(15) Moßmann, M.: Zur Effektivität unterschiedlicher Orientierungsformen. Dissertation A, Berlin 1980 (unveröffentlicht).

(16) Mucha, K.: Zur psychischen Regulation sozialen Handelns. Inaugural-dissertation FU Berlin (West), 1984.

(17) Oesterreich, R.: Personale Organisation und Koordination sozialen Handelns. In: Ahlberg, T./St. Hardt (Hrsg.) Struktur und Funktion von Persönlichkeitsmerkmalen und Möglichkeiten ihrer Veränderung. KMU Leipzig 1986.

(18) Prusko, E.: Die Wirksamkeit unterschiedlicher Erziehungsmethoden bei der Entwicklung von Tischsitten bei Krippenkindern. Unabgeschlossener Forschungsbericht, Leipzig 1968 (unveröffentlicht).

(19) Rubinstein, S.L.: Grundlagen der Allgemeinen Psychologie. Berlin 1958.

(20) Schmidt-Kolmer, E.: Frühe Kindheit. Berlin 1984.

(21) Wygotski, L.S.: Die Entwicklung der höheren psychischen Funktionen. Moskau 1960 (russ.).

REFLEX, WILLE UND SELBSTORGANISATION

John Erpenbeck*)

"Auch sonst sind Philosophen einschlägig nützlich, denn - was ihre Sachzuständigkeit betrifft - sie haben kein festes Jagdrevier, sondern eine allgemeine Wildererlizenz", behauptet der bekannte BRD - Philosoph Odo Marquard in einer Rede "Über die Unvermeidlichkeit der Geisteswissenschaften" und fährt dann fort:"Der Philosoph ist nicht der Experte, sondern der Stuntman des Experten: sein Double fürs Gefährliche. Seine interdisziplinäre Nützlichkeit als Gesprächskatalysator hängt mit diesen philosophischen Tauglichkeiten zusammen. Experten - die ja kostbarer sind als Philosophen - zu doubeln in Situationen, die jenen Riskanzgrad erreichen, den humanwissenschaftlich interdisziplinäre Gespräche nun einmal haben." 1) Zweifellos erreichen die interdisziplinären Kühlungsborner Gespräche diesen Riskanzgrad. Die unverhältnismäßig große Anzahl von Philosophen, die sich an ihnen beteiligt, ist dafür ein sicheres Indiz.

Wenn ich hier über einige Probleme spreche, die mich in meiner augenblicklichen philosophischen Arbeit beschäftigen, so werde ich von der erwähnten "Wildererlizenz" ausgiebig Gebrauch machen und bitte darob von vornherein um Nachsicht. Ich fühle mich dazu allerdings auch durch die Haltung unseres Jubilars, Prof. Tembrock, ermuntert, der sich nie gescheut hat, in philosophischen Revieren zu wildern - sicher zum Vorteil der Philosophie und vielleicht auch zum Vorteil seiner eigenen Wissenschaft.

Lassen Sie mich mit der Evolution meines eigenen Lernprozesses beginnen. Ich kam als erkenntnistheoretisch stark interessierter Biophysiker zur Philosophie. In meiner Dissertation hatte ich mich noch mit Diffusionsprozessen in multikomponenten Gemischen, von Gegenstrom, Konvektion und Temperaturgradient überlagert, beschäftigt. 1968 waren meine Kollegen und ich erstmals der Ausbildung ebenso unerwarteter wie deutlicher lokaler Strukturbildungen in unseren Diffusionsrohren begegnet, dem sogenannten "Schaafschen Konzentrationszoneneffekt", der sich als Sonderfall dissipativer Selbstorganisation, also der Ausbildung dissipativer Strukturen erwies. Einem Buch meiner Kollegen zu diesem Thema fügte ich erste philosophische Überlegungen bei 2) - dann wandte ich mich jedoch anderen Fragestellungen zu.

Die Forschungen der sogenannten kognitiven Psychologie, genauer der Psychophysik kognitiver Prozesse, wie sie von der Gruppe um Professor Klix mit großem, auch internationalen Erfolg betrieben wurden, hatten mich schon seit längerem beeindruckt. Den Beziehungen von Psychologie und Philosophie philosophisch nachgehend, fragte ich mich nun, welche erkenntnistheoretischen Schlußfolgerungen aus jenen Forschungen zu ziehen seien. Zum Schlüssel wurde für mich die Einsicht: "Diese beiden Erkenntnisse der kybernetischen Modellmethodik: Invariantenbildung durch Lernen und Entscheidungsprozesse bei der Objekterkennung haben auf die Psychologie zurückgewirkt und noch einmal zum Überdenken von Grundprozessen ... geführt." 3) Man kann auf dieser Basis zeigen, daß Invariantenbildung ein Grundprinzip aller kognitiven Prozesse, von den einfachsten bis zu den kompliziertesten menschlichen ist. Durch Tembrocks tierpsychologische und verhaltensbiologische Forschungen wurde diese Feststellung auch evolutiv abgesichert, indem sie die Entstehung und funktionelle Vervollkommnung der Invariantenbildungsmechanismen verfolgten. 4) Der Invariantenansatz scheint mir erkenntnistheoretisch außerordentlich bedeutsam. Man kann auf seiner Grundlage einen invariantentheoretische Rekonstruktion der Dialektik entwickeln, die jegliche "Ontologisierung" vermeidet und Dialektik als philosophische Theorie des Umgangs mit der Begrenztheit, der Relativität sprachlich benannter Invarianten und ihren Beziehungen sowie der Überwindung dieser Begrenztheit definiert.5) Dies bestätigt auf eindrucksvolle Weise einen Gedanken von M.Born, der erklärte: "Ich bin der Ansicht, daß die Idee der Invariante der Schlüssel zu einem vernunftgemäßen Realitätsbegriff ist - und zwar nicht nur in der Physik, sondern bei jedem Aspekt der Welt..." 6).

Freilich stellt man beim Umgang mit den Modellen der kognitiven Psychologie, den verschiedensten Beschreibungen organismischer, insbesondere menschlicher Lernprozesse sehr bald fest, daß den Vorgängen der Invariantenbildung ungleich mehr Interesse entgegengebracht wird, als denen der "Invariantenbrechung". Also jenen Vorgängen, die Mensch und Tier dazu treiben, einmal gebildete Invarianten infrage zu stellen, zu überwinden, mit und ohne Not nach neuen, tiefergehenden, umfassenderen Invarianten zu suchen. Dabei handelt es sich beim Menschen stets um die Bildung und Brechung sowohl objektiv - realer wie gedanklich - ideeller Invarianten. Verfolgt man diese Überlegungen weiter, so wird man vor allem in emotional - motivationalen Prozessen, also in - generalisierten und individualisierten - Wertungsprozessen des konkreten Individuums den Antrieb der Invarintenbrechung und der Suche nach neuen Invarianten entdecken: Erkenntnis im engeren Sinne - als Qualitäts- und Quantitätserkenntnis - bildet gleichsam den sich ständig erweitert regenierenden "Treibstoff" der Bewußtseinsdialektik, während die Wertung deren geistigen "Motor", deren Triebkraft benennt, die das "Gefährt" menschlicher

Handlung, Tätigkeit, Praxis der "Straßenlage" objektiver Dialektik entsprechend in Bewegung setzt. Von diesem Endpunkt aus erscheint es allerdings verwunderlich, daß Emotionen und Motivationen in vielen Lernmodellen nur als "Störgrößen" fungieren, daß der Modellierung ihres Zusammenwirkens mit den kognitiven Prozessen im engeren Sinne ziemlich wenig Aufmerksamkeit geschenkt wird, ja, daß oft nicht einmal klar ist, ob der Begriff "Kognition" emotional - motivationale Wertungen ein- oder ausschließt. Wenn man die Evolution biotischer Verarbeitungs- und entsprechender Verhaltensleistungen verfolgt, vor allem, wenn man den mit der Herausbildung des ontogenetischen Lernens erfolgenden qualitativen Sprung (die "Fulguration" nach K.Lorenz) beachtet, der zu offenen Programmen führt 7), scheint es mir zum einen unerläßlich zu sein, klar zu unterscheiden: (1) die Evolution der Information, die im Genom gespeichert ist und phylogenetisch erworben wurde; (2) die Evolution der Information, die in den verschiedenen Gedächtniseben gespeichert ist und ontogenetisch erworben wurde; (3) die Evolution der Information über Umgebung und Eigenzustand, die im unmittelbaren Widerspiegelungsprozeß aktualgenetisch erworben wurde. (1), (2) und (3) faßt die Evolution der Kognition im engeren Sinne, also unter Ausschluß aller wertenden Aspekte, aller biotischen Vorstufen des Emotional - Motivationalen zusammen. Zum anderen ist es jedoch ebenso wichtig, (4) die phylogenetische, ontogenetische und aktualgenetische Evolution des biotischen Wertungsvermögens, der Wertungsprozesse und -mechanismen zu verfolgen, bevor man ihr - unauflösliches - Zusammenwirken mit den im engeren Sinne kognitiven Prozessen und Mechanismen bei Verhaltens- und Handlungsentscheidungen beschreibt. Dabei treten Wertungen als

"Vor - Urteile" auf der Grundlage von Kognitionen im engeren Sinne unter der Grundbedingung statistischer Determination des Verhaltens (Verhalten unter Unsicherheit) auf, die heuristische Entscheidungsprozesse notwendig macht.9) Neuere Arbeiten zur kognitiven Psychologie messen den Emotionen und Motivationen denn auch den Rang zu, der ihnen beim "Erwachen des Denkens" wirklich zukommt 10). G.Tembrock hat zur Aufklärung der Evolution des biotischen Wertungsvermögens ebenfalls wichtige Beiträge geleistet 11). Die Einsichten in die Bedeutung der biotischen und schließlich auch der menschlich - sozialen Evolution von Wertungen und in ihr Zusammenspiel mit den Kognitionen im engeren Sinne scheinen mir ebenfalls zu philosophisch wichtigen Verallgemeinerungen zu führen. Die marxistische Erkenntnistheorie, anknüpfend an die zu Zeiten von Engels und besonders von Lenin aktuellsten Ergebnisse der Evolutionsbiologie,Sinnesphysiologie, kognitiven Psychologie und Sprachtheorie 12) läßt sich mit einigem Recht als kognitivistisch beschreiben. Nicht zufällig rückten für lange Jahre der von Pawlow genommene Reflexbegriff und ein reduzierter, die schöpferischen, entwerfenden Aktivitäten des Menschen weniger ernst nehmender Widerspiegelungsbegriff in den Mittelpunkt ihrer Forschungen. Das menschliche Schöpfertum als "Welträtsel Nummer 1" wurde vernachlässigt, 13) und die Dialektik von Abbild und Entwurf nicht in ihrer ganzen Fülle gesehen und behandelt. Im Gegensatz zum Vorgehen des dialektischen und historischen Materialismus wurde von ihr oft nicht die Gesamtheit <u>aller</u> individuell-psychischen und historisch-gesellschaftlichen Bewußtseinsprozesse und -resultate - als Erkenntnis im <u>weiteren</u> Sinne - betrachtet, sondern nur die Gesamtheit <u>solcher</u> Widerspiegelungsprozesse und -resultate, die auf die Gewinnung von Wissen über die objektive Realität, letztlich von wissenschaftlichen Begriffen, Aussagen und Theorien zielen, sowie diese Resultate selbst - als Erkenntnis im engeren Sinne. Wertungen, etwa ästhetische, religiöse, ethisch - moralische oder politisch - ideologische, galten ihr nicht als Erkenntnisse (im weiteren Sinne); es ist sicher kein Zufall, daß im umfangeichsten und tiefgehendsten Buch zur marxistischen Erkenntnistheorie in der DDR der Terminus Wert/Wertung nicht einmal im Schlagwortregister vorkommt 14), was von den Herausgebern inzwischen selbst als Magel moniert und in der nächsten Auflage geändert wird. So ist es nicht verwunderlich, daß es in der DDR bis heute keine geschlossene monografische Darstellung zur psychologischen Motivationsforschung gibt 15). Deshalb war es im Vorfeld meines philosophischen Nachdenkens über die Motivations- und Wertungsproblematik nötig, die vielen von marxistischen Psychologen und Gesellschaftswissenschaftlern inzwischen erarbeiteten Teileinsichten und Ansätze zusammenfassend zu systematisieren und die Interiorisation von Wertungen zu Emotionen und Motivationen sowie die Produktion und Reproduktion von historisch - gesellschaftlichen Wertungen verallgemeinert nachzuzeichnen. Auf dieser Grundlage erwies es sich schließlich als möglich, die Umrisse einer marxistischen Wertphilosophie zu entwickeln 16).

Währenddessen tauchte eine Frage auf, die ich zunächst als nebensächlich abtat, die sich für mich aber inzwischen zum zentralen Gegenstand neuen Nachdenkens entwickelt hat. Es ist die Frage nach dem menschlichen Willen, seiner Evolution, seiner Bedeutung für Wahrnehmen, Lernen, Problemlösen, Handeln. Anders als bei der Kategorie "Motivation", deren Bedeutung kein Psychologe und kein Philosoph infrage stellen würde, sind die

Ansichten bei der Kategorie "Willen" sehr geteilt. In den meisten modernen Büchern zur Kognitions- wie zur Motivationspsychologie taucht sie nicht einmal mehr als Begriff auf. Die Probleme, die von der klassischen, bis cirka 1945 kräftig blühenden Willenspsychologie behandelt wurden, werden heute im wesentlichen unter dem Stichwort Motivation abgehandelt. Nur noch wenige, stark geisteswissenschaftlich - idealistisch orientierte Psychologen benutzen den Begriff. Aus der historisch - materialistischen Philosophie ist er ebenfalls weitgehend verschwunden und auch nichtmarxistische Philosophen benutzen ihn, sofern sie nicht an lebensphilosophische Denktraditionen anknüpfen, eher vorsichtig. Wenn J.Mittelstraß neuere Überlegungen zur Fragestellung mit dem Titel versieht: "Der arme Wille: Zur Leidensgeschichte des Willens in der Philosophie" 17) so trifft dies den Kern des Problems und ist obendrein sofort auf die Leidensgeschichte des Willens in der Psychologie erweiterbar. So kommt die absurde Situation zustande, daß einer der am häufigsten verwendeten Begriffe der Alltagspsychologie (man überprüfe nur sich selbst, wie oft man am Tage sagt "ich will", "was willst du" etc.) wie auch der stets philosophisch - weltanschaulich basierten Politik (wie oft lesen wir von der "demokratischen politischen Willensbildung", vom "Willen des Volkes" etc.) von den zuständigen Fachwissenschaften fast völlig ignoriert wird. Das ist natürlich nicht nur eine terminologische Frage: Ich bin überzeugt, daß man in der Psychologie bei der Behandlung von Krativität, Entscheidungsbildung und Handlung ebensosehr die Willenskategorie (oder eine äquivalente Kategorie) braucht, wie man in der Philosophie das Grundproblem der menschlichen Willensfreiheit oder in der politischen Theorie das Problem des Voluntarismus, eine der bestimmendsten Erscheinungen des 20. Jahrhunderts, nicht ohne diese Kategorie wird behandeln können.

Ein möglicher Weg, sich der Willensproblematik zu nähern, wäre eine solide wissenschafts- und philosophiehistorische Analyse. Jedes umfassendere psychologische Werk des 19. und beginnenden 20. Jahrhunderts enthält mit Sicherheit einen umfangreichen Abschnitt über den Willen, da man als wichtigste psychische Grundfunktionen drei Klassen von Bewußtseinsvorgängen, di intellektuellen, emotionellen und volitionellen Funktionen unterschied. Von Wundt und Ziehen bis zu Lewin und Rubinstein würde die - unübersehbare - Fülle der Belege reichen. Aber auch keiner der bedeutenden und weniger bedeutenden Philosophen in Vergangenheit und Gegenwart hat auf die ausführliche Analyse des Willens, eben meist im Zusammenhang mit der Frage nach der Willensfreiheit, verzichtet. Eine eigene Untersuchung wäre die Behandlung der Problematik in der marxistischen Philosophie wert. Besondere Bedeutung käme der Analyse der Ablösung der Willensforschung durch die Motivationsforschung zu. Den entscheidenden Schritt in dieser Richtung hat wahrscheinlich K.Lewin getan. In der Psychologie bis ca. 1945 wurde die Motivation oft als ein unselbständiger Teilbereich des Willens betrachtet. So sprach man von Willensmotiven als von den stark gefühlsbetonten Vorstellungen, die einem Willensakt vorangehen und unterschied im Motiv Vorstellungen als Beweggründe und Gefühlsmomente als Triebfedern 18) . Später rückte die Motivation als übergreifende Kategorie in den Mittelpunkt, was dem naturwissenschaftlich orientierten Denken der Gestaltpsychologie wie des Behaviorismus sehr entgegenkam 19). Die nazistische Inanspruchnahme - man bedenke, daß der NSdAP - Parteitag 1934 unter dem Motto "Triumph des Willens" firmierte - diskreditierte den "armen Willen" vollends. Vergeblich die Bemühungen eines Mannes aus dem "Wiener Kreis", F.Waismann, die Unverzichtbarkeit der Willenskategorie - freilich im Zusammenhang mit der Kategorie Motivation - nachzuweisen 20). Erst in neueren motivationspsychologischen Arbeiten werden solche Gedankengänge wieder aufgenommen. Zurecht faßt H.-D.Schmalt diese geradezu dramatische Entwicklung unter der Schlagzeile "Die wiederentdeckte Volition" zusammen 21).

Ich möchte hier jedoch nicht historisch, sondern systematisch analysierend vorgehen. Die eigenen Bemühungen, den Charakter der Motivation zu erfassen, mündeten im Umriß einer Begriffsbestimmung, die festhielt: "Menschliche Motivationen sind Wertungen eines Wertungsobjekts durch ein entsprechend aktiviertes Wertungssubjekt (das konkrete Individuum) auf der Wertungsgrundlage objektiver Bedürfnisse des wertenden Subjekts am Maßstab einer in individualisierter Form antizipierten Subjekt - Objekt - Beziehung" 22). Den ersten Hinweis auf eine Schwachstelle dieser Betrachtungsweise enthielt ein Gutachterhinweis von L.Sprung, der anmerkte, sie sei in sich durchaus stimmig, vernachlässige aber, trotz des Hinweises auf die Aktivierung, die Antriebsseite der Motivation. Tatsächlich hängt dies eng mit der Willensproblematik zusammen, versteht man unter "Aktivationspsychologie" ein Forschungsgebiet, bei dem es nicht mehr allein auf die Beschreibung psychischer Abläufe ankommt, sondern bei denen eine Erklärung vorgebracht werden soll, "wie überhaupt Psychisches in Gang kommt" 23). Es lassen sich dabei unterscheiden: (A) energetische Theorien (Fluß des Psychischen als Nervenaktivität), (B) S - R - Theorien (Aktivierung des Psychischen durch überschwellige äußere Reizeinwirkung die Reaktionen erfordert), (C) Triebtheorien

(Aktivierung des Psychischen und Erzeugung von Wirktendenzen durch innere Triebkräfte, Triebe, oft hormoneller Natur), (D) Kognitionstheorien (Aktivierung und Handlung durch kognitive Selbststeuerung gemäß geistiger Ansprechbarkeit), (E) Sozialtheorien (Aktivierung und Handlung durch Positionierung in einem Sozialfeld von Gegenständen, Personen, Gruppen) 24). Die Motivationspsychologie ihrerseits untersucht Aktivierungsprozesse, indem sie zum einen Aktivitätsausrichtung, Aktivitätsorganisierung, Erregungskonzentration, Zielprojektion und Widerstandsbarrieren analysiert und, zum anderen Antriebs-, Anreiz- und Handlungsmotive differenziert 25). Also der Wille als Antriebsseite, das heißt als unselbständiges Teilmoment der Motivation? Eine solche Sicht wird beispielsweise in der Definition eines DDR- Wörterbuches der Psychologie nahegelegt,das Wille als einen erlebnismäßig und funktional unterscheidbaren Teilprozeß motivierten zielgerichteten Handelns und der dem Handeln vorgeschalteten Entscheidung faßt, die bewußte Ausrichtung und Anspannung des Handelns betont und dann feststellt: "Willensphänomene sind grundsätzlich unselbständige Teilmomente der motivierten Interaktion Mensch - Umwelt. Unhaltbar (und letztlich idealistisch) sind Positionen, die "den" Willen an ein autonomes, isoliertes Ich, an ein Selbst binden und auf dieser Grundlage die Willensfreiheit des Individuums postulieren. Die Willensfreiheit resultiert - psychologisch betrachtet - aus der Fähigkeit des Individuums, auf der Basis sach- und situationsdienlicher Informationen und zielangemessener Auswahlprinzipien Entscheidungen fällen zu können." 26) Ich habe dies so ausführlich zitiert, weil darin exakt die Gegenposition zu meinem eigenen Vorgehen deutlich wird. Mein Bestreben wird es sein zu zeigen: (1) Willensphänomene sind selbständige, mit dem

Motivationsgeschehen verbundene, aber nicht darin aufgehende Momente menschlichen Handelns. (2) Sie lassen sich nicht auf die - reflexionistisch aufgefaßte - Mensch-Umwelt-Interaktion reduzieren. (3) Willenspsychologie als Intentionspsychologie umfaßt vielmehr Prozesse der neuronalen und handlungsmäßigen Selbstorganisation; diese ist der eigentliche Schlüsselbegriff zum Verständnis des Willens und seiner Unverzichtbarkeit als psychologische Kategorie. (4) Tatsächlich waren bisher alle Theorien, die den Willen als Ausdruck des partiell autonomen Ich betrachteten, idealistisch, weil sie den materialistischen Gedanken der Selbstorganisation nicht kannten, also zu mentalen Konstrukten greifen mußten, wollten sie nicht in mechanistisch - behavioristische Konstruktionen verfallen. (5) Auf der Basis des Selbstorganisationsparadigmas läßt sich hingegen eine nichtmechanisch-materialistische Erklärung der Willensphänomene finden. Die Willensfreiheit ist somit nicht bloße Entscheidungsleistung auf der Basis von sach- und situationsdienlicher Information. Der Mensch besitzt vielmehr real Freiheit, als Vermögen, einen Zustand von selbst anzufangen (Kant) und der Wille stellt sich als die Möglichkeit des Menschen dar, diese Freiheit zu nutzen, das eigene Handeln und damit sich selbst zu bestimmen.27)

Wir können die bisher umrissenen Ansätze also grob unterteilen in solche, die Motivations- und Willensproblematik quasi gleichsetzen 28), solche die die Motivation als Teilfunktion des Willens und solche, die den Willen als Teilfunktion der Motivation behandeln; symbolisiert:

$$M \approx W \qquad (1)$$

$$M = f(W) \qquad (2)$$

W = f (M)   (3)

Neuere Motivations- und Willenstheorien sind nun bemüht, entweder die in (2) und (3) angedeutete Funktionalität aufzuklären, oder aber spezifische Besonderheiten von Motivations- und Willensprozessen zu differenzieren und ihr Zusammenwirken zu erfassen. Unglücklicherweise spricht man bezüglich der neueren Entwicklungen der Motivationspsychologie oft von einer "kognitionspsychologischen Wende", subsummiert den Kognitionen dann aber nicht nur die im Organismus vorhandenen Informationen, das Wissen von sich selbst und der Welt, sondern bezeichnet auch die Wertungen des Wissens, Meinungen, Überzeugungen, Werthaltungen, emotionale Bedeutungszuschreibungen usw. als Kognitionen. Dies ist "eine zweifellos nicht sehr glückliche Entwicklung" , verschleiert sie doch die grundsätzlichen Unterschiede zwischen Erkenntnissen (Kognitionen) im engeren - auf bloßes Wissen bezogenen - Sinne und Wertungen, wie sie emotional - motivationalen Prozessen zugrundeliegen 29). Tatsächlich waren die neueren Ansätze der Motivationspsychologie, wie die Erwartungs - Wert - Theorien oder die Attribuierungstheorien so erfolgreich, weil sie einerseits den Wertungscharakter von Motivationen verdeutlichten und die Rolle von Informationen, Wissen, Erkenntnissen im engeren Sinne für die Wertungen beschrieben, zum anderen aber die Bereiche von intentionaler Entscheidung, Handlungsentschluß und Handlungsausführung abtrennten, die sich nicht mehr durch das Konstrukt "Motivation" abdecken ließen. Das war die wesentlichste Grundlage für die Wiederentdeckung der Volition.

Ohne jeden Anspruch auf Vollständigkeit möchte ich drei Ansätze herausgreifen, die diese Trennung verdeutlichen. J.Kuhl entwickelte eine Handlungskontrolltheorie die von der Existenz konkurrierender Motivationsprozesse und stabilisierender Willensprozesse ausgeht: Nicht die stärkste Motivationstendenz wird sofort ausgeführt, sondern nur die dominierende, die eine kritische Motivationsstärke im Sinne einer Handlungsschwelle überschreitet; diese ist darauf gerichtet, voreiliges Handeln zu unterbinden. Sie wird als katastatische (handlungshemmende) Tendenz bezeichnet. Ihr steht eine metastatische (handlungsfördernde) Tendenz gegenüber, die für die Auswahl, Abschirmung und Verstärkung einer der konkurrierenden Motivationstendenzen verantwortlich ist: sie ist eine Willensfunktion, gefragt sind ihre Determinanten als Willensdeterminanten, die sich einzeln diskutieren lassen 30). Zugleich lassen sich damit Schwerpunkte willenspsychologischer Forschung umreißen 31); zumindest die Fragen nach dem Einfluß einer Handlungsabsicht auf Emotions-, Aufmerksamkeits- und Gedächtnisprozesse sowie nach der mentalen Repräsentation von Handlungsabsichten und den Auswirkungen verschiedener Repräsentationsarten haben unmittelbaren Bezug zur Modellierung von Lernstrategien.

D. Dörner geht davon aus, daß ein "multimotiviertes" System, wie immer man die konkurrierenden Motive modelliert, zu Instabilitäten und Oszillationen neigt, je besser die im engeren Sinne kognitiven, also informationsverarbeitenden Fähigkeiten des Systems ausgeprägt sind. Je differenzierter Lernen, Denken, vor allem problemlösendes Denken, auftritt, desto vielfältigere Antizipationsmotivationen kommen neben den Elementarmotivationen zum Tragen, insbesondere auf menschlichem Niveau: "Man ist nicht mehr nur auf das angewiesen, was man aus der Erfahrung a posteriori lernt, sondern man ist in der Lage, zukünftige Szenarios und zukünftiges Verhalten zu antizipieren und zu konstruieren bis hin zur Konstruktion von Utopien und Surrealität". Also, erstens, die Existenz konkurrierender Motive mit, zweitens, sehr unterschiedlicher Eindrücklichkeit und zeitlicher Reichweite (Elementarmotive wirken kurzzeitg stärker, Antizipationsmotive langfristiger, aber schwächer, müssen also gegen erstere "durchgesetzt" werden), und, drittens, die beinahe unbegrenzten Möglichkeiten der konstruktiven Selbstreflexion von Motivkonflikten und antizipativen Selbstorganisation künftigen Verhaltens benötigt das Wollen als Selbstreflexion, bezogen auf Motivkonflikte, und als darauf gründende Instanz der Verhaltensstabilisierung. Das Wollen führt zur Aktivierung und Amplifikation von motivationsstützenden Vorstellungen, zur Verknüpfung einer schwachen Motivation mit anderen und zu problemlösendem Denken zur Kompetenzerhöhung 32).

Beide Modelle können als strukturell - funktionell charakterisiert werden, da sie die Struktur und das funktionelle Zusammenwirken von konkurrierenden Motivationen mit Kognitionen und Intentionen beschreiben, welche den Willen als gesondert wirkende und für die Verhaltensausführung unerläßliche Instanz erfordern. Dies kann man in der Form symbolisieren:

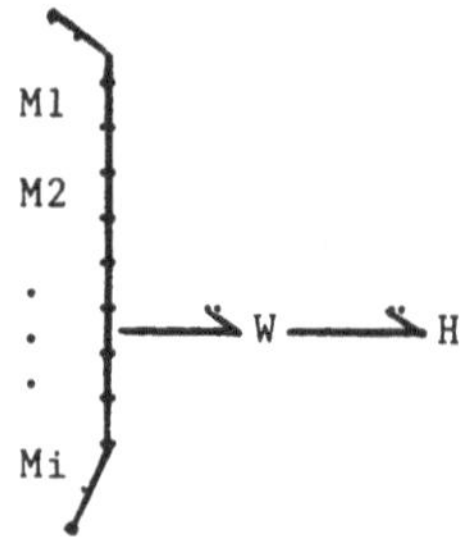

(4)

Eines der gegenwärtig bekanntesten und sowohl von der theoretischen Substanz wie von der experimentellen Verifikation her aussichtsreichsten Modelle zur Erfassung der Spezifik des

Willens ist das von H.Heckhausen entwickelte "Rubikonmodell der Handlungsphasen". Es ist für das Begreifen der Evolution von Lernstrategien außerordentlich bedeutungsvoll, weist es doch, via Intentionalität, dem Willen die entscheidende Koordinationsfunktion aller - motivationalen - Lernantriebe, also aller "invariantenbrechender" und neue Invarianten suchender geistiger Prozesse zu.

Das Modell läßt sich als <u>zeitlich - phasisches</u> begreifen, als <u>Handlungsphasenmodell</u>, und entsprechend symbolisieren 33):

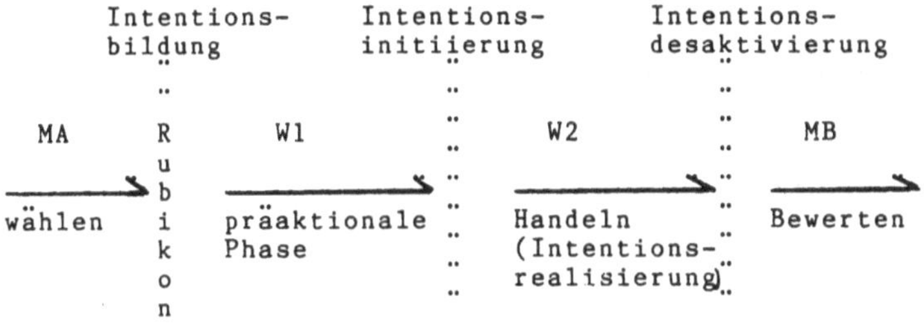

(5)

MA= M1,M2,...Mi ; MB= Mn,Mn+1,...Mj

Heckhausen geht von zwei Formen der <u>Intentionen</u> aus: Vornahmen (Vorsätze) und Zielintentionen. Erstere sind hier weniger interessant, da sie sich lediglich auf Handlungsausführungen beziehen, also Zielintentionen bereits voraussetzen. Unter Zielintentionen "wollen wir Ziele im Sinne angestrebter Endzustände verstehen, die man durch eigenes Handeln realisieren will." 34)Sie können mehrphasig und kurzfristig oder langfristig ausgerichtet sein, bildlich oder sprachlich enkodiert werden und sich auf physische oder geistige Handlungen beziehen. Für meine Fragestellung ist wesentlich, daß die "angestrebten Endzustände" nicht unbedingt durch <u>äußere</u> Reize, Sachverhalte, Probleme usw. vorgegeben sein müssen, sondern durch <u>Selbstsetzung</u> determiniert sein können - bis hin zu Utopie und Surrealität, wie Dörner sehr zutreffend bemerkt. Die Rubikonmetapher besagt, daß in der Motivationsphase MA verschiedene - konkurrierende und kooperierende - Motive M1 bis Mi, also entsprechende Wertungen, gegeneinander abgewogen werden. "Bei befriedigendem Ergebnis der motivationalen Elaboration kann die resultierende Motivationstendenz 'den Rubikon überschreiten', d.h. zur Intention mit einer bestimmten Volitionsstärke werden. Damit beginnt für diese Intention die volitionale Phase (Volition)." W1 beinhaltet die Volition vor, W2 die nach Beginn der Handlungsausführung. Das Ergebnis wird wiederum durch verschiedene Motive Mn bis Mj in der resultierenden Motivationsphase MB bewertet. "Motivation und Volition werden nicht nur als zwei Phasen, sondern auch als zwei verschiedene 'Bewußtseinslagen' betrachtet, die sich an der Art ihrer Informationsverarbeitung unterscheiden lassen...Während Motivationsprozesse realitätsorientiert sind, ja selbst das Erwünschte kritisch und unparteiisch prüfen, sind Volitionsprozesse realisierungsorientiert, d.h. auf die Verwirklichung der einmal gefaßten Intention aus." 35) Diese Betrachtungsweise hat große einzelwissenschaftliche und philosophische Bedeutung. Erstens weist sie zurecht alle Konzepte von Motivation und Volition zurück, die diesen bloß eine "Energetisierung" des Verhaltens zuschreiben. Zweitens verweist sie auf die Begrenztheit aller Reflexmodelle, welche die Informationsverarbeitung einer Reizinformation - einschließlich ihrer motivationalen Bewertungen - verfolgen, aber die Intentionen vernachlässigen; Informationsverarbeitung und Informationsbewertung lassen sich mit Reflexmodellen beschreiben, aber nicht intentionale Prozesse. Drittens lautet daMit das Glaubensbekenntnis der entsprechend erweiterten

Kognitionspsychologie (Kognition im weitesten Sinne!): "Im Anfang war die Intention" 36); ich halte diese Möglichkeit der Rückkehr zum Intentionalismus Brentanos, freilich auf einer naturwissenschaftlich gestützten, über die Selbstorganisationstheorie vermittelten materialistischen Basis für fundamental. Viertens ist dadurch auch eine klare Zäsur in evolutiver Hinsicht gesetzt: Kognitionen im engeren Sinne und Motivationen lassen sich in der biotischen Evolution von Widerspiegelungsvermögen und Lernstrategien weit zurückverfolgen; echte Intentionen, die Selbstreflexion und Nachdenken über Motivkonflikte, also echtes Wollen erfordern, können nur auf menschlichem Niveau exisiteren: Der Willen bildet also auch einen Rubikon zwischen Tier und Mensch, zwischen tierischen und menschlichen Lernstrategien. Andererseits existieren zwar gesellschaftliche Wertungen, aber keine gesellschaftlichen Motivationen, also Motive einer Gruppe, Schicht, Klasse usw., sondern nur Motive konkreter Individuen, während es durchaus sinnvoll ist vom Willen gesellschaftlicher Subjekte, von gesellschaftlicher Willensbildung zu sprechen. Gesellschaftliche Lernstrategien erfordern keine kollektiven Motivationen, aber kollektive Intentionen und eine kollektive Willensbildung.

Also gäbe es keine natürliche Evolution des Willens als wesentlichem Bestandteil von menschlichen Lernstrategien? In der sowjetischen Psychologie, die den Willensbegriff unbelasteter, auch unreflektierter benutzt als die anderer Länder, gibt es dazu eine interessante Antwort. P.Simonov behandelt ausführlich "die phylogenetischen Voraussetzungen des Willens" 37), auf Wygotski und Lurija gestützt, die das wesentliche des Willens in seiner selbstregulierenden Funktion sahen und betonten, daß "sich der Mensch selbst einen Anreiz für seine weiteren Handlungen schafft"

38). Ähnlich meiner Argumentation stellt er fest:"Es scheint so, als gebe es keine natürliche Vorgeschichte des Willens, auf den der Entstehung des Menschen vorausgegangenen Etappen der Evolution...als ob dieser keine eigenen phylogenetischen Voraussetzungen besitzt und erstmalig in der Psyche des Menschen entsteht." Simonovs Gegenvorschlag ist, in dem von Pavlov beschriebenen "Freiheitsreflex" die phylogenetische Voraussetzung des Willkürverhaltens zu sehen 39). Dieser ist jedoch kein Reflex im eigentlichen Sinne, denn Pavlov benutzt den Reflexbegriff normalerweise zur Kennzeichnung einer streng deterministischen Verbindung zwischen Reiz und Reaktion während er hier ein Verhalten beschreibt, das zwar durch Bewegungseinschränkung ausgelöst wird, als Reaktion jedoch weitgehend unbestimmt bleibt. Die "Unfreiheit" - schon die antropomorphe Bezeichnung ist charakteristisch! - löst also einen psychophysischen Selbstorganisationsprozeß aus, der zu einer breiten Skala von Verhaltensmöglichkeiten führt. Will man die Phylogenese des Willens verfolgen, muß man tatsächlich die Evolution der nervalen Selbstorganisation verfolgen,muß den qualitativen Sprung kennzeichnen, der mit der sprachlichen Repräsentation entsteht und mit den daraus resultierenden Möglichkeiten des modalen, intermodalen und supramodalen Selbstorganisationscharakters nervaler Prozesse 40). Wirklichen Willen im Sinne der Selbstbestimmung und damit wirkliche Freiheit gibt es nur auf dem Niveau des Menschen.

Möchte man wirklich an der Vorstellung vom reflektorischen Wesen des Psychischen festhalten, gleichzeitig aber dem Willen eine wichtige Rolle zumessen, kommt es zu seltsamen Argumentationen. So ist es 1952 für den sowjetischen Psychologen W.I.Seliwanow einerseits völlig klar, daß objektive Daten für das

Verständnis von Willensakten zur Verfügung stehen - nämlich durch die reflektorische Willenstheorie Setschenows, die später von Pawlow weiterentwickelt wurde. "Setschenow, der den Willensakt als einheitlichen, dreigliedrigen, kortikalen Reflex (Gehirnreflex) ansah, schuf und bewies unwiederlegbar die These, daß die primäre Ursache jedes Verhaltens immer in einer Sinneserregung liegt. Ohne sie ist es unmöglich, daß im Gehirn Gedanken und Wünsche als als Handlungsantriebe auftauchen." 41) Also: "Alle willkürlichen Bewegungen der Tiere und des Menschen, die einfachen wie die komplizierten, sind nichts anderes als erlernte (Setschenow) oder bedingte (Pawlow) Reflexe." 42) Andere, nichtreduktionistische Lösungen ausländischer wie sowjetischer Wissenschaftler werden diffamiert: "Sogar in unserem Lande, in der Heimat der Pawlowschen Lehre, finden sich Physiologen, die versuchen, das willkürliche Verhalten mit idealistischen Konstruktionen zu erklären. So stellte I.S.Beritaschwili seine pseudowissenschaftliche Theorie der psychonervalen Tätigkeit auf. Seiner Meinung nach ist angeblich das willkürliche Verhalten der Tiere und Menschen unmöglich durch die Reflextätigkeit des Gehirns zu erklären. Für die Ursache der willkürlichen Bewegung nimmt er irgendeine besondere, spontane Aktivität des Gehirns an." 43) Die nichtmechanisch - materialistische, der Selbstorganisationsidee schon erstaunlich nahekommende Theorie Beritaschwilis wird also im Namen eines mechanisch - materialistisch hypostasierten Pawlowismus bekämpft!

Es läßt sich fragen, ob der Reflexbegriff in der Psychologie überhaupt ein fruchtbares Paradigma darstellte, ob die "spekulative Extrapolation des physiologischen Reflexprinzips auf geistige Leistungen wie Lernen, Denken und Bewußtsein" nicht ein Irrweg war, der den Zugang zum moderneren Paradigma des

Tätigkeitskonzepts eher blockierte. 44)Eine allzu pauschale Kritik ist sicher unangebracht; das physiologisch oder behavioristisch orientierte Reflexparadigma hat viele wichtige Anregungen und Ergebnisse gezeitigt. Je näher man aber der durch Intentionen gesteuerten oder sogar initiierten kreativen Tätigkeit des Menschen kommt, umso fragwürdiger wird es als Erklärungskonzept. Allerdings glaube ich auch nicht, daß das Tätigkeitskonzept die Paradigmenalternative darstellt, denn dieses läßt sich in Bezug auf die zugrundeliegenden psychischen Prozesse zweifellos materialistisch und idealistisch verstehen. Meine Antwort kann, nach dem bisher abgeleiteten, nur sein: Das materialistische Alternativparadigma zur psychonervalen Reflextheorie ist die psychonervale Selbstorganisationstheorie.

Diese Feststellung erscheint mir deshalb so besonders wichtig, weil sich tatsächlich die meisten bisher gängigen Lernmodelle dem Reflexparadigma einordnen lassen. Selbst die Einbeziehung des Reafferenzprinzips erweitert zwar einfachere Stimulus - intervenierende Variable - Response - Schemata zu zyklischen Regulationsmodellen des Verhaltens, bezieht aber weder komplexe instinktive Verhaltensweisen auf tierischem Niveau noch Willensprozesse als Resultate psychonervaler Selbstorganisation auf menschlichem Niveau ein. Schematisch ausgedrückt können wir das zusammenfassen:

Das Reflexparadigma favorisiert stets Verläufe der Form:

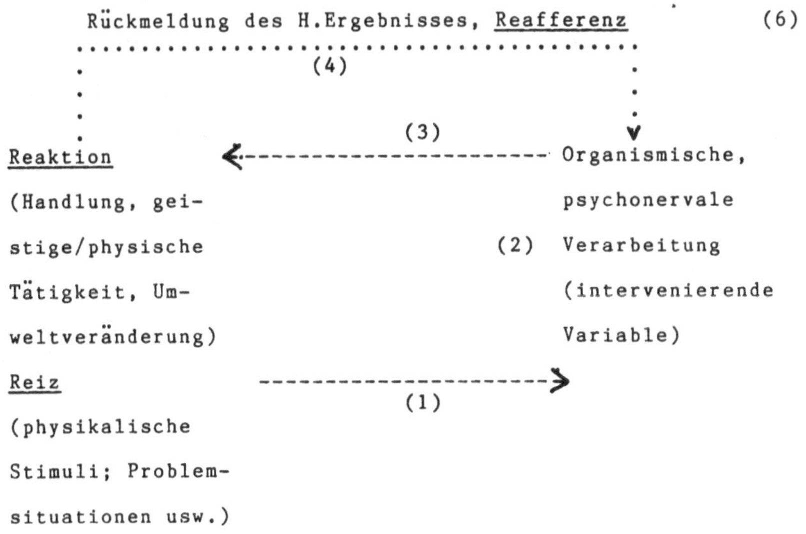

Vom Paradigma der Selbstorganisation aus gesehen sind hingegen vor allem Prozesse folgender Art interessant:

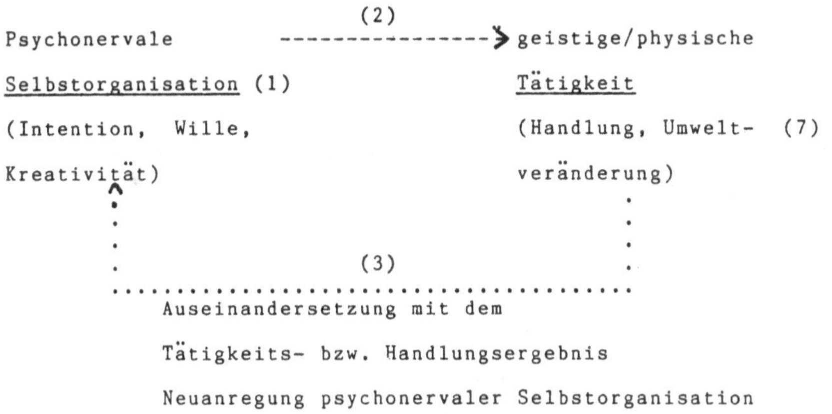

Es läßt sich physiologisch - experimentell nachweisen, daß jede Willkürhandlung in neuralen Strukturen ihren Ausgang nimmt, der Reaktion also eine Intention vorausgeht 45). Schon in Bezug auf die Willkürhandlungen ist - in der Neurophysiologie der Motorik - ein deutlicher Paradigmenwechsel zu konstatieren: Vom "reflex - theoretischen Paradigma der klassichen Periode" (die für echte Spontanaktivität und Willkürbewegung keinen Platz hat!) über das "kybernetisch - systemtheoretische Paradigma der Neuzeit" bis zur neuen Lösung des Geist - Gehirn - Problems im Sinne eines "Identitätsparadigmas" einer unifizierten Geist - Gehirn - Theorie, welche die Entstehung "selbstgesteuerter Entscheidungen und Anweisungen für gezieltes motorisches Handeln" zu erklären vermag. Die Integrationsbegriffe des neuen Paradigmas sind Freiheit, Wille, Selbstorganisation. 46) Das alles gilt umso mehr für echte Willenshandlungen, die durch Intentionen vorbereitet und gesteuert sind. Man kann innerhalb der neurophysiologischen Literatur insgesamt den Paradigmenübergang "vom Reflex zur Selbststeuerung" detailiert verfolgen.47) Inzwischen wird, vor allem von Neurobiologen und Hirnfornschern, der Selbstorganisationsaspekt zunehmend betont. Dabei sei nur an Maturanas Autopoiese - Ansatz erinnert.48) H.-J.Matthes fordert dazu auf, die "Dynamik der funktionellen Struktur des Nervensystems als Ausdruck seiner selbstorganisatorischen Potenzen" zu ermitteln. Dabei weist er auf den fundamental neuen Sachverhalt hin: "Indem die während der Hirnreifung vordifferenzierten Neuronen im Unterschied zu den meisten anderen Geweben jede weitere Zellteilung einstellen, bewahren sie sich die lebenslange Mglichkeit zur ständigen Umdifferenzierung auf der zellulären Organisationsebene und gewährleisten auf diese Weise die zeitlich unbegrenzte Differenzierbarkeit der funktionellen Struktur des vielzelligen neuronalen Gesamtsystems. Damit entsteht eine völlig neue Qualität der Selbstorganisation." Diese ermöglicht es auf den höheren Stufen, sich mehr und mehr aus den von der biotischen Evolution übernommenen Zwängen zu befreien, immer neue Freiheitsgrade der Selbstorganisation zu erreichen. 49) Mit der Entstehung der Sprache im Gefolge von Gesellschaftlichkeit, Arbeit, Werkzeuggebrauch ist eine wiederum neue Qualitätsstufe der neuronalen Selbstorganisation erreicht, die menschliche Willensleistungen, Intentionen, schöpferische Leistungen und Planhandlungen erst ermöglicht.

Eine Betrachtung der Evolution von Lernmechanismen kann also Aspekte der neurophysiologischen Selbstorganisation, der Intentions- und Willensbildung, des evolutiven Gewinns von Freiheitsgraden der Selbstorganisation bis hin zum menschlichen Freiheitsgewinn nicht aussparen, sondern muß ihnen, meine ich, zunehmend Aufmerksamkeit schenken - auch wenn der lange Marsch aus dem Reich der Notwendigkeit ins Reich der Freiheit gerade erst begonnen hat.

Literatur:

*) Prof.Dr.John Erpenbeck, Zentralinstitut für Philosophie der AdW der DDR, Otto-Nuschke-Str.10/11, Berlin-DDR, 1080

1) O.Marquard, Apologie des Zufälligen, Stuttgart 1986, S.113

2) J.Erpenbeck, Philosophische Bemerkungen, in: E.Kahrig, H.Beßerdich, Dissipative Strukturen. Eine Einführung in den Problemkreis und die Erscheinungsformen, Leipzig, 1977, S.100ff

3) F.Klix, Information und Verhalten, Berlin-DDR, 1971, S.283

4) dies vor allem in : G.Tembrock, Biokommunikation. Informationsübertragung im biologischen Bereich, Berlin-DDR, Oxford, Braunschweigm 1971, obwohl dort der Invariantenbegriff kaum explizit benutzt wird

5) J.Erpenbeck, Das Ganze denken. Zur Dialektik menschlicher Bewußtseinsstrukturen und -prozesse, Berlin-DDR, 1986, S.73

6) M.Born, Physik im Wandel meiner Zeit, Braunschweig,1957, S.155

7) die folgenden Überlegungen angelehnt an K.Lorenz, Evolutio des Verhaltens, in: ders., Das Wirkungsgefüge der Natur und das Schicksal des Menschen. Gesammelte Arbeiten, München, Zürich, 1978, S.110 ff

8) die Bezeichnungsweise nach H.D.Schmidt, Entwicklungspsychologie, Berlin 1973

9) vgl. R.Riedl, Biologie der Erkenntnis, Berlin, Hamburg, 1980

10) F.Klix, Erwachendes Denken, Leipzig, 1980

11) G.Tembrock, ebenda; auch in Grundlagen der Tierpsychologie, Berlin-DDR, Oxford, Braunschweig 1971

12) W.I.Lenin, Konspekt zu Lassalles Buch "Die Philosophie Herakleitos des Dunklen von Ephesos", in: Werke, Bd.38, Berlin 1964, S.335

13) vgl. H.Hörz, Wissenschaft als Prozeß. Grundlagen einer dialektischen Theorie der Wissenschaftsentwicklung, Berlin - DDR, 1988, S. 109

14) D.Wittich, K.Gößler, K.Wagner, Marxistisch - leninistische Erkenntnistheorie, Berlin-DDR, 1978

15) Die einzige derartige Arbeit ist die der Westberliner Autorin U.Holzkamp - Osterkamp, Grundlagen der Motivationsforschung, Berlin - DDR, 1981

16) J.Erpenbeck, Motivation - ihre Psychologie und Philosophie, Berlin - DDR, 1984

17) J.Mittelstraß, Der arme Wille: Zur Leidensgeschichte des Willens in der Philosophie, in: Heckhausen et al.(Hrsg.), Jenseits des Rubikon: Der Wille in den Humanwissenschaften, Berlin, Heidelberg, 1987, S.33ff

18) vgl. F.Kramer, Repetitorium der Psychologie, Berlin, Leipzig 1933, S.82; eine differenzierte Systematisierung verschiedener früher Willenslehren gibt T.Ziehen, Allgemeine Psychologie, Berlin 1923, S.22ff

19) K.Lewin, Vorsatz, Wille und Bedürfnis, Berlin 1926

20) F.Waismann, Wille und Motiv, Stuttgart 198

21) H.-D. Schmalt, Motivationspsychologie, Stuttgart, Berlin, Köln, Mainz, 1986, S.94ff

22) J.Erpenbeck, Motivation - ihre Psychologie und Philosophie, ebenda, S.59

23) H.Benesch, dtv-Atlas zur Psychologie, Bd.1, München 1987, S.163

24) ebenda

25) ebenda, Bd.2, S.253ff

26) Stichwort "Wille", in: G.Clauß (Hrsg.), Wörterbuch der Psychologie, 3.neub.Aufl. Leipzig 1981, S.679

27) Der Freiheitsbegriff als einer der meistdiskutierten der Philosophiegeschichte, schließt eine subjektive Seite als Willensfreiheit (gemäß der Kantschen Anschauung) und eine objektive Seite als Handlungsfreiheit (die Einsicht in die - objektive - Notwendigkeit und die demgemäße Entscheidung mit Sachkenntnis) ein. Der Selbstorganisationsansatz gibt zugleich eine materialistische Erklärung für den Sachverhalt, das Selbstorganisation innerhalb verschiedener gesellschaftlicher Subjekte (Individuen, Gruppen, Schichten, Klassen, Nationen, Völker usw) stattfindet, man deshalb auch von unterschiedlichen Formen der Freiheit (insbesondere individueller und gesellschaftlicher Freiheit; vgl. W.Eichhorn I,Gesellschaftliche und persönliche Freiheit im Sozialismus, in: Einheit, 4/1977) und entsprechenden Formen der Willensbildung reden muß.

28) vgl. dazu P.Keiler, Wollen und Wert. Versuch der systematischen Grundlegung einer psychologischen Motivationslehre, Berlin-West, 1970

29) dies spricht sehr klar aus: H.-D. Schmalt, Motivationspsychologie, Stuttgart, Berlin, Köln, Mainz, 1986, S.76 ff

30) J.Kuhl, Motivation und Handlungskontrolle: Ohne guten Willen geht es nicht, in:Heckhausen et al.(Hrsg.),Jenseits des Rubikon: Der Wille in den Humanwissenschaften, Berlin, Heidelberg, 1987,S.101ff

31) ebenda, S.108f

32) D.Dörner, Denken und Wollen: Ein systemtheoretischer Ansatz, in:Heckhausen et al.(Hrsg.),Jenseits des Rubikon: Der Wille in den Humanwissenschaften, Berlin, Heidelberg, 1987, S.238ff

33) H.Heckhausen, Intentionsgeleitetes Handeln und seine Fehler, in:Heckhausen et al.(Hrsg.),Jenseits des Rubikon: Der Wille in

den Humanwissenschaften, Berlin, Heidelberg, 1987, S.143ff

34) ebenda, S.146

35) ebenda

36) O.Neumann, W.Prinz, Kognitive Antezedenzien von Willkürhandlungen, in:Heckhausen et al.(Hrsg.),Jenseits des Rubikon: Der Wille in den Humanwissenschaften, Berlin, Heidelberg, 1987, S.207

37) in: P,V.Simonov, Höhere Nerventätigkeit des Menschen, Berlin-DDR, 1982, S.114 ff

38) ebenda, S. 114

39) ebenda, S.116

40) vgl. E.Oeser, Psychozoikum. Evolution und Mechanismus der menschlichen Erkenntnisfähigkeit, Berlin-West, Hamburg, 1987, S.95

41) W.I.Seliwanow, Zur Frage des sogenannten willkürlichen Verhaltens, in: S.A.Petruschewski (Hrsg.), Die Lehre I.P. Pawlows und die philosophischen Fragen der Psychologie, Berlin-DDR, 1955,S.323

42) ebenda, S.316

43) ebenda, S.301

44) V.Schurig, Reflextheorie versus Tätigkeitskonzept. PAWLOWs Blockade eines Paradigmenwechsels in der sowjetischen Psychologie, in: N.Kruse, M.Ramme(Hrsg.), Hamburger Ringvorlesung Kritische Psychologie. Wissenschaftskritik, Kategorien, Anwendungsgebiete, Hamburg 1988, S.92

45) vgl. G.Guttmann, Einführung in die Neuropsychologie, Bern 1973, S.162

46) nach H.-D. Henatsch, Paradigmenwechsel und Paradigmenstreit in der Neurophysiologie der Motorik, in: Naturwissenschaften 75, 1988, S.67ff; vgl. auch P.S.Churchland, Neurophilosophy.Toward a

Unified Science of Mind-Brain. Cambridge, London, 1986

47) eine ausgezeichnete, materialreiche Zusammenstellung gibt R.Hernegger, Vom Reflex zur Selbststeuerung.Das neurophysiologische Substrat der Kontroll - und Ichfunktion München, 1985

48) vgl. H.Maturana. Erkennen:Die Organisation und Verkörperung von Wirklichkeit, Braunschweig, Wiesbaden 1982

49) H.Matthies, Das dynamische Gehirn, in: Wissenschaft und Fortschritt, 38, 1988, H.8 S.194

DIE EVOLUTIONÄRE ERKENNTNISTHEORIE IM VERHÖR DER PHILOSOPHIE - ODER UMGEKEHRT?

Reinhard Mocek[1]

Eigentlich ist nicht alle moderne Weltanschauung nur schwierig - sie kann sogar vergnüglich sein. Aus dem Triumphgeschrei der Graugänse hat schon Konrad Lorenz ernsthafte Theorien geschöpft; und die Rückseite des Spiegels hat kaum je tiefsinnigere Reflexionen ausgelöst als eben bei jenen philosophierenden Biologen, die seit nunmehr fast fünfzig Jahren dem für die Philosophen als unlösbar geltenden Problem des Apriorismus auf den Leib rücken - z. B. die Verfechter der Evolutionären Erkenntnistheorie (im folgenden EE)[2]. Der naturwissenschaftliche Spaß am Philosophieren bereitete aber nicht nur Vergnügen. Spätestens als die Naturgeschichte des Bösen zur Betrachtung anstand, wurden die Gesellschaftstheoretiker hellwach[3]. Die nächste Bastion bildete die Ästhetik. Die Bereitschaft zum Schönheitserlebnis wurde als angeborene Komponente enttarnt - also müsse nun auch von evolutionärer Ästhetik gesprochen werden[4]. Zieht man noch die diversen neueren naturwissenschaftsgetragenen Sozialreflexionen wie die Soziobiologie, den "Sozialprigoginismus", die Autopoiese, die Selbstorganisationstheorien und noch einiges mehr hinzu, dann scheint der Eindruck gerechtfertigt, daß nach der Hochzeit der sozialdarwinistischen Gesellschaftslehren vor der und um die Jahrhundertwende eine regelrechte Renaissance derartiger Interpretationen angebrochen ist. Natürlich gibt es keine puren Wiederholungen - insofern hinkt der Vergleich mit dem Sozialdarwinismus. Jedoch ist unbestreitbar, daß die analoge Betrachtung biotischer und sozialer Strukturen gegenwärtig wieder hoch im Kurs steht. Ein solcher Gedankengang legt nun nahe, die Reflexion der EE von vornherein unter die gewohnten Etiketten zu bringen: Biologismus, Reduktionismus, reaktionäre Wissenschaftsideologie. Jedoch sollte einer dialektischen Wirklichkeitsbetrachtung ein solches Vorgehen suspekt sein. Viel näher liegt doch wohl die Frage, inwiefern die EE unzweifelhafte Sachverhalte aufdeckt und interpretiert; und welche philosophischen Folgerungen damit nahegelegt werden. Gerade auch

---

1) Martin-Luther-Universität Halle-Wittenberg, Sektion Marxistisch-leninistische Philosophie, Halle, DDR-4020

2) Konrad Lorenz: Über tierisches und menschliches Verhalten. Ges.Abh. Bd. I u. II. München 1965;
Konrad Lorenz: Die Rückseite des Spiegels. München 1973.

3) Konrad Lorenz: Das sogenannte Böse. Zur Naturgeschichte der Aggression. Wien 1963.

4) Peter Sitte: Schönheit des Lebendigen - auch Wunder haben Gesetze. In: Thieme Wissenschaft 1986. Reden und Vorträge im Jubiläumsjahr. Stuttgart, New York 1987, S. 67 - 86.

zur Thematik des Kolloquiums stellt die EE eine ganze Reihe von interessanten Anregungen zur Verfügung[1] - es wäre einfach kurzsichtig, diese mit dem Verweis auf etikettierende Schlagworte einfach wegzustreichen. Und in diesem Zusammenhang kann ich auch der Versuchung nicht widerstehen, zum Verhältnis von EE und dialektischem Materialismus einige Bemerkungen zu machen. Die Sache ist im Fluß - gerade deshalb verdient sie Aufmerksamkeit, die jedoch der Natur des zur Betrachtung anstehenden komplexen Sachverhalts nach ihre Vorläufigkeit doppelt unterstreichen muß.

Nach Konrad Lorenz - und das macht die Dimensionen des selbstgesetzten Anspruchs deutlich - ist der Durchbruch und die rasche Verbreitung der EE "das wichtigste geistesgeschichtliche Ereignis der letzten Jahre"[2]. Dabei ist Durchbruch insofern treffend formuliert, als die Vorgeschichte evolutionär-erkenntnistheoretischen Denkens erwartungsgemäß gut bestückt ist - allen voran steht Darwins Name, der in seinem Notizbuch geschrieben hat: "Platon sagt im Phaidon, unsere 'notwendigen Ideen' entstammten der Präexistenz der Seele, seien nicht von der Erfahrung abgeleitet, - lies Affen für Präexistenz."[3]

Damit ist ein Grundgedanke der EE tatsächlich vorformuliert, nämlich, daß unsere Erkenntnisstrukturen zwar genetisch bedingt - also ontogenetisch apriori -, aber stammungsgeschichtlich erworben sind - also phylogenetisch a posteriori. Der bewußt angestellte Vergleich, d. h. eine Betrachtung der Darwinschen Theorie, der vorliegenden Erkenntnislehren (zunächst stand die Kantsche zur Debatte) und der Verhaltensforschung als der drei Säulen, die Entwicklung, Erkennen und Handeln in ihrer Untrennbarkeit stützen, stammt erst von Konrad Lorenz, dessen beide Aufsätze von 1941 und insbesondere 1943[4] von Gerhard Vollmer als die

---

1) Die Literatur ist unwahrscheinlich angeschwollen - die folgenden Angaben beziehen sich auf einige wesentliche Standardwerke:
Gerhard Vollmer: Evolutionäre Erkenntnistheorie. Stuttgart 1975;
Rupert Riedl: Die Ordnung des Lebendigen. Systembedingungen der Evolution. Hamburg, Berlin (W) 1975;
Erhard Oeser: Wissenschaftstheorie als Rekonstruktion der Wissenschaftsgeschichte. Wien, München 1979;
Hans Mohr: Biologische Erkenntnis. Stuttgart 1981;
Konrad Lorenz, Franz M. Wuketits (Hg.): Die Evolution des Denkens. München, Zürich 1983.

2) Gerhard Vollmer: Was können wir wissen? 2 Bde. Stuttgart 1985, 1986.

3) Ebenda.

4) Konrad Lorenz: Kants Lehre vom Apriorischen im Lichte gegenwärtiger Biologie. In: Blätter für Deutsche Philosophie. Berlin, Bd. 15/1941; sowie: Konrad Lorenz: Die angeborenen Formen möglicher Erfahrung. In: Z. f. Tierpsychologie 5 (43) 235 - 409.

eigentlichen Gründungsdokumente der EE bezeichnet werden. Die Einbindung in die Geschichte des Darwinismus kann im wesentlichen als akzeptiert gelten (wenngleich Gereon Wolters in einem neuen Aufsatz der EE einen falsch verstandenen Darwinismus zum Vorwurf macht[1], darf man Vollmers Argumentation wohl als tragfähig betrachten, obwohl die Bindung an das Modell der Theorie der Synthetischen Evolution unübersehbar ist). Die Kennzeichnung der vermeintlich positiven erkenntnistheoretischen Argumentationen durch die Vertreter der EE ist allerdings auf stärksten Widerspruch gestoßen. Immanuel Kant hatte ja bereits das Grundproblem klar formuliert, das es zu lösen gelte, nämlich die Zusammenstimmung der Natur zu unserem Erkenntnisvermögen zu klären - von der EE kurz als Passungsproblem bezeichnet. Im Widerspruch zum Kantschen Lösungsvorschlag, wonach man den Menschen (den Verstand) als Gesetzgeber der Natur betrachten müsse, um diese Zusammenstimmung plausibel zu machen, hat die EE Mannesmut vor Philosophenthronen bewiesen und das Gegenteil verkündet. Die EE nimmt den Menschen aus dieser seiner Rolle als Gesetzgeber der Natur wieder heraus und betrachtet die Entstehung des menschlichen Erkenntnisvermögens als Produkt der darwinistisch verstandenen Evolution. Damit war der weltweite Protest gewissermaßen programmiert; denn daß die Tat Kants eine kopernikanische Wende in der Geschichte zumindest des europäischen Geisteslebens bilde, das haben alle Philosophen der Neuzeit mit der seminaristischen Muttermilch eingesogen. Und nun kommt da eine Handvoll Biologen (es sind nicht viel mehr: neben Lorenz und Vollmer noch Campbell, Riedl und Wuketits) und proklamiert eine neue kopernikanische Wende, wie es Gerhard Vollmer tatsächlich unvorsichtig formuliert hat. Daß Vollmer im Grunde genommen adäquater in bezug zu Kopernikus' Tat reagiert, kann man sich veranschaulichen, wenn man das kopernikanische System hinsichtlich seiner Auswirkungen auf die Stellung des Menschen in der Welt (des Wirklichen wie der Philosophen) betrachtet - der Mensch verlor seine kosmische Zentralstellung! Darwin hat den Menschen später seiner biotischen, geschöpflichen Sonderstellung beraubt, die EE tue dies nun im Hinblick auf die Erkenntnistheorie. Erkennen folgt der Natur, nicht umgekehrt - und da findet man auch kluge Zitate, die einer solchen Betrachtung schon vorgearbeitet haben - in diesem Falle Bertrand Russells eben so gemeinter Ausspruch, daß Kants Werk, indem es dieser desanthropomorphisierenden Tendenz der neueren Naturwissenschaft eigentlich zuwiderlaufe, eine ptolemäische Gegenrevolution im neueren Denken bilden würde.

---

[1] Gereon Wolters: Evolutionäre Erkenntnistheorie - eine Polemik. In: Vierteljahresschrift der Naturforschenden Gesellschaft in Zürich 1988, 133, 3, S. 125 - 142; siehe auch: Martin Busse: Platon und evolutionäre Erkenntnistheorie. Das Idealismus-Syndrom moderner Biologen. In: Naturwiss. Rundschau. 41. Jg. 4/88. S. 141 - 146.

Ich nenne das hier, weil es hineinlotet in die Wurzeln des Aufruhrs um die EE. Kant ist heilig für alle am Modell des transzendentalen Idealismus geschulten Philosophen - und das sind mit Ausnahme der Marxisten und einiger analytischer Philosophen in den angelsächsischen Ländern die weitaus meisten. Hier fällt nun auf, wie der Kaninchenblick auf Kant blind macht für andere Erklärungsansätze zu der bereits genannten Trinität von Evolution, Erkennen und Verhalten/Handeln. Man ist als aufmerksamer Leser der Texte von Lorenz, Riedl und Vollmer ziemlich verunsichert, weil sie weder diese Erklärungsansätze zur Kenntnis nehmen (z. B. die sowjetische kulturhistorische Schule) noch die Geschichte des neueren philosophischen Materialismus heranziehen, um ihren vor allem angefochtenen hypothetischen Realismus in starker Bündispartnerschaft zu verteidigen und sich gar zu einem erkenntnistheoretischen Materialismus zu bekennen.

Doch bevor ich zu einigen erstaunlichen Mißverständnissen im gedanklichen Bezugsfeld des dialektischen Materialismus zur EE komme, will ich einige Bemerkungen zur aktuellen Wirkungsgeschichte machen. Es fällt zunächst der seltsame Kontrast auf zwischen der öffentlichen Ausstrahlung der EE (neben der Bestsellerliste, die, hätten wir dieselben Autoren und Auflagen, mit der DDR gewiß kommensurabel wären, wäre auch der Besucherandrang zu wissenschaftlichen Kolloquien zu Themen der EE zu registrieren - über 1000 in Wien im Frühjahr 1987, die am Eröffnungstag eines solchen Kolloquiums den Vorträgen lauschten) und die scheinbar weitgehende Akzeptanz durch die auch naturwissenschaftliche Öffentlichkeit in westeuropäischen Ländern zumal auf der einen Seite, die überaus kritische Charakterisierung des Anspruchs der EE durch die gesamte philosophische Literatur auf der anderen Seite - mit Ausnahme nun gerade derjenigen Strömungen, die man aber ganz rechts verorten muß, wenn ich nur an Alain de Benoist, Robert Kaspar, Gert-Klaus Kaltenbrunner, Pierre Krebs und Rudolf Künast denke, die geradezu in evolutionär-erkenntnistheoretischem Vokabular zu schwelgen scheinen. Zum anderen ist die EE noch keine und noch weniger eine einheitliche Theorie. Vollmer spricht noch von einem Programm, wenn er darauf Bezug nimmt. Zu den Kompetenzstreits ihrer literarischen Hauptvertreter (zu nennen wäre die Spannung zwischen Vollmer und Riedl) gesellt sich - und dies ist das vorrangige Problem - die unterschiedliche Ausdehnung des Erklärungsanspruchs. Während Vollmer Zurückhaltung übt und der kulturellen Evolution die Hauptarbeit bei der Profilierung der Erkenntnisfähigkeit der Menschheit nach der Menschwerdung ausgangs des Tier-Mensch-Übergangsfeldes überläßt, ist in Riedls Schriften (aber auch bei Konrad Lorenz) der kulturkritische Anspruch einschließlich der Vorgabe von Verbesserungsstrategien für die Lösung aktueller globaler Probleme ausgeprägt. Hier tritt die EE ganz prononciert als philosophische Theorie auf; und zwar nicht im engeren Sinne als Epistemologie, sondern als Kultur- bzw. Gesellschaftstheorie. Es ist die bereits vor längerer Zeit von Hermann Ley in diesem Zusammenhang vermerkte Doppeleigenschaft des Menschen, seine biotische Natur kulturell zu überformen wie umgekehrt dieser Kultur die Merkmale beherrschter Natur zu verteilen, die der EE rein objektiv die Verführung nahelegt, für beide Reiche zu sprechen[1]. Verglichen mit den kritischen Stimmen in der BRD (einschließlich der Marxisten), ist die Aufnahme hierzulande überaus sachlich gewesen und ist es noch. Wenn Hans Mohr oder Gerhard Vollmer vor der Leopoldina in Halle über ihr Programm einer evolutionär-erkenntnistheoretischen Ethik bzw. der Stellung des Menschen im Mesokosmos vortragen, ist ihnen breiteste, wenn nicht gar uneingeschränkte Zustimmung sicher. Das ist fachliche Akzeptanz - und die Tembrock-Schule hat dazu viel Bleibendes beigetragen. Die fachphilosophische Kritik ist quantitativ erstaunlich gering und konzentriert sich auf das zu vereinfacht geratene Bild des kantschen Apriorismus sowie auf die generelle Nichtbeachtung der Handlung bzw. Tätigkeit als herausragender Beschleunigungsfaktor der Menschheitsentwicklung. Rauh weist darauf hin, daß nicht so sehr Kant als Hegels Phänomenologie des Geistes die adäquate philosophiegeschichtliche Einstiegsstelle sei[2]-und öffnet damit die EE einer weiteren dialektisch-materialistischen Behandlung. John Erpenbeck konzentriert die marxistische Kritik an den Konzepten von Lorenz, Vollmer, Riedl und Oeser im wesentlichen auf drei Punkte - einmal die potentielle Idealismus-Offenheit des hypothetischen Realismus, was zusammen mit diversen gesellschaftstheoretischen Allgemeinplätzen letztlich die Gefahr biologistischer Reduktionismen ergibt; zum zweiten das fehlende Praxis-Konzept bei der historischen Betrachtung der Herausbildung des menschlichen Sozialverhaltens; drittens die ungenügend explizierte Basisrolle des naturwissenschaftlich argumentierenden evolutionären Standpunktes für eine materialistische Naturdialektik. Letztlich läßt Erpenbeck die kooperative Zukunft offen - und dem kann man eigentlich nur zustimmen. Andererseits trifft ja nun Erpenbecks expressis verbis als philosophisch-marxistische Kritik ausgewiesener Beitrag das Spezifische der EE nicht, sondern eigentlich nur die Grundfehler, die aber vordem auch der alte "kritische Realismus" gemacht hat[3]. Da fragt man sich natürlich, wo das weltanschaulich Neue der EE liegt - oder ist es in der Tat nur die Neuauflage alter Fehler? Wenn dem wirklich so wäre, erklärte sich allerdings kaum der große

---

1) Hermann Ley: Biologische Grundlagen der Geschichtlichkeit des Menschen. In: DZfPh, 12 (31) 1983, S. 1430 - 1432.

2) Hans Christoph Rauh: Philosophischer Entwicklungsgedanke und "Evolutionäre Erkenntnistheorie". In: DZfPh 3 (30) 1982, S. 377 - 389.

3) John Erpenbeck: "Evolutionäre Erkenntnistheorie" - eine kopernikanische Wende? In: DZfPh 5 (35) 1987. S. 404 - 413.

Wirbel gerade um die EE! Friedhart Klix weist ziemlich bestimmt der EE ihr Feld zu, wenn er betont, daß die Stammesgeschichte fraglos die Dispositionen erbracht hatte, von denen aus die Entwicklung zum Denken einsetzen konnte. Aber eben dieser gewaltige Schub an Erkenntniszulage, der einsetzte, als das gesellschaftliche Zusammenleben zur dominierenden Form des menschlichen Lebens wurde, ist für Klix keine Frage der Biologie, sondern der Gesellschaftswissenschaft. Menschliches Erkennen, so Klix, könne nicht "nur naturgeschichtlich begriffen" werden[1]. Das ist - soweit ich das sehe - der wesentlichste Einwand der marxistischen Literatur hierzulande zu Konzept und Anspruch der EE. Hier gehen Interpretationswege auseinander, die den Zusammenhang der stammesgeschichtlichen Grundlagen für kognitive Leistungen, wie Lorenz als erheblich - oder aber wie Klix als für die Erklärung der zweiten Phase relativ unerheblich betrachten. Der Untertitel von Konrad Lorenz' "Die Rückseite des Spiegels. - Eine Naturgeschichte der menschlichen Erkenntnis"[2], dem man viele ähnliche Formulierungen zur Seite stellen kann (z. B. Bernhard Hassenstein: Klugheit. Bausteine zu einer Naturgeschichte der Intelligenz.[3]), weist programmatisch auf das Zielgebiet hin: eine neue Erklärung der gesellschaftlich-kulturellen Wirklichkeit, ihrer Situation; eine Diagnose zu geben, die auf der Verlängerung der in der Stammesgeschichte geprägten Strukturen in die kulturelle Lebenswelt hinein beruht.

Damit ist zugleich das Übereinstimmende markiert! An den stammesgeschichtlichen Grundlagen der Erkenntnisfähigkeit des Menschen gibt es im Grunde genommen bei den diskutierenden Parteien keinen Zweifel - und hier ist auch der Punkt der gelegentlich geäußerten Sympathien von Marxisten hierzulande für die EE. Weitere Differenzpunkte zu den beiden bisher Genannten (Apriorismus; Gesellschaftlichkeit überformt Natürlichkeit) werden vor allem noch von marxistischen Theoretikern in der BRD namhaft gemacht. Das ist zum einen die Herausarbeitung zweier Paradigmen auch zur Erklärung der stammesgeschichtlichen Grundlagen der Erkenntnisfähigkeit - neben dem der EE wird dabei die biologisch-psychologische und informationstheoretische Arbeit der sowjetischen kulturhistorischen Schule um Vygotsky, Leontjew und Luria einschließlich der Entdeckung von Anochin zur "vorgreifenden Widerspiegelung" herausgestellt. Der Bremer Sozialpädagoge Wolfgang Jantzen kommt bei der Darstellung der Naturgeschichte des Psychischen ganz ohne die EE aus[4].

---

1) Friedhart Klix: Erwachendes Denken. S. 8 f.

2) Hamburg 1973^2

3) DVA Stuttgart 1988. Obwohl Hassenstein die EE gar nicht erwähnt!

4) Wolfgang Jantzen: Allgemeine Behindertenpädagogik. Bd. 1. Sozialwissenschaftliche und psychologische Grundlagen. Weinheim und Basel 1987.

Es würde hier zu weit führen, diese Paradigmenkonkurrenz detailliert vorzustellen, zumal mit dem Konzept von Piaget ein drittes Paradigma gesetzt ist, das die ontogenetische Seite des Problems verfolgt. Der andere Differenzpunkt ist theoretischer und ideologischer Natur. Er geht auf das Kulturkonzept der EE (auch auf das von Vollmer!) zurück, wobei eben die determinierende Rolle der genetischen Anlagen zu je spezifischen Kulturen geführt habe: Bei Vollmer heißt das wie folgt: "Die traditionelle Erkenntnistheorie hat als ihr Untersuchungsobjekt die Erkenntnis des normalen, erwachsenen, gebildeten Europäers angesehen. Die EE bezieht die individuelle kognitive Entwicklung jedes Menschen ein, seinen phylogenetischen Ursprung, die Bandbreite genetisch bedingter Merkmale, also die kognitiven Unterschiede zwischen verschiedenen Individuen, Rassen und Arten."[1] Hier bildet einen berechtigten Stein des Anstoßes die relative Aufeinanderbezogenheit der Begriffe "Kulturen" und "Arten", wobei ja Vollmer von Menschenarten spricht. Kulturelle Evolution ist dann Ergebnis der Konkurrenz verschiedener Kulturen, wobei die Mißlichkeit einer gesellschaftspolitischen Aktualisierung geradezu auf der Hand liegt. Ich will das nur mit einem Zitat von Pierre Krebs verdeutlichen, wenn er das für Westeuropa so zentrale Ausländerproblem beschreibt: "Die Beklommenheit der fremdstämmigen Bevölkerung ist darin begründet, daß sie nicht mehr in ihrem spezifischen Wahrnehmungs-, Auffassungs- und Darstellungsrhythmus von Welt und Kosmos leben kann oder darf. Es handelt sich schlechthin um eine Entwurzelungsbeklommenheit innerhalb einer menschlichen Landschaft, die sie entfremdet."[2]

Hier wird direkt politisiert - die Identität eines Volkes ist bedroht! Kulturelle Evolution nach Maßgabe des Kampfes der Kulturen sprich Völker untereinander?! Solche und ähnliche Sprüche stützen sich auf die EE; und es ist wohl mehr als nur ein Apercu, daß Konrad Lorenz seine Sympathien für die Verfasser derartiger Pamphlete nicht nur gelegentlich bekundet hat[3]. Hierzu passen diverse andere Konstellationen: Rupert Riedl hat die Geistesverwandtschaft zu Karl Raimund Popper und Friedrich A. Hayek entdeckt und Francisco Varela, ein evolutionärer Erkenntnistheoretiker

---

1) Gerhard Vollmer: Evolution der Erkenntnisfähigkeit - Ansätze zu einer biologischen Erkenntnistheorie. In: Dialektik 8. Köln 1984. S. 85; sowie ähnlich auch in G. Vollmer: Was können wir wissen? Bd. 1. S. 52/53.

2) Pierre Krebs: Gedanken zu einer kulturellen Wiedergeburt. In: P.Krebs (Hg.): Das unvergängliche Erbe. Alternativen zum Prinzip der Gleichheit. Tübingen 1981. S. 24.

3) Dazu Michael Weingarten: Zur Funktion der evolutionären Erkenntnistheorie im Weltbild der "Neuen Rechten". In: Dialektik 10. Köln 1985. S. 112.

aus der autopoietischen Richtung, reist mit dem Dalai Lama durch Westeuropa, um Beistand gegen die Rotchinesen zu erbitten. Hier kann man nun einwenden, daß eine Theorie nicht so schlecht zu sein braucht wie ihre Nutzer, und ich möchte dieses schlackige Feld des erduldeten oder provozierten Mißbrauchs nicht weiter betreten. Es sollte aber nicht übergangen werden. Also - das Bild ist vielfältig und einigermaßen verwirrend: die EE wird attackiert von links und rechts (wenn ich z. B. an W. Stegmüllers Kritik denke) und zugleich von rechts und links umworben bzw. akzeptiert.

Die marxistische Theorie hat mindestens drei Aussagefelder, die weitgehend bezugsfähig auf das Programm bzw. auf Programmaspekte der EE sind. Das ist erstens die Überzeugung von der Naturgeschichte der Menschwerdung, die in einem langwierigen Prozeß durch die produktive Aneignung der Natur durch bereits menschlich formierte Wesen abgelöst werden. Ich möchte hier - anstelle der oft zitierten Passagen aus den "Ökonomisch-philosophischen Manuskripten" von Marx bzw. aus der "Deutschen Ideologie" von Marx und Engels eine Textstelle aus der 1888 von Engels verfaßten Schrift "Ludwig Feuerbach und der Ausgang der klassischen deutschen Philosophie" zitieren, die ziemlich eindeutig den gemeinten Zusammenhang ausdrückt: "Phänomenologie des Geistes (die man eine Parallele der Embryologie und der Paläontologie des Geistes nennen könnte, eine Entwicklung des individuellen Bewußtseins durch seine verschiedenen Stufen, gefaßt als abgekürzte Reproduktion der Stufen, die das Bewußtsein der Menschen geschichtlich durchgemacht)"...[1].

Hören wir im Vergleich dazu die Hauptthese der EE: "Die subjektiven Erkenntnisstrukturen passen auf die Welt, weil sie sich im Laufe der Evolution in Anpassung an die reale Welt herausgebildet haben. Und sie stimmen mit den realen Strukturen (teilweise) überein, weil nur eine solche Übereinstimmung das Überleben ermöglichte."[2] Diese Passungsthese nun - und hier argumentiert auch Vollmer ganz in die Philosophie hinein - sei der eigentliche Beitrag der EE zur Lösung bzw. Erklärung des Erkenntnisproblems, an dem bislang alle Philosophen von Leibniz über Kant bis zu Wittgenstein, Poincaré und Mach versagt hatten[3]. Engels' Name taucht hier nicht auf.

Zweitens ist es die dialektisch-materialistische These von der aufeinander bezogenen, wechselwirkenden, einheitlichen und dialektisch wider-

1) Friedrich Engels: MEW. Bd. 21. S. 269.

2) Gerhard Vollmer: Evolutionäre Erkenntnistheorie. Stuttgart 1975. S. 102.

3) Gerhard Vollmer: Was können wir wissen? Bd. 1. S. 48.

sprüchlichen Beziehung von Denkgesetz und Naturgesetz, Subjekt und Objekt, die in der Hegelschen These von der Einheit von Denken und Sein ihren neueren philosophiegeschichtlichen Verankerungspunkt hat, aber losgelöst vom Hegelschen Idealismus auf die naturwissenschaftlich faßbare strukturelle Adäquanz gebracht wurde. Hören wir wieder Engels: In seiner Polemik mit Dühring stellt Engels fest, daß die Prinzipien des Denkens niemals aus sich selbst stammen, sondern aus der Außenwelt abgeleitet sind. Wörtlich weiter: "... die Prinzipien sind nicht der Ausgangspunkt der Untersuchung, sondern ihr Endergebnis; sie werden nicht auf Natur und Menschengeschichte angewandt, sondern aus ihnen abstrahiert; nicht die Natur und das Reich des Menschen richten sich nach den Prinzipien, sondern die Prinzipien sind nur insoweit richtig, als sie mit Natur und Geschichte stimmen. Das ist die einzig materialistische Auffassung der Sache, und die entgegenstehende des Herrn Dühring ist idealistisch ...". Geht man wie Dühring vor, so muß man - Engels weiter - es höchst merkwürdig finden, "daß Bewußtsein und Natur, Denken und Sein, Denkgesetze und Naturgesetze so sehr zusammenstimmen. Fragt man aber weiter, was denn Denken und Bewußtsein sind und woher sie stammen, so findet man, daß es Produkte des menschlichen Hirns und daß der Mensch selbst ein Naturprodukt, das sich in und mit seiner Umgebung entwickelt hat; wobei es sich dann von selbst versteht, daß die Erzeugnisse des menschlichen Hirns, die ja in letzter Instanz auch Naturprodukte sind, dem übrigen Naturzusammenhang nicht widersprechen, sondern entsprechen"[1].

Und drittens ist es das dialektisch-materialistische Widerspiegelungskonzept, das hier namhaft zu machen ist. Allerdings ist diese philosophische Übereinstimmung durch ein empfindliches Mißverständnis auf seiten der evolutionären Erkenntnistheoretiker getrübt - sie meinen, der dialektische Materialismus vertrete ein reduktionistisches, mechanistisches Abbildkonzept. Um dies zu erläutern, will ich eine längere Argumentation von Gerhard Vollmer wiedergeben, in deren Verlauf er die dialektisch-materialistische Widerspiegelungstheorie auf seinen Erkenntnisbegriff qua unbewußt anwendet, um diesen Weg dann vom dialektischen Materialismus geradewegs abzugrenzen.
"Wirklichkeitserkenntnis ist eine adäquate Rekonstruktion und Indentifikation äußerer Strukturen im Subjekt. Erkenntnis wird hier ... als eine dreistellige Relation definiert: S erkennt O als A. Um etwas zu erkennen, wird ein Organismus also auf Signale von außen nicht nur reagieren (das tut bereits das Molekül); auch Signale registrieren kann schon das Pantoffeltierchen. Vielmehr muß der Organismus

a) ein internes Abbild von Außenweltstrukturen erstellen (konstruieren)

---

1) Friedrich Engels: MEW. Bd. 20. S. 33

b) dieses Modell mit gespeicherten Engrammen vergleichen und

c) feststellen können, ob und inwieweit der rekonstruierte Gegenstand mit bereits Bekanntem übereinstimmt, ihn identifizieren.

Dazu muß er ihn als individuelles Objekt ... oder als Element einer Klasse ... einordnen können. Für einen solchen Erkenntnisakt ist offenbar Gedächtnis erforderlich." Und nun folgert er: "Rekonstruktion ist also nicht Widerspiegelung. Das unterscheidet den hier explizierten Erkenntnisbegriff von dem des dialektischen Materialismus."[1] - natürlich nicht! Haargenau so sieht der dialektische Materialismus auch Erkenntnis auf der hier angezielten Ebene! Man könnte hier nun selbstkritisch anmelden, daß moderne Philosophie eben auf alle Metapher verzichten sollte. Im dialektischen Materialismus finden sich einige, aus Verbeugung vor der Tradition oder aus welchen Gründen auch immer - ich nenne nur noch die Formulierung "Kampf der Gegensätze" zur Bezeichnung für ein allgemeines Gesetz (in der 15. Aufl. des Lehrbuchs "Dialektischer Materialismus" wenigstens schon in Anführungszeichen gesetzt)[2]. Tatsächlich ist dieser Termin der "Widerspiegelung" für Nichtmarxisten oft genug eine irreführende Metapher; Vollmer beweist es.

Ich möchte jetzt folgende Schlußfolgerungen nicht ziehen: Erstens: Weil die EE im Grundsätzlichen (Hauptthese!) mit dem dialektischen Materialismus konform geht, ist sie richtig. Zweitens: Weil der dialektische Materialismus von der EE gestützt wird, wenn auch unbeabsichtigt, ist er nachgewiesen als modernes erregendes Konzept für die Naturwissenschaft. Denn ganz offenkundig haben wir es hier nicht mit einer kognitiven Kooperation zu tun.

Aber fraglich öffnet dieser Sachverhalt den Blick; wie ich hoffe, beidseitig. Ich könnte die Liste der Übereinstimmungen noch ziemlich anwachsen lassen, z. B. wenn ich die Wahrheitskonzeption betrachte, die interessante Gegenüberstellung von vitiosem und virtuosem Zirkel, die Interpretation des geschichtlichen Charakters von Erkenntnis, der Identität des Leib-Seelischem etc. Mit Ute Holzkamp-Osterkamp könnte man zustimmend formulieren, daß sich ganze Passagen der Schriften der EE wie dialektischer Materialismus in "konspirativer Terminologie" lesen[3]! Worauf es aber wohl ankommt, das ist die Hervorhebung der großen anregenden heuristischen Wirkung der EE auf das evolutionstheoretisch getra-

---

1) Gerhard Vollmer: Was können wir wissen? Bd. 1. S. 294.

2) Dialektischer und historischer Materialismus. Autorenkollektiv, Berlin 1988 (15. Aufl.) S. 139.

3) Ute Holzkamp-Osterkamp: Grundlagen der psychologischen Motivationsforschung. Bd. 1. Frankfurt (Main), New York 1975. S. 140.

gene Wissenschaftsbewußtsein der letzten Jahre. Wenn man zudem noch davon ausgeht, daß sich die internationale Wissenschaftsforschung schon längst von der Vorstellung verabschiedet hat, wonach man mittels einer (etwa noch einer geschlossenen) Theorie alle Welt abzubilden imstande wäre, dann fällt auch der ganze Kontext ins Wasser, der da lautet, nun, die EE ist zwar ganz anregend, aber das kann sie nicht und dies leistet sie nicht und jenes fällt nicht unter ihren Anspruch. Für die Geschichte des Erkenntnisproblems und der menschlichen Gattung hat sie fraglos bereits eine Menge geleistet. Damit in Verbindung steht - darauf sei der abschließende Blick gerichtet - die Frage nach den lerntheoretischen Leistungen bzw. Anregungseffekten der EE. Hier sind deutlich zwei Ebenen zu unterscheiden. Erstens: ist es die im wesentlichen bereits von Konrad Lorenz auf verhaltensbiologischem Gebiet formulierte Theorie des Lernens als adaptive Modifikation jenes hochkomplizierten physiologischen Mechanismus ..., dessen Funktion das Verhalten von Tieren und Menschen ist[1]. Mit der Hervorhebung des teleonomen Charakters von Lernvorgängen und der Betonung der Tatsache, daß Lebewesen offene Programme haben (unter welchem Aspekt Lernen auch als "anpassende Information" beschreibbar ist), gab Lorenz ein fünfstufiges Lernschema vor, das für die stammes- und naturgeschichtliche Fundamentierung der Lernthematik grundlegend ist (Lernvorgänge ohne Assoziation; Lernvorgänge mit Assoziation - als bedingte Reflexe, Trauma, Prägung, Hemmung; Lernvorgänge aus Folgen des Verhaltens: motorisches Lernen; Lernen und Neugierverhalten).

Vor allem Riedl hat dieses Konzept aufgegriffen und in seiner Strategie der Evolution vielfältig weitergetrieben (Lernen der Moleküle; Nachahmen als Lernen des Genoms; Lernen als Reproduktion; Lernen als Feststellung objektiver Relationen; alles Lernen ist kanalisiert) und den Zusammenhang von Lernen und Denken verhaltenswissenschaftlich definiert:
"Wie sich das Lernen als eine Folge zu groß werdenden Repertoires der Erbkoordinationen erwies, erweist sich die Schöpfung des Denkens als die notwendige Folge zu groß werdenden Repertoires des Erlernens."[2]
In dem allerdings in seinen übersprühenden Extrapolationen stellenweise fragwürdigen Buch "Die Spaltung des Weltbildes" reiht Riedl vier Etappen des naturhistorischen Lernens aneinander, die vor allem durch die Übergangsklüfte zu starkem Widerspruch einluden. Von der bei ihm im Mittelpunkt stehenden Phase, wonach Evolution stets als kenntnisgewinnender Prozeß zu charakterisieren sei, gelangt er zu

1. dem Erkenntnisgewinn der Gene (dem Milieu werden die Gesetze schritt-

1) Konrad Lorenz: Vergleichende Verhaltensforschung. Wien, New York 1978. S. 209.

2) Rupert Riedl: Die Strategie der Genesis. Naturgeschichte der realen Welt. München, Zürich 1976. S. 216.

weise extrahiert - Augen extrahieren die Gesetze der Optik);

2. zum assoziativen Lernen (Logik als Konsequenz der determinierten Natur);
3. zur Wissenschaft;
4. zur Auffassung, wonach alles Erkennen aktual auf der Basis angeborener Hypothesen funktioniere im von Riedl so genannten ratiomorphen Apparat, der ein ganzes System von Lösungen (und Mängeln) anbietet.

Von hier aus unternimmt Riedl (und Lorenz bereits vorher, und Vollmer nun auch) einen Gewaltritt durch die Kulturgeschichte des Geistes und ist recht unbekümmert um die Tatsache, daß die überlebensnotwendigen Erkenntnisleistungen, die für den Aufbau des ratiomorphen Apparates unserer Vorfahren bis vor 35000 Jahren nötig waren, vom Aufkommen der neueren Wissenschaft durch einen bemerkenswerten Zeitabstand getrennt sind. Wissenschaft entstand weder aus Gründen des Selektionsvorteils noch hat sie eine selektionistisch-adaptive Rolle bei der Herausbildung des menschlichen Erkenntnisapparats gespielt. Wissenschaft setzte sich, wie Gereon Wolters vermerkt, ins "gemachte Nest". Damit ist die Bezeichnung EE aber doch, so Wolters, ziemlich irreführend.

Man muß hier anmerken, daß tatsächlich für Riedl die frühen, unter 1, 2 und 4 zusammengefaßten Erkenntnischarakteristika für die Wissenschaft eine basale Funktion haben, und zwar in der Weise, daß sie die menschlichen Erkenntniswege in spezifischer Weise verführen würden. In ausgiebigen Streifzügen durch die vor allem philosophisch besetzte Problemlandschaft nimmt Riedl jede Gelegenheit wahr, um der traditionellen Erkenntnistheorie permanente Verirrungen im Labyrith eines viergeteilten angeborenen Erkenntnisprogramms nachzuweisen. Rationalismus und Empirismus, Materialismus und Idealismus seien philosophiegeschichtliche Ausdrucksformen der Verabsolutierung jeweils eines Aspektes dieses angeborenen Programms. Sämtliche Lösungsversuche, einen dieser Aspekte als dominant nachzuweisen, müssen notwendig fehlschlagen, weil - und das ist die Lösungsidee der EE - dieses viergeteilte Programm das Resultat der stammesgeschichtlichen Prägung der Art Mensch sei, hervorgebracht im jahrhunderttausendelangen Ringen ums Überleben. Es sind Fenster unserer Anschauungsformen, die sich da gebildet haben und die im Rationalismus, Empirismus, Materialismus und Idealismus aus dieser ihrer naturhistorischen relativen Widersprüchlichkeit, aber gleichzeitigen Aufeinander-Bezogenheit herausgerissen wurden. Darin nun bestehe die Spaltung des Weltbildes. Die Zurückweisung dieser vier "Ismen" sei dabei nur ein Aspekt der Kulturkritik; es komme darauf an, die stammesgeschichtlichen "Fehler unseres Verständnisses dieser Welt" durch eine bewußte Rekonstruktion der relativen Einheitlichkeit aller menschlichen

Erkenntnisweisen und -resultate zu bannen. Hier setzt Riedl zum zweiten großen Streifzug an, dieses Mal durch das aktuelle System der Wissenschaften, wo er die scheinbaren Diskrepanzen zwischen Natur- und Sozialwissenschaften nach dem gleichen Modus abbaut. Schließlich erblickt er in der Hermeneutik die Keimzelle eines modernen methodologischen Forschungsprogramms, das geeignet scheint, sowohl den eingefahrenen Szientismus der modernen Naturwissenschaft als auch den selbst zugesprochenen Sonderstatus einer wertenden Geisteswissenschaft zu überwinden. Die EE vollziehe diesen Schritt und werde damit zum wichtigen Mittel einer erforderlichen "Selbsttranszendenz" des Menschen, der damit seine weitere Evolution selbst in die Hand nehme. Hier wird zweierlei sichtbar:

1. die Verdeutlichung, wie die stammesgeschichtlichen Prägungen unseres Erkenntnisvermögens die moderne Wissenschaftskultur beeinflußt haben - natürlich in der zitierten hypothetischen Sicht. Daß es für diese 4 Irrwege andere Erklärungen gibt, kann hier nur angemerkt werden;

2. ist es der große Anspruch, mit Hilfe der EE nun alle geistig-kulturellen Probleme der Menschheit unter Anwendung der Vorschläge der evolutionären Erkenntnistheoretiker anzugehen.

Ich meine, man kann sich mit Blick auf die oft unbefriedigende philosophische Vergewisserung beim Aufstellen philosophischer Thesen im Umkreis der EE darüber belustigen, sollte es aber nicht. Denn der philosophische Anspruch der EE entspringt nicht einer gnoseologisch gespeisten Kampfansage an eine untaugliche Philosophie, sondern dem Bestreben, die geistigen Weltprobleme unserer Tage einer möglichst allseitigen weltanschaulichen Durchleuchtung zuzuführen. Was ist eigentlich gegen eine Position einzuwenden, die die Beengtheit spezifischer theoretischer Sichtweisen nicht nur mit innertheoretischen Argumenten hinterfragt, sondern dies auf der Grundlage naturgeschichtlicher Erwägungen vornimmt? Die die lapidare Einsicht, wonach die menschlichen Erkenntnisorgane in einer bestimmten und relativ konstanten Welt gewachsen sind (buchstäblich), zu einer Konsequenz treibt, die in der gesamten Tradition des neueren Philosophierens keinerlei Niederschlag gefunden hat - der Konsequenz der mesokosmischen Dimension menschlichen Denkens, Fühlens und Handelns, das sich aber zunehmend der mikrokosmischen und makrokosmischen Strukturen nähert, um sie mit den Begriffen des Mesokosmos zu beherrschen?! Die alte Idee der Ganzheitlichkeit des Universums wurde vom traditionellen Philosophieren über die Einheit der gesetzmäßigen Strukturen innerhalb dieser Ganzheitlichkeit beschrieben. Ein Teil war dann immer Teil eines Ganzen und im Bezugsfeld dieses Ganzen erklärbar. Die neue Wissenschaft hat dieses Ganzheitsdenken gründlich erschüttert, ohne den Ganzheitsbegriff dabei aufzugeben. Gerade die Strukturebenen innerhalb dieser Ganzheit treten in den Vordergrund, wobei einmal die Strukturdifferenz als Ausdruck der spezifischen Erkenntnisfähigkeit des Menschen, zum anderen als objektive Vielfalt aufgefaßt werden kann. Nur einen dieser Argumentationspfade begeht die EE, aber sie begeht ihn im Wissen um die komplementären Konzepte der Selbstorganisationstheorie sowie der Systemtheorien neuerer Prägung. Insofern ist es fraglich, ob man die EE nur für sich nach ihrer weltanschaulichen Tauglichkeit befragen sollte oder ob es nicht richtiger ist, sie im Argumentationszusammenhang mit dem gesamten neueren evolutionären Systemdenken zu sehen. Ich denke schon, daß sie allein in dieser Umgebung ihren Platz hat und nur im Zusammenhang mit den Ansprüchen dieser Umgebung betrachtet werden kann, wenn man abzuwägen beginnt, "ob" die EE eine positive oder negative Bewertung erfahren müsse. Indem dieses neuere evolutionäre Systemdenken die dialektische Theorie der Welt vor dem Hintergrund der Revolution der Wissenschaft im 20. Jahrhundert bildet, ist ein dialektisch-materialistisches Urteil über die EE vom prinzipiellen her gesehen nur in positiver Weise möglich. Sie stellt einen wichtigen Baustein der wissenschaftlichen Weltanschauung unserer Zeit dar - nur sollte man den Baustein nicht für das Gebäude halten.

Gäbe es nicht jenen Beschluß des Römischen Senats, wonach Elefanten nicht über die Alpen gelangen können, und hielte die Geschichte der Menschheit nicht viele derartige Beschlüsse bereit, man brauchte nicht davor zu warnen, die Wirklichkeit in unsere Gedankenwelt einzupassen. Immerhin ehrt es im historischen Rückblick diesen Senat, daß er nach der erschreckenden Widerlegung dieses Beschlusses durch die Armee des Hanibal eben diesen Beschluß revidierte, nicht aber kurzerhand den Namen dieser Tierart änderte, was ja auch ein möglicher Weg gewesen wäre, um Erkenntnis und Wirklichkeit zur Passung zu bringen. Jedenfalls zwang die Überlebensnotwendigkeit zu dieser Korrektur - und das ist ja nun wirklich eine unbezweifelbare These der EE.

MILITÄRISCHES DENKEN IM LERNPROZESS FÜR DAS ÜBERLEBEN DER MENSCHLICHEN GATTUNG

Wolfgang Scheler [1)]

Die Frage nach Lernprozessen, die im militärischen Denken ablaufen, läßt sich nicht in die Thematik natürlicher Evolution von Lernstrategien einordnen. Lernprozesse im militärischen Denken unterliegen nicht der natürlichen, sondern der sozialen Evolution. Sie sind folglich Gegenstand der Gesellschaftswissenschaften. Dennoch gibt es wesentliche Berührungspunkte.

Es scheint mir eine Analogie zur Anpassung von Arten an lebensbedrohliche Veränderungen der Umweltbedingungen berechtigt zu sein: Das Überleben der menschlichen Gattung verlangt, daß diese ihr Verhalten den neuen Existenzbedingungen des nuklearen Zeitalters anpaßt - der atomaren Zerstörbarkeit der Welt und der Kriegsuntauglichkeit der modernen Industriegesellschaft.

Im Friedenskampf sind wir auf dramatische Weise mit der Nase darauf gestoßen worden, daß das politische und soziale Denken bei Strafe unseres Untergangs die Naturabhängigkeit der menschlichen Existenz nicht übersehen darf. Seitdem die menschliche Gesellschaft ihre Selbstvernichtungsfähigkeit erlangt hat, muß sie mit ihrer Macht über die Natur vernünftig umgehen, sonst rächt sich die Natur und entzieht der Gesellschaft ihre natürlichen Existenzgrundlagen.

Die Haupterscheinungsform dieser Gefahr ist der alles vernichtende Krieg. Entweder die Menschheit beseitigt den Krieg, oder der Krieg beseitigt die Menschheit, so lautet heute die Alternative. Sie positiv zu beantworten verlangt einen sehr tiefgehenden gesellschaftlichen Lernprozeß: Die Menschheit muß sich grundsätzlich von einem Verhalten trennen, das in Konfliktlösung mit militärischen Mitteln besteht. Man könnte auch sagen, die Politik muß ihre militärische Denkweise ablegen. Sie muß darauf verzichten, von Zeit zu Zeit die Feder mit dem Degen zu vertauschen, wie Clausewitz sich ausdrückte. Der Degen, den sie heute in der Scheide trägt, ließe sich, würde er gezogen, nicht wieder mit der Feder tauschen.

Wenn von Lernprozessen im militärischen Denken die Rede ist, muß man also beachten, daß es um Veränderungen in der Politik geht. Das Militärische ist nichts Selbständiges, sondern Teil eines übergeordneten Ganzen, der Politik, und vom Ganzen bestimmt. Die Politik ist die Intelligenz, der Krieg bloß ihr Instrument, das wissen wir schon von Clausewitz. Wesentliche Veränderungen im militärischen Denken kommen daher gewöhnlich nicht aus ihm selbst, sondern aus der Politik. Wir sind gerade Zeugen eines solchen Vorgangs. Auf der Berliner Tagung der

---

1) Kapitän zur See Prof. Dr. W. Scheler, Militärakademie "Friedrich Engels", 8050 Dresden, PF 26 301/F

Politischen Beratenden Ausschusses des Warschauer Vertrages im Mai 1987 haben die politischen Führungen der ihm angehörenden Staaten eine Militärdoktrin erlassen, die neue Prämissen für das militärische Denken und Handeln in unserem Verteidigungsbündnis setzt. Wie weitreichend die militärischen Konsequenzen sind, wird mit den Reduzierungen und der Reorganisation der Vereinten Streitkräfte und ihrer nationalen Kontingente für jedermann sichtbar.

Die neue Militärdoktrin und die auf ihrer Grundlage in Gang gesetzte Umwälzung des gesamten Systems der sozialistischen Landesverteidigung sind Ergebnis jenes Umbruchs im politischen, besonders im militärpolitischen Denken, der als Übergang zum neuen Denken bezeichnet wird. Bemerkenswert ist, daß kein Politiker oder Gesellschaftswissenschaftler, sondern ein Naturwissenschaftler die Grundidee dieses neuen Denkens geboren hat. Einsteins Gedanke war bekanntlich, daß die Atombombe das Wesen der Welt verändert hat und die Spezies Mensch um ihres Fortbestandes willen ihr Denken dem veränderten Wesen der Welt anpassen muß. Bereits 1946 hatte Einstein diesen Gedanken präzise formuliert: "In evolutionären Entwicklungen muß sich eine Spezies oft um ihres Fortbestandes willen neuen Lebensbedingungen anpassen. Heute hat die Atombombe das Wesen der uns bekannten Welt verändert, und die menschliche Rasse findet sich daher völlig neuen Lebensbedingungen gegenüber, denen sie ihr Denken anpassen muß."[1]

Lange Zeit fand diese Idee im politischen und militärischen Denken keine Aufnahme. Einsteins Mahnung, die Denkweise mit dem veränderten Wesen der Welt in Übereinstimmung zu bringen, verhallte, ohne das gesellschaftliche Bewußtsein umwälzen zu können. Der kalte Krieg und die Konfrontationspolitik stehen als historische Beweise dafür, daß noch jahrzehntelang in den alten Kategorien weitergedacht worden ist. Die Politik konnte sich nicht aus der in Jahrhunderten gefestigten Denkweise lösen, daß militärische Macht die mächtigste aller Mächte sei. Erst nach beinahe vier Jahrzehnten, als sich die Merkmale des Nuklearzeitalters unübersehbar und gefahrdrohend in der Wirklichkeit entfaltet hatten und sich nun dem Bewußtsein der Gesellschaft mit Macht aufdrängten, kam es zu einem Umbruch im politischen und militärischen Denken. Der auslösende Faktor dafür war die Einsicht in das radikal veränderte Wesen des Krieges.

1) Albert Einstein, Über den Frieden, Bern 1975, S. 393.

Der Wesenswandel des Krieges und das neue Denken

Alle Versuche militaristischer Kräfte in der Nachkriegszeit, die völlig neue Qualität der Kernwaffen gegenüber allen bisherigen Waffen zu ignorieren und die Kriegführung lediglich quantitativ weiter zu entwickeln, endeten mit einem Fiasko, schufen aber zugleich eine hochgradig gefährliche Situation für die Menschheit. Der Krieg stürzte in die Krise, denn er bedeutete nunmehr den sicheren Untergang für beide kriegführende Seiten, auch für seinen Urheber. Diese Krise äußerte sich in einem scharfen Widerspruch. Einerseits rief der Krieg eine neuartige Gefahr hervor, die der gegenseitigen Vernichtung, und andererseits verlor er gerade dadurch seine Tauglichkeit als Instrument der Politik. Damit entstand ein ganz neuer Hebel gegen den Krieg. Insbesondere nachdem die Sowjetunion das militärstrategische Gleichgewicht errungen hatte und damit die gegenseitige Vernichtungsfähigkeit garantiert war, wurde der Krieg gefesselt, genauer der Krieg zwischen den beiden Seiten, die sich im Gleichgewicht befinden. Gerade dadurch, daß die militärische Macht eine neue Dimension erreicht hatte, ging die Kriegführungsfähigkeit, die Anwendbarkeit dieser Macht für politische Zwecke verloren.

Maßgebliche Kreise des Imperialismus wollten sich jedoch noch nicht mit der Funktionsuntüchtigkeit des Krieges im Ost-West-Konflikt abfinden. Sie versuchten, den Krieg aus der Krise zu führen, indem sie ihn aus seiner Fessel, dem militärstrategischen Gleichgewicht, zu befreien trachteten. Militärstrategische Überlegenheit sollte den Sieg im Kernwaffenkrieg möglich machen. "Victory is possible" war ihr Schlachtruf für die Rettung des sterbenden Krieges. Aber diese menschheitsbedrohende Herausforderung des imperialistischen Militarismus rief den Widerstand des Weltgewissens auf den Plan. Eine Friedensbewegung in neuen Dimensionen nahm den Kampf um die Selbsterhaltung der menschlichen Gattung auf. Ihr schlossen sich auch weitsichtige Militärs an. Die neue Friedensbewegung mobilisierte die Menschen hauptsächlich mit der Erkenntnis, daß ein Kernwaffenkrieg den Untergang der Menschheit bedeuten würde. Die ungeschminkte bittere Wahrheit über den alles vernichtenden Charakter dieses Krieges wurde zum wichtigsten Werkzeug im Kampf um das Überleben. Eine herausragende Rolle spielte dabei das aktive Eintreten der sozialistischen Staaten für das Bewußtmachen der neuartigen Gefährdung und für politische Schlußfolgerungen, die einen Ausweg aus der Gefahr zeigen. Frühzeitig machte sich die Deutsche Demokratische Republik zum Anwalt einer neuen Sicht auf den Friedenskampf. Seit Anfang der achtziger Jahre erklärte Erich Honecker wiederholt, daß ein neuer Weltkrieg die Selbstvernichtung der Menschheit wäre, daß Atomwaffen untauglich sind, politische Ziele durchzusetzen, daß der Krieg im Atomzeitalter nicht die Fortsetzung, sondern das Ende der Politik wäre, und daß die wichtigste Aufgabe darin besteht, den Untergang der Menschheit in einem nuklearen Inferno zu verhindern. Wichtige Schritte auf dem Weg zum Verständnis der Neuartigkeit des Krieges waren der einseitige Verzicht der Sowjetunion auf den Ersteinsatz von Kernwaffen im Jahre 1982 und die Erklärung des Warschauer Vertrages von 1983, daß es in einem Kernwaffenkrieg keine Sieger geben würde.[1]

Zu der Erkenntnis, daß der Kernwaffenkrieg ganz anders als jeder bisherige Krieg beurteilt werden muß, verhalf der Politik vor allem wieder die Naturwissenschaft. Ausschlaggebend dafür war eine von der Schwedischen Akademie der Wissenschaften in Auftrag gegebene Studie über die bis dahin vernachlässigten sekundären und Spätfolgen der Kernwaffenanwendung. Sie enthielt insbesondere Folgerungen über das Eintreten einer Klimakatastrophe, des sogenannten nuklearen Winters. In weiteren Untersuchungen mit Hilfe von Computermodellen wurden die Erkenntnisse über die Folgen eines Kernwaffenkrieges auch an anderen wissenschaftlichen Einrichtungen in Ost und West erhärtet und vervollständigt. Die Wucht der naturwissenschaftlich konstatierbaren Tatsachen über die alle Lebensbedingungen zerstörenden Kriegsfolgen ließen ein Festhalten an den bisherigen Ansichten über den Kernwaffenkrieg und seine Einordnung in den bis dahin anerkannten Kriegsbegriff nicht mehr zu.

Will man aus heutiger Sicht die Erkenntnisse über die Veränderungen, die mit dem Krieg vor sich gegangen sind, philosophisch verallgemeinern und auf den Begriff bringen, so kann man das Ergebnis folgendermaßen zusammenfassen: Aufgrund der wissenschaftlich-technischen Revolution und der Verwandlung der von ihr hervorgebrachten gewaltigen Produktivkräfte in ebenso gewaltige Destruktivkräfte trat eine qualitative Veränderung des Krieges ein. Die neuartigen Mittel des Krieges sind über den Zweck des Krieges hinausgewachsen. Ihre Anwendung vermag den Gegner nicht wehrlos zu machen, um ihm den eigenen Willen aufzuzwingen, worin der Zweck des Krieges besteht. Sie vermag nur, ihn zu vernichten, aber nur um den Preis der Selbstvernichtung des Anwenders dieses Gewaltinstruments. Der politische Zweck des Krieges wird also durch das unverhältnismäßige Mittel zunichte gemacht. Damit verliert der Krieg seine Funktion. Er kann nicht mehr Fortsetzung der Politik mit gewaltsamen Mitteln sein. Dieser Funktionsverlust tritt objektiv ein, er ist unabhängig vom Willen und Bewußtsein gesellschaftlicher Subjekte. Ein gesellschaftliches Subjekt kann zwar diesen Krieg entfesseln - insofern bleibt er möglich -, aber er würde seine Funktion nicht erfüllen, der Politik zu dienen, sondern würde unausweichlich das Ende der Politik und der Gesellschaft herbeiführen. Daß dieser Krieg nicht mehr Fortsetzung der Politik mit anderen Mitteln ist, bedeutet nicht, daß er nicht genauso wie jeder frühere aus der Politik entsteht. Aber es bedeutet, daß er sich aus der Ultima ratio der Politik in die Ultima irratio der Politik verwandelt.

---

1) Siehe, Politische Deklaration der Teilnehmerstaaten des Warschauer Vertrages, Prag, 4./5. Januar 1983, Berlin 1983, S. 8.

Der Krieg mit alles vernichtenden Folgen wird zu einer anderen Wesenheit. Er ist ein entarteter Krieg, aus dem es keine Rückkehr zum Frieden als der dem Krieg komplementären Form der Politik mehr gibt. Damit unterscheidet er sich grundsätzlich vom bisherigen Krieg, dessen Wesen Lenin gestützt auf Clausewitz als Fortsetzung der Politik mit gewaltsamen Mitteln bestimmt hat. Diese marxistische Wesensbestimmung bleibt gültig für den klassischen Krieg, für den der Vergangenheit wie auch für den der Gegenwart, soweit dieser außerhalb des Konflikts zwischen den beiden mächtigsten Bündnissystemen noch real möglich ist. Sie ist aber nicht anwendbar auf den neuartigen, den alles vernichtenden Krieg, den das Atomzeitalter als Möglichkeit erzeugt hat. Also nicht die Clausewitzsche und Leninsche Wesenserkenntnis des Krieges ist überholt, sondern überholt ist der Krieg, den Clausewitz und Lenin seinerzeit gültig definiert haben. Wir haben es hier mit dem in der Wissenschaft typischen Vorgang zu tun, daß infolge des Hinzutretens neuer Erkenntnisobjekte und des Erkenntnisfortschritts die Grenzen der Gültigkeit eines wissenschaftlichen Satzes enger oder weiter gezogen werden.

Im vorliegenden Falle bringt uns das zu der Erkenntnis, daß der Krieg, den wir bisher als Fortsetzung der Politik bestimmt haben, nur eine besondere historische Erscheinungsform, wenn auch die klassische Erscheinungsform des Krieges ist. Will man aber den Krieg in seiner ganzen historischen Dimension erfassen, so muß man drei historische Kategorien des Krieges unterscheiden: Die erste Erscheinungsform ist der alte Krieg von Stamm zu Stamm, der noch nicht Fortsetzung der Politik ist. Er konnte daher nach Engels nicht mit der Unterjochung, sondern allenfalls mit der Vernichtung des Stammes enden. Die zweite Erscheinungsform ist der klassische Krieg, der Fortsetzung der Politik ist. Sein Ergebnis sind Sieg und Niederlage, Herrschaft und Knechtschaft. Die dritte und letzte Erscheinungsform ist als eine drohende Möglichkeit der alles vernichtende Krieg des Atomzeitalters, der nicht mehr Fortsetzung der Politik ist. Er kann deshalb nicht mit Sieg oder Niederlage, Befreiung oder Unterjochung, sondern nur mit der Vernichtung, nunmehr aber der ganzen Menschheit, enden.

Diese Wesensveränderung des Krieges hat auch eine veränderte Stellung zu einem solchen Krieg vom Standpunkt einer jeden Klasse zur Folge. Aus dem Wesen des klassischen Krieges ergibt sich logisch eine differenzierte Wertung des Krieges, je nachdem, ob er die Politik der unterdrückenden oder der unterdrückten Klasse fortsetzt, ob er reaktionären oder progressiven politischen Zielen dient und in diesem Sinne ungerecht oder gerecht ist. Der alles vernichtende Krieg des Atomzeitalters aber kann weder den Interessen einer unterdrückenden noch denen einer unterdrückten Klasse, weder reaktionären noch progressiven politischen Zielen dienen. In diesem Fall verliert eine differenzierende Wertung in einen ungerechten oder gerechten Krieg jeden Sinn. Ein solcher Krieg muß undifferenziert als das größte Verbrechen an der Menschheit verurteilt werden.

Wie bereits gesagt, lösten diese Erkenntnisse über das neue Wesen des Krieges den Umbruch im politischen und militärischen Denken aus. Sie bilden den Ausgangspunkt für eine ganze Reihe weiterer Umwälzungen. So hatte die erkannte Sinnlosigkeit eines mit den heute angehäuften Waffen geführten Krieges eine unabdingbare logische Konsequenz. In bezug auf diesen Krieg versagt das gesamte bisherige militärische Denken. Die Sinnlosigkeit eines solchen Krieges entzieht dem militärischen Denken seine Prämissen und seine Zielfunktion. Ist der Krieg sinnlos, kann man in ihm nicht siegen, so verliert nach der Logik des Gedankens auch das Militär seinen Sinn und seine Daseinsberechtigung. Freilich darf man, wie stets in der Geschichte, das Logische nicht mit dem Historischen gleichsetzen. Ist das Militär - zumindest im Ost-West-Gegensatz - logisch bereits ein Anachronismus, so ist es historisch doch eine kardinale Tatsache. Der logische Gedanke bedarf erst seiner historischen Realisierung.

Der Logik der Abrüstung zur geschichtlichen Realität zu verhelfen, ist nicht isoliert, sondern nur im Rahmen einer neuen politischen Gesamtkonzeption möglich, die den Abbau des militärischen Faktors als integriertes Element enthält. Diese neue politische Konzeption entstand als konstruktive Antwort auf die Frage nach dem Schicksal der Menschheit. Sie ist das Ergebnis einer gemeinsamen Anstrengung des Geistes aller Friedenskräfte und besitzt schon von daher den Vorzug, für alle Partner des zu schaffenden Friedens annehmbar zu sein. Es ist, wie Egon Bahr sagte, ein großer Sprung im Denken erforderlich, der Sprung zum Denken der gemeinsamen Sicherheit. "Die Gegner wären im Untergang vereint; sie können nur gemeinsam überleben. Dies ist das oberste Gesetz des nuklearen Zeitalters."[1] Die sozialistischen Staaten haben diesen Sprung im Denken rasch vollzogen. In nur wenigen Jahren haben sie eine neue Außen-, Sicherheits- und Militärpolitik konzipiert, die das oberste Gesetz des nuklearen Zeitalters befolgt. In der DDR fand sie ihren Ausdruck in der Idee einer klassen- und weltanschauungsübergreifenden Koalition der Vernunft und des Realismus für den Frieden. Mit denselben Intentionen arbeitete die Sowjetunion unter dem Namen "neues Denken" die philosophische und politische Konzeption für die Lösung der Friedensfrage und der anderen globalen Probleme im Nuklearzeitalter aus. Diese neue Denkweise bestimmt das gemeinsame Handeln im Verteidigungsbündnis der sozialistischen Staaten.

Als Michail Gorbatschow zum erstenmal die Grundideen des neuen Denkens begründete - es war in seiner Rede vor der französischen Nationalversammlung - nahm er den Gedanken Einsteins direkt auf. Das neue Denken

---

1) E. Bahr, Rede aus Anlaß des 90. Geburtstages von Martin Niemöller in der Frankfurter Paulskirche am 16. Januar 1982. In: Blätter für deutsche und internationale Politik, 1982, Heft 2, S. 251.

geht von der Priorität der gemeinsamen Menschheitsinteressen vor den divergierenden Gruppeninteressen (sozialer Systeme, Klassen und Nationen) aus. Früher konnten die Existenz der menschlichen Gesellschaft und ihre natürlichen Produktionsbedingungen, weil sie nicht in Frage standen, als selbstverständliche Voraussetzungen der sozialen Kämpfe um Klasseninteressen vernachlässigt werden. Heute aber sind diese Existenzgrundlagen der Gesellschaft in Frage gestellt und keine Selbstverständlichkeiten mehr. Die Erhaltung der Gesellschaft und der Natur ist zur notwendigen Vorbedingung für das Austragen der Interessenkämpfe um die Gestaltung der Gesellschaft geworden. Die atomare Zerstörbarkeit der Welt ist zwar nicht von klassenneutralen Ursachen erzeugt worden, stellt aber über bestehende Klassengegensätze und Weltanschauungsdifferenzen hinweg an alle die gleichen Verhaltensanforderungen, um die Existenzbedingungen der menschlichen Gesellschaft zu erhalten. Es gibt also allgemeinmenschliche Interessen an der Erhaltung der Gattung Mensch, die im Atomzeitalter in den Vordergrund treten. Die Anwendung der Dialektik auf die Analyse des gegenwärtigen Weltprozesses führt zu der Einsicht, daß sich die Welt nicht nur im Kampf der Gegensätze, sondern in Einheit und Kampf der Gegensätze entwickelt. "Ein weiterer weltweiter Fortschritt", sagte Michail Gorbatschow, "ist jetzt nur auf dem Wege der Bemühungen um einen gesamtmenschlichen Konsens in der Bewegung zu einer neuen Weltordnung möglich."[1] Die neue Denkweise, die dem Gesetz des nuklearen Zeitalters gerecht wird, ist aber noch nicht gleichermaßen zur bestimmenden für das Handeln der sozialistischen und imperialistischen Staaten geworden. In den sozialistischen Staaten ist sie in die herrschende Ideologie eingegangen und bestimmt die Staatspolitik und Militärdoktrin. In den maßgeblichen imperialistischen Staaten ist sie geistiges Fundament von Kräften, die sich in Opposition zur vorherrschenden alten Denkweise befinden, und setzt sie sich bei den Regierenden nur sehr zögerlich durch. Es sind zwar erste wichtige Elemente einer neuen Einschätzung der Situation zur Wirkung gelangt, die eine Verminderung der Kriegsgefahr, eine Wende von der Konfrontation zur Entspannung und den Einstieg in die Abrüstung ermöglicht haben. Die Gesamtkonzeption eines der neuen Lage entsprechenden politischen Denkens und die entscheidende Schlußfolgerung über das Eleminieren der militärischen Macht aus der internationalen Politik werden aber von den Herrschenden im Bündnis der imperialistischen Staaten noch immer abgelehnt.

---

1) M. Gorbatschow, Nur friedliches Miteinander kann Überleben der Menschheit sichern. In: Neues Deutschland, 8. Dezember 1988.

Das veränderte Verhältnis von Frieden und militärischer Macht im nuklearen Zeitalter

Das militärische Denken dem veränderten Wesen der Welt anzupassen verlangt, seinen Bestimmungsgrund nicht mehr im Krieg, sondern im Frieden zu sehen. Allein dies ist bereits ein revolutionierender Umwälzungsprozeß für das Militärwesen und macht den Frieden zur Zentralkategorie des militärischen Denkens. Militärisches Denken muß sich heute von den Erfordernissen der Erhaltung und Neugestaltung des Friedens leiten lassen. Dies aber bedeutet, daß es sich nicht mehr auf die Theorie des Krieges reduziert, sondern die Theorie des Friedens zu seinem wichtigsten und bestimmenden Gegenstand wird.

Im pränuklearen Zeitalter war der Frieden lediglich eine von zwei möglichen Formen der Politik, und der Wechsel dieser Formen war unvermeidlich. Heute ist der Frieden die einzige Form, in der die Politik fortgesetzt werden kann, die einzige Existenz- und Entwicklungsform der Gesellschaft. Dies ändert von Grund auf die Bedeutung des Friedens für alle Klassen. Er wurde objektiv zum vorrangigen, übergreifenden und einigenden Interesse aller Klassen und Nationen, und allmählich wird diesen das auch bewußt. Galt der dauerhafte Frieden für die Arbeiterbewegung früher mit Recht als ein Ziel, das im Ergebnis der Überwindung der Ausbeutergesellschaft erreicht wird, so ist er heute zur unabdingbaren Voraussetzung für den Übergang der Menschheit zur ausbeutungsfreien sozialistischen Gesellschaft geworden.

Der neue Charakter des Krieges macht auch einen neuen Frieden notwendig. Dies muß ein Frieden sein, in dem die Politik nicht mehr die Feder mit dem Degen vertauschen kann. Ein solcher Frieden ist aber noch nicht Wirklichkeit. Der gegenwärtige Frieden beruht wesentlich auf militärischer Macht, auf der ständigen Kriegsbereitschaft, ja sogar auf gegenseitiger Vernichtungsfähigkeit. Im Westen nennt man das Abschreckung. Das traditionelle Denken in den Kategorien militärischer Abschreckung, das sinnfällig in dem Satz "Si vis pacem para bellum" zum Ausdruck kommt, wurde im Nuklearzeitalter auf die Spitze getrieben. Seine schon immer gefährliche Logik gerät zur höchsten Unvernunft. Die absolute Abschreckung mit absoluten Waffen hat einen irrsinnigen Preis. Man kann die Abschreckungsfunktion nur glaubhaft ausüben, wenn man bereit ist, nicht nur den Gegner physisch zu vernichten, sondern auch bereit ist zum Selbstmord und zum Mord an der ganzen Menschheit. Kritiker des Abschreckungssystems sprechen daher mit Recht von einer Selbstabschreckung, die diesem Modell der Friedenserhaltung innewohnt.

Die Verteidigungspolitik und Militärstrategie der NATO beruht erklärtermaßen auf der Abschreckungsdoktrin. Man behauptet, zur friedenserhaltenden Abschreckungsstrategie gebe es in überschaubarer Zukunft keine Alternative. Deshalb könne man auf Kernwaffen nicht verzichten. Die NATO hält weiterhin am Ersteinsatz von Kernwaffen fest, obwohl damit das Todesurteil über alles menschliche Leben verhängt würde. Hieraus spricht, wenn nichts Schlimmeres, das Unverständnis für die Notwendigkeit, einen neuen Frieden mit neuen Mitteln zu gestalten.

Der Frieden, den wir haben, ist mit einer höheren Wahrscheinlichkeit sicher als der des pränuklearen Zeitalters, weil er wesentlich auf der Einsicht in die atomare Zerstörbarkeit der Welt beruht. Aber diese Sicherheit enthält ein gefährliches Paradoxon. Derselbe Stützpfeiler, der diesen Frieden trägt, würde, wenn er zerbricht, die ganze Menschheit erschlagen. Die Unsicherheit des atomaren Friedens hat trotz relativ hoher Wahrscheinlichkeit seiner Sicherheit eine ganz neue Qualität, die des sicheren Menschheitstodes. Darin besteht das Wesen des gegenwärtigen Friedens, sein innerer Widerspruch. Er ist abhängig vom Funktionieren der atomaren Abschreckung. Versagt sie, so schlägt der atomare Frieden in den atomaren Krieg um. Der Frieden von Gnaden der Atomwaffen ist trügerisch. Er hängt an der Vernunft weniger, die über den Einsatz von Atomwaffen entscheiden und das Todesurteil über alle sprechen können. Er hängt an der Möglichkeit menschlichen oder technischen Versagens, daran, ob der Mechanismus gegenseitiger Vernichtung in Bereitschaft bleibt, oder in Aktion tritt. Ein Frieden durch militärische Abschrekkung kann den Wettstreit um die ständige Vervollkommnung der Waffen und anderen Kriegsinstrumente nicht beenden, sondern muß ihn anstacheln. Es ist ein Frieden mit ungelösten Spannungen. Er kann Mißtrauen und Feindschaft nicht beseitigen, denn wie soll Vertrauen wachsen bei aufeinander gerichteten Waffen, die beide Seiten vernichten würden.

Notwendig ist ein Frieden, der den Lebensinteressen der Weltgemeinschaft im nuklearen Zeitalter entspricht, ein absolut sicherer und ungefährdeter Weltfrieden. Ein sicherer Frieden aber kann nur ein kernwaffenfreier und gewaltloser Frieden sein. Der Weg zu ihm ist die radikale Abrüstung. Sie umfaßt die beiderseitige Abschaffung der strategischen Offensivkräfte und aller anderen Kernwaffen sowie die Herstellung der strukturellen Angriffsunfähigkeit der Streitkräfte allgemeiner Bestimmung. Die Verbindung dieser beiden Elemente in einem einheitlichen Abrüstungskonzept, die Beseitigung der Kernwaffen und die Beseitigung der Angriffsfähigkeit, löst das entstandene Problem, den nicht führbaren Kernwaffenkrieg unmöglich zu machen, ohne daß der klassische Krieg zwischen den beiden sozialen Systemen wieder möglich wird. Es gibt also nur eine sichere Garantie für einen dauerhaften Frieden im Atomzeitalter, die Beseitigung militärischer Bedrohungspotentiale. Erst dann wird aus dem waffenstarrenden Frieden, den konservative Ideologen nicht ohne Grund einen "Krieg der schweigenden Waffen" genannt haben, ein auf Vertrauen und Zusammenarbeit beruhender Frieden.

Ein dauerhaft gesicherter Frieden ist unter den gegebenen Bedingungen nicht nur notwendig, sondern auch möglich. "Immer mehr setzt sich die Erkenntnis durch", sagte Erich Honecker, "daß beim heutigen Stand der Waffentechnik Sicherheit und Frieden nicht mehr im Gegeneinander der

Staaten errüstet, sondern nur noch miteinander vereinbart, mit politischen Mitteln auf der Grundlage der friedlichen Koexistenz gewährleistet werden können. Das heißt, die Kooperation der Staaten, unabhängig von ihrer Gesellschaftsordnung, ist unabdingbar geworden."[1] Alle Möglichkeiten, die völlig neuen Realitäten in den Fragen von Krieg und Frieden auf traditionelle Weise, mit militärischer Stärke zu bewältigen, haben sich erschöpft. Die bisher hauptsächlich mit militärischen Mitteln aufrechterhaltene Sicherheit muß durch eine mit politischen Mitteln gestaltete kooperative Sicherheit der Kontrahenten ersetzt werden.

Der positive Inhalt eines dauerhaft gesicherten Friedens in unserer Zeit ist die friedliche Koexistenz in ihrer entfalteten Form, die Sicherheitspartnerschaft gegensätzlicher sozialer Systeme. Die friedliche Koexistenz auf die Stufe gemeinsamer Sicherheit zu heben ist für beide Seiten lebenswichtig. Die Sicherheitspartnerschaft hat heute vom Standpunkt einer jeden Klasse alle Vernunftsgründe auf ihrer Seite. Die Vernunft dieser Form der friedlichen Koexistenz widerspiegelt ein objektives Interesse der Klassen und gesellschaftlichen Systeme. Sie erschließt sich auch realistisch denkenden Repräsentanten des Kapitalismus, selbst Vertretern des reaktionär-bürgerlichen Lagers.

Friedliche Koexistenz bedeutet auch in ihrem heutigen und im zukünftigen Stadium nicht, daß die Gegensätze verschwinden und daß der Klassenkampf aufhört. Sowohl der Kampf, der um die Entfaltung der friedlichen Koexistenz selbst, als auch jener, der um die Lösung aller anderen sozialen Probleme geführt werden muß, gehen weiter. Aber der Unterschied der Formen, in denen die Gegensätze zwischen den sozialen Systemen ausgetragen werden, ist im Atomzeitalter die Differenz von Sein und Nichtsein der Menschheit. Einen tieferen Unterschied kann es für die menschliche Gesellschaft nicht geben. Es ist deshalb notwendig, "mit den Gegensätzen zu leben und sie in Stil und Formen auszutragen, die dem kulturellen Entwicklungsniveau der modernen Welt würdig und angemessen sind."[2]

In Erkenntnis dieser Erfordernisse wurde auch die einseitige Bestimmung der friedlichen Koexistenz als Form des Klassenkampfes überwunden. Diese Formel nährte auf beiden Seiten gedankliche Assoziationen, als sei die friedliche Koexistenz Klassenkampf zwischen dem sozialistischen und kapitalistischen Staatensystem zur Überwindung des einen durch das andere. Friedliche Koexistenz bedeutet aber gerade, "die wirkliche Gleichberechtigung der beiden Eigentumssysteme" anzuerkennen. Lenins Grundidee war "die Unvermeidlichkeit eines <u>Übereinkommens</u>" des kapitalistischen mit dem sozialistischen Eigentumssystem "als einem

---

1) E. Honecker, Rolle des Sozialismus als Verfechter des Friedens heute bedeutender denn je zuvor. In: Neues Deutschland, 5. November 1987.

2) E. Honecker, Unser Leben braucht die schöpferischen Impulse von Kunst und Literatur. In: Neues Deutschland, 8. Mai 1987.

gleichberechtigten Partner".[1] Nur bei Anerkennung der beiden sich ausschließenden Eigentumssysteme als gleichberechtigte Partner kann der Wettstreit zwischen ihnen in friedlichen Formen ausgetragen werden. Im Wettkampf auf ökonomischem, sozialem, wissenschaftlichem, kulturellem und ideologischem Gebiet wird sich endgültig erweisen, welches der beiden Systeme über die Vorzüge verfügt, den Lebensinteressen des Menschen, seiner Freiheit und Menschenwürde gerecht zu werden.

Das Wesen der heute notwendigen Entwicklungsstufe friedlicher Koexistenz ist in dem gemeinsamen Dokument von SED und SPD "Der Streit der Ideologien und die gemeinsame Sicherheit" in für beide Seiten annehmbarer Weise formuliert worden. Es heißt dort: "Beide Seiten müssen sich auf einen langen Zeitraum einrichten, während dessen sie nebeneinander bestehen und miteinander auskommen müssen. Keine Seite darf der anderen die Existenzberechtigung absprechen. Unsere Hoffnung kann sich nicht darauf richten, daß ein System das andere abschafft. Sie richtet sich darauf, daß beide Systeme reformfähig sind und der Wettbewerb der Systeme den Willen zur Reform auf beiden Seiten stärkt. Koexistenz und gemeinsame Sicherheit gelten also ohne zeitliche Begrenzung."[2] Alle Versuche, die gesellschaftlichen Verhältnisse einer Seite von außen zu verändern, ihre politische und soziale Ordnung zu destabilisieren, unter welchem Vorwand auch immer, sind unverträglich mit einer stabilen und dauerhaften Friedensordnung auf der Basis gemeinsamer Sicherheit. Dies gilt um so mehr an der sensiblen Berührungslinie zwischen beiden sozialen Systemen und Militärbündnissen in Mitteleuropa und insbesondere für das Verhältnis zwischen der Deutschen Demokratischen Republik und der Bundesrepublik Deutschland.

Veränderungen der Funktion der Streitkräfte und Verteidigung von Frieden und Sozialismus

Die Veränderungen, die Krieg und Frieden unter den Bedingungen des nuklearen Zeitalters erfahren und das Erfordernis, einen neuen, entmilitarisierten Frieden zu gestalten, haben auch einen gravierenden Bedeutungs- und Funktionswandel der Streitkräfte zur Folge. Die Streitkräfte sind seit ihrer Entstehung mit dem Staat das hauptsächliche Gewaltinstrument der Politik. Je nach der Form, die die Politik annimmt, werden sie zur Kriegführung oder zur Friedenssicherung benutzt. Für beide Funktionen der Streitkräfte haben die charakterisierten Wesens-

---

1) W. I. Lenin, Entwurf einer Entschließung des Gesamtrussischen Zentralexekutivkomitees zum Bericht der Delegation auf der Genuakonferenz. In: Werke, Bd. 33, S. 342 f.

2) Der Streit der Ideologien und die gemeinsame Sicherheit. In: Neues Deutschland, 28. August 1987.

veränderungen des Krieges und des Friedens entscheidende Konsequenzen. Soweit im Nuklearzeitalter der Krieg nicht mehr führbar ist, sind auch die Streitkräfte untauglich als Instrument der Kriegführung. Das gilt für die Streitkräfte beider Bündnissysteme. Sie können objektiv nur noch politische Funktionen erfüllen, mit denen die Schwelle zum Krieg nicht überschritten wird. Aber auch ihre Friedenssicherungsfunktion wird vakant und mehr und mehr relativiert.

Die bisherige Denkweise über das Verhältnis von Frieden und militärischer Macht ergab sich aus der Tatsache, daß in der antagonistischen Klassengesellschaft Frieden ohne Waffen unmöglich ist. Frieden gab es in ihr nur in Anwesenheit von Waffen und gestützt auf Waffen. Frieden war über Jahrtausende hinweg ein zeitweiliger Zustand, in dem die Waffen schweigen, der aber immer wieder in einen Zustand umschlug, in dem die Waffen sprechen. Dieser Frieden war also ein bewaffneter Frieden. Von daher ist die Vorstellung, daß der Frieden wesentlich auf militärischer Macht beruht, durchaus begründet. Das nukleare Zeitalter entzieht diesen Vorstellungen aber den Boden der Tatsachen. Es schafft den Zwang, vom bewaffneten zum unbewaffneten Frieden überzugehen. Die Wende vom bewaffneten zum unbewaffneten Frieden darf nicht mehr erst vom Übergang zum Frieden der neuen, weltweit errichteten sozialistischen Gesellschaft erwartet werden. Sie muß sich bereits jetzt, in Anwesenheit des Kapitalismus und gemeinsam mit dem Kapitalismus vollziehen, also im Rahmen der friedlichen Koexistenz. Die friedliche Koexistenz bereits muß aus einem bewaffneten Frieden zu einem Frieden ohne Waffen entwickelt werden. Dies ist die grundlegende historische Tendenz ihrer Entwicklung im Hinblick auf die militärische Komponente. Sicher ist das nur in einem langwierigen Prozeß zu verwirklichen, aber der erste und entscheidende Schritt hierzu zeichnet sich für die überschaubare Zukunft bereits deutlich ab. Es geht zunächst darum, die friedliche Koexistenz zu einem kernwaffenfreien und gewaltlosen Frieden zu machen.

Dieser Aufgabe, den Frieden mit immer weniger Waffen auf der Grundlage gemeinsamer Sicherheitsinteressen zu gestalten, dient die 1987 angenommene Militärdoktrin des Warschauer Vertrages. Mit ihrer Hauptaussage, weder einen nuklearen noch einen konventionellen Krieg zuzulassen, stellt sie jene militärische Aufgabe, die sich notwendig aus der Tatsache ableitet, daß es zur friedlichen Koexistenz keine Alternative gibt. Sie legt ferner fest, daß diese unabdingbaren friedlichen Beziehungen, solange die militärische Konfrontation und besonders der nukleare Abschreckungsmechanismus noch nicht beseitigt sind, mit militärischen Mitteln, durch Aufrechterhaltung der militärischen Parität, durch eine ausreichende Verteidigungsfähigkeit des Sozialismus gesichert werden müssen. Mit den Festlegungen, niemals als erste militärische Handlungen gegen einen beliebigen Staat oder ein Staatenbündnis zu beginnen, niemals als erste Kernwaffen einzusetzen, keinen Staat und kein Volk als ihren Feind zu betrachten und streng den Rahmen des für die Verteidigung, für die Abwehr einer möglichen Aggression ausreichenden Niveaus einzuhalten, werden die Staaten des Warschauer Vertrages den militärischen Erfordernissen gerecht, um die friedliche Koexistenz zu verteidigen und ihre progressive Entwicklung zu fördern. Erstmalig ist zum Inhalt einer Militärdoktrin auch das Programm für die nukleare, chemische und konventionelle Abrüstung, für vertrauensbildende militärische Maßnahmen und für Verhandlungen über die defensive Ausrichtung der Militärdoktrinen beider Militärblöcke geworden. Die Militärdoktrin des Warschauer Vertrages ist im vollen Wortsinn eine Friedensdoktrin. Sie bringt die sich wechselseitig bedingenden Notwendigkeiten im Übergang von dem heute noch vorwiegend militärisch gesicherten zu einem vorwiegend politisch gesicherten Frieden zum Ausdruck.

Dem objektiv bedingten Funktionswandel der Streitkräfte wird also im sozialistischen Verteidigungsbündnis bewußt und konsequent Rechnung getragen. Das bringt einen tiefgehenden Umwälzungsprozeß im Selbstverständnis des sozialistischen Soldaten, in der Wehrmotivation der Verteidiger des Sozialismus mit sich. Historisch Beispielloses war zu verarbeiten, und entsprechend tief waren die geistigen Konflikte bei der rationalen und emotionalen Bewältigung der Umwälzungen im Militärwesen. Gravierende Veränderungen vollzogen sich im Inhalt und in der Art und Weise der Wahrnehmung der humanistischen Mission, die der sozialistischen Verteidigungsmacht auferlegt ist. Bislang haben die sozialistischen Streitkräfte das Lebensrecht der neuen Gesellschaft geschützt und die Freiheit der eignen und anderer Völker verteidigt, indem sie erfolgreiche Verteidigungskriege gegen Aggressoren führten oder indem sie mittels friedenssichernder Kriegsbereitschaft imstande waren, Krieg zu verhüten. Doch das nukleare Zeitalter hat heute die verteidigungspolitische Grundsituation der sozialistischen Gesellschaft von Grund auf geändert.

Daß der Krieg zwischen den beiden Bündnissystemen nicht mehr führbar ist, daß er sinnlos ist, gilt für den Krieg insgesamt als einem zweiseitigen Akt, für den des Aggressors wie für den des Verteidigers. Was verteidigt werden soll, würde der Krieg zerstören. Konnten die Streitkräfte früher im Fall einer auf den sozialistischen Staat verübten Aggression den bewaffneten Kampf mit der Überzeugung aufnehmen, daß von diesem Kampf der Sieg über den Aggressor, der Schutz der Heimat, unserer Werte, vielleicht sogar die Rettung der Menschheit abhängen würde, so gibt es dafür heute keine realistische Grundlage mehr. Der Dualismus des militärischen Denkens, entweder den Frieden zu bewahren, oder, wenn das nicht gelingt, den Krieg zur Bewahrung des sozialistischen Vaterlandes und zur Wiederherstellung des Friedens führen zu können, hat seine frühere Berechtigung verloren.

Den Sozialismus schützen heißt jetzt, den Frieden zu verteidigen, keinen Krieg zuzulassen. Ohne den Frieden zu bewahren, kann die Verteidigungsmacht den Sozialismus nicht verteidigen. Verteidigungsfähigkeit ist heute die Fähigkeit zur militärischen Friedenssicherung. Der humanistische Auftrag der sozialistischen Streitkräfte hat damit einen veränderten Inhalt und wird auf neue Weise erfüllt. Den Streitkräften ist eine friedenspolitische Verantwortung von historisch einzigartiger Größe und Tragweite auferlegt. Sie verteidigen, indem sie den Sozialismus vor Krieg schützen, zugleich die allgemeinen Menschheitswerte gegen den drohenden Mord an fünf Milliarden Menschen, die heute die Erde bevölkern. Sie verteidigen die Menschheitskultur, die unzählige Generationen vor uns geschaffen haben, vor der Gefahr der völligen Vernichtung. Und sie verteidigen die Zukunft der Menschheit für die Generationen, die nach uns kommen. Hierin besteht der humanistische Inhalt militärischer Friedenssicherung im gegenwärtigen historischen Zeitabschnitt.

Militärische Friedenssicherung ist aber ihrer Natur nach nur mit militärischer Macht zu gewährleisten, und militärische Macht ist die Tüchtigkeit zum bewaffneten Kampf. Um kriegsverhindernd wirken zu können, müssen die Streitkräfte fähig sein, im bewaffneten Kampf mit gegnerischen Streitkräften zu bestehen. Dadurch machen sie jede mögliche Aggressionsoption unwirksam, verwehren sie ihr den Erfolg. Freilich schafft die Sinnlosigkeit eines Krieges auch für die militärische Friedenssicherung eine Denkschwierigkeit. Die Streitkräfte müssen fähig sein, in einem möglichen irrationalen Krieg rational zu handeln, damit der Krieg nicht stattfindet. Das ist der neue Widerspruch der kriegsverhütenden Tätigkeit sozialistischer Streitkräfte. Es ist dies keine Antinomie des Denkens, sondern die Antinomie der Friedenssicherung mit militärischen Mitteln im Nuklearzeitalter. Um sie aufzulösen, müssen die Grenzen überschritten werden, die uns heute noch an die Friedenssicherung mit militärischen Mitteln fesseln.

Um diese Grenzen zu überschreiten, reichen die Aufgaben der Streitkräfte der sozialistischen Verteidigungskoalition heute schon über die Friedenssicherung mit militärischen Mitteln hinaus. Die neue Militärdoktrin zeichnet vor, was es für unsere Verteidigungsmacht heißt, von der militärischen Friedenssicherung auf ein nichtmilitärisches Sicherheitssystem überzugehen. Diesen Übergang erleichtert das Prinzip der Hinlänglichkeit der Verteidigung. Hierzu gehört vor allem, daß der Verteidigungscharakter unserer militärischen Vorbereitungen von der politisch-völkerrechtlichen Ebene auf die militärstrategische Ebene ausgedehnt wird. Die Verteidigung wird nach dem Konzept der strategischen Verteidigung und nicht der strategischen Offensive im Kriegsfall organisiert. Das bedeutet eine wesentliche Reduktion und strukturelle Veränderung militärischer Potentiale, die von der Gegenseite als Bedrohungspotentiale wahrgenommen werden konnten. Die nächsten Schritte zur Beseitigung von Kernwaffen und zur Herstellung der beiderseitigen Angriffsunfähigkeit bringen weitere funktionelle und strukturelle Veränderungen der sozialistischen und natürlich auch der NATO-Streitkräfte.

Die Friedenspolitik der sozialistischen Staaten weist den Vereinten Streitkräften die konstruktive Mitgestaltung des militärischen Bereichs des zu schaffenden neuen Sicherheitssystems zu. Sozialistische Streitkräfte sind aus dem Selbstverständnis ihrer Funktion nicht nur williges Objekt, sondern auch aktiv handelndes Subjekt des Abrüstungsprozesses. In dem Maße, wie der Abrüstungsprozeß an Dynamik gewinnt, werden diese neuen Aufgaben,die man unter dem Begriff Vertrauensbildung im militärischen Bereich zusammenfassen kann, in der Tätigkeit des sozialistischen Militärs in den Vordergrund treten. Die revolutionierenden Veränderungen, denen die sozialistischen Streitkräfte in Funktion und Struktur, in ihrem Platz in der Friedenspolitik und in ihrer Motivation unterliegen, haben erst begonnen. In dem zu schaffenden System gemeinsamer Sicherheit wird die Metamorphose der militärischen Macht von besonderer Bedeutung sein. Doch wäre es gefährlich für den Frieden und würde das Voranschreiten auf dem Weg zur gemeinsamen Sicherheit behindern, wenn wir außer acht ließen, daß jetzt und heute die Hauptaufgabe der sozialistischen Verteidigungsmacht noch die Friedenssicherung mit militärischen Mitteln ist. Für jeden gefährlichen Prozeß, den der Mensch beherrschen will, gilt, daß ein Sicherheitssystem, dessen Unzulänglichkeit erkannt ist, erst dann außer Funktion gesetzt werden kann, wenn ein vollkommeneres Sicherheitssystem geschaffen und funktionstüchtig ist. Um zu einem neuen Sicherheitssystem zu kommen, müssen unsere militärischen Sicherungskräfte kühne und konstruktive Schritte in diese Richtung tun bei gleichzeitiger Gewährleistung von Sicherheit nach dem alten Muster, wo das neue noch nicht wirksam ist.

Auch ein neues Sicherheitssystem kann sich nur schrittweise und über verschiedene Etappen des Abrüstungsprozesses herausbilden. In jeder dieser Etappen werden die Streitkräfte ihre sicherheitspolitische Funktion unter jeweils veränderten militär-politischen und militärtechnischen Bedingungen, bei grundlegend veränderter Bewaffnung, Struktur und Organisation zu erfüllen haben. Ihr Kampfwert mißt sich an jeweils neuen Parametern. Während der stufenweisen Abrüstung wird auch ein Wettbewerb um die optimale Effizienz der verbleibenden militärischen Kräfte unvermeidlich sein. Die Nutzung des wissenschaftlich-technischen Fortschritts wird dabei die wichtigste Rolle spielen. Entscheidend ist aber, daß dieser Wettbewerb nicht den Rahmen der erzielten Abrüstungsvereinbarungen sprengt oder unterläuft. Er würde sonst die Vertrauensbildung untergraben und den Fortgang der Abrüstung stören, wenn nicht gänzlich unmöglich machen. Wir haben sehr deutlich die negativen Wirkungen vor Augen, die von den Aktivitäten ausgehen, neue Atomraketen mit vierfacher Reichweite als Nachfolger für den Typ Lance zu schaffen. In solchen und ähnlichen Handlungen äußert sich ein Tatbestand, ier hinreichend beachtet werden muß. Es fällt maßgeblichen Kreisen im NATO-Bündnis schwer, sich von der alten militärischen Denkweise der Politik zu verabschieden und die neue zu erlernen. Die Gründe für retardierende Momente im Lernprozeß des bürgerlichen militärischen Denkens liegen hauptsächlich im Gesellschaftssystem, in den Widersprüchen der Klassenlage der Bourgeoisie und in der Macht der verfestigten und institutionalisierten Tradition im Umgang mit dem Instrumentarium militärischer Gewalt. Wird man sich aber über den heutigen Tag hinaus der geschichtlichen Dimension der vor sich gehenden Umwälzung im Verhältnis von Politik und Militär bewußt, so kommt man zu folgendem Schluß. Wir stehen am Beginn eines historischen Prozesses, dessen Ende die Abschaffung der Streitkräfte als politisches Instrument in den internationalen Beziehungen sein wird, ohne daß der Formationswechsel zum Sozialismus bereits weltweit erfolgt sein muß.

Als Fazit kann man ziehen: Das nuklear-kosmische Zeitalter hat eine grundlegend neue Situation für das militärische Denken geschaffen, der es sich anpassen muß. Sie besteht wesentlich in zwei Faktoren, die von der wissenschaftlich-technischen Revolution ermöglicht beziehungsweise erzeugt worden sind. Erstens ist waffentechnisch die Selbstvernichtungsfähigkeit der Gattung Mensch gegeben. Zweitens ist infolge eines neuen Produktivkrafttyps die moderne Zivilisation unter Kriegsbedingungen nicht mehr lebensfähig.[1] Diese beispiellose Neuheit in der menschlichen Geschichte hat einen ebenso beispiellosen Lernprozeß im politischen und militärischen Denken in Gang gebracht, gerichtet auf das Überleben und den weiteren Fortschritt der menschlichen Gattung. Ausmaß und Tiefe der Wandlungen im militärischen Denken, wie sie sich in der sozialistischen Gesellschaft dynamisch vollziehen und in der kapitalistischen unausweichlich sind, lassen sich mit einem Paradigmenwechsel in den Wissenschaften vergleichen. Das neue militärische Denken enthält in sich sogar den logischen Ansatz zu seiner Selbstaufhebung, denn seine Intention ist die Auflösung des Militärs als Mittel internationaler Politik. Nicht die Bombe, die Vernunft soll die Welt regieren.

---

1) Siehe Nationaler Friedenskongreß der Wissenschaftler der DDR. Wege aus dem Wettrüsten - Für Frieden und Sicherheit in Europa und für die Zukunft der Welt, Berlin, 25.-26. November 1988. In: Forschung für den Frieden IV/88, hrsg. vom Wissenschaftlichen Rat für Friedensforschung an der Akademie der Wissenschaften der DDR.

Literatur

1 Bahr, E., Rede aus Anlaß des 90. Geburtstages von Martin Niemöller in der Frankfurter Paulskirche am 16. Januar 1982. In: Blätter für deutsche und internationale Politik,(Köln)1982, Heft 2

2 Bahr, E., Was wird aus uns Deutschen? Fragen und Antworten, Reinbek bei Hamburg 1982

3 Clausewitz, C. v., Vom Kriege, Berlin 1957

4 Der Streit der Ideologien und die gemeinsame Sicherheit. In: Neues Deutschland, 28. August 1987

5 Einstein, A., Über den Frieden, Bern 1975

6 Gorbatschow, M., Für eine friedliche, freie, gedeihliche Zukunft Europas und aller anderen Kontinente. Rede auf dem Treffen mit Parlamentariern Frankreichs in Paris. In: Ausgewählte Reden und Aufsätze, Bd. 2, Berlin 1987

7 Gorbatschow, M., Nur friedliches Miteinander kann Überleben der Menschheit sichern. Rede vor der 43. UNO-Vollversammlung in New York. In: Neues Deutschland, 8. Dezember 1988

8 Honecker, E., Karl Marx und unsere Zeit - der Kampf um Frieden und sozialen Fortschritt, Berlin 1983

9 Honecker, E., Unser Leben braucht die schöpferischen Impulse von Kunst und Literatur. In: Neues Deutschland, 8. Mai 1987

10 Honecker, E., Rede zur Eröffnung des Internationalen Treffens für kernwaffenfreie Zonen. In: Neues Deutschland, 21. Juni 1988

11 Frieden Krieg Streitkräfte. Historisch-materialistischer Abriß. Autorenkollektiv (Leiter W. Scheler), Berlin 1989

12 Keßler, H., Friedensbewahrung - Ziel und Zweck unserer militärischen Tätigkeit. In: Neues Deutschland, 9. August 1988

13 Klein, D., Chancen für einen friedensfähigen Kapitalismus, Berlin 1988

14 Legay, J.-M., Wir sind gezwungen, Rettung im Frieden zu suchen, Berlin o.J.

15 Lenin, W. I., Entwurf einer Entschließung des Gesamtrussischen Zentralexekutivkomitees zum Bericht der Delegation auf der Genuakonferenz. In: Werke, Bd. 33

16 Nationaler Friedenskongreß der Wissenschaftler der DDR. Wege aus dem Wettrüsten - Für Frieden und Sicherheit in Europa und für die Zukunft der Welt, Berlin, 25.-26. November 1988. In: Forschung für den Frieden IV/88, hrsg. vom Wissenschaftlichen Rat für Friedensforschung an der Akademie der Wissenschaften der DDR

17 Über die Militärdoktrin der Teilnehmerstaaten des Warschauer Vertrages. In: Einheit (Berlin) 7-87

18 Verantwortung aus Wissen. Beiträge von DDR-Wissenschaftlern zu Friedensforschung und Friedenskampf, Berlin 1989

DIE ARMSELIGKEIT DER NEUROPHILOSOPHIE

Gunther S. Stent [1)]

Ein neuartigerer, Neurophilosophie genannter Wissenschaftszweig, wurde vor zwei Jahren in einem Buch von Patricia Smith Churchland (1986) vorgestellt. Was ist Neurophilosophie? Sie soll ein interdiszi-plinäres Unternehmen von Philosophen, Psychologen und Neurobiologen darstellen, deren gemeinsames Ziel ist, eine zusammenhängende Theorie über das von Churchland als "Geist-Gehirn" bezeichnete Organ zu entwickeln.

Das erklärte Ziel der Neurophilosophie ist immerhin keineswegs neuartig, denn seit Plato Geist und Körper als grundlegend verschiedentlich erklärte, streiten sich die Philosophen, ob sie es tatsächlich sind. Zweifellos sind die (physikalistischen) Aussagen, die wir über Körper von Leuten machen anderer Art als die (mentalistischen) Aussagen über ihre Gedanken und Gefühle. Jedoch bedeutet dieser Unterschied keineswegs, daß mentalistische Aussagen notwendigerweise mitnichten auf eine besondere Art körperlicher Funktionen bezogen sind. Denn Galen zeigte ja bereits im zweiten Jahrhundert unserer Zeit, daß ein körperliches Organ, nämlich das Gehirn, Sitz von Bewußtsein und Empfindung ist. So mögen Geistesvorgänge nichts anderes sein, als Erzeugnisse des Gehirns (wie es der Monismus vorsieht); andererseits mögen sie auch mehr als, oder grundlegend verschieden von Gehirnerzeugnissen sein (wie es der Dualismus vorsieht). Philosophen haben eine Mannigfaltigkeit monistischer und dualistischer Lösungen des Geist-Körper-Problems entwickelt, die die jeweilige metaphysische Weltanschauung ihrer Befürworter widerspiegeln, sei sie idealistisch oder naturalistisch, rationalistisch oder empiristisch.

Woraus besteht dann das Neuartige an der Neurophilosophie, wenn nicht aus ihrer Zielsetzung? Laut Churchland besteht es aus der Berücksichtigung der von Neurobiologen jüngst gemachten enormen Fortschritten in unserem Verständnis des Gehirns. Dank dieser Fortschritte sollen die althergebrachten, ausgedienten philosophischen Spekulationen endlich ad acta gelegt werden können. Churchland ist eine Erzmonistin, die glaubt, daß Geist und Gehirn identisch sind. Deshalb ist lediglich das mit Bindestrich gefügte Doppelwort "Geist-Gehirn" in der neurophilosophischen Sprachregelung vorgesehen. Churchland erklärt, daß sie zu diesem Glauben durch ihre "Haupteingebung" kam. Diese Haupteingebung überzeugte sie, daß, um unser Wesen zu entdecken, wir uns als Organismen in der Natur ansehen müßten, die mit naturwissenschaftlichen Methoden und Mitteln zu verstehen sind. So ist auch die Haupteingebung der

1) Department of Molecular and Cell Biology, University of California at Berkeley

Neurophilosophie keineswegs neuartig, denn sie entspricht lediglich der naturalistischen Wesensidee des Menschen, die Aristoteles vertrat und Plato verwarf.

Ehe ich das neurophilosophische Projekt im Einzelnen bespreche, möchte ich auf ein kleines, in ihm verborgenes epistemisches Paradoxon hinweisen. Das als Geist-Gehirn bezeichnete Organ könnte nicht lediglich ein zu verstehender Teil eines Organismus der Natur sein, wie z.B. unsere Leber oder unser Herz. Vielmehr wäre unser Geist-Gehirn auch gerade das Werkzeug, dessen wir uns bedienen müßten, um diesen Organismus mit naturwissenschaftlichen Methoden und Mitteln zu verstehen. So würde sich das Geist-Gehirn des Neurophilosophen beim Gedanken "Aha, so funktioniere ich also!" wie Baron von Münchhausen am eigenen Schopf aus dem Schlamm gezogen haben. Churchland hofft auch auf andere münchhausenartige Kunststücke. Zum Beispiel gibt sie zu, daß der für ihr ganzes Projekt fundamentale philosophische Ansatz vernünftiges Denken ist eine (im Geist-Gehirn wirksame) Art von natürlicher Kausalität gegenwärtig noch nicht beweisbar ist. Sie erwartet jedoch, daß dieser Ansatz bewiesen sein wird, sobald es Neurophilosophen gelungen ist (mittels ihres Geist-Gehirns) eine vollkommene Theorie über ihr Geist-Gehirn zu entwickeln.

Immerhin haben wir mittels unseres Geistes doch schon etwas über die Arbeitsweise des Gehirns herausfinden können. Zum Beispiel gibt es zumindest eine jüngste neurobiologische Entwicklung, die unser Verständnis des Geist-Körper-Problems gefördert hat. Hier beziehe ich mich auf die von Untersuchungen über die visuelle Wahrnehmung in Säugetieren erhaltenen Einsichten, die ihrerseits eine empirische Unterstützung für die von Immanuel Kant entwickelte Erkenntnistheorie darstellen. Kant behauptete, daß Sinnesdaten weder (wie es die Metaphysik des Realismus will), die wirkliche Welt im Geist abspiegeln, noch (wie es die Metaphysik des Idealismus will) dem Geist die Grundlage zum Erfinden der Wirklichkeit liefern. Vielmehr, so erklärte Kant, erkennt der Geist die Welt mittels eines konstruktiven Vorgangs: Sinnesdaten werden Erfahrung, das heißt, werden sinnvoll, nur nachdem der Geist sie mit Hilfe von Kategorien, wie Zeit, Raum und Objekt interpretiert. Diese Kategorien bringt der Geist zur Erfahrung a priori, anstatt sie von ihr abzuleiten.

In der Mitte dieses Jahrhunderts, unter dem Banner des Strukturalismus, übte Kants Erkenntnistheorie plötzlich einen großen Einfluß auf die Humanwissenschaften aus. Der Strukturalismus trat mehr oder weniger gleichzeitig, unabhängig und in verschiedenen Gestaltungen in diesen Wissenschaftszweigen auf: in der Psychologie, der Linguistik, der Anthropologie und der Biologie. Der Strukturalismus erklärt, daß Wissen über die Welt der Phänomene den Geist in hochmäßig abstrakten Gebilden, nämlich als Strukturen, erreicht. In der vorbewußten, schrittweisen Umwandlung von Sinnesdaten in Strukturen geht Information notwendigerweise verloren. denn das Schöpfen von Strukturen ist nichts anderes als ein selektives Zerstören von Information. Daher ist, in strukturalistischer Redensart, die Wirklichkeit ein von der phänomenalen Welt abstrahiertes Ensemble struktureller Transformationen. Sinnesdaten werden sinnvoll nur nachdem sie so transformiert worden sind, daß sie sich mit einer im Geist bereits vorhandenen Struktur decken (Stent, 1975).

Neurobiologische Untersuchungen über visuelle Wahrnehmung zeigten, daß unser Nervensystem tatsächlich in Obereinstimmung mit Kantschen strukturalistischen Prinzipien arbeitet, wenigstens in den ersten Verarbeitungsstufen der Sinnesdaten. Visuelle Wahrnehmung beginnt mit dem von der Umgebung auf das Mosaik von Photorezeptorzellen der Retina geworfenes zwei-dimensionalen Abbild. Sie endet mit einer sinnvollen Interpretation des Abbildes, wie "dies ist ein Stuhl", oder "dies ist ein Möbelstück", oder "dies ist ein hölzerner Gegenstand" . Offensichtlich hängt diese Interpretation nicht nur vom Abbild selbst ab, sondern auch von dem Kontext, in dem es erzeugt wurde und von den Absichten des Betrachters. Visuelle Wahrnehmung ist daher ein interpretativer Vorgang, der für den Betrachter den Sinn der Information explizit macht, der ursprünglich nur implizit im Abbild zugegen war. Der in einer Folge von Abbildern enthaltenen Informationsstrom ist so gewaltig, daß das Nervensystem, trotz seiner Milliarden von Nervenzellen nicht im Stande wäre, ihn zu interpretieren, wäre er nicht von Anfang an auf handbare Mengen heruntergekocht, oder abstrahiert.

Die anfänglichen Stufen dieses Abstraktionsvorganges sind offensichtlich von Kantschen Kategorien geleitet, deren a priori Wesen durch ihre Verwirklichung in den im Nervensystem enthaltenen Schaltkreisen bezeugt wird. Eine dieser Kantschen Kategorien ist "Objekt", mit der wir intuitiv die Eigenschaften von beständiger Form, Kohäsion und alleiniger Gegenwart an einem gegebenen Ort zu einer gegebenen Zeit verbinden. Um einschlägige Information über Objektform von Abbild zu abstrahieren, zieht der Wahrnehmungsvorgang in Betracht, daß sich Umrisse von Objekten wahrscheinlich in solchen Gebieten des Abbildes befinden, wo ein plötzlicher Wechsel in Lichtstärke gewahr ist. Um daher die Anwesenheit von Umrissen, die nur implizit im Abbild enthalten sind, explizit zu machen, ist es vorerst notwendig zu beschreiben, in welcher Weise sich die Lichtstärke von Ort zu Ort im Abbild verändert. Diese Beschreibung, die man sich als einen mit schwarzen Bleistiftlinien auf weißem Papier skizzierte Szene vorstellen kann, nannte David Marr (1982) die Urskizze.

Zum Erzeugen der Urskizze muß das Abbild einer differentiellen Analyse unterworfen werden, wie sie tatsächlich von den ersten Stufen des Wahrnehmungsvorgangs ausgeführt wird. Erstens, wie Stephen Kuffler (1953) in den frühen 50'er Jahren entdeckte, abstrahiert das Netz von Ganglienzellen der Retina, die vom zweidimensionalen Rezeptormosaik aufgenommene Punkt-für-Punkt- Lichtstärkeinformation. Kuffler fand, daß Ganglienzellen an das Gehirn lediglich Information über die zwischen kleinen, kreisförmigen Gebieten des Rezeptormosaiks und sie umzingelnden ringförmigen Gebieten bestehende Differenz in Lichtstärke, d.h. den Lichtkontrast weitergeben. Zweitens entdeckten David Hubel und Torsten Wiesel (1962) zehn Jahre später ein zweidimensionales Netz von Nervenzellen höherer Ordnung in der Hirnrinde, das die von den Ganglienzellen abstrahiert und an noch höhere Hirnzentren Information über die Kontrastveränderungsrate in verschiedenen Richtungen des Abbilds weitergeben.

Marr und seine Mitarbeiter machten weitere theoretische Vorschläge, die sie aber nur teilweise mit neurobiologischen Daten untermauern konnten, für die Weise, in der Netze von Nervenzellen höherer Hirnzentren die Interpretation des Abbildes weiterführen. Der bemerkenswerteste Aspekt dieser Vorschläge ist, daß sie zusätzliche, in Hirnschaltkreise eingebaute, a priori kategorische Hypothesen über das Wesen der Welt aufrufen. Angesichts der Kantschen Erkenntnistheorie (von der Marr zu Anfang seiner Studien keine Ahnung hatte) ist die philosophische Bedeutung von Marrs neurobiologischen Theorien kaum zu überschätzen. Deshalb ist es überraschend, daß Churchland in ihrem Buch diesen Theorien wenig Beachtung schenkt, stellen sie doch die bisher am stärksten überzeugende Unterstützung für den naturalistisch-neurophilosophischen Ansatz zum Geist-Körper Problem dar.

Die Neurophilosophie kann bisher auf keine nennenswerten Fortschritte in der Entwicklung einer zusammenhängenden Geist-Gehirn-Theorie Anspruch erheben. Churchlands hauptsächlicher Beitrag zu diesem Thema ist ihre geschickte (auf Ernst Nagel sich stützende) Widerlegung der Behauptung, daß Theorien über (von Psychologen untersuchten) Geisteszustände prinzipiell nicht auf Theorien über (von Neurobiologen untersuchten) Gehirnzustände reduzierbar sind. Obwohl im gegenwärtigen Streit über wissenschaftliche Methodologie der Ausdruck "Reduktionismus" verschiedene, oft unklar definierte Bedeutungen angenommen hat - in manchen Kreisen dient er bereits als ein Schimpfwort - ist es möglich, Reduktion in einer vollkommen klaren und begriffsmäßig nützlichen Weise zu definieren, als Reduktion wissenschaftlicher Theorien. Gemäß dieser Definition findet eine erfolgreiche Reduktion statt, indem eine Theorie über ein Ensemble von Phänomenen von einer anderen Theorie über ein anderes Ensemble von Phänomenen erklärt wird. Eine derartige Reduktion führt zu einer wünschenswerten Vereinigung wissenschaftlicher Erklärungen, sowohl als zu einer ontologischen Vereinfachung der Wirklichkeit, indem ehemals als andersartig angesehene Phänomene nunmehr als gleichartig erkannt werden. Weiterhin kann Reduktion theoretische Fehler berichtigen, indem die zu reduzierende Theorie manchmal erst abgeändert werden muß, ehe sie auf eine andere, allgemeinere Theorie reduziert werden kann. Wie leicht durch Beispiele aus der

Physik, Chemie und Biologie bewiesen werden kann, ist der Gebrauch reduktiver Methoden in der Wissenschaft nicht nur respektabel, sondern vielmehr die Grundlage ihrer größten Triumphe.

Churchland kategoriiert verschiedene Arten von Antireduktionisten. Erstens gibt es "Substanz-Dualisten" wie Descartes, die ablaugnen, daß Geist und Gehirn identisch sind, da sie Geist als eine nicht verkörperte Substanz auffassen. Zweitens gibt es "Eigenschafts-Dualisten", die zwar zugeben, daß Geist im Gehirn verkörpert ist, aber dennoch behaupten, daß Theorien über Geisteszustände prinzipiell nicht auf Theorien über Gehirnzustände reduzierbar sind. Diese Behauptung wird entweden mit dem Argument gerechtfertigt, daß Geisteszustände emergente Eigenschaften von Gehirnzuständen seien oder mit dem Hinweis darauf, daß die introspektive Art der Wahrnehmung von Geisteszuständen diese kategorisch von extrospektiv wahrgenommenen Gehirnzuständen trennt. Drittens gibt es "Funktions-Dualisten", die eine Unterart von Eigenschafts-Dualisten darstellen, indem sie behaupten, daß Vielleicht nicht alle Geisteszustände außerhalb der Reichweite intertheoretischer Reduktion liegen, aber immerhin doch solche nicht reduzierbar sind, die semantischen Funktionen wie Repräsentation und Intentionalität entsprechen.

Churchland bewerkstelligt die Widerlegung der antireduktionistischen Argumente inklusive des holistischen Lieblingsbegriffs von emergenten Eigenschaften. Sie zeigt, daß der allgemeine Begriff der Emergenz keinen Erklärungswert hat, ausgenommen von "unschuldigen" Fällen, in welchen eine emergente Eigenschaft per Definition nur einem Ensemble, aber mitnichten seinen Bestandteilen, zu eigen sein kann (wie, zum Beispiel das Phänomen "Schuh" nur dadurch entsteht, daß man nicht schuhartige Lederstücke zusammenflickt). Denn die Behauptung, daß Phänomen A eine emergente Eigenschaft von Phänomen B sei, ist kein Argument für, sondern nur eine alternative Sprachweise für die Behauptung, daß von Theorien, die A erklären, nicht auf Theorien, die B erklären, reduzierbar sind.

So far, so good. Aber nachdem Churchland gezeigt hat, daß es keine guten Gründe gibt für die Behauptung, daß psychologische Theorien über Geisteszustände prinzipiell nicht auf neurobiologische Theorien über Gehirnzustände reduzierbar sind, stellt sie ihrerseits die Gegenbehauptung auf, daß eine derartige Reduktion nicht nur möglich, sondern angesichts der jüngsten Durchbrüche der Neurobiologie, sogar in Kürze zu erwarten ist. Diese Gegenbehauptung, der ebenfalls gute Gründe fehlen und die sich hauptsächliche auf zusätzliche Eingebungen verläßt, ist anfänglich durch Prädikate wie "vielleicht" und "möglich" gemildert, später aber dogmatisch formuliert. Als Probestücke der jüngsten Durchbrüche erwähnt Churchland die Klärung der molekularen Grundlagen der synaptischen Plastizität in Schnecken, der genetischen Grundlagen einiger Verhaltensmängel in Fliegen und der neuronalen

Grundlagen des Liederlernens in Singvögeln. Jedoch sind alle dieser Entdeckungen noch Lichtjahre entfernt von Theorien, die fähig wären, semantische Funktionen wie Repräsentation und Intentionalität auf Gehirnzustände zu reduzieren.

In ihrem Bericht über das Vorkommen erfolgreicher intertheoretischer Reduktion in Physik, Chemie und Biologie häuft Churchland Spott auf eine besondere Art von überholten oder aufgegebenen Theorien, denen das Beiwort "Volk" zugefügt ist. Volkstheorien werden dadurch gekennzeichnet, daß sie Phänomene auf Grund naiver, vom Common sense geprägten Eingebungen erklären. Weiterhin zeigen die von Churchland zitierten Beispiele, wie aristotelische Volksphysik, geozentrische Volkskosmologie, kalorische Volksthermodynamik und vitalistische Volksbiologie, daß Volkstheorien die zusätzliche Eigenschaft haben falsch zu sein.

Jedoch unterbewertet Churchland den Beitrag des volkes, denn es definiert ja die großen Probleme, um deren Lösung die wissenschaftlichen Schlauberger sich bemühen sollen. Dieser Volksbeitrag ist ganz besonders wichtig für die Volkspsychologie, die aus den Einsichten besteht, auf Grund derer, wie Churchland selbst sagt, wir Verhalten durch Begriffe wie Glauben, Wünsche, Wahrnehmungen, Erwartungen, Ziele, Empfindungen, Bewußt- und Gewahrsein erklären. Antireduktionisten behaupten gewöhnlich, daß diese volkspsychologischen Theorien über Geisteszustände nicht auf Theorien über Gehirnzustände reduziert werden können. Churchland stimmt dieser Behauptung zu, jedoch mitnichten wegen des antireduktionistischen Arguments, daß diese Volksbegriffe emergente Eigenschaften darstellen, sondern weil sie eben volkstheoretisch sind und es daher unwahrscheinlich ist, daß sie "die Natur an ihren Gelenken zerlegen". (Übrigens sollte Churchland, als zugegebener Anhänger der radikalen Epistemologie von Paul Feyerabend eigentlich gar nicht daran glauben, daß die Natur überhaupt Gelenke hat). Jedenfalls erwartet Churchland, daß die volkspsychologischen Begriffe gemeinsam mit aristotelischem Impetus, Ptolomäischen Epizykeln, Stahlschem Phlogiston und Bergsonischem Elan Vital, im Müllkasten überholter Volkstheorien landen werden. Da Churchland jedoch nicht im Stande ist, auch nur anzudeuten, daß für eine Art von metavölkischneurophilosophischen Begriffen die völkisch-naiven künftig ersetzen mögen, ist ihre Kristik an der Volkspsychologie nicht ernst zu nehmen. Tatsächlich ist Churchland nicht einmal im Stande, die für neurophilosophische Reduktion bestimmten Geisteszustände zu nennen, ohne von den verpönten volkspsychologischen Begriffen Gebrauch zu machen.

Meine eigenen Erwartungen über das Ausmaß der neurobiologischen Reduktion psychologischer Theorien sind die eines Typus von Volkstheoretiker, den Churchland als boggled skeptic bezeichnet. Wir boggled skeptics betrachten das Gehirn als einer Klasse von Phänomenen zugehörend deren Komplexität das Ausmaß begrenzt, zu dem sie erklärende Theorien erfolgreich durch andere, weniger komplexe Phänomene erklärende Theorien reduziert werden können.

Was meinen wir damit, wenn wir sagen, daß ein Phänomen mehr komplex ist als ein anderes? Dem technischen Sinn von Komplexität gemäß ist eine größere Menge von Informationen nötig, um ein mehr komplexes als ein weniger komplexes Phänomen zu beschreiben, gewöhnlich aus dem Grund, daß das mehr komplexe Phänomen aus einer größeren Anzahl von verschiedentlichen Elementen besteht die eine größere Verschiedenheit von Wechselwirkungen unterhalten als das weniger komplexe Phänomen. So ist eine 4-Liter-Flasche die hunderttausend Milliarden Milliarden Helium-Moleküle enthält, ein viel weniger komplexes Phänomen als unser Gehirn mit seinen nur zehn Milliearden Nervenzellen. Once you've seen one helium molecule, you've seen them all: Helium-Moleküle tun nichts anderes als untereinander kollidieren und Moment austauschen. Daher kann man eine befriedigende statistisch-mechanische Theorie des auf die Wände der Flasche ausgeübten Drucks aufstellen, indem man lediglich die Kollisionen der Moleküle in Betracht zieht.

Um aber eine neurophilosophische Theorie der Hirnfunktion zu entwickeln, ist es offensichtlich unmöglich, mehr als einen winzigen Bruchteil der enormen Mannigfaltigkeit von denkbar wichtigen hormonalen und elektrophysiologischen Wechselwirkungen unter der Myriade von verschiedenen Nervenzellen oder Zellenensembles in Betracht zu ziehen. Weiterhin ist das zerebrale Nervensystem so hochgradig verknüpft, daß gewöhnlich ein hormonaler oder neuronaler Pfad von jedem beliebigen Knotenpunkt führt. So ist es einfach unmöglich, mit der Analyse einer Hirnfunktion anzufangen, ohne die Mehrzahl der bestehenden Verbindungen absichtlich nicht zu beachten (Stent, 1987).

Die erste Aufgabe des Geist-Gehirn-Neurophilosophen wäre daher, zu entscheiden, welche Nervenzellen oder Zellenensembles und deren Wechselwirkungen eine wichtige Rolle in dem zu erklärenden Phänomen spielen und welche als unwichtig beiseite gesetzt werden können. Falls ein Neurophilosoph eine Gruppe von Zellen und Wechselwirkungen für wichtig hält und ein anderer Neurophilosoph eine andere, ist es wahrscheinlich, daß beide verschiedene Erklärungen für das gleiche Phänomen entwickeln. Der Streit den solche rivalisierenden Theorien verursachen, ist gewöhnlich schwer zu schlichten, weil für komplexe Phänomene erklärende Theorien keine entscheidenden experimentellen Prüfungen möglich sind. Vorausgesetzt,daß die zwei rivalisierenden Theorien innerlich zusammenhängend sind, ist es gewöhnlich möglich, beide an neue, scheinbar widersprüchliche experimentelle Resultate anzupassen, indem man die Gruppe der ursprünglich als wichtig ausgewählten Zellen und Wechselwirkungen einfach etwas erweitert.

Daher beraubt die Notwendigkeit schon von Anfang an ihrer Untersuchungen, eine subjektiv-begriffliche Abstraktion des zu untersuchenden Phänomens zu vollziehen, die Geist-Gehirn-Neurophilosophen der objektiven Gültigkeit ihrer Erklärungen, die jene doch eigentlich haben sollten, angesichts der naturwissenschaftlichen Methoden und Mitteln, zu deren Gebrauch sie sich verpflichtet haben, um unser Wesen zu entdecken. Denn die Gültigkeit einer Theorie gilt nur dann als objektiv, wenn sie nicht von dem besonderen Geist-Gehirn abhängig ist, das sie zufälltig entwickelt hat. Darum glauben wir boggled-skeptics aus gutem Grund, daß das Projekt der vollkommenen Reduktion psychologischer auf neurobiologische Theorien, wenn auch prinzipiell nicht ausgeschlossen, praktisch eine Utopie ist. Wir Volkstheoretiker haben auch unsere Eingebungen. Meine Haupteingebung ist, daß wir uns noch bis in die ferne Zukunft mit einem bedeutsamen Rest unreduzierter psychologischer Theorien abfinden müssen.

Endlich komme ich zu meinem Hauptpunkt. Die tiefe, vom Geist-Körper-Problem aufgeworfene Frage ist nicht die physische, ob psychologische Theorien auf neurobiologische reduzierbar sind. Vielmehr ist es die metaphysische Frage, ob die naturalistische Haupteingabe der Neurophilosophen tatsächlich eine ausreichende Grundlage für ein Ergründen des Geist-Körper-Verhältnisses darstellt. Die traditionelle Volkstheorie des menschlichen Wesens ist die dualistische Auffassung, daß wir halb Bestie, halb Gottheit sind, d.h., daß wir sowohl innerhalb als auch außerhalb der Natur leben. Die unter den alten Hebräern verbreitete Fassung dieser Theorie wurde im 1. Buch Mose festgehalten, und archäologische Funde zeigen, daß sie mindestens bis ins prädynastische Ägypten zurückreicht. In der Tat ist es wahrscheinlich, daß, als vor 100.000 Jahren die Neanderthaler sich die Mühe machten, ihre Toten zu begraben, sie bereits eine Ahnung von dieser Volkstheorie hatten. Das Kernstuck der Volkstheorie des menschlichen Wesens ist die Seele und ihr Inhaber, die Person. Die Person hat eine Anzahl von nicht naturalistischen Eigenschaften, wie Einzigartigkeit, Unersetzbarkeit, Heiligkeit oder Zweck-an-und-für-sich, und, für den für das Geist-Körper-Problem besonders wichtigen freien Willen. Wegen dieser nicht naturalistischen Eigenschaften bevorzugten Philosophen und Theologen, von Plato über St.Augustin und Descartes zu Kant, die sich mit dem halb Bestie - halb-Gottheit-Paradoxon des menschlichen Wesens seit dem Altertum abplagten, dualistische Lösungen des Geist-Körper-Problems.

In den letzten zwei Seiten ihres Buches deutet Churchland an, daß sie sich immerhin dieses Porblems bewußt ist, denn sie gibt zu, daß es vielleicht Leute geben wird, die den Niedergang der Volkstheorie und den Aufstieg der Neurophilosophie als einen irreparablen Verlust unseres menschlichen Wesens ansehen mögen. Dennoch, so meint Churchland besteht kein Grund zur Beunruhigung. Genau wie alle anderen durch den intertheoretischen Reduktionsprozeß ausgemerzten Volkstheorien, so gehört auch die Theorie der heiligen, nicht naturalistischen Eigenschaften des Menschen in den Müllkasten überholter Ideen. Churchland macht diese Behauptung, ohne eine Ersatztheorie anzubieten. Sie erklärt einfach, daß der Niedergang der Volkstheorie "einen Verlust darstellen könne nicht von etwas, das für unsere Menschlichkeit notwendig ist, sondern von etwas ... das, obwohl wie unsere zweite Natur, unseren Verstand mit einer Scheuklappe verdeckt und unsere Einsicht an die Leine legt.. . Dieser Verlust, weiterhin, könnte gewisse Volksanmaßungen und Mythen einschließen, die wir nunmehr vom Standpunkt der Gerechtigkeit und Anständigkeit als unmenschlich ansehen werden."

Mit den Worten "Gerechtigkeit" und "Anständigkeit" berührt die Begründerin der Neurophilosophie zum ersten und letzten Mal die ethische Dimension des Geist-Körper-Problems, mit dessen naturwissenschaftlicher Dimension sie sich sonst ausschließlich befaßt hat. Das soll heißen, Churchland bemüht sich mitnichten um das Problem der Werte. Vom Standpunkt der von Plato abstammenden und immer noch rüstigen Tradition der Moralphilosophie leiten Werte ihre Rechtfertigung nicht von aristotelisch-naturalistischen Überlegungen ab über unsere Rolle als Organismen in der Natur, die mit naturwissenschaftlichen Methoden und Mitteln zu verstehen sind. Vielmehr entstehen Werte aus den von uns erkannten nicht naturalistischen Eigenschaften der Person, auf welche naturwissenschaftliche Methoden und Mittel nicht anwendbar sind.

So erklärt Churchland auch den Begriff des freien Willens kurzerhand als eine der zu überholenden Volkstheorien und verweist anstrebende Neurophilosophen lediglich auf die von Daniel Dennett (1984) über dieses Thema verfaßte Abhandlung Elbow-Room. Dennett teilt den neurophilosophisch-naturalistischen Ansatz zum menschlichen Wesen, obwohl er gewisse Symptome des boggled skeptic anzeigt. Gemäß der Tradition der analytischen Philosophie unterwirft Dennett den Begriff "freier Wille", sowohl als auch mehrerer seiner Seitenbegriffe wie "Determinismus", "Freiheit" und "anders tun können" einer semantischen Analyse. Aus dieser Analyse schließt er, daß die Explikation ihrer Schlüsselbegriffe zeigt, daß die Volkstheorie des menschlichen Wesens inkohärent ist.

Jedoch, wie bewundernswert das Ziel der analytischen Philosophie auch immer sein möge, die in philosophischen Abhandlungen gebrauchten Ausdrücke zu klären und explizieren, ist sie nicht im Stande, in entscheidender Weise in metaphysische Probleme einzugreifen. Denn diese Probleme schließen immer einen Rest von nicht explizierten Begriffen ein, deren Sinn intuitiv verständlich ist und verstanden wird. Zum Beispiel, obwohl die volkstheoretische Idee der Verantwortlichkeit wiederholt in Dennetts Argumenten auftritt, expliziert er sie mitnichten, wahrscheinlich weil er diesen im wesentlichen metaphysischen Begriff von seinem naturalistischen Standpunkt aus nicht explizieren kann. Er behauptet lediglich, daß wir Leute für ihre bösen Taten verantwortlich halten (und sie dafür bestrafen), weil dieses eine nützliche Handhabe darstellt, um unerwünschte Verhaltensweisen abzuändern. Ein weiterer, nicht explizierter Zentralbegriff in Dennetts Erörterung des freien

Willens ist Kausalität, oder die Idee, daß ein Ding die Ursache eines anderen ist. Ich möchte Dennett keineswegs deshalb rügen, weil er nicht jeden der von ihm gebrauchten Ausdrücke expliziert, denn ich bin ja der Ansicht, daß die Begriffe "Verantwortlichkeit" und Ursache" sowieso von jedermann intuitiv verstanden werden. Aber ich glaube doch, daß es sich für einen mit metaphysischen Problemen ringenden Philosophen gebührt zuzugeben, daß man das Fordern nach Explikationen nicht zu weit treiben darf.

Ich beschränke meine Erwägungen über Dennetts Behandlung der Freien-Willen-Thematik auf nur zwei seiner mehreren, für mich unbefriedigenden Aspekte. Ihrer erster ist, daß Dennett das Problem als die nicht ungewähnliche aber falsche Antinomie von freiem Willen gegen Determinismus darstellt. Diese Antinomie ist falsch, weil Determinismus auf Naturereignisse bezogen ist, während freier Wille keine natürliche Eigenschaft von Personen ist. Die Tatsache, daß Naturereignisse nicht, wie Laplace es sich vorstellte, total von den Ausgangsbedingungen vom Anfang bis zum Ende der Zeit determiniert sind, sondern durch mikrophysikalische (d.h. quantenmechanische) und makrophysikalische (d.h. chaotische) Zufälligkeiten weitgehend indeterminiert sind, bedeutet keineswegs, daß es in der Natur Wesen mit freiem Willen geben kann. Denn das Wesentliche an einem mit freiem Willen Handelnden ist seine Autonomie. In diesem Zusammenhang bedeutet "Autonomie", daß, obwohl der Wille der Person keineswegs immun gegenüber von der Natur ausgeübten kausalen Einflüssen ist, der Person dennoch ein Rückstand von Unabhängigkeit bleibt, kraft dessen ihre Vernunft als letzte Instanz das Gewollte entscheidet. Das Ergebnis dieses autonomen Entscheidungsvorgans ist keineswegs mutwillig oder aufs Geratewohl, sondern wird von der Seele oder dem Ich der Person bestimmt. Daher kann dieser Rückstand von Unabhängigkeit nicht durch quantenmechanische oder chaotische Zufälle in der Natur entstehen, denn obwohl diese die Ursache der Indeterminiertheit von Naturereignissen sind, gestatten sie dennoch keine Vorgänge in der Natur, die autonom vis-á-vis ihrer kausalen Einflüsse sind. Daher ist es die Eigenschaft der Autonomie des freien Willens und seiner letzten Instanz, der Seele, die ihn von den natürlichen Eigenschaften der Person ausschließt.

Dessen ungeachtet versucht Dennett mittels der Salamitaktik zu zeigen, daß der Begriff der autonomen Person sehr wohl mit Volkstheorien über die Natur vereinbar ist. Er weist hin auf natürliche Wesen, wie Tiere und "intelligente" Maschinen, die Eigenschaften besitzen, die wir gewöhnlich Personen beimessen, so wie der Besitz von verläßlichen Erwartungen über das nächstens geschehen wird, und daher der Fähigkeit, Dinge zu manipulieren und sich selbst zu verbessern. Dennett behauptet sogar, daß manche dieser natürlichen Wesen "Orte von Selbstkontrolle, Talent, Entscheidungen sind. Sie haben Projekte, Interessen und Werte, die sie im Laufe ihrer eigenen Selbstdefinierung erschaffen".

Wo sollen wir dann die Salami tranchieren, um derartige natürliche Wesen von uns angeblich nicht natürlichen Seelen abzuschneiden? Wir tranchieren sie zwischen Wesen, die Projekte, Interessen, Werte, Selbstdefinierung im wörtlichen, volkstheoretischen Sinne besetzen, nämlich wir nicht-natürlichen Seelen, und solchen anderen Wesen, auf die diese Begriffe nur in Dennetts metaphorischem Sinne anwendbar sind, nämlich Tiere und intelligente Maschinen.

Ein zweiter der für mich unbefriedigenden Aspekte von Dennetts Behandlung der Freien-Willen-Thematik ist die Weise, in der er die gewöhnlich vorgebrachte Behauptung zurückweist, daß man, um einen Handelnden für seine Handlung verantwortlich zu halten, notwendigerweise glauben muß, daß er auch anders getan haben könnte. Dennett weist darauf hin, daß dieser Satz meistens mittels des Arguments gerechtfertigt wird, daß, falls ein Handelnder <u>nicht</u> anders getan haben könnte, er mitnichten für seine Handlung verantwortlich gehalten werden kann. Ich stimme mit Dennett überein, daß dieser Satz, wie er hier dargelegt ist, nicht als der Prüfstein moralischer Verantwortlichkeit dienen kann, aber aus anderen Gründen als die von ihm vorgebrachten. Gemäß Dennett und seinen Vorgängern in der analytischen Tradition kann der Sinn von "können" und "anders tun" in diesem (naturalistischem) Zusammenhang nicht hinreichend klar expliziert werden, damit der Hätte-anders-getan-haben-können Satz als Prüfstein moralischer Verantwortlichkeit praktisch verwendbar ist. Jedoch Dennetts Prämisse, hier wie auch durchweg seiner Diskussion des Freien-Willen-Problems, ist die konsequentialistische Ansicht, daß Handlungen hinsichtlich ihrer <u>Folgen</u> moralisch beurteilt werden, eine Ansicht, die von der Mehrheit der Mehrheit der Moralphilosophen aus guten Gründen zurückgewiesen wird. Denn sowohl Selbst-Reflektion auf die eigenen moralistischen Ansichten als auch Erwägung der Verfügungen des Rechtes maches es augenscheinlich, daß der moralische Inhalt einer Handlung hauptsächlich von der Absicht oder dem Willen des Handlnden hergeleitet wird und nicht von ihren Folgen. Daher, um als Prüfstein einer Handlung innewohnenden moralischen Verantwortlichkeit zu dienen, sollte der Satz lauten, man muß glauben, daß der Handelnde auch anders <u>gewollt</u> haben könnte.

Was meinen wir hier mit der Redensart "anders gewollt haben können?" Wir meinen, daß wir glauben, daß unter wesentlich gleichartigen Umständen, eine Sorte von vernünftig Handelnden, nämlich die moralisch guten Seelen oder Ichs haben, eine Art von Handlungen wollen und eine andere Sorte, nämlich die bösen Seelen oder Ichs haben, eine andere Art von Handlungen wollen. Welche Sorte von Handlungen wird von diesem Prüfstein vom Reich der moralischen Verantwortlichkeit ausgeschlossen? Hauptsächlich solche, bei denen der Handelnde die Möglichkeit eines anders gewollt haben können nicht vermutete, wie zum Beispiel einer sterbenden Person nicht helfen zu wollen, im Glauben, daß diese Person bereits tot ist.

Es ist lehrreich, eines der von Dennetts im Zusammenhang mit der Anders-getan-haben-könnte Diskussion vorgebrachten, nämlich die Aufschrift eines zur Erinnerung an Martin Luther 1868 errichteten Denkmals, auf dem steht: "Hier steh' ich, ich kann nicht anders. Gott helfe mir. Amen."
Luther soll diese Aussage angeblich 1521 vor dem Reichstag in Worms gemacht haben, als er die Frage der Kurfürsten verneinte, ob er gewillt ist, seine ketzerischen Verkündungen zu widerrufen. Historiker der Reformation, wie Leopold von Ranke, sind allerdings der Meinung, daß Luther lediglich Gott bat, ihm zu helfen und mitnichten die von der Romantik des 19. Jahrhunderts eingegebene Aussage machte (und als Zeitgenosse des frühen 16. Jahrhunderts schwerlich hätte machen können), daß er nicht anders kann (vgl. Büchmann, 1884), (was den einzigen Teil der Aufschrift darstellt, den Dennett zitiert). Aber angenommen, Luther hätte es tatsächlich gesagt, dann würde Dennetts Behauptung schon stimmen, daß Luther mit diesem Satz die Kurfürsten nicht bat, ihn von moralischer Verantwortlichkeit zu entbinden, weil er nicht anders getan haben könnte. Was Luther vielmehr damit hätte sagen wollen, ist, wie Dennett ganz richtig feststellt, daß, gegeben die Person, die er nun einmal ist, sein Ich ihn zwingt, die Widerrufung seiner Thesen zu verweigern. Aber was wäre dann die Reaktion der Kurfürsten auf Luthers Erklärung gewesen? Manche von ihnen waren sich der Umstände bewußt, z.B. der korrupten Praktiken der Römischen Kirche, die Luther Grund gegeben hatten, so zu wollen, wie er wollte, und sie hätten vielleicht auch zugegeben, daß angesichts des Ichs, das er hat, Luther nichts anderes hätte wollen können als eine Verweigerung jedes Widerrufens. Aber sie hielten ihn dennoch moralisch verantwortlich für seinen Willen, weil sie überzeugt waren, daß, falls Luther ein moralisch besseres Ich besessen hätte, er eben doch anders gewollt haben könnte. In diesem Zusammenhang ist Luthers Anrufung von Gottes Hilfe von besonderer Bedeutung, da der liebe Gott es Luther ja überließ, sein Ich autonom zu entwickeln, und Luther daher eigentlich ganz alleine für seine Absichten verantwortlich sein sollte.

Es gibt natürlich auch Versuche mit dem Geist-Körper-Problem zu Rande zu kommen, die bemüht sind, die Volkstheorie des menschlichen Wesens mit modernen, neurobiologisch-psychologischen Theorien in Einklang zu bringen, anstatt von ihnen ersetzt zu werden. Der wahrscheinlich bekannteste dieser Versuche wird in dem von dem Philosophen Karl Popper und dem Neurobiologen John Eccles (1977) gemeinsam verfaßten Buch The Self and Its Brain vorgestellt. Während ich Poppers und Eccles Rücksicht auf die ethische Dimension des Geist-Körper-Problems immerhin würdigen möchte, finde ich die von ihnen angebotene Lösung kaum befriedigend. Denn Popper und Eccles behaupten, daß der Geist (oder das Ich) unabhängig vom Gehirn in einer sogenannten "Welt 2" existiert, die durch mysteriöse Vorgänge eine Wechselwirkung mit dem als "Welt 1" bezeichneten Gehirn unterhält, um abstrakte Ideen zu vermitteln, die ihrerseits unabhängig von Geist und Gehirn in einer eigenen "Welt 3" zugegen sind.

Ein anderer, für mich viel glaubhafterer, volkstheoretischer Ansatz zum Geist-Körper-Problem ist der des Neurobiologen Donald McKay (1978). McKay schlägt vor, daß wir unsere Überlegungen zu diesem Thema mit unserer unmittelbaren Erfahrung anfangen, eine Person zu sein. Eine Person zu sein, sagt McKay "heißt einerseits, daß wir eine Flut bewußter Erfahrungen als unmittelbare Daten haben (die zu verleugnen eine Lüge wäre)... . Diese Daten bilden den Grund, auf dem unseres gesamtes Wissen (von Materie, Geist und allem sonstigen) zu beruhen hat. Einerseits heißt eine Person zu sein auch für andere Personen als ein besonderer, greifbarer Körper identifizierbar zu sein, innerhalb dessen physischer Struktur sie (wenn auch nicht ich) spezifische Aktivitäten finden können, die direkt und notwendigerweise mit spezifischen bewußten Erfahrungen korreliert sind... . Wir könnten uns diese Daten als in zwei langen (sehr langen!) parallelen Spalten eingetragen vorstellen. In der einen, der linken Spalte, haben alle Eintragungen das Wort "Ich" als Subjekt und die andere, rechte Spalte enthält nur Aussagen über Gehirnvorgänge". McKay bezeichnet die Eintragungen in jeder dieser Spalten als einen Dualismus zweier Arten von Daten über uns selber, die, so schlägt er vor, besser beschrieben wären als komplementäre Aspekte unserer "einheitlichen Person".

Es geht nicht klar aus McKays Text hervor, ob er hier dem Wort "komplementär" seinen gewöhnlichen, alltäglichen Sinn zuschrieb, nämlich zwei Teile, die ein Ganzes darstellen, oder den technischen, den Niels Bohr 1927 einführte, um das verhältnis zwischen Beschreibungen von Licht als Wellen und als Teilchen zu kategorisieren. Jedenfalls bin ich der Ansicht, daß Bohrs technischer Begriff der Komplementarität den Schlüssel zum Paradoxon der Volkstheorie des menschlichen Wesens enthält. Bohr zufolge stellen der wellenartige räumliche Zusammenhang der Lichtfortbewegung einerseits und die atomare Art der Lichteffekte andererseits wichtige Merkmale des Phänomens des Lichtes dar. Diese Merkmale sind komplementäre Eigenschaften der Wirklichkeit, weil, obwohl sie begrifflich miteinander unvereinbar sind, es dennoch unmöglich ist zu zeigen, daß sie einen direkten oder empirischen Widerspruch darstellen. Der Grund für diese Unmöglichkeit ist, daß eine eingehende Analyse entweder der Wellen- oder der Teilcheneigenschaft des Lichtes sich gegenseitig ausschließende Beobachtungsvorrichtungen fordert.

Derartige, sich gegenseitig ausschließende, für die Untersuchung von komplementären Eigenschaften notwendigen Beobachtungsvorrichtungen sind, so stellt es sich heraus, die Ursache einer grundlegenden Begrenzung unserer Analyse von Naturphänomenen. Denn es ist nie möglich, in einer physikalischen Messung die Wechselwirkung zwischen dem abzumessenden Objekt und den Meßinstrumenten in Betracht zu ziehen. Oder, wie Bohr sich ausdrückte, "Instrumente können nicht in eine Untersuchung einbegriffen werden während sie gleichzeitig als Beobachtungsmittel dienen." Das ist natürlich auch der Grund, warum es unwahrscheinlich ist, daß das münchhausische neurophilosophische Projekt des Geist-Gehirn-Selbstverständnisses mit naturwissenschaftlichen Methoden und Mitteln bis au bout de la nuit erfolgreich zu verfolgen ist.

In seinem berühmten 1929er Vortrag "Licht und Leben" dehnte Bohr (1933) seine Idee der Komplementarität auf das Geist-Körper-Problem aus. Er wies darauf hin, daß die Anerkennung einer durch sich gegenseitig ausschließenden Beobachtungsvorrichtungen verursachten epistomologischen Begrenzung auch dazu geeignet ist, die anscheinend gegensätzlichen Ansichtspunkte in Einklang zu bringen, die die Philosophie (oder, wie wir heute sagen würden, die molekulare und zelluläre Neurobiologie) von der Psychologie trennen. Er meinte, daß "die Notwendigkeit in der Quantenmechanik Wechselwirkungen zwischen Meßinstrumenten und dem Untersuchungsobjekt in Betracht zu ziehen, den eigentümlichen Schwierigkeiten entspricht, die wir bei psychologischen Analysen antreffen, die aus der Tatsache entspringen, daß Geistesinhalt immer verändert wird, sobald Aufmerksamkeit auf einen einzelnen seiner Bestandteile gerichtet wird." In diesem Zusammenhang dachte Bohr insbesondere an das paradoxische Problem des freien Willens, von dem er behauptete, daß "das Gefühl der Freiheit des Willens als eine dem mit Bewußtsein ausgestattetem Leben eigentümliche Charakteristik angesehen werden muß. Ihre materielle Parallele sollten wir uns als eine organische Funktion vorstellen, die weder eine kausal-mechanische Beschreibung zuläßt noch eine ausreichend eingehende physikalische Untersuchung, um eine klar definierte Anwendung der statistischen Gesetze der Quantenmechanik zu erlauben."

Viktor Weisskopf (1967) faßte Bohrs Ansicht folgendermaßen zusammen: "Das Gewahrsein unserer persönlichen Freiheit, Entscheidungen zu treffen, kommt uns einfach als eine tatsächliche Erfahrung vor. Aber falls wir versuchen, diesen Vorgang zu analysieren und jeden Schritt mit seinen kausalen Verbindungen zu verfolgen, verschwindet die Erfahrung des freien Willens. ... Bohr, der ein begeisterter Skiläufer war, bediente sich manchmal des folgenden Gleichnisses, das vielleicht nur Skiläufern verständlich ist. Wenn man versucht, einen Christiania in alle seine einzelnen Bewegungskomponenten zu zerlegen, verschwindet er in einer ganz gewöhnlichen Stemmdrehung, genau so wie unter exakten Beobachtungsbedingungen der Quantenzustand sich in eine klassische Bewegung verwandelt".

Wie ich in meiner vorgehenden Diskussion feststellte, ist die Frage noch offen, ob alle psychologischen Phänomene restlos von neurobiologischen Theorien erfaßt werden können. Ich erklärte meine Ansicht, daß, obwohl es keine guten Gründe gibt, warum derartige reduktive Erklärungen nicht prinzipiell möglich sein sollten, die hohe Komplexität des Nervensystems dennoch das Ausmaß begrenzt, zu dem wir erwarten können, derartige Theorien in der Praxis zu formulieren. Daher glaube ich, daß wir uns bis in die ferne Zukunft mit einem beträchtlichen Körper unreduzierter psychologischer Theorien abfinden müssen. Weiterhin bin ich davon überzeugt, daß keine reduktive Lösung des Problems des freien Willens in Aussicht ist, weil es eben ein Wirklichkeitsphänomen mit im Bohrschen Sinne komplementären Elementen darstellt. Obwohl diese Elemente begrifflich miteinander unvereinbar sind, wird es, da ihre Beobachtung sich gegenseitig ausschließende Mittel verlangt, nie empirisch beweisbar sein, daß ihr Verhältnis tatsächlich einen direkten Widerspruch darstellt.

Am Ende meiner Kritik der Neurophilosophie kehre ich zu Kant zurück. Mittels eines "vorwegnehmenden Plagiats" (Robert Merton erklärt jemanden eines vorwegnehmenden Plagiats schuldig, falls er eine Deiner originellen Ideen stiehlt und sie hundert Jahre vor Deiner Geburt veröffentlicht) wandte Kant Bohrs Komplementaritätsbegriff auf das Geist-Körper-Problem an, um mit der Volkstheorie des halb Bestrie - halb Gott menschlichen Wesens zu Rande zu kommen. Kant ersetzte den kartesischen Substanz-Dualismus durch einen "epistemischen" Dualismus, indem er die Idee vertrat, daß wir in zwei metaphysisch unterschiedlichen Welten leben. Eine dieser Welten ist die von der theoretischen Vernunft der Naturwissenschaft aufgebaute, deren natürliche Objekte (inklusive des Gehirns des Homo sapiens)von kausalen Gesetzen regiert werden. Die andere dieser Welten ist die von der praktischen Vernunft der Ethik aufgebaute, deren vernünftige menschliche Subjekte von freiheitlichen Gesetzen regiert werden, die der freie Wille den Handlungen jeder Person auflegt. Von diesem Standpunkt aus rechtfertigt die praktische Vernunft den freien Willen nicht nur als eine von McKay als "unmittelbar" bezeichnete Erfahrung (oder als ein von Dennett als "innig" bezeichneter Wunsch), sondern als einen logisch notwendigen Bestandteil der Volkstheorie der Person, von der zwischenmenschliche Beziehungen regiert werden. Als Begriff der praktischen Vernunft zugehörigen Theorien reduzierbar, weder durch neurobiologische noch durch psychologische Theorien.

Zusammenfassend stelle ich fest, daß, jedenfalls in ihrer bisherigen Fassung, die Neurophilosophie keine sehr nützliche oder vielversprechende Disziplin darstellt. Es ist nicht der Mühe wert, um die althergebrachte paradoxale Volkstheorie des menschlichen Wesens in die Mülltonne überholter Ideen zu befördern, ein großes Theater aufzuziehen, in dem gezeigt wird, daß ein Geist-Körper-Dualismus nicht mit neurobiologischen Befunden vereinbar ist. Auch lohnt es sich kaum, die Behauptungen zu widerlegen, daß es a priori Gründe gibt, warum psychologische Theorien reduzierbar sind. Während gemäß meiner Haupteingebung als boggled skeptic, die vollkommene neurobiologische Reduktion psychologischer Theorien ein utopisches Projekt darstellt, wird die Frage nach dem tatsächlich möglichen Ausmaß neurobiologischer Reduktion, wie Churchland auch zugibt, künftig sicherlich durch empirische und theoretische Resultate von Neurobiologen beantwortet werden, und mitnichten von philosophischen Argumenten. Wofür jedoch Philosophen sehr wohl in dem neurophilosophischen Projekt nötig wären, ist die Entwicklung einer gänzlich naturalistischen, für die praktische Vernunft annehmbare Gegentheorie des menschlichen Wesens, die eine glaubwürdige Alternative darstellt für die althergebrachte Volkstheorie, die immer noch die einzige ist, die besagt, was es bedeutet, ein Mensch zu sein. Das heißt, in der interdisziplinär wechselwirkenden Arbeitsaufteilung des neurophilosophischen Projekts wäre die Hauptaufgabe der Philosophen, ihre Kollegen aus der Psychologie und der Neurobiologie an die Frage des Gründers ihrer Disziplin, Sokrates, zu erinnern, wie der Mensch leben soll. Auch sollten sie sich bemühen zu zeigen, wie es möglich wäre, daß ein naturalistisches Geist-Gehirn eine moralische Existenz führen kann. Bis die in der Neurophilosophie tätigen Philosophen dieses Problem ernst nehmen, ist nicht viel Weisheit von ihnen zu erwarten.

Literatur

Bohr, N.: Licht und Leben, Naturwiss. 21 (1933) 245-250.

Büchmann, G.: Geflügelte Worte, Hande- und Spenersche Buchhandlung, Berlin, 1884.

Churchland, P.S.: Neurophilosophy, MIT Press, Cambridge, Mass. 1986.

Dennett, D.C.: Elbow Room, The Varieties of Free Will Worth Wanting, MIT Press, Cambridge, Mass. 1984.

Hubel, D.H. and T.N. Wiesel: Receptive Fields, Binocular Interaction and Functional Architecture in the Cat's Visual Cortex, J. Physiol. 160 (1962) 106-154.

Kuffler, S.W.: Discharge Pattterns and Functional Organization of the Mammalian Retina, J. Neurophysiol. 16 (1953) 37-68.

Marr, D.: Vision, Freeman, San Francisco, Cal. 1982.

McKay, D.M.: Selves and Brains, Neuroscience 3 (1978) 599-606

Popper K.R. and John C. Eccles: The Self and Its Brain, Springer Verlag, Berlin 1977.

Stent, G.S.: Hermeneutische Grundlagen des wissenschaftlichen Weltbildes. In Weltbild und Weltgestaltung im Wandel der Zeit (W. Arber ed.), Helbing und Lichtenhahn, Basel 1987

Stent, G.S.: Limits to the Scientific Understanding of Man. Science 187 (1975) 1052-1057.

Weiskopf, V.: On Niels Bohr, New York Rev. Books 8 (1967) 7, 26-30.

Lernen und Evolution

Karl-Friedrich Wessel [1]

Lernen und Evolution stehen in einem unlöslichen Zusammenhang; jedenfalls immer dann, wenn es um den Menschen und insbesondere um den Teil seiner Tätigkeit geht, die man durch den Begriff Wissenschaft zu charakterisieren versucht.
Es gibt kein Lernen ohne Evolution und keine Evolution des Menschen ohne Lernen. Wenn man nun versucht, der Forderung nachzukommen, als letzter Redner über die Themen dieser Tagung zu reflektieren, dann wird einem sofort bewußt, daß man eigentlich nur einige wenige Gedanken und Anregungen aufnehmen kann und auch dies nur ohne die Sicherheit, die wirklichen Folgen der Verträge und Diskussionen auch nur annähernd kennzeichnen zu können. Lernen und Evolution sind derartig komplexe Vorgänge, daß wir uns im Sinne dieser Erkenntnis zunehmend besser davor hüten müssen, zu jedem beliebigen Zeitpunkt - das Ende einer Tagung ist auch nur ein beliebiger Zeitpunkt - den Prozeß, in dem wir uns selbst befinden, hinreichend für alle Beteiligten und Nichtbeteiligten charakterisieren zu können. Man kann nur versuchen, angeregt durch die vielen in den Vorträgen und Diskussionen vermittelten Ideen, diesen Prozeß fortzusetzen, Punkte festzuhalten, die als hervorhebenswerte Resultate erscheinen, die vorübergehend als geronnener Prozeß wichtig sind und solche, die beginnen fraglich zu werden. In diesen Prozeß bringt sich natürlich auch jeder selbst mit ein und zwar als Moment eines von vielen beeinflußten Prozesses. Wenn aber der Prozeß so wichtig ist, dann gilt es unter anderem auch - und das ist wohl eine der mir zugedachten Aufgaben - denjenigen zu danken, die ihn durch diese Tagung, mehr noch, durch die Folge von Tagungen "Philosophische und ethische Probleme der Biowissenschaften" befördert haben. Hier ist zunächst Erhard Geißler zu nennen, der mit großem Engagement, Leidenschaft und Beharrungsvermögen nunmehr bereits das XI Kühlungsborner Kolloquium (1) vorbereitete und erfolgreich durchführte, immer im Verein mit Partner, was ihn zudem auszeichnet. Einer dieser Partner - der er aber in besonderer Weise auch diesmal war - ist Günter Tembrock, der sich mit zunehmender Hartnäckigkeit und wachsendem Erfolg disziplinübergreifenden Fragen widmet und unter anderem auch aus diesem Grunde der Erstgenannte, in Verbundenheit mit allen Beteiligten, diese Tagung nachträglich zu seinem 70. Geburtstag (2) gewidmet wissen wollte. Beiden also ganz herzlicher Dank insbesondere dafür, daß sie mit dieser Tagung der für die Wissenschaftsentwicklung so wichtigen mündlichen Kommunikation zwischen Vertretern unterschiedlicher Disziplinen eine so große, mit Sicherheit folgenreiche Chance einräumten. Aufregend war die Tagung allemal, sie war dies, weil sie auf wissenschaftliche Herausfor-

derungen orientierte, die im Zentrum der Forschung vieler Disziplinen, insbesondere solcher stehen, die sich mit dem Menschen befassen. Auf einige dieser Herausforderungen möchte ich in gebotener Kürze eingehen.

Gemeinsame Gespräche - fundamentale wissenschaftsorganisatorische und methodologische Voraussetzung zur Lösung der Herausforderungen unserer Zeit

Eine der großen wissenschaftlichen Herausforderungen im Umfeld des evolutionstheoretischen Denkens bezieht sich unmittelbar auf das Tagungsthema. Wie hat sich eigentlich das Lernen entwickelt? Wie ist das Lernen in die Welt gekommen? In welcher Weise sind qualitativ unterschiedliche Mechanismen und Strukturen vorhanden gewesen und wie haben sie sich auseinander hervorgehend entwickelt? Selbstverständlich sind längst vor dieser Tagung weitreichende Vorstellungen entwickelt worden. Neben sehr vielen sehr speziellen Teillösungen erinnere ich nur an den Entwurf von F. Klix "Erwachendes Denken" (3) oder an die Arbeiten der Evolutionären Erkenntnistheoretiker (4) oder an Unternehmen wie die Psychobiologie (5). Diese und viele andere Versuche haben bereits gezeigt und diese Tagung hat es augenfällig bestätigt, daß wir vor einer neuen methodologischen Situation stehen. Nicht nur die genannten Fragen, sondern im Prinzip alle, die sich aus einer umfassenden Anwendung entwicklungstheoretischer Konzepte bei der Lösung wissenschaftlicher Probleme ergeben, verlangen eine kritische Prüfung der bisher vorrangig praktizierten disziplinären Arbeit. Wir werden durch sie allein die fundamentalen evolutionstheoretischen Probleme nicht lösen. Damit ist nichts gegen die disziplinäre Forschung gesagt, aber es wird darauf rekurriert, daß wir alle mehr oder weniger das Gefühl haben, daß neue Gegenstände in die Welt gekommen sind und damit verbunden neue wissenschaftliche Aufgaben, für deren Lösung sich keine der bisherigen einzelwissenschaftlichen Disziplinen anbietet. Wenn beispielsweise - wie auf dieser Tagung auch - das Verhältnis von biotischen, psychischen und sozialen Phänomenen zur Diskussion steht, dann erweist sich sehr bald, daß die Lösungen sehr unbefriedigend sind, wenn die in den verschiedenen Disziplinen gewonnenen Aussagen miteinander in Verbindung gebracht werden. Die Verknüpfung dieser Erkenntnisse allein genügt nicht. Wir brauchen für diese Verknüpfung ein Konzept oder jedenfalls Konzepte, die nicht identisch sind mit dem einen oder anderen favorisierten einzelwissenschaftlichen Konzept. Gegenwärtig suchen wir allgemeine Konzepte, die erfolgreich die vielfältigen Fragen besser als gegenwärtig zu beantworten gestatten. Natürlich werden durch das Suchen nach solchen Konzepten die einzelwissenschaftlichen Disziplinen nicht überflüssig, im Gegenteil, sie werden sich noch vermehren, sie werden ihre Gegenstände und Probleme durch die Entwicklung übergreifender Konzepte noch schärfer und klarer formulieren können. Integration bedarf immer einzelwissenschaftlicher Erkenntnisse. Interdisziplinarität verlangt aber eben auch noch Konzepte, die diese Integration ermöglichen. Aber wie auch immer Interdisziplinarität bestimmt wird, es ändert nichts an einer ganz fundamentalen, trivialen Voraussetzung, die in der Notwendigkeit gemeinsamer Gespräche besteht. Die zunehmende Komplexität der grundlegenden wissenschaftlichen Gegenstände, die daraus resultierende Komplexität unseres Denkens, wird entscheidend behindert, wenn wir uns nicht der Methode gemeinsamer Gespräche bedienen. Die Bezeichnung "Methode gemeinsamer Gespräche" soll darauf verweisen, daß das hier gemeinte Gespräch methodisch nicht voraussetzungslos ist. Gemeint sind nicht schlechthin die Voraussetzungen, die für wissenschaftliche Gespräche schon immer galten und hier nicht erwähnt werden müssen, sondern vielmehr die Tatsache, daß die Komplexität der Gegenstände und Probleme, über die es zu sprechen gilt, so groß ist, daß die Zeit als ein nicht zu vernachlässigendes Maß für die Gespräche bewußt berücksichtigt werden muß. Um so komplexer die Gegenstände und Probleme, um so größer das zeitliche Maß für ihre Bewältigung, jedenfalls gilt dies immer dann, wenn die Gegenstände und Probleme nicht mehr disziplinär bewältigt werden können. Die Behauptung über den Zusammenhang von Komplexität und Zeit schließt auch nicht aus, daß ein sehr erfolgreiches Konzept sehr früh in diesem Prozeß gefunden werden kann, die Durchsetzung allerdings bestätigt dann wieder die genannte These. Es ist jedenfalls interessant zu beobachten, daß ganze Gruppen von Wissenschaftlern verschiedener Disziplinen sich immer häufiger auf verschiedensten Tagungen zu treffen versuchen und über das jeweilige Tagungsthema hinaus allgemeine konzeptionelle Probleme weiterdiskutieren. Die Schwierigkeit der Wissenschaftsorganisation besteht offensichtlich darin, solche Prozesse möglichst positiv zu beeinflussen. Gute Tagungen sind dann auch dadurch ausgezeichnet, daß sie die Fortsetzung von notwendigen interdisziplinären Gesprächen ermöglichen. Da es schwer oder vielleicht sogar unmöglich ist, eine Tagung bewußt als Fortsetzung anderer zu planen, sollte man den einzig möglichen Weg gehen, der darin besteht, auf Tagungen hinreichend viel Zeit für die Entfaltung der Diskussion zu lassen. Wie schwer dieser einfache Weg zu beschreiten ist, kann jeder an der zunehmenden Fülle der Programme von Tagungen und Konferenzen ablesen, die wir wider besseren Wissens und Einsicht nicht zu reduzieren vermögen. Die Kühlungsborner Kolloquien allerdings sind fast immer so organisiert worden, daß nicht nur sie selbst die Einheit von Komplexität und Zeit berücksichtigen, sondern sie sich auch bewußt in einen allgemeinen Prozeß einordnen, unter anderem auch durch den Versuch, immer wieder solche Wissenschaftler neu einzuladen, die für die permanente Gruppe zur Beförderung und Erhaltung der Komplexität, die den gegenwärtigen Problemen angemessen ist, wichtig sind. Wir brauchen also Gespräche über die Zeit. Gemeinsame Gespräche zur Lösung grundlegender evolutionstheoretischer Probleme müssen hinreichend komplex im Sinne der speziellen Voraussetzung der Teilnehmer sein und über eine zeitliche Perspektive durchgehalten werden, die dieser Komplexität entspricht. Tagungen und Kolloquien sind singuläre Punkte in der notwendigen Folge von entsprechenden Ergebnissen. Wo der gegenwärtige Wissenschaftsprozeß dieser Einsicht zuwider läuft, muß er geändert werden. Sich Zeit lassen bedeutet, schneller voranzukommen. Allerdings gilt diese Einsicht eben nur für hinreichend komplexe Gegenstände und Aufgaben, zu denen aber mit Sicherheit die grundlegenden evolutionstheoretischen Probleme gehören.

Ich möchte noch einige weitere charakteristische Punkte der gemeinsamen Gespräche zur Lösung komplexer Probleme hinzufügen. Wenn akzeptiert wird, daß für die hier zur Diskussion stehenden komplexen Probleme die gemeinsamen Gespräche sich in einem Feld großer struktureller und zeitlicher Dimensionen abspielen, dann muß auch akzeptiert werden, daß die in diesem Feld gewonnenen Ergebnisse gemeinsame in dem Sinne sind, daß keiner so ganz genau sagen kann, wer eigentlich wann die entscheidenden Gedanken einzubringen vermochte. Oder auch anders ausgedrückt, wenn im Ergebnis von Gesprächen jeder ziemlich genau sagen kann, was er bzw. die anderen einzubringen vermochten, dann bewegt sich die Interdisziplinarität auf sehr niedrigem Niveau. Positiv gewendet bedeutet die geforderte Einsicht, daß von der Wissenschaftlerpersönlichkeit nicht nur Geduld verlangt wird, sondern auch noch die Aufgabe des Zieles, gewonnene Ergebnisse eindeutig mit dem eigenen Namen verbinden zu können. Vielleicht ergibt sich daraus auch die Folgerung, daß die Beherrschung der strukturellen und zeitlichen Komplexität eine hohe Souveränität voraussetzen, die wiederum zur Bedingung hat, daß der Wissenschaftler nicht nur interdisziplinär arbeiten sollte. Das bedeutet wiederum die Beachtung des Problems, daß das Verhältnis von disziplinärer Arbeit und interdisziplinärer Arbeit im individuellen Forschungsprozeß in unterschiedlichen Phasen der Ontogenese des Forschers ganz spezifisch erscheint. Ich habe den Eindruck, daß viele Teilnehmer dieser Tagung dieses Verhältnis ausgezeichnet beherrschen. Die Bereitschaft zu gemeinsamen Gesprächen unter den bereits genannten Voraussetzungen fußt weiterhin auf ganz wesentliche Bedingungen. Die eine besteht darin, daß in diesem Prozeß auch wirklich theoretische "Viren" entstehen, die unsere Abwehrmechanismen zu überwinden vermögen und die andere naturgemäß in der Bereitschaft, der Immunität Grenzen zu setzen. Beides ist schwer zu realisieren. Niemand ist frei von Vorurteilen. Die Tradition der wissenschaftlichen Rationalität schützt uns nicht nur vor Unsinn, sondern kann auch Einsicht verhindern, vor allem dann, wenn wir sie nicht selbst gewonnen haben. Die Vielzahl der Schwierigkeiten, die sich hier aufzählen ließen, lassen sich offensichtlich erfolgreich nur dann beherrschen, wenn eine kulturvolle Situation für den Umgang miteinander erzeugt worden ist. Eine solche Situation ist dann vorhanden, wenn ernsthaft mit einander gestritten wird, wenn Meinungsunterschiede ausgehalten werden können, gelegentlich über lange Zeiten. Unter Berücksichtigung der schon genannten Einsichten kann es ja in diesem Prozeß keine Sieger und Verlierer geben, was nicht ausschließt, daß der Einzelne das Gefühl haben kann, eine Niederlage erlitten zu haben, ohne daß sie ihm vorgeworfen wird. Objektiv betrachtet können sogar alle, immer unter der Voraussetzung evolutionstheoretischer Diskussion zu Grundproblemen des Lebens, im letztendlichen Erfolg eine Niederlage sehen, weil er stark von dem abweicht, was die individuelle Ansicht zu Beginn eines langen Prozesses gemeinsamer Gespräche darstellte.

Das Prinzip Entwicklung - theoretische Voraussetzung aller umfassenden Lösungsansätze

Günter Tembrock hat in seinem Eröffnungsreferat auf die Bedeutung der entwicklungstheoretischen Konzeption für die Beherrschung des Themas "Evolution und Lernen" hingewiesen. Und unter anderem darauf verwiesen, daß für das Verständnis der Entwicklung das Verhältnis von Komplexität und Zeit sehr wichtig sei. Ich möchte dem unbedingt zustimmen, das Erfassen evolutionärer Prozesse ist ohne die bewußte Vermittlung von Komplexität und Zeit nur begrenzt möglich. Das Niveau der Vermittlung von Komplexität und Zeit ist ein Kriterium für das Entwicklungsniveau von beliebigen Systemen oder Prozessen. Diese Feststellung korrespondiert mit der häufig formulierten Aussage, daß Lernen Entwicklung sei. Verfolgen wir diesen Zusammenhang, dann läßt sich sagen, daß die Entfaltung des Verhältnisses von Komplexität und Zeit unter diesem Gesichtspunkt auch Entwicklung, ein Kriterium für das Entwicklungsniveau ist. Indizien dafür wurden auf der Tagung viele benannt, z.B. mit der Feststellung, daß der Lernerfolg vor dem Vollzug einer Handlung liege. Es wurde, ohne daß es deutlich ausgesprochen wurde, damit der Gedanke verbunden, daß in der Evolution die Distanz zwischen Lernerfolg und Lernvollzug größer wird oder doch größer werden kann. An einer anderen Stelle wurde davon gesprochen, daß Lernen als Verhaltensauswahl auf der Grundlage von Erfahrungen zu bestimmen sei. Wenn dies stimmt und ich halte es für plausibel, dann bedeutet auch diese Aussage, daß hier eine zeitliche Distanz unterstellt werden muß. In ähnlicher Richtung kann auch eine weitere Aussage gewertet werden, die davon ausging, daß in der Evolution in unterschiedlichen Zusammenhängen Reserven geschaffen werden. Reserven bedeuten aber auch eine Distanz zwischen Schaffung und Verwertung oder Nutzung. Die Systeme werden als nicht nur komplexer, sondern auch "zeitlicher". Die Komplexität von Systemen ist ohne Zeitlichkeit überhaupt nicht zu verstehen. In der Erkenntnis erhält eine komplizierte Struktur erst die Bezeichnung Komplexität, wenn gleichzeitig die Zeitlichkeit erkannt worden ist oder auch anders, Systeme sind allein durch die Erkenntnis einer komplizierten Struktur überhaupt noch nicht erkannt. Natürlich tritt hier sofort auch die Frage auf, welche Distanzen zwischen Lernerfolg und Lernvollzug sind überhaupt möglich, welche Distanz kann zwischen der Schaffung von Reserven und ihre Nutzung liegen, welche Mechanismen sind für die Vermittlung verantwortlich. Vielleicht liegen hier Antworten auf alte Fragen. Erst die Komplexität, die die zeitliche Distanz zwischen Lernerfolg und Lernvollzug ermöglicht, bringt die Notwendigkeit von Motivationen hervor. Die Motivation könnte verstanden werden als ein wichtiger Moment des Vermittlungsmechanismus zwischen Lernerfolg und Lernvollzug, Motivation gleichsam als Vermittlungsinstanz. Damit wäre der Begriff Motivation nicht hinreichend definiert, aber es wäre deutlich, daß Motivation auch ein Zeitbegriff ist. Jedenfalls werte ich die Möglichkeit solcher Diskussion als eine zweite Entdeckung der Zeit. Diesen Gedanken kann man noch weitergehend begründen, auf dem Hintergrund dieser Tagung. In einem Referat wurde überzeugend nachgewiesen, daß die zeitliche Orientierung schwerer erkennbar sei als die räumliche. Bringt man diese Aussage mit dem bisher Gesagten in Verbindung, dann heißt dies gleichzeitig, daß sie, die zeitliche Orientierung, evolutionär später aufgetreten sein muß. Wenn dies der Fall ist, dann müßte das Übergangsfeld vom Tier zum Menschen auch durch das Entstehen qualitativ neuer Formen der zeitlichen Orientierung beschrieben werden können.

Überhaupt wäre es als Ergebnis dieser Tagung ganz interessant, auch die Entwicklung der menschlichen Gesellschaft unter dem Gesichtspunkt der Beherrschung zeitlicher Distanzen zu betrachten. Ein großer Teil der gegenwärtig vor der Menschheit stehenden Probleme wird sicher nur gelöst werden können, wenn das Zuordnungsverhältnis Mensch - Natur viel stärker als bisher unter dem Gesichtspunkt der Einheit von Komplexität und Zeit gesehen wird. Dies trifft übrigens auch für die Vertiefung der Erkenntnis über den Prozeß der Humanontogenese zu.

Die Humanontogenese oder die Entdeckung der Verschiedenheit

Auch zu diesem Thema wurde auf unserer Tagung sehr viel Anregendes gesagt. Sicher, über die Verschiedenheit der Individuen ist in der Vergangenheit viel an Erkenntnissen gesammelt worden. Es wäre aber verwunderlich, wenn die neuen Akzente evolutionstheoretischer Forschung dieses Thema nicht auch bereichern würde. Wenn wir den Gedanken der Beziehung von Komplexität und Zeit auf das Thema der Verschiedenheit der Individuen übertragen, gibt es eine ganze Schar von Anregungen. Einige dieser Anregungen möchte ich kurz streifen. In verschiedenen Vorträgen wurde auf die Verschiedenheit der Arten des Lernens aufmerksam gemacht. Ich halte diese Hinweise für sehr wichtig, weil wir eine entsprechende Strategie der Forschung zu diesem Thema entwickeln müssen. Niemand wehrt sich gegen die Annahme der Verschiedenheit des Lernens. Aber werden nicht vorschnell, sicher häufig unbewußt, die Grenzen für diese Annahme gezogen? Verschiedenheiten entdecken zu wollen, heißt aber bisherige Grenzen in den Annahmen aufzuheben. Wie weit wird die Annahme der Verschiedenheit des Lernens durch die Geschlechter akzeptiert, wie weit sind wir in der Erkenntnis der Folge von Mechanismen des Lernens in der Ontogenese über das Schulalter hinaus? Diese und viele andere Fragen werden nach wie vor nicht mit der nötigen Konsequenz verfolgt. Eine Frage möchte ich etwas vertiefen. Wenn wir von der angenommenen Einheit von Komplexität und Zeit ausgehen, dann offenbart sich die Verschiedenheit der Individuen in der Verschiedenheit dieser Einheit und nicht etwa in Äußerlichkeiten, die sich entweder nur auf die strukturellen oder zeitlichen Momente beziehen. Wir sind in Wirklichkeit viel verschiedener als wir glauben. Nehmen wir auch dafür nur einige Anhaltspunkte. Es wurde gelegentlich in der Diskussion darauf verwiesen, daß es einen Prozeß der Antizipation von Vergangenheit und Zukunft gibt. Ich würde noch einen Schritt weiter gehen und sagen, daß die Antizipation von Vergangenheit und Zukunft symmetrisch verläuft, jedenfalls unter dem Gesichtspunkt der Normalität. Ausweitung und Entfaltung der einen Dimension ist ohne die andere nicht möglich. In diesem Zusammenhang verstehe ich unter Normalität die Entwicklung selbst. Dann nämlich, wenn das Individuum sich nicht oder nicht mehr entwickelt, wird die Symmetrie zwischen Vergangenheit und Zukunft im Denken zerstört. Die Verschiedenheit der Individuen zu akzeptieren bedeutet, die Verschiedenheit des Niveaus der Antizipation von Vergangenheit und Zukunft nicht nur zu akzeptiern als eine Möglichkeit, sondern bewußt zu unterstellen und danach zu bewerten. Wahrscheinlich stehen wir in der Erforschung der "Zeitlichkeit" des Individuums noch ganz am Anfang und wenn dies so ist, wären wir bei aller bereits schon vorhandenen Erkenntnis über die Verschiedenheit der Individuen auch erst am Anfang des Prozesses der Entdeckung der wirklichen Verschiedenheit der Individuen. Wer dieser Aussage zustimmt, müßte dann auch der Konsequenz zustimmen, daß eine Reihe von Wissenschaften, unter anderem die Pädagogik, sich erst im Vorfeld der Erkenntnis fundamentaler Zusammenhänge über den Menschen befinden, was nicht etwa, im genannten Beispiel der Wissenschaft, gegen die Pädagogen spräche, sondern vielmehr eine Voraussetzung der Forschungsstrategie aufmerksam macht. Beispielsweise bedeutet es, daß die gegenwärtig diskutierte These von der Situation in der sich ein Individuum befindet auch und insbesondere unter dem Gesichtspunkt der Einheit von Komplexität und Zeit gesehen werden muß. Die Art und Weise wie sich das Individuum eine real vorhandene Umwelt aneignet, sich also eine Situation schafft, das heraushebt, was für die eigene Existenz bedeutungsvoll ist, kann nur verstanden werden, wenn gleichzeitig das Niveau der Antizipation von Vergangenheit und Zukunft in Erfahrung gebracht werden kann. Situationsforschung wäre also immer auch Zeitforschung.

Anschließend noch zwei mehr methodologische Bemerkungen, die im engsten Zusammenhang mit dem Anliegen der Tagung stehen. Im Zusammenhang mit der Psychologie wurde von der "vollbewußten" Handlung gesprochen. Es ist durchaus verständlich, wenn im Bestreben, möglichst erfolreich Bildungs- und Erziehungsprozesse zu vollziehen, betont wird, daß man von den Individuen eine bewußte Handlung erwartet, die möglichst vollständig den Lernerfolg (entsprechend der Ziele des pädagogischen Prozesses) unterstellt. Dennoch - und ich benutze diese Formulierung der vollbewußten Handlung einfach als Aufhänger - halte ich eine solche Orientierung für nicht vertretbar. Ganz abgesehen davon, daß es unter der Voraussetzung der Aussagen über Komplexität und Zeit schwer ist, einen einheitlichen Maßstab für den Grad der Bewußtheit der Handlung zu finden - Maßstab ist für die anderen der Erfolg und dieser sagt nicht unbedingt etwas über den Grad der Bewußtheit einer Handlung aus - negiert der Ausdruck "vollbewußt" auch die Notwendigkeit des Auftretens von Fehlern, denn Evolution ist "fehlerfreundlich". In diesem Sinne ist eine vollbewußte Handlung eine entwicklungsfeindliche Handlung. Dieser Satz provoziert natürlich, aber er zeigt auch, daß wir häufig die positive Absicht mit ungeeigneten, antievolutionistischen Mitteln durchsetzen wollen - dies vielleicht ein Hauptfehler in der Gegenwart. Mir scheint, daß uns in dieser Hinsicht die Tagung sensibler gemacht hat.

Und noch einen ähnlichen Gedanken möchte ich anfügen. Es handelt sich um die Negation des Gesetzes der Mitte. Im Umfeld der Anthropologie ist in letzter Zeit häufiger über die Norm diskutiert worden. Ein Resultat

dieser Diskussion ist, daß die Norm nicht mit dem mittleren Maß erfaßt werden kann. Die "Ränder", also alles, was außerhalb der Mitte der Norm noch entspricht, müßte viel stärker berücksichtigt werden. Die Individuen, die sich an den Rändern eines Systems aufhalten, sind im besonderen Maße für die Dynamik und die sich in der Mitte befindenden Individuen für die Stabilität verantwortlich. Wenn also das entwicklungstheoretische Konzept unterstellt wird, muß den Rändern, den Individuen, die gerade noch der Norm genügen, in negativer wie positiver Hinsicht, besondere Aufmerksamkeit geschenkt werden. Wenn dies wiederum so ist, bedeutet das auch, daß die Methodik entwicklungstheoretischer Untersuchungen darauf ausgerichtet werden muß. Häufig hat man aber den Eindruck, als würden die Ränder bewußt methodisch weggemittelt. Sicher scheint jedenfalls die Feststellung, daß das entwicklungstheoretische Denken eine noch kaum abzuschätzende Herausforderung für theoretische wie methodische Voraussetzungen wissenschaftlicher Arbeit ist.
Diese Tagung jedenfalls hat sich selbst und annähernd bewußt in diesen Prozeß der Bewältigung solcher Herausforderungen einzubringen versucht.

AUTORENVERZEICHNIS

EBELING, Werner, Prof. Dr.,
Sektion Physik der Humboldt-Universität, Invalidenstr. 42, Berlin, DDR-1040

ERMISCH, Armin, Prof. Dr.,
Sektion Biowissenschaften der Karl-Marx-Universität, WB Zellbiologie und Regulation, Talstr. 33, Leipzig, DDR-7010

ERPENBECK, John, Prof. Dr.,
Zentralinstitut für Philosophie der Akademie der Wissenschaften der DDR, Otto-Nuschke-Str. 10-11, Berlin, DDR-1080

FEISTEL, Rainer, Doz. Dr.,
Sektion Schiffstechnik der Wilhelm-Pieck-Universität, Einstein-Str. 1, Rostock, DDR-2500

FUCHS-KITTOWSKI, Klaus, Prof. Dr.,
Sektion Wissenschaftstheorie und Organisation der Humboldt-Universität, PSF 1297, Berlin, DDR-1080

HASSENSTEIN, Bernhard, Prof. Dr.,
Institut für Biologie I der Universität, Albertstr. 21a, Freiburg, D-7800

HESS, Jörg, Dr.,
Sektion Biowissenschaften der Karl-Marx-Universität, WB Zellbiologie und Regulation, Talstr. 33, Leipzig, DDR-7010

KOSSAKOWSKI, Adolf, Prof. Dr.,
Institut für Pädagogische Psychologie der Akademie der Pädagogischen Wissenschaften der DDR,Böcklinstr. 5, Berlin, DDR-1080

LÖTHER, Rolf, Prof. Dr.,
Zentralinstitut für Philosophie der Akademie der Wissenschaften der DDR, Otto-Nuschke-Str. 10-11, Berlin, DDR-1080

MOCEK, Reinhard, Prof. Dr.,
Sektion Marxistisch-leninistische Philosophie der Martin-Luther-Universität, Große Steinstr. 73, Halle (Saale) DDR-4010

SCHELER, Wolfgang, Kapitän zur See Prof. Dr.,
Militärakademie "Friedrich Engels", PSF 26 301/F, Dresden,DDR-8050

SIEGMUND, Renate, Doz. Dr.,
Sektion Biologie der Humboldt-Universität, Bereich Verhaltenswissenschaften, Invalidenstr. 43, Berlin, DDR-1040

STENT, Gunther S.,
Prof. Dr., Department of Molecular and Cell Biology, University of California, Berkeley, CA, USA 94708

TEMBROCK, Günter, Prof. Dr.,
Sektion Biologie der Humboldt-Universität, Bereich Verhaltenswissenschaften, Invalidenstr. 43, Berlin, DDR-1040

VOGEL, Friedrich, Prof. Dr.,
Institut für Anthropologie und Humangenetik der Ruprecht-Karls-Universität, Im Neuenheimer Feld 328, Heidelberg, D-6900

WESSEL, Karl-Friedrich, Prof. Dr.,
Sektion Marxistisch-leninistische Philosophie der Humboldt-Universität, Universitätsstr. 3b, Berlin, DDR-1086

WOLF, Gerald, Prof. Dr.,
Institut für Biologie der Medizinischen Akademie Madgeburg, Erich Weinert-Str, 3, Magdeburg, DDR-3014

WUNTKE, Beatrix, Dr.,
Sektion Biologie der Humboldt-Universität, Bereich Verhaltenswissenschaften, Invalidenstr. 43, Berlin, DDR-1040

Kolibri 360 GmbH
Ferdinand-Jühlke-Straße 7
99095 Erfurt, Deutschland
produktsicherheit@kolibri360.de